普通高等教育“十三五”规划教材

高等统计力学导论

（第二版）

梁希侠　编著

科学出版社

北　京

内 容 简 介

本书是作者积多年讲授物理专业硕士研究生学位课程“量子统计与多粒子理论”的教学经验编写而成的，分为“统计力学的基本理论”和“统计力学的量子场论方法”两编，包括经典统计系综理论、量子统计系综理论、理想量子气体、非理想气体、相变的平均场理论、相变的重整化群理论概要、量子场论预备知识、零温格林函数、重整化方法、有限温度下的格林函数、电子-声子系格林函数，共11章. 本书内容着重基本理论、基本方法和基本应用，体系完整、理论自恰、概念规范，是一本简明易读的教材和自学参考书.

本书可作为理工科相关专业研究生学位课程和本科高年级选修课程教材，也可供从事物理学和现代应用技术研究与开发者自学和实际工作参考.

图书在版编目（CIP）数据

高等统计力学导论 / 梁希侠编著. —2版. —北京：科学出版社，2019.1
普通高等教育“十三五”规划教材
ISBN 978-7-03-058282-9

Ⅰ. ①高… Ⅱ. ①梁… Ⅲ. ①统计力学-高等学校-教材
Ⅳ. ①O414.2

中国版本图书馆 CIP 数据核字（2018）第 159275 号

责任编辑：罗 吉 崔慧娴 / 责任校对：张凤琴
责任印制：吴兆东 / 封面设计：华路天然工作室

科 学 出 版 社 出版
北京东黄城根北街 16 号
邮政编码：100717
http://www.sciencep.com
北京凌奇印刷有限责任公司 印刷
科学出版社发行 各地新华书店经销
*
2000年3月内蒙古大学出版社第一版 开本：720 × 1000 1/16
2019年1月第 二 版 印张：20
2024年1月第四次印刷 字数：403 000

定价：65.00元
(如有印装质量问题，我社负责调换)

第二版前言

本书编写宗旨是为物理专业硕士研究生学位课程“量子统计与多粒子理论”和物理专业本科相应选修课程提供一本简明的教材或教学参考书，也为自学者提供一本简明的读本. 全书内容着重基本理论、基本方法和基本应用，撰写把握基本、实用、简单原则，体系力求统一完整，文字尽量简明易读. 遵循上述原则，本次修订保持基本内容和深度不变，除全面修正和改进文字表述外，仅对章节略作调整，内容适当增删.

本书第一版分为“统计力学的基本理论”、“相变与重整化群理论”和“格林函数理论”三编. 考虑到连续相变理论亦属统计力学内容，且本书仅作简介，不必单独成编，本次修订将其并入第一编. 第二版由“统计力学的基本理论”和“统计力学的量子场论方法”两编构成.

为使学习者更集中精力理解统计力学最基本的理论和方法，本次修订删去关于达尔文-否勒法(原2.7节)和杨-李理论(原5.5节)的介绍，增加关于磁捕获稀薄气体玻色-爱因斯坦凝聚的讨论(新增3.7节). 为使读者更好地理解格林函数的基本理论，掌握其基本方法，相应内容略有增加. 例如，将“高密度电子气”适当增补内容后单列一节(9.5节)，介绍了“等离体子”及相关集体激发的概念；补充了电子-声子相互作用之描述和应用实例的内容：第7章单列“电子-声子相互作用”一节(7.3节)；新增第11章“电子-声子系格林函数”. 其他具体增补、修改在此不再赘列.

作为“导论”，本书旨在引导读者入门，未触及更多研究专题. 书中给出的实例，只为验证理论、诠释概念、演示方法，希望通过剖析实例达到深入理解概念，初步掌握方法的目的. 如欲了解学科动向和前沿进展，尚须进一步阅读有关专著和综述文献. 本书只望为之提供必要的知识基础. 修订中，笔者力求精炼文字、控制篇幅，保持轻量级读本的特点. 尽管如此，本版厚度还是较前有所增加.

自本书发行以来，一些学校和教师将其作为研究生、本科生教材或教学参考书，并提出十分宝贵的意见和建议，特此致谢！本版修订得到教育部“热物理系列课程”国家级教学团队、内蒙古自治区教育厅“研究生精品课程建设”项目的支持，得到内蒙古大学学校和物理科学技术学院鼎力支持；科学出版社高教数理分社昌盛社长、罗吉编辑及其他同仁为本书第二版的出版做了大量卓有成效的工作；本书的出版同样还凝聚着“热物理系列课程”教学团队同事的智慧和心血. 专此一并致谢！

梁希侠

2018年1月

第一版前言

本书的雏形是笔者为理论物理、凝聚态物理两专业硕士研究生讲授“量子统计与多粒子理论”的讲义. 经过在十几年授课过程中的不断修改、补充，形成了今天这个本子，终与读者见面. 统计物理学是现代物理的重要组成部分. 我国学位制度建立伊始，“量子统计与多粒子理论”就被确定为物理专业硕士研究生的学位课. 其内容主要包括量子统计物理的基本理论和统计物理中的格林函数方法两大部分，又统称为“高等统计物理”. 由于研究方向、学生状况、师资力量等诸多因素的不同，国内各校对“高等统计物理”课的教学安排模式各异. 归纳之，大体可分为两类：一类是将上述内容分设为“量子统计”“多粒子理论”(或“统计物理中的格林函数”)两门课程. 这种模式安排的内容和学时较多，涉及一些专题，从不同的侧重点对部分内容提出稍高要求，供不同研究方向的学生选择. 另一类则是将两部分内容合为一门课程讲授，所用的总学时较少，适应面亦宽，多着重基础知识教学. 目前我国国内出版的高等统计物理教学用书不多，适用于上述后一种教学计划的则更少. 笔者讲授这门课程采用了合二而一的教学计划，本书也正是为这种模式的需要而编写的. 同时，我们也希望本书能为需要通过自学而获得相应知识的朋友提供一个简明的读本，为从事物理学和现代应用技术研究的实际工作者提供一本便于翻阅的参考书.

全书分为三编，共十章，可安排72学时讲授. 第一编包括四章，系统地阐述量子统计力学的基本理论. 从经典到量子，着重于量子体系，以微正则系综为基本假设，进而导出正则、巨正则系综，较为完整系统地建立统计力学的系综理论. 随之，再将给出的理论分别应用于理想气体和非理想气体，讨论涉及玻色、费米和玻尔兹曼统计的若干典型的实例. 例如，金属和白矮星中的电子气、电子系的磁性质、玻色凝结、非理想气体的物态方程等问题. 结合这些问题，将介绍经典和量子的集团展开、达尔文-否勒法和变分原理等一些基本或常用的方法.

第5、6章合为第二编，集中讨论相变理论. 20世纪下半叶，特别是近二十年来，统计物理学的理论和研究方法有了很大的进展. 以威尔逊为代表的一批学者所发展的重整化群理论从根本上改变了相变理论研究工作长期徘徊之局面. 同时，这个理论还应用到如多体论、混沌、无序系、分形等物理学的其他领域. 本编将在讨论连续相变传统理论的基础上，围绕临界指数的计算，介绍标度律和重整化群理论.

最后四章构成本书的第三编，讲述统计物理中的量子场论方法，即格林函数理论. 作为量子场论的预备知识，首先简要地介绍二次量子化方法. 在此基础上，分别就零温和有限温度情形引入描述粒子传播特征的格林函数，并阐明其物理意义. 为了实现格林函数的计算，还将证明维克定理，给出费曼图、戴逊方程等多粒子理论的重要概念，介绍简化计算的各种重整化方法. 本编的目的旨在使读者对多体系的格林函数理论有一个基本的了解，为进一步学习和运用这一理论奠定基础. 基于这样的考虑，内容仅限于单粒子格林函数，更多的应用实例也没有涉及.

根据研究生课程安排的实际情况，本书讨论的范围仅限于平衡态统计，没有涉及关于非平衡态(或者说不可逆过程)的理论. 事实上，非平衡统计物理在近二十多年来同样取得了很多令人瞩目的成就，以致使其本身已经形成一门内容非常丰富的独立的课程.

作为一本“导论”，本书的写作多着墨于基本理论和基本方法，取材限于量子统计力学和格林函数理论的最基本内容，体系力求统一完整，文字尽量简明易读. 作为一本基础教程，本书没有触及更多的应用专题，只是适当选择一些典型例子，验证、说明、演示所讲述的理论，以通过剖析实例来加深概念理解，促进方法掌握. 为了便于阅读和自学，在本书的撰写中注意了理论的自洽、概念的规范、符号的统一. 同时，我们还适度降低书的起点，以拓宽其读者面.

阅读本书只需熟悉热力学理论，掌握量子力学基本知识，了解统计物理的初等概念. 当然，基本的微积分和概率论知识对于学习统计力学也是不可或缺的. 上述这些背景，对于物理类本科专业的毕业生来说是不言而喻的.

限于水平，囿于涉猎，书中错误与缺欠定不鲜见，敬请读者提出宝贵意见. 如果本书能为读者温习或自学本课提供一点参考，为进一步学习统计力学的有关专题和在工作中应用这门学科的基本方法略有“导论”作用，笔者将十分欣慰.

本书的前身曾作为试用讲义于1986年、1990年两次印刷. 张渝生、孙震同志为讲义的最初印刷做了大量工作，班士良同志在参与教学实践的同时，为本书的编写提出很多宝贵意见，并为胶版讲义绘制了全部插图. 对此，笔者表示衷心的感谢.

本书的出版得到内蒙古大学出版基金的资助，专此鸣谢.

在本书的编写、试用和出版过程中，还得到很多同仁的帮助，在此一并致谢.

梁希侠

1999年12月

目　录

第一编　统计力学的基本理论

第二编　统计力学的量子场论方法

第一编
统计力学的基本理论

第 1 章 经典统计系综理论

研究热现象的理论可分为宏观与微观两类. 宏观理论即热力学, 是一种唯象理论. 它以根据大量实验事实总结出的基本热力学定律为基础. 这些定律主要有三条, 即所谓热力学三大定律. 它们描述了宏观热现象所遵从的基本规律, 其正确性直接或间接地被长期的实践和无数实验事实证实. 热力学从这些定律出发, 通过演绎推理获得结论, 从而解释自然界发生的热现象和实验观测结果, 预测新的物理和化学现象. 热力学理论是一种普遍正确的理论, 但它不能预言具体物质的性质. 欲得知具体物系的性质, 还需要借助某些热力学函数(如物态方程)的实验观测结果.

关于热现象的微观理论是统计物理学. 运用统计物理理论不仅能够得出热力学的一般定律, 而且可以导出特定体系的具体热力学函数. 与描述热现象的唯象理论 “热力学” 相比, “统计物理学” 是更深刻地揭示宏观热现象之运动本质的理论. 通常, 人们习惯地将以宏观体系与时间无关的性质, 即平衡态或经历可逆过程时的现象为主要研究对象的统计物理理论称为统计力学. 作为一本关于统计力学的简明教程, 本书主要介绍描述平衡态的理论. 关于描述体系性质随时间变化的非平衡态理论, 通常会在另外的课程中专门讲授, 这里不涉及.

统计物理学将宏观体系视为由大量粒子组成的力学系, 用概率论分析这种力学体系的运动状态, 由统计规律性得出其宏观性质. 对于力学体系运动状态的描述, 根据不同情况, 可以分别采用经典力学和量子力学. 基于对力学运动描述方式的不同, 统计力学的理论可分为经典统计理论和量子统计理论. 我们知道, 经典力学是量子力学在特殊情形下的极限, 所以, 经典统计力学也是量子统计力学的经典极限. 本书主要讨论量子统计力学. 事实上, 从 “统计” 的角度来看, 两种理论并无本质的不同. 为了便于理解, 在介绍统计力学的量子理论之前, 回顾经典统计力学的基本知识是有益的.

1.1 热力学基本定律

统计力学由最简单的基本假设出发, 推演出物体系的热学性质. 其正确性首先可由实验总结出的热力学定律给予证实. 同时, 在运用统计物理理论导出物系的热力学性质时, 必然反复引用这些定律和由它们导出的基本热力学关系. 为此, 我们先将其简要罗列于此.

1. 热力学定律

热力学的主要理论基础是由实验总结出的四个定律，现分别加以叙述.

热力学第零定律即热平衡定律，简要表述为：**无外界影响时，分别与第三系统热接触而性质不变的两个系统，彼此热接触必处于热平衡**. 此定律为准确定义和测量温度提供了理论依据，是建立热力学理论的基础.

热力学第一定律即能量守恒定律，可以表述为：**永动机(或称第一类永动机)是造不成的**. 用 E 表示物系内能，用 $đQ$ 表示某微过程中物系由外界吸收的热量，用 $đW$ 表示外界对物系做的功，热力学第一定律便可表述为如下数学公式：

$$\mathrm{d}E = đQ + đW. \tag{1.1.1}$$

热力学第二定律给出了过程进行的方向. 这一定律有多种表述方式，此处不拟赘述. 简而言之，可表述为：**第二类永动机是造不成的**. 所谓第二类永动机，即从单一热源吸热，使之完全变为有用功而无其他影响的热机. 这一定律引出一个名曰熵的态函数，记作 S. 利用熵的概念，第二定律又可表述为如下数学形式：

$$\mathrm{d}S \geqslant \frac{đQ}{T}, \tag{1.1.2}$$

其中等号为可逆过程. 此式名为克劳修斯(Clausius)不等式.

对于由两个独立参数描述的均匀系(常称为简单均匀系)，假定外界对物系只做压缩功，则可写为

$$đW = -P\mathrm{d}V.$$

运用克劳修斯不等式，再将第一定律代入，对可逆过程则有以下微分公式：

$$T\mathrm{d}S = \mathrm{d}E + P\mathrm{d}V. \tag{1.1.3}$$

这里，T、P 和 V 分别是物系的温度、压强和体积. 式(1.1.3)结合热力学第一和第二定律，是热力学的基本微分式.

热力学第三定律指出：**绝对温标的零度不可达到**. 或者说：不能通过有限的手续将物系的温度降至绝对温标零度. 这一定律还可用**能斯特**(Nernst)**定理**来表述，其数学形式是

$$\lim_{T\to 0}(\Delta S)_T = 0, \tag{1.1.4}$$

即处于平衡态的凝聚系等温熵变随绝对温度趋零而趋于零. 由此可以定义绝对熵(以绝对零度为零点的熵)，从而使熵的数值完全确定.

2. 热力学势

为了便于计算热力学函数，进一步研究宏观体系的热力学性质，热力学中引入了“热力学势”的概念. 热力学势的概念颇有几分类似于力学中弹性势能、电

学中的电势能. 可以这样理解：热力学系也储存着某种“势能”，释放这种“势能”可以做功. 这些“势能”可以用多种不同的热力学函数描述，我们称这些函数为热力学势(或称特性函数). 取不同的独立变数组合(即不同的约束形式)，对应着不同形式的热力学势. 只要获得热力学势与相应独立变数间的函数关系，便可通过微商求得所有热力学函数. 最常用的热力学势，如内能 E、焓 H、自由能 F、吉布斯函数 G 和巨势 Ω(广势函数).

描述简单均匀系的热力学基本微分式(1.1.3)可以推广到粒子数可变的开放系. 这时，若记粒子数为 N，化学势为 μ，热力学基本微分式右端增加一个描述粒子数变化贡献的项，方程便成为

$$T\mathrm{d}S = \mathrm{d}E + P\mathrm{d}V - \mu\mathrm{d}N. \tag{1.1.5}$$

内能的微分式则为

$$\mathrm{d}E = T\mathrm{d}S - P\mathrm{d}V + \mu\mathrm{d}N. \tag{1.1.6}$$

由此式易证，E 是以 S、V、N 为独立变数的热力学势.

定义焓

$$H \equiv E + PV, \tag{1.1.7}$$

代入式(1.1.6)可得

$$\mathrm{d}H = T\mathrm{d}S + V\mathrm{d}P + \mu\mathrm{d}N, \tag{1.1.8}$$

可见 H 是以 S、P、N 为独立变数的热力学势.

类似地，分别定义自由能、吉布斯函数和广势函数

$$F = E - ST, \qquad G = H - ST, \qquad \Omega = -PV, \tag{1.1.9}$$

将自由能代入基本微分式可得

$$\mathrm{d}F = -S\mathrm{d}T - P\mathrm{d}V + \mu\mathrm{d}N, \tag{1.1.10}$$

于是有

$$S = -\left(\frac{\partial F}{\partial T}\right)_{V,N}, \qquad P = -\left(\frac{\partial F}{\partial V}\right)_{T,N}, \qquad \mu = \left(\frac{\partial F}{\partial N}\right)_{T,V}.$$

可见，自由能 F 是以 T、V、N 为独立变数的热力学势. 对吉布斯函数有

$$\mathrm{d}G = -S\mathrm{d}T + V\mathrm{d}P + \mu\mathrm{d}N, \tag{1.1.11}$$

可得

$$S = -\left(\frac{\partial G}{\partial T}\right)_{P,N}, \qquad V = \left(\frac{\partial G}{\partial P}\right)_{T,N}, \qquad \mu = \left(\frac{\partial G}{\partial N}\right)_{T,P}.$$

吉布斯函数 G 是以 T、P、N 为独立变数的热力学势. 对广势函数有

$$\mathrm{d}\Omega = -S\mathrm{d}T - P\mathrm{d}V - N\mathrm{d}\mu, \tag{1.1.12}$$

可得

$$S=-\left(\frac{\partial\Omega}{\partial T}\right)_{V,\mu},\quad P=-\left(\frac{\partial\Omega}{\partial V}\right)_{T,\mu},\quad N=-\left(\frac{\partial\Omega}{\partial\mu}\right)_{T,V}.$$

作为 T、V、μ 的函数，广势函数 Ω 是热力学势.

在以后的讨论中，我们将更多地用到 F、Ω 为热力学势的性质.

1.2 微正则系综

我们知道，统计物理学依据的基本原理是：宏观量为相应微观量之统计平均. 为便于数学上实现“统计平均”，引入统计系综(以下简称系综)概念，用系综平均的方法计算统计平均. 本节先介绍最简单、最基本的系综——微正则系综.

1. 统计系综

统计系综的定义为：

处于相同宏观条件的大量(极限情形为无穷多)完全相同且以一定概率处在各微观状态的力学体系的集合谓之统计系综.

在经典统计力学中，常用“**相宇**”(相空间)描述系综的行为，它是以力学系所有广义坐标和广义动量作为分量建立的几何空间. 相宇中的一点(q_1，q_2，…，q_s；p_1，p_2，…，p_s)代表 s 个自由度的力学系的一个微观状态，以下简单地记为(q, p). 在某一时刻，系综中各力学系以一定概率所处的各微观状态可用相宇中一系列点来代表，这些点的分布给出系综的分布. 将 t 时刻力学系之代表点处在相宇中体积元 $\mathrm{d}\Gamma=\mathrm{d}q\mathrm{d}p$ 内的概率记为

$$\mathrm{d}W=\rho(q,\ p,\ t)\mathrm{d}\Gamma, \tag{1.2.1}$$

其中 $\rho(q,\ p,\ t)$是系综的分布函数，它与时间 t 有关. 当体系处于平衡态时，系综的分布不随时间变化，ρ 的表达式中不显含时间.

由力学系的微观状态确定的物理量称为微观量，它可以表示为力学系广义坐标和广义动量的函数. 任一微观量 $u(q,\ p,\ t)$的统计平均由下式给出：

$$\overline{u}=\int u\rho\mathrm{d}\Gamma\Big/\int\rho\mathrm{d}\Gamma. \tag{1.2.2}$$

如果 ρ 满足归一化条件

$$\int\rho\mathrm{d}\Gamma=1,$$

平均值式(1.2.2)便写成

$$\bar{u} = \int u\rho \mathrm{d}\Gamma . \tag{1.2.3}$$

由上面的讨论可知，通过分析体系的微观力学运动求得其热学性质的关键是给出系综的分布函数，即系统对各种可能的微观态之占据概率的分布. 不难想象，这种分布应该受体系宏观约束条件的制约，即所处的宏观约束不同，或者说平衡条件不同，其系综分布也将不同.

2. 基本假设——微正则系综

首先考虑一种最简单的情形——孤立系，即物系与外界既不交换粒子，也不传递能量. 此类体系之所有可能微观态均分布在相宇中能量为物系的确定能量的等能面上. 统计力学的**基本假设**是:**孤立系的系综在相宇中等能面上分布均匀**. 这就是说，孤立系处在各可能的微观状态之概率相同，因此又称为等概率假设. 具有此种分布的系综称为**微正则系综**，相应的分布则称为**微正则分布**. 将力学系的哈密顿量记为 H(应当注意将它与 1.1 节的焓区别),相宇中能量为 E 的等能面之方程则为

$$H(q, p) = E\ (\text{常数}).$$

根据基本假设,微正则系综的分布函数在等能面上为一常数,在等能面外为零. 为便于数学处理，我们先将等能面开拓为一能量范围为 ΔE 的壳层，计算的最后再令壳层的能量间隔趋于零，即

$$E \leqslant H \leqslant E + \Delta E \quad (\Delta E \to 0).$$

这样，微正则系综的分布则可写为

$$\rho(q,p) = \begin{cases} C, & E \leqslant H \leqslant E + \Delta E \qquad (\Delta E \to 0) \\ 0, & \text{其他情形}. \end{cases} \tag{1.2.4}$$

式中常数 C 由归一化条件确定. 式(1.2.4)将等能面开拓为能量壳层，这一壳层在相宇中的体积(相体积)为

$$\Gamma(E) = \int_{\Delta E} \mathrm{d}\Gamma . \tag{1.2.5}$$

相应的归一化条件可写为

$$\lim_{\Delta E \to 0} \int_{\Delta E} C \mathrm{d}\Gamma = \lim_{\Delta E \to 0} C\Gamma(E) = 1 ,$$

因此

$$C = \Gamma^{-1}(E) \tag{1.2.6}$$

利用 δ 函数将式(1.2.5)的积分开拓到整个相宇，即

$$\Gamma(E) = \int \delta(H - E)\, \mathrm{d}\Gamma \tag{1.2.7}$$

微正则系综分布函数的表达式可简化为

$$\rho(q,p)=\frac{\delta\left[H(q,p)-E\right]}{\Gamma(E)}. \tag{1.2.8}$$

微观量 u 的统计平均值为

$$\overline{u}=\int\frac{u\delta\left[H-E\right]}{\Gamma(E)}\mathrm{d}\Gamma . \tag{1.2.9}$$

对于简单均匀系，孤立系的宏观约束条件可以表述为：能量 E、体积 V和粒子数N确定. 这时，Γ 不仅与能量有关，还与物系的粒子数 N 和体积 V 有关，应记为$\Gamma(E, V, N)$. 微正则系综假设则可理解为在 E、V、N 确定的条件下，体系各可能的微观状态平权. 这个假设的提出既是必要的，也是合理的，它的正确性将由其所有推论的正确性来保证. 后面的讨论将看到，由本假设出发，可以推出所有其他宏观约束下的不同系综分布，因此它是统计物理基本的、唯一的假设.

3. 热力学公式

系综分布确定后，原则上便可通过统计平均来计算具体系统的宏观量(即热力学函数)，亦可导出描述热力学函数之间关系的热力学公式. 为了求热力学公式，让我们先规定熵. 假定孤立系由两个有微弱相互作用的子系“1”和“2”组成，子系参数分别为(E_1, V_1, N_1)和(E_2, V_2, N_2). 两系接触交换能量，但各自体积和粒子数均保持不变. 记两系平衡时的最概然能量分别为 $\overline{E}_1$ 和 $\overline{E}_2$ ，则有

$$\overline{E}_2=E-\overline{E}_1 .$$

若将两系之相体积分别记为 $\Gamma_1(E_1)$和 $\Gamma_2(E_2)$ ，它们与孤立系的相体积 $\Gamma(E)$之关系则应写

$$\Gamma(E)=\Gamma_1(E_1)\Gamma_2(E_2).$$

根据等概率假设，孤立系微观态的代表点在相宇中等能面上分布均匀，以致子系“1”能量取 E_1 之态出现的概率必与孤立系相应的相体积成正比. 平衡态是概率最大的状态，所以两系平衡时孤立系相体积应取极大值，即满足以下极值条件：

$$\left.\frac{\partial\Gamma(E)}{\partial E_1}\right|_{E=\overline{E}_1}=0. \tag{1.2.10}$$

此式又可写为

$$\frac{\partial\Gamma_1(E_1)}{\partial E_1}\Gamma_2(E_2)+\Gamma_1(E_1)\frac{\partial\Gamma_2(E_2)}{\partial E_2}\frac{\partial E_2}{\partial E_1}=0\quad\left(E=\overline{E}_1\right),$$

两边除以 $\Gamma(E)$，用关系 $\partial E_2/\partial E_1=-1$ (因为 $E=E_1+E_2$)，则有

$$\frac{\partial}{\partial E_1}\ln\Gamma_1(E_1)\bigg|_{E_1=\bar{E}_1}=\frac{\partial}{\partial E_2}\ln\Gamma_2(E_2)\bigg|_{E_2=\bar{E}_2}.$$

此式给出两子系热平衡时的衡量 $\partial\ln\Gamma(E)/\partial E$. 根据两系热平衡时温度相等的事实，很自然地得出如下结论：

$$\frac{\partial}{\partial E}\ln\Gamma(E)=\beta(T),$$

这里，$\beta(T)$ 是温度 T 的某个函数. 将此式与热力学关系

$$\left(\frac{\partial S}{\partial E}\right)_{N,V}=\frac{1}{T}$$

对比，可将统计物理的熵定义为

$$S=k_{\mathrm{B}}\ln\Gamma(E). \tag{1.2.11}$$

它与热力学的熵有相同的物理意义，并有 $\beta=(k_{\mathrm{B}}T)^{-1}$ 的关系. 式(1.2.11)称为**玻尔兹曼(Boltzmann)关系**，其中 k_{B} 为玻尔兹曼常量.

从熵的表达式出发，可以导出基本热力学关系. 利用式(1.2.7)，再代入微正则系综的统计平均公式，可将相体积对体积的微商写为

$$\begin{aligned}&\frac{\partial\Gamma(E,V,N)}{\partial V}\\&=\frac{\partial}{\partial V}\int\delta(H-E)\mathrm{d}q\mathrm{d}p\\&=-\int\frac{\partial}{\partial E}\delta\left[H(q,p)-E\right]\frac{\partial H(q,p)}{\partial V}\mathrm{d}q\mathrm{d}p\\&=-\frac{\partial}{\partial E}\left[\Gamma(E,V,N)\left\langle\frac{\partial H}{\partial V}\right\rangle\right],\end{aligned}$$

进而得

$$\frac{\partial}{\partial V}\ln\Gamma=-\left\langle\frac{\partial H}{\partial V}\right\rangle\frac{\partial}{\partial E}\ln\Gamma-\frac{\partial}{\partial E}\left\langle\frac{\partial H}{\partial V}\right\rangle. \tag{1.2.12}$$

式中尖括号 $\langle\cdots\rangle$ 表示系综平均. 顺便指出，哈密顿量 H 除为坐标和动量的函数外，还应与同外力做功相联系的位形参数有关. 此处只考虑均匀系压强做功，故以体积 V 为位形参数. 物系局域在体积 V 内，相当于势能在体积边界处有无限大的跃变，即粒子局域在无穷高势垒限定的区域内，系统的哈密顿量 H 必与 V 有关. 对于宏观系，$N\gg1$，我们考虑 $N\to\infty$ 的极限. 这时，式(1.2.12)首项为有限量(不趋于零)，而第二项的数量级则为 $(E/V)/E\propto1/N\to0$，可以略去. 于是得

$$\frac{\partial}{\partial V}\ln\Gamma(E,V,N)=-\left\langle\frac{\partial H}{\partial V}\right\rangle\frac{\partial}{\partial E}\ln\Gamma(E,V,N),$$

即

$$\left(\frac{\partial S}{\partial V}\right)_{E,N}=P\left(\frac{\partial S}{\partial E}\right)_{V,N}. \tag{1.2.13}$$

这里用到的$-P$是与广义坐标V对应的广义力这一事实，即

$$P=-\left\langle\frac{\partial H}{\partial V}\right\rangle. \tag{1.2.14}$$

再定义

$$\mu=-T\left(\frac{\partial S}{\partial N}\right)_{E,V}, \tag{1.2.15}$$

注意到

$$\left(\frac{\partial S}{\partial E}\right)_{N,V}=\frac{1}{T},$$

将上述诸关系代入熵的全微分式

$$\mathrm{d}S=\left(\frac{\partial S}{\partial E}\right)_{V,N}\mathrm{d}E+\left(\frac{\partial S}{\partial V}\right)_{E,N}\mathrm{d}V+\left(\frac{\partial S}{\partial N}\right)_{E,V}\mathrm{d}N,$$

便可得 1.1 节的热力学基本微分式

$$T\mathrm{d}S=\mathrm{d}E+P\mathrm{d}V-\mu\mathrm{d}N.$$

上式亦可写为

$$\mathrm{d}S=\frac{1}{T}\mathrm{d}E+\frac{P}{T}\mathrm{d}V-\frac{\mu}{T}\mathrm{d}N. \tag{1.2.16}$$

可见，熵S是以E、V、N为独立变数的热力学势. 若用统计物理方法由式(1.2.11)求出物系的熵(作为E、V、N的函数)，即可进一步获得体系所有热力学函数.

1.3 正则系综

我们以上的讨论仅限于孤立系. 这种系统不与外界作用，其能量、粒子数、位形参数均不会改变. 孤立系的系综分布——微正则分布是整个统计物理学的基础. 但是，这一分布的直接应用受到很大的局限. 一方面，形如式(1.2.8)和式(1.2.9)的公式数学处理较为麻烦；另一方面，实际体系很难完全孤立，它们不可避免地要和外界交换能量. 在实际应用中，常常采用由微正则系综假设导出的实用系综来研究热力学体系的宏观性质. 本节考虑一个最常用的系综：描述粒子数不变而

能量可变的“封闭系”的系综——**正则系综**.

1. 正则分布

对于封闭系，我们有**吉布斯(Gibbs)定理：封闭系之系综分布函数具有以下正则分布形式：**

$$\rho \propto \mathrm{e}^{-\beta H}.$$

式中，H为封闭系的哈密顿量，β的意义与 1.2 节相同.

吉布斯定理，即正则分布可由微正则系综导出.

设想我们所研究的“封闭系”与一个很大的“热库”实现热接触，组成孤立系. 记封闭系为“1”，大热库记为“2”；相应的能量分别为 E_1 和 E_2. 因为两系交换能量必通过界面进行，所以交换能较系统能量小得多，可以略去. 于是可将孤立系总能量写为 $E = E_1 + E_2$. 以下我们将用下标 1 和 2 分别标志封闭系“1”和大热库“2”相应的物理量，无下标者则为总孤立系的物理量.

封闭系的微观量 u_1 的统计平均值可通过计算孤立系平均获得，即

$$\overline{u_1} = \int u_1 \rho \, \mathrm{d}\Gamma.$$

式中的积分对孤立系体积元 $\mathrm{d}\Gamma$ 进行，ρ 为孤立系系综分布函数. 将分布函数式(1.2.8)代入，用 $\mathrm{d}\Gamma = \mathrm{d}\Gamma_1 \mathrm{d}\Gamma_2$ 将积分化为两个子相宇的积分，同时将能量壳层的 ΔE 集中于 Γ_2(“热库”)，上式可写为

$$\begin{aligned}\overline{u_1} &= \int u_1 \frac{\delta\left[H(q,p)-E\right]}{\Gamma(E)} \mathrm{d}\Gamma = \int u_1 \mathrm{d}\Gamma_1 \frac{\delta\left[H_2 - E_2\right]}{\Gamma(E)} \mathrm{d}\Gamma_2 \\ &= \int u_1 \frac{\Gamma_2(E-E_1)}{\Gamma(E)} \mathrm{d}\Gamma_1.\end{aligned}$$

记封闭系分布函数为

$$\rho_1 = \Gamma_2(E-E_1)/\Gamma(E),$$

平均值公式又可写为

$$\overline{u_1} = \int u_1 \rho_1 \mathrm{d}\Gamma_1.$$

为进一步简化分布函数，记 $\ln\Gamma(E) = \sigma(E)$，将 $\sigma(E)$展开只取一阶项，则有

$$\Gamma_2(E-E_1) = \mathrm{e}^{\sigma(E-E_1)} \approx \mathrm{e}^{\sigma(E)-\sigma'(E)E_1},$$

分布函数成为

$$\rho_1 = \frac{1}{\Gamma(E)} \mathrm{e}^{\sigma(E)-\sigma'(E)E_1}.$$

省去下标 1，记 $e^{\sigma(E)}/\Gamma(E)=e^{-\psi}$，$\sigma'(E)=\beta$，便得吉布斯**正则分布**

$$\rho=e^{-\psi-\beta H}. \tag{1.3.1}$$

微观量 u 的统计平均为

$$\bar{u}=\int u\rho\mathrm{d}\Gamma. \tag{1.3.2}$$

式(1.3.1)中的 ψ 由归一化条件 $\int\rho\mathrm{d}\Gamma=1$ 确定，即

$$e^{\psi}=\int e^{-\beta H}\mathrm{d}\Gamma.$$

定义**配分函数**

$$Q=\int e^{-\beta H}\mathrm{d}\Gamma, \tag{1.3.3}$$

则有

$$\psi=\ln Q.$$

根据定义，ψ 和 Q 不仅应与 β 有关，而且也应与物系的位形参数 y_l 有关(l 为位形参数标号). 体积 V 是最常见的一个位形参数. 由 ρ 的推导过程看出，β 的意义与其在微正则系综中相同(见 1.2 节).

$$\beta=\sigma'(E)=\frac{\partial}{\partial E}\ln\Gamma(E)$$

是总孤立系，也是大热库之温度的函数，并有关系 $\beta=(k_{\mathrm{B}}T)^{-1}$.

2. 热力学公式

由式(1.3.1)和式(1.3.2)可知，只要获得 $\psi(\beta, y_l)$，便可通过统计平均计算物系的宏观量. 可见，ψ 类似于热力学中的热力学势. 同时，我们还知道，以 β(温度)和 y_l(例如 V)为独立变数时，自由能是热力学势. 定义统计力学的自由能

$$F=-k_{\mathrm{B}}T\psi=-k_{\mathrm{B}}T\ln Q, \tag{1.3.4}$$

这样，正则分布又可写为

$$\rho=e^{\beta(F-H)}. \tag{1.3.5}$$

各热力学函数可通过自由能计算如下.

记位形参数 y_l 对应的广义力为 Y_l，其微观形式是$\partial H/\partial y_l$，相应的宏观量则为

$$\overline{Y}_l=\left\langle\frac{\partial H}{\partial Y_l}\right\rangle=\int\frac{\partial H}{\partial Y_l}e^{\beta F-\beta H}\mathrm{d}\Gamma=e^{\beta F}\int\frac{\partial H}{\partial Y_l}e^{-\beta H}\mathrm{d}\Gamma=\left(\frac{\partial F}{\partial Y_l}\right)_{\beta}. \tag{1.3.6}$$

若 $y_l=V$，则 $\overline{Y}_l=-P$. 注意到配分函数 Q 是(β, V)的函数，因而也是(T, V)的函数，压强可用下式计算：

$$P=-\left(\frac{\partial F}{\partial V}\right)_{\beta}=-\left(\frac{\partial F}{\partial V}\right)_{T}=\frac{1}{\beta}\left(\frac{\partial \psi}{\partial V}\right)_{\beta}. \tag{1.3.7}$$

内能则由下式给出：

$$E=\langle H\rangle=-\left(\frac{\partial \psi}{\partial \beta}\right)_{y_l}=-\left(\frac{\partial \psi}{\partial \beta}\right)_{V}. \tag{1.3.8}$$

为了计算熵，我们将归一化方程

$$\int \mathrm{e}^{\beta(F-H)}\mathrm{d}\Gamma=1$$

两边对 β 微商(位形参数不变)得

$$\int \mathrm{e}^{\beta(F-H)}\left(F-H+\beta\frac{\partial F}{\partial \beta}\right)\mathrm{d}\Gamma=0.$$

如果位形参数为 V，由上式可得

$$F-E-T\left(\frac{\partial F}{\partial T}\right)_{V}=0. \tag{1.3.9}$$

回顾热力学自由能的定义

$$F=E-TS,$$

与式(1. 3. 9)比较得

$$S=-\left(\frac{\partial F}{\partial T}\right)_{V}. \tag{1.3.10}$$

此关系与热力学中的表式相同. 运用上式和式(1.3.7)，可将自由能的微分写为

$$\mathrm{d}F=\left(\frac{\partial F}{\partial T}\right)_{V}\mathrm{d}T+\left(\frac{\partial F}{\partial V}\right)_{T}\mathrm{d}V=-S\mathrm{d}T-P\mathrm{d}V, \tag{1.3.11}$$

这就是封闭系的基本热力学公式. 由式(1.3.4)给出的自由能是以 T、V 为独立变数的热力学势. 除式(1.3.7)和式(1.3.10)给出的压强和熵的公式外，其他热力学函数亦可由自由能求出. 例如，内能和吉布斯函数可分别计算为

$$E=F-T\frac{\partial F}{\partial T}\qquad 和 \qquad G=F-V\frac{\partial F}{\partial V}.$$

由以上讨论可知，一旦运用正则系综理论获得配分函数 Q，从而计算得自由能，就可以求出封闭系所有的热力学函数.

封闭系可与外界进行热交换，其能量有涨落，现计算之.

由

$$E=\int H\mathrm{e}^{\beta(F-H)}\mathrm{d}\Gamma$$

可得

$$\int (E-H)\mathrm{e}^{\beta(F-H)}\mathrm{d}\Gamma = 0 ,$$

两边对 β 微商有

$$\frac{\partial E}{\partial \beta} + \int \mathrm{e}^{\beta(F-H)}(E-H)\left(F-H+\beta\frac{\partial F}{\partial \beta}\right)\mathrm{d}\Gamma = 0 .$$

将式(1.3.9)代入得

$$\frac{\partial E}{\partial \beta} + \left\langle (E-H)^2 \right\rangle = 0 .$$

由此得能量的涨落为

$$\left\langle H^2 \right\rangle - \left\langle H \right\rangle^2 = \left\langle (E-H)^2 \right\rangle = -\frac{\partial E}{\partial \beta} = k_{\mathrm{B}} T^2 C_V , \tag{1.3.12}$$

式中，C_V 为定容热容量.

相对涨落则为

$$\frac{\left\langle H^2 \right\rangle - \left\langle H \right\rangle^2}{\left\langle H \right\rangle^2} = \frac{k_{\mathrm{B}} T^2 C_V}{E^2} . \tag{1.3.13}$$

式中，C_V 和 E 均为广延量，与粒子数 N 成正比，因此相对涨落有 $1/N$ 量级. 对于宏观体系，粒子数很大，相对涨落趋于零.

3. 正确的玻尔兹曼计数

正则系综描述的体系是粒子数不变的体系，在分布函数导出和热力学函数计算中，始终没有将体系粒子数作为变数(宏观约束条件)，即没有包含粒子数变化的信息，因此由它计算某些热力学函数(如熵)时难以保证其对粒子数依赖关系的正确性. 在配分函数中正确引入与体系粒子数有关的因子，可以弥补这一缺欠. 为了说明这一点，让我们以单原子分子理想气体为例来计算气体的熵. 体系的哈密顿量可写为

$$H = \sum_{i=1}^{N} \frac{p_i^2}{2m} .$$

这里，p_i 为第 i 个分子的动量，m 为其质量.

配分函数可以算出为

$$Q = \int \exp\left(-\sum_{i=1}^{N} \frac{\beta p_i^2}{2m}\right)\mathrm{d}\Gamma = V^N \left(\frac{2\pi m}{\beta}\right)^{3N/2} ,$$

再经简单的计算得出熵的表达式为

$$S=-\frac{\partial F}{\partial T}=\frac{\partial}{\partial T}\left(k_{\mathrm{B}}T\ln Q\right)=Nk_{\mathrm{B}}\left[\ln V+\frac{3}{2}\ln\left(2\pi mk_{\mathrm{B}}T\right)+\frac{3}{2}\right].$$

这个结果显然与 N 不成正比，与熵的广延性矛盾. 为了消除这一矛盾，只需在分布函数前乘一系数 $1/N!$，将式(1.3.1)变为

$$\rho=\frac{1}{N!}\mathrm{e}^{-\psi-\beta H},$$

配分函数随之成为

$$Q=\frac{1}{N!}\int\mathrm{e}^{-\beta H}\mathrm{d}\Gamma. \tag{1.3.14}$$

这样处理不影响分布函数的性质，但正确地计入了粒子数的信息. 计算出熵的表达式为

$$S=Nk_{\mathrm{B}}\left[\ln\frac{V}{N}+\frac{3}{2}\ln\left(2\pi mk_{\mathrm{B}}T\right)+\frac{5}{2}\right]. \tag{1.3.15}$$

这里用到了斯特林公式

$$\ln N!=N\ln N-N.$$

式(1.3.15)给出的熵与粒子数 N 成正比. 可见，引入因子 $1/N!$使熵的表达式对 N 的依赖关系成为正确的正比关系. 配分函数式(1.3.14)显含粒子数 N，并正确地反映了热力学函数对 N 的依赖. 事实上，这种处理相当于将微观状态的数目缩小到原来计数的 $1/N!$. 通常将这种计数方法称为正确的玻尔兹曼计数，因子 $1/N!$亦称吉布斯校正因子. 在以下的讨论中,我们一般都采用正确的玻尔兹曼计数. 为了表明其与粒子数有关，常将这样计数的配分函数写为 Q_N. 由它得出的自由能 F 则成为(T，V，N)的函数，其微分为

$$\mathrm{d}F=\left(\frac{\partial F}{\partial T}\right)_{V,N}\mathrm{d}T+\left(\frac{\partial F}{\partial V}\right)_{T,N}\mathrm{d}V+\left(\frac{\partial F}{\partial N}\right)_{T,V}\mathrm{d}N.$$

定义

$$\mu=\left(\frac{\partial F}{\partial N}\right)_{T,V},$$

再结合式(1.3.7)和式(1.3.10)，可得开放系的热力学公式

$$\mathrm{d}F=-S\mathrm{d}T-P\mathrm{d}V+\mu\mathrm{d}N. \tag{1.3.16}$$

1.4 巨正则系综

前面的讨论已指出，正则系综给出的热力学函数不能正确地反映某些热力学

量(如熵等)与体系粒子数之间的正比关系. 这是因为导出这一系综分布的前提是封闭系，没有包含粒子数变化的信息. 若要用正则系综理论给出正确的关系，必须人为地引入所谓正确的玻尔兹曼计数. 事实上，能够给出热力学函数随粒子数变化信息的系综是描述开放系的巨正则系综. 在量子统计中，更多地用到的正是这种系综. 本节将简要介绍经典的巨正则系综理论.

1. 巨正则分布

我们来考虑粒子数可变的开放系. 设想此系是通过与一个很大的“粒子库”交换粒子改变其粒子数的. 同时,假定物系与粒子库组成的总体系是封闭的. 将开放系与粒子库分别记作 1”和“2”，则应有如下关系：

$$N = N_1 + N_2, \qquad H = H_1 + H_2.$$

根据对粒子库性质的假定可知 $N_2 \gg N_1$.

由于两系组成的总物系是封闭的，故可用正则系综来描述. 这样，作为总物体系的子系——物体系 1 的微观量 u_1 是物系 1 的坐标、动量之函数，自然也是总封闭系的坐标、动量之函数，其平均值可用正则分布式(1.3.1)计算如下：

$$\overline{u}_1 = \int u_1 \mathrm{e}^{-\psi-\beta E} \mathrm{d}\Gamma .$$

顺便提醒，这里没有引入玻尔兹曼计数. 式中的 $\mathrm{d}\Gamma$ 是描述总封闭系的相宇之体积元. 将上式右端之积分用描述物系和粒子库的相宇积分表示，则有

$$\begin{aligned}\overline{u}_1 &= \mathrm{e}^{-\psi} \sum_{N_1=0}^{N} \frac{N!}{N_1!N_2!} \int u_1 \mathrm{e}^{-\beta H_1} \mathrm{d}\Gamma_1 \int \mathrm{e}^{-\beta H_2} \mathrm{d}\Gamma_2 \\ &= \sum_{N_1=0}^{N} \int u_1 \frac{N!}{N_1!} \left(\frac{1}{N_2!} \mathrm{e}^{-\psi} \int \mathrm{e}^{-\beta H_2} \mathrm{d}\Gamma_2 \right) \mathrm{e}^{-\beta H_1} \mathrm{d}\Gamma_1 \\ &= \sum_{N_1=0}^{N} \int u_1 \rho_1 \mathrm{d}\Gamma_1. \end{aligned} \tag{1.4.1}$$

这里引进了开放系的分布函数

$$\rho_1 = \frac{N!}{N_1!} \left(\frac{1}{N_2!} \mathrm{e}^{-\psi} \int \mathrm{e}^{-\beta H_2} \mathrm{d}\Gamma_2 \right) \mathrm{e}^{-\beta H_1} . \tag{1.4.2}$$

类似 1.3 节，将式(1.4.2)括号因子用指数函数表示为

$$\frac{1}{N_2!} \mathrm{e}^{-\psi} \left(\int \mathrm{e}^{-\beta H_2} \mathrm{d}\Gamma_2 \right) = \mathrm{e}^{\sigma(N-N_1)}$$

由粒子库的性质可知 $N = N_1 + N_2 \gg N_1$，故可将 $\sigma(N-N_1)$在 N 附近展开为泰勒级数展开至一次项为

$$\sigma(N-N_1)\approx\sigma(N)-\sigma'(N)N_1.$$

如是，分布函数成为

$$\rho_1=\frac{N!}{N_1!}\mathrm{e}^{\sigma(N)-\sigma'(N)N_1}\mathrm{e}^{-\beta H_1}.$$

记 $N!\mathrm{e}^{\sigma}$ 为 $\mathrm{e}-\varsigma$，$\sigma'(N)$为 α，省去下标“1”，上式可改写为

$$\rho=\frac{1}{N!}\mathrm{e}^{-\varsigma-\alpha N-\beta H}\ ,\tag{1.4.3}$$

称为**巨正则分布**.

因为式(1.4.1)中 $N\gg N_1$,故可将式(1.4.3)中对 N 的求和上限开拓至为∞. 于是，开放系微观量 u 的平均值可写为

$$\bar{u}=\sum_{N=0}^{\infty}\frac{1}{N!}\mathrm{e}^{-\varsigma-\alpha N}\int u\mathrm{e}^{-\beta H}\mathrm{d}\Gamma\ .\tag{1.4.4}$$

巨正则分布函数的归一化条件则为

$$\sum_{N=0}^{\infty}\frac{1}{N!}\mathrm{e}^{-\varsigma-\alpha N}\int\mathrm{e}^{-\beta H}\mathrm{d}\Gamma=1\ .\tag{1.4.5}$$

类似于正则系综，引入**巨配分函数**

$$\mathcal{Q}(\alpha,\beta,V)=\mathrm{e}^{\varsigma}=\sum_{N=0}^{\infty}\frac{1}{N!}\mathrm{e}^{-\alpha N}\int\mathrm{e}^{-\beta H}\mathrm{d}\Gamma\ .$$

这里已假定位形参量为体积 V. 定义易逸度 $z\equiv\mathrm{e}^{-\alpha}$，巨配分函数又写为

$$\mathcal{Q}(z,\beta,V)=\mathrm{e}^{\varsigma}=\sum_{N=0}^{\infty}z^N Q_N(\beta,V)\ ,\tag{1.4.6}$$

式中的 Q_N 为

$$Q_N=\frac{1}{N!}\int\mathrm{e}^{-\beta H}\mathrm{d}\Gamma\ .$$

与式(1.3.14)相同. 对于一般情形，式中的 V 应代之以 y_l.

2. 热力学公式

由式(1.4.4)可知，只要求出巨配分函数或其对数ς，开放系的性质便可以获得，所以ς有热力学势的作用. 让我们定义一个名为巨势的函数

$$\Omega=-k_{\mathrm{B}}T\varsigma=-k_{\mathrm{B}}T\ln\mathcal{Q}\ .\tag{1.4.7}$$

可以证明，所有的热力学函数均可由它求出.

首先，广义力的一般表达式为

$$\bar{Y}_l=\left\langle\frac{\partial H}{\partial y_l}\right\rangle=\sum_{N=0}^{\infty}\frac{\mathrm{e}^{\beta\Omega}}{N!}\mathrm{e}^{-\alpha N}\int\frac{\partial H}{\partial y_l}\mathrm{e}^{-\beta H}\mathrm{d}\Gamma$$

因此

$$\overline{y}_L = -\frac{1}{\beta}\frac{\partial \varsigma}{\partial y_l}. \tag{1.4.8}$$

如果位形变数只有 V，则 $\varsigma = \ln \mathcal{Q}$ 是(α, β, V)的函数，$\overline{Y}_l = -P$，可得压强为

$$P = \frac{1}{\beta}\left(\frac{\partial \varsigma}{\partial V}\right)_{\alpha,\beta}. \tag{1.4.9}$$

通过类似的计算，可以求出内能为

$$E = \langle H \rangle = -\left(\frac{\partial \varsigma}{\partial \beta}\right)_{V,\alpha}. \tag{1.4.10}$$

粒子数的平均值可计算为

$$\bar{N} = \langle N \rangle = \sum_{N=0}^{\infty}\frac{1}{N!}\mathrm{e}^{-\varsigma-\alpha N}\int N\mathrm{e}^{-\beta H}\mathrm{d}\Gamma = -\left(\frac{\partial \varsigma}{\partial \alpha}\right)_{\beta,V} = z\left(\frac{\partial \varsigma}{\partial z}\right)_{\beta,V}. \tag{1.4.11}$$

如式(1.2.11)，可定义熵为正比于分布函数之对数的相反数取统计平均

$$S = \langle -k_{\mathrm{B}} \ln \rho \rangle, \tag{1.4.12}$$

称为**吉布斯熵**，正比系数为玻尔兹曼常量. 代入巨正则分布式(1.4.3)，可得

$$S(\alpha,\beta,V) = k_{\mathrm{B}}\left(\varsigma - \beta\frac{\partial \varsigma}{\partial \beta} - \alpha\frac{\partial \varsigma}{\partial \alpha}\right) = k_{\mathrm{B}}\left(\varsigma + \beta E + \alpha \bar{N}\right). \tag{1.4.13}$$

利用偏微商关系，可得 S 作为内能、体积和平均粒子数之函数的全微分

$$\mathrm{d}S = k_{\mathrm{B}}\beta\mathrm{d}E + k_{\mathrm{B}}\beta P\mathrm{d}V - k_{\mathrm{B}}\alpha\mathrm{d}\bar{N}.$$

与热力学基本微分式(1.1.5)对比则有

$$\beta = \frac{1}{k_{\mathrm{B}}T}, \tag{1.4.14}$$

$$\alpha = \frac{\mu}{k_{\mathrm{B}}T}. \tag{1.4.15}$$

用式(1.4.7)、式(1.4.13)和式(1.4.15)，由吉布斯函数的定义

$$G = \bar{N}\mu = E - TS + PV, \tag{1.4.16}$$

可得

$$\Omega = -k_{\mathrm{B}}T\varsigma = E - TS - G = -PV. \tag{1.4.17}$$

通常将巨势的独立变数选为(T, V, μ)，易得

$$S = -\left(\frac{\partial \Omega}{\partial T}\right)_{V,\mu}, \tag{1.4.18}$$

$$P = -\left(\frac{\partial \Omega}{\partial V}\right)_{T,\mu}, \tag{1.4.19}$$

$$\bar{N} = -\left(\frac{\partial \Omega}{\partial \mu}\right)_{T,V}. \tag{1.4.20}$$

于是可得巨正则系综的热力学基本微分公式

$$\mathrm{d}\Omega = -S\mathrm{d}T - P\mathrm{d}V - \bar{N}\mathrm{d}\mu. \tag{1.4.21}$$

可见 Ω 是以(T, V, μ)为变数的热力学势，由它容易求出所有热力学函数. 除以上给出的几个热力学函数外，内能可写为

$$E = \Omega - T\frac{\partial \Omega}{\partial T} - \mu\frac{\partial \Omega}{\partial \mu}; \tag{1.4.22}$$

自由能为

$$F = \Omega - \mu\frac{\partial \Omega}{\partial \mu}; \tag{1.4.23}$$

吉布斯函数为

$$G = -\mu\frac{\partial \Omega}{\partial \mu}. \tag{1.4.24}$$

3. 巨正则系综的涨落

巨正则系综描述的封闭系可与外界交换粒子和能量，其粒子数和能量均有涨落，现分别讨论之.

1) 粒子数涨落

将式(1.4.11)写为

$$\sum_{N=0}^{\infty}\frac{1}{N!}\mathrm{e}^{-\varsigma-\alpha N}\left(\bar{N}-N\right)\int \mathrm{e}^{-\beta H}\mathrm{d}\Gamma = 0.$$

以(α, β, y_l)为独立变数，两边对 α 微商得

$$\frac{\partial \bar{N}}{\partial \alpha} + \sum_{N=0}^{\infty}\frac{1}{N!}\mathrm{e}^{-\varsigma-\alpha N}\left(\bar{N}-N\right)\left(-\frac{\partial \varsigma}{\partial \alpha}-N\right)\int \mathrm{e}^{-\beta H}\mathrm{d}\Gamma = 0,$$

即

$$\frac{\partial \bar{N}}{\partial \alpha} + \left\langle\left(\bar{N}-N\right)^2\right\rangle = 0.$$

于是可得分子数涨落为

$$\left\langle\left(\bar{N}-N\right)^2\right\rangle = -\frac{\partial \bar{N}}{\partial \alpha} = k_{\mathrm{B}}T\left(\frac{\partial \bar{N}}{\partial \mu}\right)_{T,V}. \tag{1.4.25}$$

相对涨落则为

$$\frac{\left\langle \left(\bar{N}-N\right)^2 \right\rangle}{\bar{N}^2}=\frac{\partial}{\partial \alpha}\frac{1}{\bar{N}}=\frac{k_{\mathrm{B}}T}{\bar{N}^2}\left(\frac{\partial \bar{N}}{\partial \mu}\right)_{T,V}. \tag{1.4.26}$$

2) 能量涨落

类似于式(1.2.25)的推导，容易求得能量涨落的如下表达式：

$$\left\langle \left(E-H\right)^2 \right\rangle=-\frac{\partial E}{\partial \beta}=k_{\mathrm{B}}T^2\left(\frac{\partial E}{\partial T}\right)_{\alpha,V}.$$

与正则系综能量涨落的结果貌似，但因末尾偏导数的不变量不同，结果相去甚远. 事实上，

$$\left(\frac{\partial E}{\partial T}\right)_{\alpha,V}=\left(\frac{\partial E}{\partial T}\right)_{\bar{N},V}+\left(\frac{\partial E}{\partial \bar{N}}\right)_{T,V}\left(\frac{\partial \bar{N}}{\partial T}\right)_{\alpha,V},$$

注意到$\alpha=\mu/k_{\mathrm{B}}T$，利用习题 1.2 结果有

$$\left(\frac{\partial \bar{N}}{\partial T}\right)_{\alpha,V}=\frac{1}{T}\left(\frac{\partial \bar{N}}{\partial \mu}\right)_{T,V}\left(\frac{\partial E}{\partial \bar{N}}\right)_{T,V},$$

代入前面的能量涨落表达式得

$$\begin{aligned}\left\langle \left(E-H\right)^2 \right\rangle&=k_{\mathrm{B}}T^2\left[\left(\frac{\partial E}{\partial T}\right)_{\bar{N},V}+\frac{1}{T}\left(\frac{\partial \bar{N}}{\partial \mu}\right)_{T,V}\left(\frac{\partial E}{\partial \bar{N}}\right)_{T,V}^2\right]\\&=k_{\mathrm{B}}T^2C_V+\left\langle \left(\bar{N}-N\right)^2 \right\rangle\left(\frac{\partial E}{\partial \bar{N}}\right)_{T,V}^2.\end{aligned} \tag{1.4.27}$$

式中右端首项与正则系综相同，多出的第二项与$(\partial E/\partial N)^2$成正比，描述由分子数涨落引起的能量涨落.

习　题

1.1　试证明巨势 $\Omega=-PV$ 是以 T，V，μ 为独立变数的特性函数，并导出其主要热力学函数的表达式.

1.2　试证明克拉玛斯(Kramers)函数 $q=-\Omega/T$ 的全微分式是

$$\mathrm{d}q=-E\mathrm{d}\left(\frac{1}{T}\right)+\frac{P}{T}\mathrm{d}V+N\mathrm{d}\left(\frac{\mu}{T}\right),$$

进而证明

$$T\left(\frac{\partial N}{\partial T}\right)_{\frac{\mu}{T},V}=\left(\frac{\partial N}{\partial \mu}\right)_{T,V}\left(\frac{\partial E}{\partial N}\right)_{T,V}.$$

1.3　试用最概然法导出正则分布.

1.4　试用配分函数证明：$C_V \geqslant 0$.

1.5　试以理想气体为例说明在正则分布中运用正确的玻尔兹曼计数法引入因子 $\frac{1}{N!}$ 可以解释吉布斯佯谬.

1.6　分别用配分函数与巨配分函数求经典理想气体的物态方程、内能、熵的表达式.

1.7　N 个无相互作用的双原子分子所组成的经典体系封闭在温度 T、体积 V 的容器内，分子的哈密顿量为

$$H\left(\boldsymbol{P}_1,\boldsymbol{P}_2,\boldsymbol{r}_1,\boldsymbol{r}_2\right)=\frac{1}{2m}\left(P_1^2+P_2^2\right)+\varepsilon\left|r_{12}-r_0\right| ,$$

式中，ε 和 r_0 是常数，$r_{12} \equiv |\boldsymbol{r}_1-\boldsymbol{r}_2|$. 试求系统的自由能和定容比热.

第 2 章 量子统计系综理论

描述微观力学运动的正确理论是量子力学，所以热现象的微观理论也应以量子论为基础. 本章我们将建立量子统计的系综理论. 它与经典统计力学的根本不同是用量子力学而不是用经典力学描述体系的微观运动和状态.

2.1 微正则系综

与经典统计一样，量子统计理论也可引入系综来描述宏观体系的统计性质. 最基本的系综是微正则系综，它描述的体系是孤立系.

1. 量子统计系综

在经典力学中，体系的一个微观状态可以用一组广义坐标和广义动量的数值来描述，对应于相宇中的一个点($q_1, q_2, \cdots, q_s$；$p_1, p_2, \cdots, p_s$)，这里 s 为体系的自由度. 广义坐标和动量随时间的变化规律则由哈密顿(Hamilton)方程给出

$$\begin{cases} \dot{q}_k = \dfrac{\partial H}{\partial p_k}, \\ \dot{p}_k = -\dfrac{\partial H}{\partial q_k}, \end{cases} \quad (k = 1, 2, \cdots, s).$$

式中，H 为体系的哈密顿函数 $H(q_1, q_2, \cdots, q_s;\ p_1, p_2, \cdots, p_s)$.

与经典力学不同，量子力学的微观状态用波函数来描述. 波函数通常表示为广义坐标和时间的函数，记为 $\psi(q_1, q_2, \cdots, q_s, t)$. 波函数随时间变化的规律由薛定谔(Schrödinger)方程给出，即

$$\mathrm{i}\hbar\frac{\partial}{\partial t}\psi(q_1, q_2, \cdots, q_s, t) = H\psi(q_1, q_2, \cdots, q_s, t). \tag{2.1.1}$$

作为一个最简单的例子，N 个无内部自由度的自由粒子组成的体系之薛定谔方程为

$$\mathrm{i}\hbar\frac{\partial}{\partial t}\psi = -\sum_{i=1}^{N}\frac{\hbar^2}{2m}\nabla_i^2\psi.$$

式中，$\hbar \equiv h/2\pi$，h 为普朗克(Planck)常量.

若已知初始时刻($t = 0$)的波函数 $\psi(q,\ 0)$(这里简单地用 q 代表所有广义坐标)，

则任一时刻的波函数 $\psi(q,t)$原则上可由方程(2.1.1)求解确定. 如果哈密顿量 H 不显含时间，方程便有如下形式的解：

$$\psi(q,t)=\mathrm{e}^{-\mathrm{i}Ht/\hbar}\psi(q,0). \tag{2.1.2}$$

在量子力学中，力学量用算符表示. 体系处在某态 ψ 时的力学量 A 之平均值由下式表示：

$$\overline{A}=(\psi^*,A\psi),$$

或用狄拉克(Dirac)符号写为

$$\overline{A}=\langle\psi|A|\psi\rangle, \tag{2.1.3}$$

这里已暗含波函数的归一化条件 $\langle\psi|\psi\rangle=1$.

平均值公式(2.1.3)一般仅给出可观察量的概率预测. 如果 A 的正交归一本征函数为 $|n\rangle$，相应本征值为 λ_n，波函数 $|\psi\rangle$ 则可按 $|n\rangle$ 展开为

$$|\psi\rangle=\sum_n C_n|n\rangle,$$

平均值公式(2.1.3)便成为

$$\overline{A}=\sum_n \lambda_n|C_n|^2,$$

式中，C_n 为在 $|\psi\rangle$ 态中测量 A 得到 λ_n 的概率振幅. 当 $|\psi\rangle$ 是 A 的本征函数时，式(2.1.3)给出精确值.

由此可见，量子力学对力学系的描述具有统计性. 人们有时也用“系综”的概念来阐述这种统计规律性. $|\psi\rangle$ 描绘的态称为量子力学“纯态”，其对应的系综则称为“纯系综”，它不同于统计力学的系综——统计系综. 本书不准备引入“纯系综”的概念.

统计物理考虑的力学系不是处于纯态的. 在一定的宏观条件下它可以处在各种可能的纯态. 各纯态以一定的概率出现，遵从统计规律性. 我们设想有许多完全相同的、彼此独立的体系，在完全相同的外界条件下，各以一定的概率处于独立的量子态. 它们组成统计系综(或称混合系综)，以下简称系综.系综对体系的描述所包含的信息只是物系处在各种状态 ψ_1，ψ_2，…的概率，并不能准确地给出某一时刻物系的波函数.

设 $|n\rangle$ 是一组正交、归一的完全波函数组，这里 n 为一组量子数.物系处于 n 态的概率是 W_n，力学量 A 的系综平均(统计平均)则为

$$\langle A\rangle=\sum_n W_n\langle n|A|n\rangle. \tag{2.1.4}$$

概率应是不大于 1 的非负数，即

$$0\leqslant W_n\leqslant 1,$$

并且具有归一性

$$\sum_n W_n = 1 . \tag{2.1.5}$$

2. 密度算符

将算符 A 在以 $|n\rangle$ 为基矢的表象中的矩阵形式写为 A_{mn}，式(2.1.4)的平均值则可写为

$$\langle A\rangle = \sum_n W_n \delta_{mn} \langle n|A|m\rangle = \sum_{m,n} \rho_{mn} A_{nm} , \tag{2.1.6}$$

这里定义了在 $\{n\}$ 表象中对角化的算符 ρ 的矩阵形式，由下式给出：

$$\rho_{mn} \equiv \langle m|\rho|n\rangle = \delta_{mn} W_n . \tag{2.1.7}$$

矩阵 ρ_{mn} 称为**密度矩阵**，相应的算符 ρ 为**密度算符**，又称统计算符. 它与经典统计力学的概率密度(分布函数)有相同的作用.

概率 W_n 的归一化条件又可写为

$$\mathrm{Tr}\rho = \sum_n \langle n|\rho|n\rangle = \sum_n W_n = 1 . \tag{2.1.8}$$

Tr 表示求迹运算. 为了更直观，这里的密度算符 ρ 以对角化的形式引入，在一个特殊的表象中确定. 但这并不影响定义的普遍性，因为 ρ_{mn} 唯一地确定了密度算符 ρ. 为便于计算，通常尽量选择使密度算符 ρ 对角化的表象. 例如，定态时选择能量表象，密度矩阵就是对角化的.

力学量 A 的统计平均值则可用矩阵的迹来表示，即

$$\langle A \rangle = \mathrm{Tr}(\rho A) = \mathrm{Tr}(A\rho). \tag{2.1.9}$$

根据迹的性质

$$\mathrm{Tr}(ABC) = \mathrm{Tr}(CAB) = \mathrm{Tr}(BCA)$$

可以证明：算符在不同表象中矩阵的迹相同. 事实上，通过幺正变换可以将算符的矩阵由一个表象变至另一表象，即

$$A \to SAS^{-1} ,$$

因此

$$\mathrm{Tr}(SAS^{-1}) = \mathrm{Tr}(S^{-1}SA) = \mathrm{Tr}(A) .$$

可见，表象变换不改变矩阵的迹. 这样，欲求力学量 A 的统计平均，只需先获得某个具体表象中的密度矩阵，进而计算 $A\rho$ 之迹.

密度算符还有如下性质：

(i) ρ 为厄米算符. 此命题由定义(2.1.7)容易看出，不再赘述.

(ii) ρ 正定，即其本征值非负.

事实上，对任一厄米算符 A，我们有

$$\left\langle A^2\right\rangle=\mathrm{Tr}\left(\rho A^2\right)=\sum_n W_n\left(A^2\right)_{nn}=\sum_{n,m}W_nA_{nm}A_{mn}\,.$$

由算符 A 的厄米性和概率的非负性，上式又写为

$$\left\langle A^2\right\rangle=\sum_{n,m}W_n\left|A_{nm}\right|^2\geqslant 0\,.$$

在 ρ 对角化的表象中，此不等式可写为

$$\left\langle A^2\right\rangle=\mathrm{Tr}\left(\rho A^2\right)=\sum_{n,m}\rho_{nn}A_{nm}A_{mn}=\sum_{n,m}\rho_{nn}\left|A_{nm}\right|^2\geqslant 0\,.$$

由于 A 的任意性，上式要求 $\rho_{nn}\geqslant 0$，即 ρ 为正定.

(iii) ρ 的矩阵元有界.

为证明这一命题，先考察 ρ^2 之迹. 由 ρ 的厄米性有

$$\mathrm{Tr}\left(\rho^2\right)=\sum_{n,m}\left|\rho_{nm}\right|^2\,.$$

在 ρ 对角化的表象中

$$\mathrm{Tr}\left(\rho^2\right)=\sum_n\left|\rho_{nn}\right|^2\,.$$

根据不等式

$$\sum_n\rho_{nn}^2\leqslant\left(\sum_n\rho_{nn}\right)^2$$

和归一化条件

$$\sum_n\rho_{nn}=1\,,$$

可得

$$\sum_{n,m}\left|\rho_{nm}\right|^2\leqslant 1\,.$$

因此 ρ 的矩阵元 ρ_{mn} 有界.

量子力学中常引入投影算符

$$\sum_n|n\rangle\langle n|\,.$$

它作用于任一波矢可获得其在 $|n\rangle$ 为基矢的空间中的表示.用投影算符将密度算符写为

$$\rho=\sum_n|n\rangle W_n\langle n|\,,\tag{2.1.10}$$

其在 $|n\rangle$ 表象中的矩阵元则为

$$\rho_{mn} \equiv \langle m|\rho|n\rangle = \sum_k \langle m|k\rangle W_k \langle k|n\rangle = \delta_{mn} W_n .$$

这正是式(2.1.7).

3. 微正则系综

以上定义的密度矩阵有如经典统计中定义的分布函数. 只要给出一定宏观条件(约束)下的密度矩阵，即可用统计平均公式(2.1.9)求得宏观量的值. 作为一种最简单、最基本的体系，先考虑能量、体积和粒子数均不变的孤立系. 为方便起见，仍如 1.2 节假定孤立系能量在 $E \to E+\Delta E$ ($\Delta E \to 0$)之间，物体系某量子态 $|n\rangle$ 的本征能量 E_n 则应满足条件 $E \leqslant E_n \leqslant E+\Delta E$. 假定在 ΔE“壳层”中的量子态总数为 $\Gamma(E, V, N)$. 类似于经典统计，量子统计的**基本假设**可以表述为：

描述孤立系的系综之密度矩阵为

$$\rho_{mn} = \delta_{mn} W_n ,$$

其中

$$W_n = \begin{cases} 1/\Gamma(E,V,N), & E \leqslant E_n \leqslant E+\Delta E, \\ 0, & \text{其他情形}. \end{cases} \quad (\Delta E \to 0) \tag{2.1.11}$$

满足式(2.1.11)的系综称为微正则系综. 这个假设即等概率假设：

孤立系所有可能的量子态概率相同.

等概率假设是统计力学最基本的也是唯一的假设.

与经典统计力学类似，熵定义为

$$S = k_{\mathrm{B}} \ln \Gamma(E,V,N) . \tag{2.1.12}$$

如 1.2 节，熵 S 是以 E、V、N 为独立变数的热力学势. 一旦获得熵作为 E、V、N 的函数，即易通过简单的微分运算求得体系所有热力学函数.

2.2 正 则 系 综

微正则系综的假设是统计物理的基本假设，是统计物理理论的基础. 所有统计物理的结果都可由微正则系综导出. 但是，在实际应用中，直接运用这一系综往往不很方便. 为此，需要针对不同宏观条件引入较适用的系综. 本节介绍一种常用的系综——**正则系综**.

正则系综是描述具有确定粒子数的体系之系综. 在经典力学中，封闭系的粒子数是完全确定的，经典的正则系综所描述的体系是封闭系. 在量子力学中，情况则有所不同. 即使将体系完全封闭，其粒子数还是可以变化的. 所以，在讨论量子正则系综时必须特别强调粒子数不变的条件. 此外，微观粒子的运动速度往往是很高的，还应考虑相对论效应. 但是，为了集中研究系综理论，我们目前暂不涉及相对论问题. 对于由此效应带来的新现象，留在具体问题中讨论.

1. 密度算符

考虑粒子数确定的系统，它与外界只交换能量而不交换粒子. 假定体系的粒子数为 N，其哈密顿量可写为

$$H=\sum_{i=1}^{N}h_i+U\left(\boldsymbol{r}_1,\boldsymbol{r}_2,\cdots,\boldsymbol{r}_N\right). \tag{2.2.1}$$

式中，h_i 为 i 粒子的哈密顿量. 能量本征方程则为

$$H\left|n\right\rangle=E_n\left|n\right\rangle. \tag{2.2.2}$$

设想物系与外界交换热量的方式是与一个大热库接触. 物系与大热库一起构成孤立系，能量和粒子数均不变. 不失一般性，假设大热库是由很多与物系相同的子系组成的，子系之间可交换能量. 由于子系间交换的能量较之子系本身的能量小得多(见 1.3 节说明)，可以认为子系接近独立. 于是，我们所讨论的物系便是近独立子系组成之孤立系(含大热库)的一个子系. 假定孤立系包含的子系总数为 M，记第 α 个子系的哈密顿量为 H_α，则孤立系哈密顿量可写为

$$H=\sum_{\alpha}H_\alpha .$$

用 $\psi_j(j=1，2，\cdots)$表示子系可能占据的任一量子态，本征能量为 E_j. 将 M 个子系中能量为 E_j 的子系数记作 M_j，数组$\{M_j\}$便给出子系按能量的一个分布.

根据孤立系的性质，$\{M_j\}$必受下列条件之约束:

$$M=\sum_{j}M_j , \tag{2.2.3}$$

$$E=\sum_{j}M_jE_j . \tag{2.2.4}$$

这里，E 为孤立系能量.根据孤立系条件，M 和 E 均为常数.因为分布$\{M_j\}$是子系按能量的分布，实现这种分布的方式(即子系占据能级的方式)可以有很多种，即同一分布可能包含很多不同的微观态. 由前面的假定可清楚地看出组成孤立系的子系(包括我们所研究的物系)定域，因此可以分辨. 这样，同一分布所包含的不同占据方式之数目(微观态数)应为

$$W=\frac{M!}{\prod\limits_{j}M_j!}. \tag{2.2.5}$$

因为孤立系系综取微正则分布，即所有可能的微观态平权，所以分布$\{M_j\}$的概率必同 W 成正比. 在平衡态时，系统应取概率最大，即 W 取极大值的分布(最

概然分布). 考虑到孤立系的宏观约束条件，这一分布就是在条件(2.2.3)和(2.2.4)下 W(因而 $\ln W$)极大的分布. 为求这一分布，引入拉格朗日(Lagrange)不定乘子 α 和 β，考虑 $\ln W$ 的条件极值，其满足的方程为

$$\frac{\partial}{\partial M_j}\ln W-\alpha\frac{\partial}{\partial M_j}\sum_k M_k-\beta\frac{\partial}{\partial M_j}\sum_k M_k E_k=0 .$$

将式(2.2.5)代入，再用斯特林公式，可得极值条件为

$$-\ln M_j-\alpha-\beta E_j=0 .$$

因此，最概然分布是

$$M_j=\mathrm{e}^{-\alpha-\beta E_j} . \tag{2.2.6}$$

可以证明[①]，由于分布的尖锐性，这个分布能够代表系综的平均分布，因此可以认为它就是平衡态的分布.

式(2.2.6)中的两个常数 α 和 β 由约束条件式(2.2.3)和式(2.2.4)确定.式(2.2.3)可写为

$$M=\sum_j M_j=\mathrm{e}^{-\alpha}\sum_j \mathrm{e}^{-\beta E_j}=\mathrm{e}^{-\alpha}Q , \tag{2.2.7}$$

这里引入的函数

$$Q\equiv\sum_j \mathrm{e}^{-\beta E_j}=\mathrm{Tr}\left(\mathrm{e}^{-\beta H}\right) \tag{2.2.8}$$

称为**配分函数**. 它显然是粒子数 α、β 和位形参数的函数.

物系处于能量为 E_j 的态之概率 ρ_j 由下式给出：

$$\rho_j\equiv\frac{M_j}{M}=\mathrm{e}^{-\beta E_j}\Big/\sum_j \mathrm{e}^{-\beta E_j}=Q^{-1}\mathrm{e}^{-\beta E_j} .$$

于是，密度算符便可写为

$$\rho=Q^{-1}\mathrm{e}^{-\beta H} . \tag{2.2.9}$$

密度矩阵在能量表象中的矩阵元则为

$$\rho_{nm}=\delta_{nm}Q^{-1}\mathrm{e}^{-\beta E_n} , \tag{2.2.10}$$

也可用狄拉克符号表示为

$$\rho=Q^{-1}\sum_n |n\rangle \mathrm{e}^{-\beta E_n}\langle n| . \tag{2.2.11}$$

由它可以计算力学量 A 的系综平均

① 具体证明可参阅：王竹溪. 1965. 统计物理学导论. 北京：高等教育出版社.

$$\langle A\rangle = \mathrm{Tr}(A\rho) = Q^{-1}\mathrm{Tr}\left(A\mathrm{e}^{-\beta H}\right). \tag{2.2.12}$$

用上述密度算符描述的分布称为**正则分布**.

这里引入的拉氏乘子 β 事实上是热平衡时的等量，故有温度的意义. 由约束条件(2.2.4)可以确定它与温度的关系是 $\beta = 1/(k_B T)$.

由上面各式可以看到，只要求出配分函数 Q，便可完全确定正则系综的密度算符，进而求出所有的热力学函数，研究物系的热力学性质.

2. 热力学

前已指出，配分函数 Q 是粒子数、β 和位形参数的函数.为简单计，假定所讨论的体系是简单均匀系，即只有一个位形参数体积 V. 将 Q 记为 $Q_N(\beta, V)$. 类似经典统计，定义自由能为

$$F = -k_B T \ln Q_N . \tag{2.2.13}$$

可以证明，它与热力学的自由能具有相同的物理意义.

由式(2.2.12)有

$$E = \langle H\rangle = Q_N^{-1}\mathrm{Tr}\left(H\mathrm{e}^{-\beta H}\right) = -\frac{\partial}{\partial\beta}\ln Q_N . \tag{2.2.14}$$

用 F 的定义式(2.2.13)，选(T，V)为独立变数，上式成为

$$E = k_B T^2 \frac{\partial}{\partial T}\ln Q_N = -k_B T^2 \frac{\partial}{\partial T}\left(\frac{F}{k_B T}\right) = F - T\frac{\partial F}{\partial T}. \tag{2.2.15}$$

将热力学中引入的自由能记为 $F_{热}$，皆知有同样的关系

$$E = F_{热} - T\frac{\partial F_{热}}{\partial T} = -k_B T^2 \frac{\partial}{\partial T}\left(\frac{F_{热}}{k_B T}\right).$$

与式(2.2.15)比较有

$$\frac{\partial}{\partial T}\left(\frac{F - F_{热}}{k_B T}\right)_V = 0 ,$$

积分得

$$\frac{F - F_{热}}{k_B T} = C(V).$$

这里，$C(V)$是与 V 有关的积分常数.

为了确定 $C(V)$，让我们来考虑 $T\to 0$ 时的极限. 这时，物系处于基态. 记其能量为 E_0，简并度为 ω_0，配分函数则为

$$Q_N = \omega_0 \mathrm{e}^{-E_0/k_B T} ,$$

因而有

$$F_0 = E_0 - k_B T \ln \omega_0 .$$

注意到热力学自由能与熵的关系

$$F_{热} = E - TS ,$$

$T \to 0$ 时为

$$F_{热0} = E_0 - TS_0 .$$

若将熵常数选为

$$S_0 = k_B \ln \omega_0 , \tag{2.2.16}$$

便得

$$\lim_{T \to 0} \frac{F - F_{热}}{k_B T} = 0 .$$

于是有 $C(V) = 0$. 所以，$F = F_{热}$，这里定义的自由能即热力学中引入的自由能.

由式(2.2.15)易得

熵

$$S = -\left(\frac{\partial F}{\partial T}\right)_V .$$

压强

$$P = \left\langle \frac{\partial H}{\partial V} \right\rangle = -\frac{1}{\beta}\left(\frac{\partial}{\partial V}\ln Q_N\right)_T = -\left(\frac{\partial F}{\partial V}\right)_T .$$

由以上两式得自由能的微分式

$$\mathrm{d}F = -S\mathrm{d}T - P\mathrm{d}V .$$

这也是热力学第二定律的微分式. 由此式亦见，以(T, V)为独立变数，自由能为热力学势(特性函数). 只要获得物系的配分函数，用式(2.2.13)算出自由能，便可简单地计算所有热力学函数.

式(2.2.16)给出 $T = 0$ 时的熵. 一般来说，基态能级不简并，即 $\omega_0 = 1$，所以 $S_0 = 0$. 这意味着，当温度 T 趋于零时，无论体积如何变化，物系的熵趋于一个共同的极限——零. 这样，以绝对零度熵为熵的零点确定的熵将不因其他参数值不同而不同，可称“绝对熵”. 绝对熵的结论等效于**能斯特定理**，即

$$\lim_{T \to 0}(\Delta S)_T = 0$$

亦即**热力学第三定律**. 我们知道，经典统计不能得出这一结论，因此热力学第三定律是微观运动之量子属性的结果.

容易算出量子正则系综的能量涨落

$$\left\langle (\Delta E)^2 \right\rangle = -\frac{\partial E}{\partial \beta} = k_{\mathrm{B}} T^2 C_V \,, \tag{2.2.17}$$

相对涨落为

$$\left\langle \left(\frac{\Delta E}{E} \right)^2 \right\rangle = \frac{k_{\mathrm{B}} T^2 C_V}{E^2} \sim \mathrm{O}\left(\frac{1}{N} \right),$$

与粒子数成反比.对宏观体系来说($N \gg 1$)，能量涨落微不足道.

2.3　巨正则系综

本节推广 2.2 节的讨论,研究粒子数和能量均可变化的普遍情形. 描述这类体系的系综是**巨正则系综**.

1. 巨配分函数

考虑可与外界同时交换粒子和能量的物系. 设想我们研究的物系置于与其全同且互可交换粒子和能量的大量物系组成的孤立系中. 假定此孤立系包含的子系共有 M 个，总粒子数为 N，能量为 E. 用 $m_{j(N)}$代表粒子数为 N、能量为 $E_{j(N)}$的子系之数目，则 $\{ m_{j(N)} \}$ 给出物系按粒子数和能量的一个分布. 略去子系间的相互作用能，上述分布应受以下守恒条件的约束：

总子系数守恒

$$\sum_N \sum_{j(N)} m_{j(N)} = \mathscr{M} \,, \tag{2.3.1}$$

总粒子数守恒

$$\sum_N \sum_{j(N)} m_{j(N)} N = \mathscr{N} \,, \tag{2.3.2}$$

总能量守恒

$$\sum_N \sum_{j(N)} m_{j(N)} E_{j(N)} = \mathscr{E} \,. \tag{2.3.3}$$

显然，实现分布$\{m_{j(N)}\}$的方式不是唯一的，其数目(在不考虑能级简并时可称为此分布包含的微观状态数)应为

$$W = \frac{\mathscr{M}!}{\prod_N \prod_{j(N)} m_{j(N)}!}. \tag{2.3.4}$$

现在，我们用最概然法求分布$\{m_{j(N)}\}$. 根据等概率假设，分布的概率应与 W 成正比. 类似于 2.2 节，我们仍用拉格朗日不定乘子法求极值. 由于有三个约束条

件，这里引入三个拉氏乘子 α，β 和 γ. $\ln W$ 取极值的条件成为

$$\frac{\partial}{\partial m_{j(N)}}\ln W-\frac{\partial}{\partial m_{j(N)}}\sum_{N}\sum_{k(N)}m_{k(N)}\left(\gamma+\alpha N+\beta E_{k(N)}\right)=0\ ,$$

由此可得

$$m_{j(N)}=\mathrm{e}^{-\gamma-\alpha N-\beta E_{j(N)}}\ .$$

为简便，用 n 代表 $j(N)$，将上式写为

$$m_n=\mathrm{e}^{-\gamma-\alpha N-\beta E_n}\ . \tag{2.3.5}$$

物系处在 n 能级的概率为

$$\rho_n=\frac{m_n}{\mathscr{M}}=\frac{1}{\mathscr{M}}\mathrm{e}^{-\gamma-\alpha N-\beta E_n}\ .$$

记 $\mathrm{e}^{-\gamma}/\mathscr{M}=\mathrm{e}^{-\varsigma}$，上式简化为

$$\rho_n=\mathrm{e}^{-\varsigma-\alpha N-\beta E_n}\ , \tag{2.3.6}$$

此分布称为巨正则分布. 其归一化条件为

$$\sum_{N=0}^{\infty}\sum_{n}\mathrm{e}^{-\varsigma-\alpha N-\beta E_n}=1\ . \tag{2.3.7}$$

由于大物系(孤立系)较子系大得多，即 $N\gg N$，我们这里将对 N 求和的范围取为 $0\to\infty$.

由上式可定义**巨配分函数**

$$\mathscr{Q}=\mathrm{e}^{\varsigma}=\mathrm{Tr}\left(\mathrm{e}^{-\alpha N-\beta E_n}\right)=\sum_{N=0}^{\infty}\sum_{n}\mathrm{e}^{-\alpha N-\beta E_n}\ . \tag{2.3.8}$$

引入易逸度

$$z\equiv\mathrm{e}^{-\alpha}\ ,$$

在仅有压缩功的情形下，巨配分函数是 z、β 和 V 的函数，可写为

$$\mathscr{Q}(z,\beta,V)=\sum_{N=0}^{\infty}z^N Q_N(\beta,V)=\mathrm{Tr}\left(z^N\mathrm{e}^{-\beta H}\right), \tag{2.3.9}$$

式中

$$Q_N(\beta,V)=\sum_{n}\mathrm{e}^{-\beta E_n}=\mathrm{Tr}\left(\mathrm{e}^{-\beta H}\right).$$

根据式(2.3.6)，可得巨正则系综的密度算符为

$$\rho=\mathscr{Q}^{-1}\mathrm{e}^{-\alpha N-\beta H}\ , \tag{2.3.10}$$

微观量 A 的系综平均则由下式给出：

$$\langle A\rangle = \mathrm{Tr}(A\rho) = \mathcal{Q}^{-1}\mathrm{Tr}\left(A\mathrm{e}^{-\alpha N-\beta H}\right). \tag{2.3.11}$$

2. 热力学公式

容易由巨配分函数计算开放系的热力学量. 以平均能量、粒子数和压强为例，将$\zeta = \ln\mathcal{Q}$视为(α, β, V)的函数，有

$$E = \langle H\rangle = \mathcal{Q}^{-1}\mathrm{Tr}\left(H\mathrm{e}^{-\alpha N-\beta H}\right) = -\left(\frac{\partial\varsigma}{\partial\beta}\right)_{\alpha,V}, \tag{2.3.12}$$

$$\bar{N} = \langle N\rangle = \mathcal{Q}^{-1}\mathrm{Tr}\left(N\mathrm{e}^{-\alpha N-\beta H}\right) = z\left(\frac{\partial\varsigma}{\partial z}\right)_{\beta,V} = -\left(\frac{\partial\varsigma}{\partial\alpha}\right)_{\beta,V}, \tag{2.3.13}$$

$$P = -\mathcal{Q}^{-1}\mathrm{Tr}\left(\frac{\partial H}{\partial V}\mathrm{e}^{-\alpha N-\beta H}\right) = \frac{1}{\beta}\left(\frac{\partial\varsigma}{\partial V}\right)_{\alpha,\beta}, \tag{2.3.14}$$

可见，各热力学量与 ζ 的关系与经典统计完全相同. 类似于经典统计，定义巨势，由下式给出：

$$\Omega = -k_{\mathrm{B}}T\varsigma. \tag{2.3.15}$$

作为μ、T和V的函数. 其中μ为化学势，它与α、β的关系由下式给出：

$$\alpha = -\beta\mu.$$

基本热力学函数则可以通过对Ω求微商获得，即

$$S = -\left(\frac{\partial\Omega}{\partial T}\right)_{\mu,V} = k_{\mathrm{B}}\left(\varsigma + \beta E + \alpha\bar{N}\right), \tag{2.3.16}$$

$$P = -\left(\frac{\partial\Omega}{\partial V}\right)_{\mu,T}, \tag{2.3.17}$$

$$\bar{N} = -\left(\frac{\partial\Omega}{\partial\mu}\right)_{T,V}, \tag{2.3.18}$$

$$E = \Omega - T\frac{\partial\Omega}{\partial T} - T\frac{\partial\Omega}{\partial\mu}. \tag{2.3.19}$$

并有微分式

$$\mathrm{d}\Omega = -S\mathrm{d}T - P\mathrm{d}V - \bar{N}\mathrm{d}\mu, \tag{2.3.20}$$

这正是开放系的基本微分方程.

再注意到

$$G = E - TS + PV,$$

我们有

$$\Omega = -PV. \tag{2.3.21}$$

3. 涨落

下面考虑涨落问题. 用巨正则系综理论不仅可以求出能量的涨落，还能计算粒子数涨落.

先求粒子数的涨落

$$\begin{aligned}\langle N^2\rangle - \langle N\rangle^2 &= \mathcal{Q}^{-1}\mathrm{Tr}\left(N^2 \mathrm{e}^{-\alpha N-\beta H}\right) - \langle N\rangle \mathcal{Q}^{-1}\mathrm{Tr}\left(N\mathrm{e}^{-\alpha N-\beta H}\right)\\ &= \mathcal{Q}^{-1}\mathrm{Tr}\left(N^2 \mathrm{e}^{-\alpha N-\beta H}\right) + \frac{\partial \varsigma}{\partial \alpha}\mathcal{Q}^{-1}\mathrm{Tr}\left(N\mathrm{e}^{-\alpha N-\beta H}\right)\\ &= \mathrm{e}^{-\varsigma}\frac{\partial^2}{\partial\alpha^2}\mathrm{e}^{\varsigma} - \frac{\partial\varsigma}{\partial\alpha}\mathrm{e}^{-\varsigma}\frac{\partial}{\partial\alpha}\mathrm{e}^{\varsigma} = \frac{\partial^2\varsigma}{\partial\alpha^2} = k_{\mathrm{B}}T\frac{\partial\bar{N}}{\partial\mu}.\end{aligned} \tag{2.3.22}$$

能量涨落可类似地求出为

$$\langle H^2\rangle - \langle H\rangle^2 = -\left(\frac{\partial E}{\partial\beta}\right)_{\alpha,V} = k_{\mathrm{B}}T^2\left(\frac{\partial E}{\partial T}\right)_{\alpha,V},$$

与式(1.4.27)相同，最后得

$$\langle H^2\rangle - \langle H\rangle^2 = k_{\mathrm{B}}T^2 C_V + \left\langle(\bar{N}-N)^2\right\rangle\left(\frac{\partial E}{\partial\bar{N}}\right)_{T,V}^2. \tag{2.3.23}$$

2.4 量子统计法

前面几节分别在不同的宏观约束条件下导出了几种常用系综的密度算符，尚未涉及体系中粒子的具体性质.考虑到全同性，微观粒子因自旋特征不同(因而对单粒子态的占据性质不同)可分为两类：玻色(Bose)子与费米(Fermi)子. 由它们组成的全同多粒子系的统计性质也分为**玻色统计**与**费米统计**两种. 本节用巨正则系综讨论这两种粒子系的量子统计法.

1. 两种不同的统计法

为集中分析两种不同的统计方法，我们暂时略去粒子间的相互作用，讨论自由粒子系. N 粒子的自由粒子系哈密顿量为

$$H = \sum_{i=1}^{N} h_i, \tag{2.4.1}$$

其中，h_i 为单粒子哈密顿量. 为简单计，假定自旋态能量简并.

将单粒子能级记为 ε_l ($l = 0, 1, 2, \cdots$)，假定粒子在此能级上的占据数是 n_l，粒

子按能级的分布则为$\{n_l\}$. 通常能级是简并的，即同一能级可有多个不同的单粒子态，因而该能级上的粒子在这些态上的分布方式并不唯一. 所以，确定分布$\{n_l\}$还不能完全确定体系的微观状态，同一分布下可能出现很多不同的微观态. 现在我们来求分布$\{n_l\}$包含之微观状态的数目. 假定能级 ε_l 的简并度为 ω_l，将此能级上的 n_l 个粒子在 ω_l 个单粒子态上的填充方式数记为 W_l，则分布$\{n_l\}$包含的微观状态数应为

$$W = \prod_l W_l . \tag{2.4.2}$$

由于统计性质不同，玻色子和费米子组成的体系之 W_l 取值可能不同，现分别讨论之：

(i) 玻色统计法.

自旋为整数和零的粒子为玻色子. 它们遵从**玻色-爱因斯坦(Einstein)统计**，简称玻色统计. 其特点是：可以有任意数目的粒子处于同一单粒子态. 根据这种统计法，n_l 个粒子填充到 ω_l 个态上的方式数为

$$W_l = C_{\omega_l+n_l-1}^{n_l} = \frac{(\omega_l + n_l - 1)!}{n_l!(\omega_l - 1)!} . \tag{2.4.3a}$$

(ii) 费米统计法.

自旋取半整数的粒子为费米子. 其全同粒子系遵从费米-狄拉克统计，简称费米统计. 此统计法的原则是不能有两个或两个以上粒子同处于一个单粒子态，即遵从泡利(Pauli)不相容原理. 对此种体系，n_l 个粒子填充到 ω_l 个态上的方式数为

$$W_l = C_{\omega_l}^{n_l} = \frac{\omega_l!}{n_l!(\omega_l - n_l)!} . \tag{2.4.3b}$$

综上所述，我们将分布$\{n_l\}$包含的状态数写成

$$W = \prod_l W_l = \begin{cases} \prod_l C_{\omega_l+n_l-1}^{n_l} & (\text{B.E}), \\ \prod_l C_{\omega_l}^{n_l} & (\text{F.D}). \end{cases} \tag{2.4.4}$$

式中，B. E. 和 F. D. 分别为玻色-爱因斯坦和费米-狄拉克统计的缩写.

2. 巨配分函数

2.3 节已给出巨配分函数的普遍形式，现在我们将它应用到全同粒子系，研究玻色和费米两种不同统计的特征.

全同的自由量子粒子系之巨配分函数由下式给出：

$$\mathcal{Q}(z,\beta,V)=\sum_{N=0}^{\infty}z^{N}Q_{N}(\beta,V).$$

这里已假定仅有压缩功. 考虑粒子按能级的分布则有

$$\begin{aligned}\mathcal{Q}(z,\beta,V)&=\sum_{N=0}^{\infty}\sum_{\{n_l\}}Wz^{\sum n_l}\mathrm{e}^{-\beta\sum n_l\varepsilon_l}=\sum_{(n_l)}\prod_{l}\left(W_l z^{n_l}\mathrm{e}^{-\beta n_l\varepsilon_l}\right)\\&=\prod_{l}\sum_{n_l=0}^{\infty}W_l\left(z\mathrm{e}^{-\beta\varepsilon_l}\right)^{n_l}.\end{aligned}\tag{2.4.5}$$

式中第二个等号后的(n_l)表示对粒子数 N 不受限制的所有分布$\{n_l\}$求和.

将式(2.4.3)给出的 W_l代入，可进一步得到

$$\mathcal{Q}=\begin{cases}\prod_{l}\sum_{n_l}C_{\omega_l+n_l-1}^{n_l}\left(z\mathrm{e}^{-\beta\varepsilon_l}\right)^{n_l}=\prod_{l}\left(1-z\mathrm{e}^{-\beta\varepsilon_l}\right)^{-\omega_l} & \text{(B. E.)},\\ \prod_{l}\sum_{n_l}C_{\omega_l}^{n_l}\left(z\mathrm{e}^{-\beta\varepsilon_l}\right)^{n_l}=\prod_{l}\left(1+z\mathrm{e}^{-\beta\varepsilon_l}\right)^{\omega_l} & \text{(F. D.)}.\end{cases}\tag{2.4.6}$$

上面的推导用到了$(1+x)^n$的展开式.

巨配分函数的对数为

$$\varsigma=\ln\mathcal{Q}=\mp\sum_{l}\omega_l\ln\left(1\mp z\mathrm{e}^{-\beta\varepsilon_l}\right)\quad\begin{pmatrix}-:\text{B. E.}\\+:\text{F. D.}\end{pmatrix}.\tag{2.4.7}$$

巨势由下式给出：

$$\Omega=-PV=-k_{\mathrm{B}}T\varsigma.$$

应当指出，在前面的推导中，我们已暗取 $V\to\infty$，$N\to\infty$，且 N/V 为有限常数的极限，即热力学极限. 在这种极限下，界面与粒子之间的作用是可以略去的，所以力学压强只有体积部分的贡献. 在实际计算中，应适当选取函数$\mathcal{Q}$、Ω、ς的独立变数，以使运算方便.通常选$\mathcal{Q}(z,\ \beta,\ V)$、$\Omega(\mu,\ T,\ V)$和$\varsigma(\alpha,\ \beta,\ V)$.

3. 热力学函数

用前面导出的巨配分函数可直接获得各热力学函数的计算公式. 结果如下：

压强

$$P=\frac{k_{\mathrm{B}}T}{V}\ln\mathcal{Q}=\mp\frac{k_{\mathrm{B}}T}{V}\sum_{l}\omega_l\ln\left(1\mp z\mathrm{e}^{-\beta\varepsilon_l}\right).\tag{2.4.8}$$

内能

$$E=\sum_{l}\frac{\omega_l\varepsilon_l}{z^{-1}\mathrm{e}^{\beta\varepsilon_l}\mp1}.\tag{2.4.9}$$

粒子数

$$N=\sum_l \frac{\omega_l}{z^{-1}\mathrm{e}^{\beta\varepsilon_l}\mp 1}. \tag{2.4.10}$$

式(2.4.10)给出易逸度与粒子数的函数关系.

熵

$$\begin{aligned} S&=-\left(\frac{\partial \Omega}{\partial T}\right)_{\mu,V} \\ &=\frac{1}{T}\left[\sum_l \frac{\omega_l\varepsilon_l}{z^{-1}\mathrm{e}^{\beta\varepsilon_l}\mp 1}\mp k_\mathrm{B}T\sum_l \omega_l \ln\left(1\mp z\mathrm{e}^{-\beta\varepsilon_l}\right)-\mu\sum_l \frac{\omega_l}{z^{-1}\mathrm{e}^{\beta\varepsilon_l}\mp 1}\right]. \end{aligned} \tag{2.4.11}$$

于是有

$$S=\frac{E-\Omega-\mu N}{T}.$$

同时，可以求出第 l 能级上的平均占据数为

$$\begin{aligned} \langle n_l\rangle &= \mathcal{Q}^{-1}\mathrm{Tr}\left(n_l z^N \mathrm{e}^{-\beta H}\right)=\mathcal{Q}^{-1}\sum_{N=0}^{\infty}\sum_{态} n_l z^{\sum_l n_l}\mathrm{e}^{-\beta\sum_l n_l\varepsilon_l} \\ &=\mathcal{Q}^{-1}\left(-\frac{1}{\beta}\frac{\partial \mathcal{Q}}{\partial \varepsilon_l}\right)=\frac{\omega_l}{z^{-1}\mathrm{e}^{\beta\varepsilon_l}\mp 1}. \end{aligned} \tag{2.4.12}$$

以上各式的+、−号均为上：B. E. ，下：F. D. (下同). 式(2.4.12)中求和号下的“态”表示对所有单粒子态求和. 平均占据数的结果取−号给出玻色子在能级 ε_l 上的平均分布，故称为**玻色分布**；取 − 号给出费米子的相应分布，称为**费米分布**.

4. 粒子数涨落

下面讨论量子巨正则系综的占据数和粒子总数涨落.

首先，计算第 l 能级的占据数之涨落

$$\left\langle\left(n_l-\langle n_l\rangle\right)^2\right\rangle=\left\langle n_l^2\right\rangle-\langle n_l\rangle^2.$$

将等式

$$\mathrm{Tr}\left[\rho\left(\langle n_l\rangle-n_l\right)\right]=0$$

两边对 ε_l 微商，可得

$$\mathrm{Tr}\left\{\rho\left[\frac{\partial\langle n_l\rangle}{\partial\varepsilon_l}+\beta\left(\langle n_l\rangle-n_l\right)^2\right]\right\}=0.$$

于是得占据数涨落

$$\left\langle n_l^2\right\rangle-\left\langle n_l\right\rangle^2=-\frac{1}{\beta}\frac{\partial\left\langle n_l\right\rangle}{\partial\varepsilon_l}=\left\langle n_l\right\rangle\pm\frac{\left\langle n_l\right\rangle^2}{\omega_l}, \tag{2.4.13}$$

相对涨落则为

$$\frac{\left\langle n_l^2\right\rangle-\left\langle n_l\right\rangle^2}{\left\langle n_l\right\rangle^2}=\frac{1}{\left\langle n_l\right\rangle}\pm\frac{1}{\omega_l}\quad\begin{pmatrix}+\text{: B. E.}\\ -\text{: F. D.}\end{pmatrix}. \tag{2.4.14}$$

再求粒子总数的涨落. 类似地，将等式

$$\mathrm{Tr}\left[\rho\left(\langle N\rangle-N\right)\right]=0$$

两边对 α 微商可以求出粒子总数的涨落为

$$\left\langle N^2\right\rangle-\left\langle N\right\rangle^2=-\frac{\partial\left\langle N\right\rangle}{\partial\alpha}=\sum_l\left(\left\langle n_l\right\rangle\pm\frac{\left\langle n_l\right\rangle^2}{\omega_l}\right), \tag{2.4.15}$$

相对涨落则为

$$\frac{\left\langle N^2\right\rangle-\left\langle N\right\rangle^2}{\left\langle N\right\rangle^2}=\frac{1}{\left\langle N\right\rangle^2}\sum_l\left(\left\langle n_l\right\rangle\pm\frac{\left\langle n_l\right\rangle^2}{\omega_l}\right). \tag{2.4.16}$$

当 $n_l\ll\omega_l$ 时，式(2.4.15)可简化为

$$\left\langle N^2\right\rangle-\left\langle N\right\rangle^2\to\sum_l\left\langle n_l\right\rangle=\sum_l\frac{\omega_l}{z^{-1}\mathrm{e}^{\beta\varepsilon_l}\mp 1}=\left\langle N\right\rangle, \tag{2.4.17}$$

相对涨落成为

$$\frac{\left\langle N^2\right\rangle-\left\langle N\right\rangle^2}{\left\langle N\right\rangle^2}\to\frac{1}{\left\langle N\right\rangle}\ll 1. \tag{2.4.18}$$

涨落公式与经典统计力学的结果不同，反映了粒子的波粒二象性. 经典结果只包含式(2.4.15)和式(2.4.16)中的首项，它是由粒子性决定的. 式中的第二项是用量子统计法计算新出现的，它反映粒子的波动性. 当 $n_l\ll\omega_l$ 时，涨落趋于其经典极限式(2.4.17). 这时，粒子波动性不明显，涨落表达式中仅包含粒子性贡献的部分，与经典结果相同.

顺便指出，在前面求迹的计算中，当 $V\to\infty$ 时，可以将动量本征值视为“准连续”. 这样，对 l 的求和即可通过积分实现. 如果动量本征态的简并度是 ω_0，我们有如下由求和变积分的代换：

$$\sum_l\omega_l\cdots\to\sum_p\omega_0\cdots\to\frac{\omega_0 V}{h^3}\int\cdots\mathrm{d}^3p, \tag{2.4.19}$$

这一代换在下文中将经常用到. 式中，h 为普朗克常量.

5. 玻尔兹曼统计

如上所述，微观粒子有玻色子和费米子两种，相应的统计法为玻色统计和费米统计. 当各能级的平均占据数 $\langle n_l \rangle$ 较相应能级的简并度 ω_l 小得多($n_l \ll \omega_l$)时，量子气体的多个粒子占据同一单粒子态的机会变得很小，粒子可以近似地认为是“定域”的，因此可以区分. 这时，上述两种统计法取同一极限形式. 这种统计法相当于可分辨粒子系的统计法，称为**麦克斯韦(Maxwell)-玻尔兹曼(麦-玻)统计法**. 这种气体则被称为**非简并气体**. 对于麦-玻统计，分布$\{n_l\}$包含的微观状态数为

$$W = \prod_l W_l = \prod_l \frac{\omega_l^{n_l}}{n_l!}, \tag{2.4.20}$$

配分函数及其对数为

$$\mathcal{Q}(z,\beta,V) = \prod_l \exp\left(\omega_l z \mathrm{e}^{-\beta\varepsilon_l}\right), \tag{2.4.21}$$

$$\varsigma = \ln \mathcal{Q} = \sum_l \omega_l z \mathrm{e}^{-\beta\varepsilon_l} . \tag{2.4.22}$$

粒子在各能级之分布，即平均占据数为

$$\langle n_l \rangle = \mathrm{e}^{-\alpha-\beta\varepsilon_l}\omega_l , \tag{2.4.23}$$

这个分布称为**麦-玻分布**.

物系粒子数的计算公式成为

$$N = \sum_l \mathrm{e}^{-\alpha-\beta\varepsilon_l}\omega_l . \tag{2.4.24}$$

若粒子数守恒，可由式(2.4.24)确定易逸度(或 α). 将自由粒子的能量写为

$$\varepsilon_p = p^2/2m = \left(p_x^2 + p_y^2 + p_z^2\right)/2m ,$$

式中，p_x、p_y 和 p_z 分别为动量的三个直角坐标分量.用箱归一化条件，动量三分量的本征值可确定为

$$p_x = hl/a, \quad p_y = hm/b, \quad p_z = hr/c,$$

其中，l、m、r 为整数，a、b、c 为粒子所在长方体之长、宽、高. 粒子系的体积为 $V = abc$. 为计算易逸度，先用式(2.4.19)将粒子数守恒式的能级求和换为动量积分. 略去动量本征态的简并度，可得

$$N = \frac{Vz}{h^3}\int \mathrm{e}^{-\beta p^2/2m} 4\pi p^2 \mathrm{d}p = zV\left(\frac{2\pi m k_\mathrm{B} T}{h^2}\right)^{3/2} .$$

定义热波长

$$\lambda \equiv \sqrt{\frac{2\pi\hbar^2}{m k_\mathrm{B} T}} , \tag{2.4.25}$$

解出易逸度为

$$z=\frac{\lambda^3}{v}=\rho\lambda^3 . \tag{2.4.26}$$

式中，$\rho=N/V$ 为粒子数密度，$v=1/\rho$ 为体积度，$\rho\lambda^3$ 为粒子的**相空间密度**.

能量的表达式为

$$E=\sum_l \langle n_l\rangle\varepsilon_l = z\sum_l \omega_l\varepsilon_l \mathrm{e}^{-\beta\varepsilon_l}=\frac{3N}{2\beta} . \tag{2.4.27}$$

对比理想气体已知的结果

$$E=\frac{3}{2}Nk_{\mathrm{B}}T$$

可得

$$\beta=\frac{1}{k_{\mathrm{B}}T} .$$

熵的表达式成为

$$\begin{aligned} S &= k_{\mathrm{B}}z\sum_l \omega_l \mathrm{e}^{-\beta\varepsilon_l}\left(\beta\varepsilon_l-\ln z\right)=k_{\mathrm{B}}\beta E-Nk_{\mathrm{B}}\ln z \\ &=\frac{3}{2}Nk_{\mathrm{B}}-Nk_{\mathrm{B}}\ln\left(\rho\lambda^3\right). \end{aligned} \tag{2.4.28}$$

2.5　简单的例子

上面几节建立了量子统计系综，并用之导出了玻色与费米两种粒子系的统计分布. 现在我们利用这些理论来研究几个较简单的例子.

1. 理想量子气体的物态方程

理想量子气体的广义概念是指由大量近独立子系组成的体系. 这里的子系可以是通常概念下的分子，也可能是电子、光子等微观粒子或元激发，甚至还可能是十分复杂的系统. 为了叙述方便，我们将统一用“分子”这个词来代表它们. 在热力学极限下，如果只考虑压缩功，即仅有一个位形参数 V；用 ε_p 表示分子质心动量 $\boldsymbol{p}$ 相应的平动能；假定分子内部运动的自由度是简并的，简并度为 ω_0；再用式(2.4.19)将求和变为积分，则可将式(2.4.7)写为

$$\varsigma=\mp\frac{4\pi\omega_0 V}{h^3}\int_0^{\infty}p^2\ln\left(1\mp z\mathrm{e}^{-\beta\varepsilon_p}\right)\mathrm{d}p .$$

用分部积分法计算上式的积分有

$$
\begin{aligned}
&\int_0^\infty p^2 \ln\left(1 \mp z\mathrm{e}^{-\beta\varepsilon_p}\right)\mathrm{d}p \\
&=\left[\frac{1}{3}p^3 \ln\left(1 \mp z\mathrm{e}^{-\beta\varepsilon_p}\right)\right]_0^\infty \mp \int_0^\infty \frac{1}{3}p^3 \frac{z\mathrm{e}^{-\beta\varepsilon_p}}{1 \mp z\mathrm{e}^{-\beta\varepsilon_p}}\beta\frac{\mathrm{d}\varepsilon_p}{\mathrm{d}p}\mathrm{d}p. \\
&=\mp\frac{\beta}{3}\int_0^\infty \frac{p^3\mathrm{d}\varepsilon_p}{z^{-1}\mathrm{e}^{\beta\varepsilon_p}\mp 1}.
\end{aligned}
$$

于是有

$$
\varsigma = \frac{4\pi\omega_0 V\beta}{3h^3}\int_0^\infty \frac{p^3\mathrm{d}\varepsilon_p}{z^{-1}\mathrm{e}^{\beta\varepsilon_p}\mp 1}.
$$

用式(2.4.8)可得

$$
PV = \frac{4\pi\omega_0 V}{3h^3}\int_0^\infty \frac{p^3\mathrm{d}\varepsilon_p}{z^{-1}\mathrm{e}^{\beta\varepsilon_p}\mp 1}. \tag{2.5.1}
$$

将式(2.4.9)之求和变为对动量的积分，可写内能表达式为

$$
E=\frac{4\pi\omega_0 V}{h^3}\int_0^\infty \frac{\varepsilon_p p^2\mathrm{d}p}{z^{-1}\mathrm{e}^{\beta\varepsilon_p}\mp 1}. \tag{2.5.2}
$$

量子气体的分子运动速度可能是比较大的，所以进一步计算需考虑相对论性. 在这一前提下，分子的能量由以下质能关系给出：

$$
\varepsilon^2 \approx p^2c^2 + m_0^2c^4,
$$

式中，m_0 是分子静止质量，为简便以下将省去下标；c 为光速. 根据这一关系，动能 ε_p 写为

$$
\varepsilon_p = c\sqrt{p^2 + m^2c^2} - mc^2. \tag{2.5.3}
$$

ε_p 的形式不易解析计算，为比较直观地理解量子气体的性质，我们将就以下两种极限情形加以讨论：

(i) 分子动能远小于静止能量，即**非相对论性**(N. R.)情形：$m^2c^2 \gg p^2$.

将式(2.5.3)之根式展开有

$$
\varepsilon_p = \frac{p^2}{2m} = \frac{\hbar^2k^2}{2m},
$$

其中，$\boldsymbol{p}=\hbar\boldsymbol{k}$，$\boldsymbol{k}$ 为粒子波矢. 通常所讨论的气体分子平均速度很小，多属于这种情形.

(ii) 分子动能远大于静止能量，即**极相对论性**(E. R.)情形：$p^2 \gg m^2c^2$.

展开式(2.5.3)右端有

$$
\varepsilon_p \approx pc = \hbar ck.
$$

光子与某些元激发属于此种情形.

以上两种极限情形能量与动量的关系(或称**色散关系**)为

$$\varepsilon \propto p^{\delta}=\begin{cases}p^2 & (\text{N. R.}),\\ p & (\text{E. R.}),\end{cases}$$

对非相对论性情形，$\delta=2$；对极相对论性情形，$\delta=1$.

将两种色散关系代入式(2.5.2)和式(2.5.3)，可以求出压强、体积和内能三者之间的具体关系.

对非相对论性情形有

$$PV=\frac{4\pi\omega_0 V}{3h^3}\int_0^{\infty}\frac{(2m)^{3/2}\varepsilon^{3/2}\mathrm{d}\varepsilon}{z^{-1}\mathrm{e}^{\beta\varepsilon}\mp 1}=\frac{4\pi\omega_0 V}{3h^3}\int_0^{\infty}\frac{(2m)^{3/2}\varepsilon^{3/\delta}\mathrm{d}\varepsilon}{z^{-1}\mathrm{e}^{\beta\varepsilon}\mp 1} \tag{2.5.4a}$$

和

$$E=\frac{4\pi\omega_0 V}{3h^3}\int_0^{\infty}\frac{(2m)^{3/2}\varepsilon^{3/\delta}\mathrm{d}\varepsilon}{z^{-1}\mathrm{e}^{\beta\varepsilon}\mp 1}\frac{3}{\delta}. \tag{2.5.4b}$$

对极相对论性情形，亦有类似结果：

$$PV=\frac{4\pi\omega_0 V}{3h^3c^3}\int_0^{\infty}\frac{\varepsilon^{3/\delta}\mathrm{d}\varepsilon}{z^{-1}\mathrm{e}^{\beta\varepsilon}\mp 1} \tag{2.5.5a}$$

和

$$E=\frac{4\pi\omega_0 V}{h^3c^3}\int_0^{\infty}\frac{\varepsilon^{3/\delta}\mathrm{d}\varepsilon}{z^{-1}\mathrm{e}^{\beta\varepsilon_p}\mp 1}\frac{3}{\delta}. \tag{2.5.5b}$$

于是可将理想量子气体的物态方程写为

$$PV=\frac{\delta}{3}E=\begin{cases}\dfrac{2}{3}E & (\text{N.R.}),\\[2mm] \dfrac{1}{3}E & (\text{E.R.}).\end{cases} \tag{2.5.6}$$

值得注意：这一方程与粒子的费米或玻色统计属性无关，取决于其色散关系. 作为它们的极限情形，玻尔兹曼统计也必有同样的结果.

2. $T=0$ 费米气

作为费米气体的一个简单例子，我们来讨论低温极限下的费米气体.

式(2.4.12)的分母取 + 号时给出费米分布：

$$\langle n_l\rangle=\frac{\omega_l}{z^{-1}\mathrm{e}^{\beta\varepsilon_l}+1}$$

为计算方便，常定义**费米函数**

$$f=\frac{1}{z^{-1}\mathrm{e}^{\beta\varepsilon}+1}=\frac{1}{\mathrm{e}^{\beta(\varepsilon-\mu)}+1},$$

代表能级 ε 的占据概率.

在低温极限下，即当 $T\to 0$ 时，费米函数的极限形式十分简单，为阶跃函数

$$f=\begin{cases}1, & \varepsilon\leqslant\mu_0,\\ 0, & \varepsilon>\mu_0,\end{cases}\tag{2.5.7}$$

这里，μ_0 为绝对零度时的化学势. 根据式(2.5.7)，费米子从最低能级始逐级填充直至 μ_0，能量高于 μ_0 的态全空. μ_0 对应的能级称为**费米能级**，其能量为**费米能量**，记作 ε_{F}. 费米能级相应的动量和波矢分别称为**费米动量** p_{F} 和**费米波矢** k_{F}.

费米能级(化学势)可由粒子数守恒条件确定，即

$$N=\frac{4\pi\omega_0 V}{h^3}\int_0^{p_{\mathrm{F}}}p^2\mathrm{d}p=\frac{4\pi\omega_0 V}{3h^3}p_{\mathrm{F}}^3=\frac{\omega_0 V}{6\pi^2}k_{\mathrm{F}}^3,$$

式中，ω_0 是动量为零之态的数目，又称为内部自由度. 由上式确定的费米动量为

$$p_{\mathrm{F}}=\left(\frac{6\pi^2 N}{\omega_0 V}\right)^{1/3}\hbar.\tag{2.5.8}$$

费米能量与动量的关系可参照式(2.5.3)写出为

$$\varepsilon_{\mathrm{F}}=\mu_0=c\sqrt{p_{\mathrm{F}}^2+m^2c^2}-mc^2$$

在非相对论性情形，$mc\gg p$，费米能级近似为

$$\varepsilon_{\mathrm{F}}=\frac{\hbar^2}{2m}\left(\frac{6\pi^2 N}{\omega_0 V}\right)^{2/3}.\tag{2.5.9}$$

在极相对论性情形，$p\gg mc$，费米能级近似为

$$\varepsilon_{\mathrm{F}}=p_{\mathrm{F}}c=\left(\frac{6\pi^2 N}{\omega_0 V}\right)^{1/3}\hbar c.$$

对于电子，式中的内部自由度 ω_0 为 2.

费米子的动量及其平方之平均值分别计算为

$$\langle p\rangle=\frac{4\pi\omega_0 V}{Nh^3}\int_0^{p_{\mathrm{F}}}p^3\mathrm{d}p=\frac{\pi\omega_0 V}{Nh^3}p_{\mathrm{F}}^4=\frac{3}{4}p_{\mathrm{F}},\tag{2.5.10a}$$

$$\langle p^2\rangle=\frac{4\pi\omega_0 V}{Nh^3}\int_0^{p_{\mathrm{F}}}p^4\mathrm{d}p=\frac{3}{5}p_{\mathrm{F}}^2.\tag{2.5.10b}$$

波矢及其平方的平均值为

$$\langle k\rangle=\frac{3}{4}k_{\mathrm{F}},\tag{2.5.11a}$$

$$\langle k^2 \rangle = \frac{3}{5} k_{\mathrm{F}}^2 . \tag{2.5.11b}$$

平均能量则为

$$\bar{\varepsilon} = \frac{E}{N} = \begin{cases} \left\langle \dfrac{p^2}{2m} \right\rangle = \dfrac{3}{5}\dfrac{p_{\mathrm{F}}^2}{2m} = \dfrac{3}{5}\dfrac{\hbar^2}{2m}k_{\mathrm{F}}^2 & \text{(N. R.)}, \\ \langle pc \rangle = \dfrac{3}{4} p_{\mathrm{F}} c = \dfrac{3}{4}\hbar k_{\mathrm{F}} c & \text{(E. R.)}. \end{cases} \tag{2.5.12}$$

压强与能量之关系前已求出为

$$P \propto \frac{E}{V} = \bar{\varepsilon}\frac{N}{V} ,$$

因此

$$P \propto \begin{cases} \dfrac{N}{V} p_{\mathrm{F}}^2 \propto \left(\dfrac{N}{V}\right)^{5/3} & \text{(N. R.)}, \\ \dfrac{N}{V} p_{\mathrm{F}} \propto \left(\dfrac{N}{V}\right)^{4/3} & \text{(E. R.)}. \end{cases} \tag{2.5.13}$$

由上述结果可见，绝对零度时费米子并未“静止”，它们十分剧烈地运动着，其平均动量非零，压强亦非零.这是一种量子效应，用经典统计不可能得出这样的结果. 它体现了费米系独有的统计排斥作用，是泡利不相容性的结果. 由式(2.5.13)可见，非相对论性与极相对论性两种极限情形，由于色散关系不同，费米系的压强与密度的关系定性不同.

由式(2.5.8)看到，绝对零度时的费米动量完全由体系的数密度决定. 利用这一关系，可以获得对费米系相对论性的判据. 非相对论性要求，$p \ll mc$，代入式(2.5.8)有

$$p_F = \left(\frac{3\pi^2 N}{V}\right)^{1/3} \hbar \ll mc ;$$

极相对论性要求，$p \gg mc$，因此有

$$p_F = \left(\frac{3\pi^2 N}{V}\right)^{1/3} \hbar \gg mc .$$

综合两种情形得如下判据：

$$n = \frac{N}{V} \begin{cases} \ll \dfrac{8\pi}{3}\left(\dfrac{mc}{h}\right)^3 & \text{(N. R.)}, \\ \gg \dfrac{8\pi}{3}\left(\dfrac{mc}{h}\right)^3 & \text{(E. R.)}. \end{cases}$$

即在密度较低时，费米子可用非相对论性粒子描述；当密度很高时，费米子需用极相对论性粒子描述.

3. 两能态系和负温度

考虑 N 个互不相关的(定域的)粒子组成的体系，每个粒子只有两个能量分别为 0 和 ε 的单粒子态. 我们来讨论此类体系的温度特征.

因为粒子是定域的，所以是可分辨(按位置分辨)的，可以采用玻尔兹曼统计. 同时，由于体系的粒子数不变，故可用正则系综研究. 体系的配分函数由下式计算：

$$Q=\mathrm{Tr}\left(\mathrm{e}^{-\beta H}\right)=\sum_{\{n_l\}}\mathrm{e}^{-\beta\sum_l n_l\varepsilon_l}=\left(\sum_{l=1}^{2}\mathrm{e}^{-\beta\varepsilon_l}\right)^N,$$

式中，$l=1$，2 代表两个单粒子态，其能量分别为 $\varepsilon_1=0$ 和 $\varepsilon_2=\varepsilon$.

用 n_1 和 n_2 分别表示分布在两个能态上的粒子数，体系的粒子总数则可写为

$$N=n_1+n_2,$$

配分函数则可写为

$$Q=z^N, \tag{2.5.14}$$

其中

$$z=1+\mathrm{e}^{-\beta\varepsilon}.$$

从配分函数式(2.5.14)出发，可以计算所有热力学函数. 例如：

平均能量为

$$E=-N\frac{\partial}{\partial\beta}\ln z=\frac{N\varepsilon}{\mathrm{e}^{\beta\varepsilon}+1}, \tag{2.5.15}$$

自由能作为以 T，V 为独立变数热力学势为

$$F=-k_{\mathrm{B}}T\ln Q=-Nk_{\mathrm{B}}T\ln\left(1+\mathrm{e}^{-\beta\varepsilon}\right), \tag{2.5.16}$$

进而得熵

$$S=-\left(\frac{\partial F}{\partial T}\right)_V=\frac{E-F}{T}=Nk_{\mathrm{B}}\left[\frac{\beta\varepsilon}{\mathrm{e}^{\beta\varepsilon}+1}+\ln\left(1+\mathrm{e}^{-\beta\varepsilon}\right)\right]. \tag{2.5.17}$$

由式(2.5.15)计算定容热容量得

$$C_V=\left(\frac{\partial E}{\partial T}\right)_V=Nk_{\mathrm{B}}\frac{\beta^2\varepsilon^2\mathrm{e}^{\beta\varepsilon}}{\left(\mathrm{e}^{\beta\varepsilon}+1\right)^2}. \tag{2.5.18}$$

为便于研究二能系的温度特征，我们将熵写为内能的函数. 由式(2.5.15)和式(2.5.17)消去 β(温度 T)得

$$S=\frac{k_{\mathrm{B}}}{\varepsilon}\left[N\varepsilon\ln(N\varepsilon)-E\ln E-(N\varepsilon-E)\ln(N\varepsilon-E)\right]. \tag{2.5.19}$$

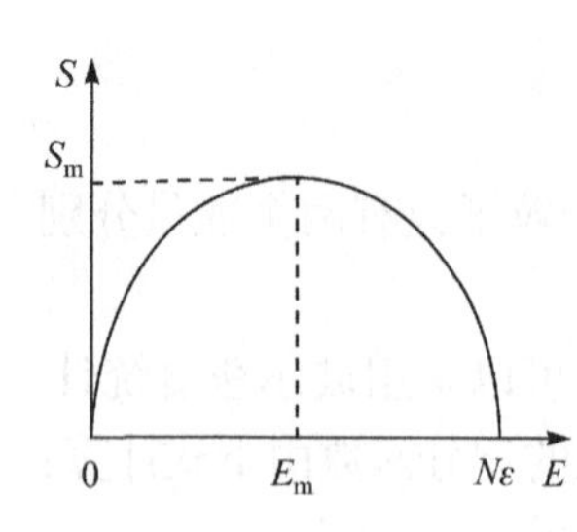

图 2.5.1　熵随内能的变化

根据式(2.5.19)可作出熵随内能变化的曲线 S-E 线，如图 2.5.1 所示. 由图可见，熵随内能的变化有一极大点，此时

$$\frac{\mathrm{d}S}{\mathrm{d}E}=0,$$

相应的内能值为

$$E=E_m=\frac{N\varepsilon}{2},$$

熵为

$$S=S_m=Nk_{\mathrm{B}}\ln 2.$$

根据 1.2 节，绝对温度可由熵对内能的导数给出，即

$$\frac{1}{T}=\left(\frac{\partial S}{\partial E}\right)_{N,V}=\frac{k_{\mathrm{B}}}{\varepsilon}\ln\left(\frac{N\varepsilon-E}{E}\right). \tag{2.5.20}$$

为直观地描绘二能态系统的温度特征，根据式(2.5.20)定性绘出其绝对温度随内能变化曲线，如图 2.5.2 所示. 由图可见，当 $E<E_m$ 时，$\mathrm{d}S/\mathrm{d}E>0$，因此 $T>0$，体系处于正绝对温度态；当 $E=E_m$ 时，熵取极大值，$\mathrm{d}S/\mathrm{d}E=0$，出现奇点，使曲线分为两支，温度分别趋于正、负无穷；当 $E>E_m$ 时，$\mathrm{d}S/\mathrm{d}E<0$，$T<0$，这意味着体系处于**负绝对温度**状态.

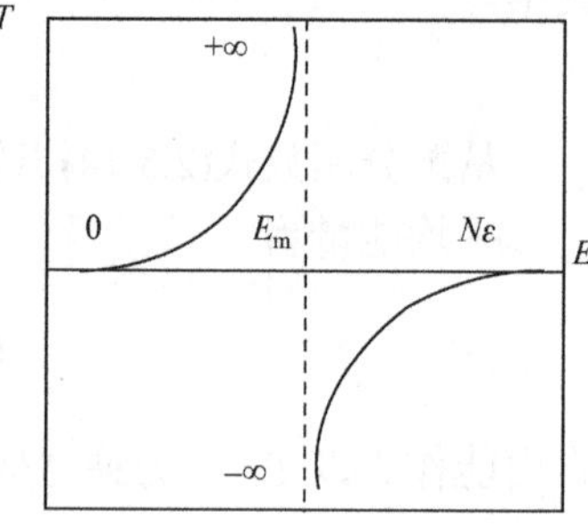

图 2.5.2　绝对温度随内能的变化

体系的温度与粒子在两能级上的分布密切相关.根据玻尔兹曼统计，处在能级 ε_l 上的粒子数 n_l 遵循如下规律：

$$n_l\propto z^{-1}\mathrm{e}^{-\beta\varepsilon_l}.$$

两态的粒子数之比则为

$$n_2/n_1=\mathrm{e}^{-\varepsilon/k_{\mathrm{B}}T}. \tag{2.5.21}$$

$n_2=0$ 时，所有粒子均分布在低能级，体系处于 $E=0$ 的最低能态，$T\to0^+$；当部分粒子被激发，但 $n_2/n_1<1$ 时，体系能量还较低，$E<E_m$，这时 $T>0$，处于通常的正温态；随着高能级粒子增多，体系能量亦增加，至 $n_2=n_1=N/2$ 时，$E=E_m$，$T\to+\infty$；当高能级粒子继续增多，使 $n_2/n_1>1$ 时，有 $E>E_m$，这时 $T<0$，体系进入负温态，温度由 $-\infty$ 始逐渐增高；最后，至所有粒子均占据高能级，即 $n_2=N$ 时，

$E=N\varepsilon$，体系能量达到最高，$T\to0^-$. 与常态相反，负温态下占据高能级的粒子数比低能级多，这种现象称为**粒子数反转**. 由于粒子数的反转，处于负温态的物体系之能量比正温态的高，因此应该是更“热”的状态.

一般认为，温度较高的状态应该具有更高的能量，即物体系的温度与能量应呈正关系. 用绝对温标度量，计入负温态后，这种正关系被破坏：能量高于 E_m 的态之温度($T<0$)反而比能量低于 E_m 的态($T>0$)低；同时温度作为能量的函数出现奇点，在 $E=E_m$ 处，$T\to\pm\infty$. 事实上，这种看来反常的现象与温标选择有关. 如果选择一种新的温标，即定义$-\beta$为温度，这种温度则是内能的连续函数，并呈正关系. 图 2.5.3 定性绘出这种温度随内能变化的曲线.我们看到：当内能由 0 逐步增加时，温度由$-\infty$(绝对温标 0^+)渐增，至内能达 $E_m=N\varepsilon/2$ 时，温度为 0^-，对应绝对温标$+\infty$；能量继续增大，系统进入粒子数反转的负绝对温度区，本温度将由 0^+(绝对温标$-\infty$)渐增，直至能量达最大值 $N\varepsilon$ 时，温度至$+\infty$，对应绝对温标 0^-. $\pm\infty$两个温度(相当于绝对零度)对应同一个平衡态，此温度只能不断接近，但不可能达到.这一结论与热力学第三定律吻合.

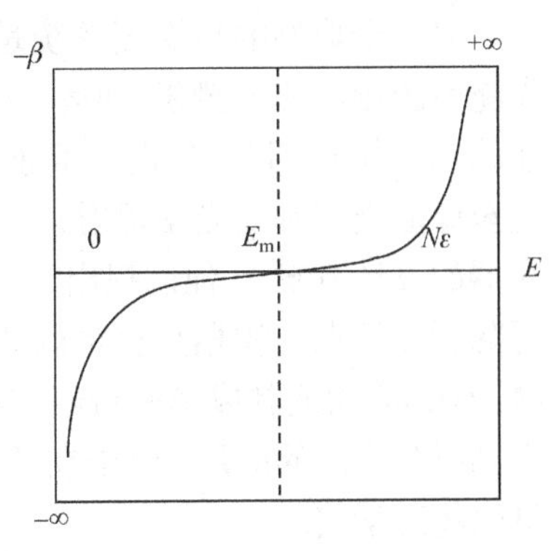

图 2.5.3　$-\beta$-E 示意图

由于高能级的粒子比较容易跃迁至低能态而释放出能量，体系回到粒子数正常分布的状态——正温态，所以负温态通常是不能长期稳定的“亚稳态”. 负温态的出现需要通过特殊机制将较多的粒子激发至高能态. 这种机制由**珀塞尔**(E. M. Purcell)与**庞德**(R. V. Pound)于 1951 年在氟化锂(LiF)晶体的核自旋系统中实现[①]. 他们先用强磁场使氟化锂核自旋磁矩沿磁场方向(低能态)排列，然后突然倒转磁场，使核自旋与外磁场逆向而处于高能态，实现“粒子数反转”. 氟化锂晶体的弛豫时间，即原子自旋与晶格达到热平衡的时间约为 5min；而核自旋系反转态的建立，即自旋之间热平衡弛豫时间之数量级为 10^{-5}s，这就使自旋系有机会实现一个相对孤立于晶格系的“粒子数反转”态——负温度状态.这个状态大约可维持 5min，具有可观测性. 由于在负温度方面的贡献，珀塞尔于 1952 年获诺贝尔物理学奖. 1956 年，拉姆塞(Ramsey)理论阐述了负温度概念[②]，给出热力学系统存在负绝对温度的基本条件：

---

① Purcell E M, Pound R V. 1951. Phys. Rev., 81: 279.

② Ramsey N F. 1956. Phys. Rev., 103: 20.

(1) 系统必须达到平衡态，以致可以定义温度；

(2) 系统单粒子能级的能量必须有上限；

(3) 系统须与外界相对孤立，即指系统达到平衡需要的时间远短于损失能量到外界的时间.

另一个典型的负温度系统是激光器的受激系统. 激光发生的基本原理是：首先将系统中的原子激发(抽运)至较高能级，实现粒子数反转，实现负绝对温度的亚稳态. 当光穿过系统时，高能级粒子同频率与其跃迁频率相同的光子共振，跃迁至低能级而发生受激辐射，产生激光. 1958 年，汤斯和肖洛首先发表了关于激光器的设计方案①. 他们提出，“先将原子抽运到亚稳态以上的一个态(不稳)，然后再降到亚稳态，积累直至足以产生激射作用.” 在其理论指引下，1960 年梅曼(T. Maiman)成功地制成第一台红宝石激光器②. 从此，一门新兴技术诞生，负温度也得到更为广泛的应用. 由于在激光器设计方面的开创性工作，汤斯于 1964 年获诺贝尔物理学奖.

2.6 极相对论性自由玻色系

本节讨论两种具有极相对论性色散关系的自由玻色子系统：描述电磁辐射场的光子系和描述晶格质心振动的声学声子系.

1. 光子系

考虑封闭在体积为 V 的空窖内温度为 T 的电磁辐射场. 根据电磁场的量子理论，这一体系可用理想光子气体来描述. 光子是静止质量为零、自旋为 1 的玻色子. 因为光波仅有两个独立的偏振方向，即 2 个内部自由度，所以其自旋投影为零的态应为非物理态，在计算中只需考虑自旋投影为±1 的两个态. 光子的运动速度为光速 c，因此为极相对论性粒子.

众所周知，光子数不守恒，因此在 2.3 节巨正则分布的推导中，不需要 N 为常数的约束式(2.3.2)，这相当于 $\alpha=0(z=1)$，即化学势为零. 于是，巨配分函数的对数写为

$$\varsigma = \ln \mathcal{Q} = -\sum_{l} \omega_l \ln\left(1-\mathrm{e}^{-\beta\varepsilon_l}\right) \tag{2.6.1}$$

光子能量 ε 与频率 ν 和波矢 k 之间的关系是 $\varepsilon=h\nu=\hbar kc$. 频率为 ν_l 的第 l 个能级的

---

① Schalow A L, Townes C H. 1958. Phys. Rev., 112: 1940.

② Maiman T H. 1961. Phys. Rev., 123: 1145.

平均占据数，即平均光子数为

$$\langle n_l \rangle = -\frac{1}{\beta}\frac{\partial}{\partial \varepsilon_l}\ln \mathcal{Q} = \frac{2}{e^{\beta\varepsilon_l}-1} = \frac{2}{e^{\beta h\nu_l}-1}. \tag{2.6.2}$$

下面从式(2.6.1)出发讨论光子系的热力学性质. 用如下关系：

$$\sum_l \omega_l \cdots \to \frac{2V}{h^3}\int \cdots 4\pi p^2 dp = \frac{V}{\pi^2}\int \cdots k^2 dk \tag{2.6.3}$$

将式中的求和变为积分有

$$\varsigma = -\frac{V}{\pi^2}\int_0^\infty \ln\left(1-e^{-\hbar kc}\right)k^2 dk. \tag{2.6.4}$$

进一步得内能的表达式为

$$\begin{aligned} E &= -\frac{\partial \varsigma}{\partial \beta} = \frac{V}{\pi^2}\int_0^\infty \frac{\hbar kc}{e^{\beta\hbar kc}-1}k^2 dk = \frac{Vk_B^4T^4}{\pi^2\hbar^3c^3}\int_0^\infty \frac{x^3}{e^x-1}dx \\ &= \frac{Vk_B^4T^4}{\pi^2\hbar^3c^3}\int_0^\infty x^3\sum_{l=1}^{\infty}e^{-lx}dx, \end{aligned}$$

其中，$x=h\nu/k_BT=\hbar kc/k_BT$.

完成上式中的积分与求和，最后可得

$$E = \frac{\pi^2 Vk_B^4}{15\hbar^3c^3}T^4. \tag{2.6.5}$$

根据对电磁波辐射能量的计算，能量密度 $u=E/V$ 与辐射通量密度 J 之间的关系为

$$J = \frac{1}{4}uc.$$

将式(2.6.5)代入得

$$J = \frac{\pi^2 k_B^4}{60\hbar^3c^2}T^4 = \sigma T^4. \tag{2.6.6}$$

这就是著名的**斯特藩(Stefan)定律**，它给出辐射通量对温度的四次方依赖关系. 式中的

$$\sigma = \frac{\pi^2 k_B^4}{60\hbar^3c^2}.$$

是一个普适常量，称为**斯特藩常量**.

容易用式(2.6.5)求出光子系的热容量为

$$C_V = \left(\frac{\partial E}{\partial T}\right)_V = \frac{4\pi^2 Vk_B^4}{15\hbar^3c^2}T^3. \tag{2.6.7}$$

熵为

$$S=-\left(\frac{\partial\Omega}{\partial T}\right)_V=k_B\varsigma+k_BT\left(\frac{\partial\varsigma}{\partial T}\right)_V=\frac{(E+PV)}{T}$$
$$=\frac{4E}{3T}=\frac{4\pi^2Vk_B^4}{45\hbar^3c^3}T^3. \tag{2.6.8}$$

由式(2.6.5)的推导过程不难得到电磁辐射场的能谱

$$E_k\mathrm{d}k=\frac{V}{\pi^2}\frac{\hbar ck^3}{\mathrm{e}^{\beta\hbar ck}-1}\mathrm{d}k ,$$

以频率为变数，由上式可得辐射场在频率 $\mathrm{d}\nu$范围内的能量为

$$E_\nu\mathrm{d}\nu=\frac{8\pi V}{c^3}\frac{h\nu}{\mathrm{e}^{h\nu/k_BT}-1}\nu^2\mathrm{d}\nu , \tag{2.6.9a}$$

或写为

$$E_\nu=\frac{8\pi V}{c^3}\frac{h\nu^3}{\mathrm{e}^{h\nu/k_BT}-1}. \tag{2.6.9b}$$

德国物理学家普朗克(Max Planck)首先运用量子论研究热辐射，导出了上述描述黑体辐射特征的公式[①]，故称为**普朗克公式**. 式中 E_ν 代表单位频率辐射的能量.

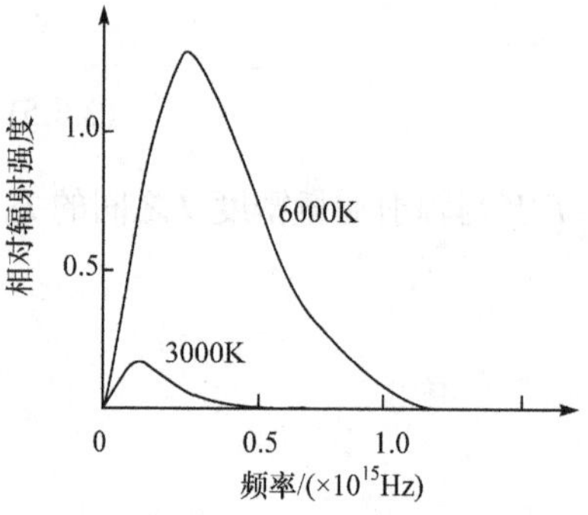

图 2.6.1　辐射强度随频率之变化

图 2.6.1 绘出辐射强度作为频率的函数之曲线.由图可见，辐射强度随频率的变化有一极大值，可通过其对频率之导数为零的条件确定. 为便于计算，用无量纲量 $x=\beta h\nu$将上式写为

$$E_x\mathrm{d}x=\frac{Vk_B^4T^4}{\pi^2\hbar^3c^3}\frac{x^3}{\mathrm{e}^x-1}\mathrm{d}x .$$

对右端函数求极值可知，辐射能谱峰值对应的频率应满足如下方程:

$$\frac{\mathrm{d}}{\mathrm{d}x}\frac{x^3}{\mathrm{e}^x-1}=0 ,$$

即

$$3\mathrm{e}^{-x}+x-3=0 ,$$

解得

$$x_{\max}\approx2.82,$$

① Planck M. 1901. Annalen der Physik, 309: 553.

相应的频率为

$$\nu_{\max} T^{-1} = \frac{2.82 k_{\mathrm{B}}}{h} \approx 5.88 \times 10^{10}\,\mathrm{Hz/K}. \tag{2.6.10}$$

由式(2.6.10)可得出结论：电磁场辐射最强的频率与绝对温度成正比，比例系数为一普适常量. 随辐射场温度的升高，辐射能量极大值对应的频率向高频方向移动(蓝移). 这个结论与实验很好地吻合. 维恩(Wilhelm Wien)于 1893 年首先揭示了这一规律，故名**维恩位移定律**. 因发现热辐射的规律和建立黑体辐射公式，维恩获得 1911 年度诺贝尔物理学奖. 普朗克也因在这一问题的研究中首次提出能量子概念，推动物理学的发展而获 1918 年诺贝尔物理学奖.

利用关系$\lambda=c/\nu$得 $\mathrm{d}\nu=-c\lambda^{-2}\mathrm{d}\lambda$，可将描述辐射场能谱的公式(2.6.9)改写为

$$E_{\lambda}\mathrm{d}\lambda = \frac{8\pi hcV}{\lambda^5}\frac{\mathrm{d}\lambda}{\mathrm{e}^{hc/\lambda k_{\mathrm{B}}T}-1}. \tag{2.6.11}$$

类似于式(2.6.10)，可以求得单位波长辐射能量极大值对应的波长与温度的关系为

$$\lambda_{\max} T \approx 2.90 \times 10^{-3}\,\mathrm{m \cdot K}. \tag{2.6.12}$$

此式即维恩位移定律的原始形式. 它表明，随着温度的升高，与辐射能量密度极大值对应的波长向短波方向移动. 如果通过对辐射场的观测获得对应辐射通量极大的$\lambda_{\max}$，就可以根据维恩位移定律确定辐射体的温度. 例如，太阳的辐射极大点在红外区，$\lambda_{\max}\approx0.50\times10^{-6}\mathrm{m}$，由此推知表面温度约为 5778K. 广泛应用的光测温度计就是根据这一原理制成的.

式(2.6.10)和式(2.6.12)分别给出电磁场辐射最强的频率和波长与热力学温度之间的关系，对应维恩位移定律的两种不同形式，为实验所证实. 不难发现，在一定温度下，如果将式(2.6.12)给出的 $\lambda_{\max}$ 代入光波频率与波长的关系式 $c=\lambda\nu$，获得的频率与式(2.6.10)给出的$\nu_{\max}$ 不同. 这是因为波的频率和波长互为倒数，辐射场能量按频率和波长的分布有较大差异，相应的极大点亦不同. 将式(2.6.10)和式(2.6.12)两端相乘，消去 T，可得辐射极大频率$\nu_{\max}$和极大波长 $\lambda_{\max}$之间的关系为

$$\nu_{\max}\lambda_{\max} = 1.705\times10^{8}\,\mathrm{m/s} = 0.568c. \tag{2.6.13}$$

在实际观测中，用相应的谱仪获得 E_ν 或 E_λ，进而给出$\nu_{\max}$或 $\lambda_{\max}$之一，就可用式(2.6.13)求出另一个.

2. 声子系(德拜理论)

声子是晶格振动之格波的量子，是固体中的一种元激发，它没有静止质量，无自旋. 若将声子的角频率(简称频率)记作 ω，波矢记作 $\boldsymbol{k}$，其能量和动量则可分别写为$\varepsilon=\hbar\omega$和$\boldsymbol{p}=\hbar\boldsymbol{k}$. 为便于讨论，这里限于讨论描述原胞质心振动的声学声子系. 由固体物理可知，原子数为 N 时，晶体中有 $3N$ 个声学声子模，频率可分别记为

ω_1，ω_2，…，ω_{3N}，每模的简并度为 1. 因为声子数不守恒，故有 $\alpha=0$. 根据上述模型，可以写出声子系巨配分函数的对数为

$$\varsigma=\ln\mathcal{Q}=-\sum_{l=1}^{3N}\ln\left(1-\mathrm{e}^{-\beta\hbar\omega_l}\right), \tag{2.6.14}$$

平均占据数为

$$\left\langle n_l\right\rangle=\frac{1}{\mathrm{e}^{\beta\hbar\omega_l}-1}. \tag{2.6.15}$$

为对声学声子系的统计力学模型求解，德拜(Debye)提出一种连续体近似方法：将固体视为一个弹性连续体，声子频率则可写为 $\omega=Ck$，C 为声速，有线性色散关系 $\varepsilon\propto p$，可处理为极相对论性粒子. 声子模数为有限数 $3N$，故可假定声子频率有一最高值，称为截止频率，亦称德拜频率，记为 ω_{D}. 用对应关系式(2.4.19)，考虑到三维空间每一波矢对应三个可能的极化模，则可获得频率在 $\omega\to\omega+\mathrm{d}\omega$ 范围内的振动模式数为

$$\frac{3V\omega^2}{2\pi^2C^3}\mathrm{d}\omega.$$

总模式数则为

$$3N=\int_0^{\omega_{\mathrm{D}}}\frac{3V\omega^2}{2\pi^2C^3}\mathrm{d}\omega.$$

完成上式的积分，即可确定德拜频率

$$\omega_{\mathrm{D}}=\left(\frac{6\pi^2N}{V}\right)^{1/3}C.$$

相应的德拜波矢为

$$k_{\mathrm{D}}=\left(\frac{6\pi^2N}{V}\right)^{1/3}. \tag{2.6.16}$$

巨配分函数的对数则为

$$\varsigma=-\frac{3V}{2\pi^2C^3}\int_0^{\omega_{\mathrm{D}}}\ln\left(1-\mathrm{e}^{-\beta\hbar\omega}\right)\omega^2\mathrm{d}\omega. \tag{2.6.17}$$

内能为

$$E=-\frac{\partial\varsigma}{\partial\beta}=\frac{3V}{2\pi^2C^3}\int_0^{\omega_{\mathrm{D}}}\frac{\hbar\omega^3\mathrm{d}\omega}{\mathrm{e}^{\beta\hbar\omega}-1}.$$

作变换 $x=\hbar\omega/\mathrm{k_B}T$，记 $\hbar\omega_{\mathrm{D}}/k_{\mathrm{B}}T\equiv x_{\mathrm{D}}$，上式写为

$$E=\frac{3Vk_{\mathrm{B}}^4T^4}{2\pi^2C^3\hbar^3}\int_0^{x_{\mathrm{D}}}\frac{x^3\mathrm{d}x}{\mathrm{e}^x-1}=3Nk_{\mathrm{B}}TD\left(x_{\mathrm{D}}\right). \tag{2.6.18}$$

这里引入了德拜函数

$$D(x_D)=\frac{3}{x_D^3}\int_0^{x_D}\frac{x^3\mathrm{d}x}{\mathrm{e}^x-1}. \tag{2.6.19}$$

下面就两种极限情形求德拜函数的近似表达式.

(i) $x_D \ll 1$.

$$\begin{aligned}D(x_D)&=\frac{3}{x_D^3}\int_0^{x_D}\frac{x^3\mathrm{d}x}{1+x+\dfrac{x^2}{2}+\cdots-1}\\&=\frac{3}{x_D^3}\int_0^{x_D}x^2\left(1-\frac{x}{2}+\frac{x^2}{4}-\frac{x^2}{6}+\cdots\right)\mathrm{d}x=1-\frac{3}{8}x_D+\frac{1}{20}x_D^2-\cdots.\end{aligned} \tag{2.6.20}$$

(ii) $x_D \gg 1$.

$$\begin{aligned}D(x_D)&=\frac{3}{x_D^3}\int_0^{\infty}\frac{x^3\mathrm{d}x}{\mathrm{e}^x-1}-\frac{3}{x_D^3}\int_{x_D}^{\infty}\frac{x^3\mathrm{d}x}{\mathrm{e}^x-1}=\frac{3\pi^4}{15x_D^3}-\frac{3}{x_D^3}\int_{x_D}^{\infty}\frac{x^3\mathrm{d}x}{\mathrm{e}^x-1}\\&\approx\frac{3\pi^4}{15x_D^3}-\frac{3}{x_D^3}\int_{x_D}^{\infty}x^3\mathrm{e}^{-x}\mathrm{d}x=\frac{\pi^4}{5x_D^3}+\mathrm{O}\left(\mathrm{e}^{-x_D}\right).\end{aligned} \tag{2.6.21}$$

综合两种情形可将内能写为

$$E=3Nk_BTD(x_D)=\begin{cases}3Nk_BT\left(1-\dfrac{3}{8}x_D+\dfrac{1}{20}x_D^2-\cdots\right) & (x_D\ll 1),\\[2ex] 3Nk_BT\left[\dfrac{\pi^4}{5x_D^3}+\mathrm{O}\left(\mathrm{e}^{-x_D}\right)\right] & (x_D\gg 1).\end{cases}$$

定义德拜温度 $T_D\equiv\hbar\omega_D/k_B$，我们有

$$E=\begin{cases}3Nk_BT\left(1-\dfrac{3}{8}\dfrac{T_D}{T}+\dfrac{1}{20}\left(\dfrac{T_D}{T}\right)^2-\cdots\right) & (x_D\ll 1),\\[2ex] 3Nk_BT\left[\dfrac{\pi^4}{5}\left(\dfrac{T}{T_D}\right)^3+\mathrm{O}\left(\mathrm{e}^{-T_D/T}\right)\right] & (x_D\gg 1).\end{cases} \tag{2.6.22}$$

无量纲热容量为

$$\begin{aligned}C_V/Nk_B&=\left(\frac{\partial E}{\partial T}\right)_V\Big/Nk_B=3\left[4D(x_D)-\frac{3x_D}{\mathrm{e}^{x_D}-1}\right]\\&=\begin{cases}3\left(1-\dfrac{1}{20}\left(\dfrac{T_D}{T}\right)^2+\cdots\right) & (T\gg T_D),\\[2ex] \dfrac{12\pi^4}{5}\left(\dfrac{T}{T_D}\right)^3+\mathrm{O}\left(\mathrm{e}^{-T_D/T}\right) & (T\ll T_D).\end{cases}\end{aligned} \tag{2.6.23}$$

由此可见，固体的比热在低温时与 T^3 成正比，遵从所谓德拜三次方律. 当 $T\to 0$ 时，比热亦趋零；高温时，$C_V \approx 3Nk_B$ 为常数，这就是杜隆-珀蒂(Dulong-Petit)定律. 这里所说的"高温"与"低温"都是相对于德拜温度而言的. 多数固体的德拜温度在 200K 左右.

德拜模型对比热的研究获得了很大的成功，但它毕竟是一个十分粗糙的模型. 这主要反映在两个方面：一方面是它对声子频谱的线性近似十分粗糙，往往与实际频谱相差较远；另一方面是略去了电子对比热的贡献，这在低温下将带来较大的误差. 以后的讨论会看到，在温度很低时，电子比热将更加重要.

2.7　变分原理

在量子力学中，多数问题不能准确求解，往往需要选择适当的近似方法来计算. 变分法是计算体系能量近似值的一种重要方法. 本节将证明统计力学中用变分法近似计算配分函数的一个定理——派尔斯(Peierls)定理.

派尔斯定理可表述如下：

若物体系的哈密顿算符为 H，$\{\Phi_n\}$为系统的任一正交(未必完全)波函数组，则相应的配分函数必满足如下不等式：

$$Q \geqslant \sum_n \mathrm{e}^{-\beta(\Phi_n, H\Phi_n)} . \tag{2.7.1}$$

当$\{\Phi_n\}$是 H 的一组完全本征函数系时，等号成立.

为了证明派尔斯定理，先证明如下引理：

假定$\{x_n\}$为一实数组；$\{C_n\}$亦为一实数组，且 $C_n \geqslant 0$，$\sum C_n = 1$；对任意函数 $f(x)$，记

$$\overline{f(x)} \equiv \sum_n C_n f(x_n) ,$$

那么，只要 $f''(x) \geqslant 0$，则有

$$\overline{f(x)} \geqslant f(\overline{x}) .$$

此引理可证明如下：

将 $f(x)$用泰勒级数展开并保留至二级项有

$$f(x) = f(\overline{x}) + (x-\overline{x}) f'(\overline{x}) + \frac{1}{2}(x-\overline{x})^2 f''(x_1) ,$$

式中，x_1 是某个确定的实数，$\overline{x} = \sum_n C_n x_n$. 同时在等式两端取平均，再注意到 $\sum_n C_n = 1$ 的事实，则有

$$\overline{f(x)} = f(\bar{x}) + \frac{1}{2}\overline{(x-\bar{x})^2} f''(x_1).$$

式中第二项是非负的，故有

$$\overline{f(x)} \geqslant f(\bar{x}).$$

引理得证.

现在证明派尔斯定理.

假定$\{\Phi_n\}$是具有与本体系相同边界条件和对称性的完全函数组. 若$\{\psi_n\}$是 H 的完全正交本征函数系，有

$$H\psi_n = E_n\psi_n.$$

因哈密顿算符 H 是厄米的，所以 E_n 是实数. 存在幺正变换，使

$$\Phi_n = \sum_m S_{nm}\psi_m.$$

其中 $\{S_{nm}\}$ 是一组复数，满足

$$\sum_l S_{ln}^* S_{lm} = \sum_l S_{nl}^* S_{ml} = \delta_{nm}.$$

配分函数为

$$Q = \sum_n \left(\Phi_n, \mathrm{e}^{-\beta H}\Phi_n\right) = \sum_n \left(\psi_n, \mathrm{e}^{-\beta H}\psi_n\right) = \sum_n \mathrm{e}^{-\beta E_n}.$$

考虑到

$$\left(\Phi_n, H\Phi_n\right) = \sum_l \left|S_{nl}\right|^2 E_l$$

和

$$\sum_l \left|S_{nl}\right|^2 = 1,$$

可得

$$Q - \sum_n \mathrm{e}^{-\beta(\Phi_n, H\Phi_n)} = \sum_n \left(\sum_l \left|S_{nl}\right|^2 \mathrm{e}^{-\beta E_l} - \mathrm{e}^{-\beta\sum_l |S_{nl}|^2 E_l} \right).$$

利用上面证明的引理则有

$$\sum_l \left|S_{nl}\right|^2 \mathrm{e}^{-\beta E_l} \geqslant \exp\left(-\beta\sum_l \left|S_{nl}\right|^2 E_l\right),$$

由此得

$$Q \geqslant \sum_n \mathrm{e}^{-\beta(\Phi_n, H\Phi_n)}.$$

这就在完全系的条件下证明了派尔斯定理.

对于非完全系，不妨将它看成是完全系漏掉一些函数的结果. 因为上式右端是正项之和，所以该不等号只要对完全系成立，对非完全系也必成立. 至此，派

尔斯定理得证.

派尔斯定理提供了一种近似求解配分函数的可能性. 对于难以解出精确波函数的体系，选择适当的尝试波函数组，改变其中某些参数以使式(2.7.1)右端极大，即可得到配分函数的下限值.

根据自由能的定义

$$F=-k_{\mathrm{B}}T\ln Q$$

可知，自由能随配分函数的增加而减少. 因此由派尔斯定理可推知：对自由能有如下关系：

$$F\leqslant -k_{\mathrm{B}}T\ln\left(\sum_{n}\mathrm{e}^{-\beta(\Phi_n,H\Phi_n)}\right). \tag{2.7.2}$$

适当选择波函数$\{\Phi_n\}$，例如选择相互作用系哈密顿量自由部分的波函数系，引入某些待定参数(变分参数)，构成尝试波函数，变化参数计算

$$\sum_{n}\mathrm{e}^{-\beta(\Phi_n,H\Phi_n)},$$

进而求式(2.7.2)右端数值的极小值作为自由能之上限.

习　题

2.1　有相互近独立的物系 A，B，C，…组成物系 G. 试证明 G 的配分函数 Q_G 和自由能 F_G 为

$$Q_G=Q_AQ_BQ_C\cdots,$$
$$F_G=F_A+F_B+F_C+\cdots.$$

2.2　熵算符定义为

$$\eta=-k_{\mathrm{B}}\ln\rho,$$

由其平均值定义的熵

$$S=-k_{\mathrm{B}}\mathrm{Tr}(\rho\ln\rho)$$

称为吉布斯熵. 试由此定义导出正则、巨正则系综熵的表达式.

2.3　试用 1.3 节和 1.4 节的方法导出量子正则和巨正则分布.

2.4　求 N 个质量为 m、频率为 ω_0 的振子组成的物系(振子间耦合很弱)之配分函数、内能、熵和比热(为温度的函数).

2.5　试由微正则系综出发，用最概然法导出玻色、费米及麦-玻分布.

2.6　试证明玻色-爱因斯坦气体和费米-狄拉克气体(不计自旋)的熵可以写为

$$S=-k_{\mathrm{B}}T\sum_{l=0}^{\infty}\Big[\langle n_{p_l}\rangle\ln\langle n_{p_l}\rangle\big(1\pm\langle n_{p_l}\rangle\big)\ln\big(1\pm\langle n_{p_l}\rangle\big)\Big].$$

式中，n_{p_l} 是动量态 p_l 上的粒子数，±号中上面的符号对应玻色-爱因斯坦气体，下面的对应费

米-狄拉克气体.

2.7　N个频率为 ω 的谐振子组成一振子系，振子间近独立，系统总能量为

$$E=\frac{1}{2}N\hbar\omega+M\hbar\omega \quad (M\text{ 为常数}).$$

(i) 求系统的微观态总数；

(ii) 求温度与 E 的关系.

2.8　体积为 V 的盒子内装有温度为 T 的 N(很大)个无相互作用的粒子，单粒子的能级为 $E_m=mE_0$，其中 $m=0$，1，2，…，∞. 求下列情形下体系的熵：

(i) 粒子是可分辨的;

(ii) 粒子是费米子.

2.9　吸附材料的表面有 N个吸附点,每点可吸附一个气体分子. 假定此材料与化学势为 μ 的理想气体接触，材料表面每吸附一个气体分子降低能量 ε_0. 试求吸附面的覆盖率 θ.

2.10　自旋为 1/2 的粒子置于磁场 B 中时，能级分裂为 $-\mu_B B$ 和 $\mu_B B$ 两个. 自旋在正、反平行于磁场时，分别具有磁矩 μ_B 和 $-\mu_B$. 今有由 N个这种粒子组成的体系，在温度 T下置于磁场中，试求其内能、熵和总磁矩.

2.11　有由 N 个近独立粒子组成孤立系，单粒子能级的简并度 $\omega_l=4(l=0$，1，2，…). 已知，在 $T=0$ 时，焓为

$$H=2a^2 ,$$

其中 a 为常实数. 求此时最低能级的占据数.

2.12　试求 $T=0$ 时，二维自由费米气体的费米能量 ε_F 和平均能量 ε.

2.13　导出二维黑体辐射的斯特藩定律.

2.14　设有本征半导体能隙宽为 E_G，传导自由电子和空穴密度分别是 n 和 p，试证明：

$$n=p=2\left[\frac{2\pi\left(m_e m_h\right)^{1/2}k_B T}{h^2}\right]^{3/2}e^{-E_G/2k_BT} .$$

式中，m_e、m_h 是电子、空穴的有效质量.

2.15　假定有 N个位置固定的原子组成晶格，原子自旋为 1/2. **海森伯(Heisenberg)铁磁模型**用泡利矩阵 $\boldsymbol{\sigma}_i$ (第 i 个原子)来描述自旋，体系的哈密顿量写为

$$H_H=-\lambda\sum_{\langle ij\rangle}\boldsymbol{\sigma}_i\cdot\boldsymbol{\sigma}_j-\mu_B\sum_{i=1}^{N}\boldsymbol{\sigma}_i\cdot\boldsymbol{B} ,$$

式中的求和只考虑最近邻作用. **伊辛(Ising)模型**则以 s_i (取±1)与第 i 个原子的自旋联系，哈密顿量写为

$$H_I=-\lambda\sum_{\langle ij\rangle}s_i s_j-\mu_B\sum_{i=1}^{N}s_i B \quad (B/\!/z\text{ 轴}).$$

试用变分原理证明：在同样温度下，海森伯模型的自由能不大于伊辛模型的相应值.

第3章 理想量子气体

本章研究分子间无相互作用的量子气体，即理想量子气体. 这里说的无相互作用只是相互作用很小而已. 事实上，如果完全没有相互作用，体系将无法达到热平衡. 因此，理想量子气体就是近独立子系组成的量子体系，它不局限于我们通常概念中的“气体”. 例如，金属中的自由电子系，固体中的元激发体系，半导体中的载流子系，光子系统等，甚至十分复杂的子系组成的系统，在略去子系间相互作用时，均属此种体系.

3.1 简并气体的热力学函数

具有费米或玻色统计性质的气体称为简并性气体. 用 2.4 节得到的巨配分函数可以研究其热力学性质. 为便于讨论，本节仅限于考虑非相对论性粒子系，并假定 $\alpha \geqslant 0$. 关于其他情况的讨论，留给后面的章节.

1. 理想玻色气体

非相对论性粒子的动能可写为

$$\varepsilon_p = \frac{p^2}{2m}.$$

由 2.4 节知，理想玻色气体巨配分函数的对数为

$$\varsigma = \ln \mathcal{Q} = -\sum_l \omega_l \ln\left(1 - z\mathrm{e}^{-\beta\varepsilon_l}\right) = -\sum_{p=0}^{\infty} \ln\left(1 - z\mathrm{e}^{-\beta p^2/2m}\right). \tag{3.1.1}$$

用积分代替式中求和则有

$$\varsigma = -\frac{\omega_0 V}{h^3}\int_0^{\infty} 4\pi p^2 \ln\left(1 - z\mathrm{e}^{-\beta p^2/2m}\right)\mathrm{d}p. \tag{3.1.2}$$

根据对数函数定义域的要求，上式 z 的定义域应为 $0<z\leqslant 1$(即 $\alpha \geqslant 0$). 应当注意：在 $z=1(\alpha=0)$时，式(3.1.1)求和中 $p=0$ 项发散，这意味着动量 $p=0$ 的单项对求和的贡献十分突出. 将求和变为积分后计算时，实际做法是在“挖去”$p=0$ 点的开区间积分. 因为被积函数中有因子 p^2，式(3.1.2)的积分收敛. 但是，与求和比较，积分计算丢失了 $p=0$ 项的贡献. 这样一来，式(3.1.2)的计算结果就可能出现较大的偏

差. 为了避免这个偏差，可在式(3.1.2)中积分项外补入略去的 p=0 项，将巨配分函数的对数写为

$$\varsigma=-\frac{4\pi\omega_0 V}{h^3}\int_0^\infty p^2\ln\left(1-z\mathrm{e}^{-\beta p^2/2m}\right)\mathrm{d}p-\omega_0\ln\left(1-z\right).$$

引入无量纲变数

$$x=p\Big/\sqrt{2mk_{\mathrm{B}}T}\ ,$$

上式写为

$$\varsigma=-\frac{4\pi\omega_0 V}{h^3}\left(2mk_{\mathrm{B}}T\right)^{3/2}\int_0^\infty x^2\ln\left(1-z\mathrm{e}^{-x^2}\right)\mathrm{d}x-\omega_0\ln\left(1-z\right). \tag{3.1.3}$$

式(3.1.3)中的积分可计算为

$$\int_0^\infty x^2\ln\left(1-z\mathrm{e}^{-x^2}\right)\mathrm{d}x=-\sum_{n=1}^\infty\frac{z^n}{n}\int_0^\infty x^2\mathrm{e}^{-nx^2}\mathrm{d}x=-\frac{\sqrt{\pi}}{4}\sum_{n=1}^\infty\frac{z^n}{n^{5/2}}\ ,$$

于是得

$$\varsigma=\frac{4\pi\omega_0 V}{h^3}\left(2mk_{\mathrm{B}}T\right)^{3/2}\left(\frac{\sqrt{\pi}}{4}\sum_{n=1}^\infty\frac{z^n}{n^{5/2}}\right)-\omega_0\ln(1-z).$$

引入粒子**热波长**(德布罗意波长)

$$\lambda\equiv\sqrt{\frac{2\pi\hbar^2}{mk_{\mathrm{B}}T}}\ ;$$

定义**玻色-爱因斯坦函数**

$$g_l(z)=\sum_{n=1}^\infty\frac{z^n}{n^l}\ , \tag{3.1.4}$$

式中，l 的取值为 1，3/2，5/2，…，式(3.1.3)则可写为

$$\varsigma=\frac{\omega_0 V}{\lambda^3}g_{5/2}\left(z\right)-\omega_0\ln(1-z). \tag{3.1.5}$$

由此可计算所有热力学函数，如平均粒子数为

$$\bar{N}=z\frac{\partial}{\partial z}\ln Q=\frac{\omega_0 V}{\lambda^3}g_{3/2}\left(z\right)+\frac{\omega_0 z}{1-z}. \tag{3.1.6}$$

内能为

$$E=-\frac{\partial\varsigma}{\partial\beta}=\frac{3}{2}\frac{k_{\mathrm{B}}T\omega_0 V}{\lambda^3}g_{5/2}\left(z\right). \tag{3.1.7}$$

压强为

$$P=\frac{k_{\mathrm{B}}T\varsigma}{V}=\frac{k_{\mathrm{B}}T\omega_0}{\lambda^3}g_{5/2}\left(z\right)-\frac{k_{\mathrm{B}}T\omega_0}{V}\ln(1-z). \tag{3.1.8}$$

p=0 之态(基态)的平均占据数为

$$\langle N_0 \rangle = \frac{\omega_0 z}{1-z}. \tag{3.1.9}$$

式(3.1.6)又可写为

$$\bar{N} = \frac{\omega_0 V}{\lambda^3} g_{3/2}(z) + \langle n_0 \rangle.$$

我们主要关注热力学极限($V\to\infty$，$N\to\infty$，N/V=常量)下的结果，所以在 z 不很接近 1 时，式(3.1.5)的后项可以略去. 而当 $z\to 1$ 时，$\langle n_0 \rangle$ 变得很大，可以与粒子总数 N 相比拟，这时将出现玻色凝聚. 因此，式(3.1.5)和式(3.1.6)中的第二项一般来说是不可忽略的. 但是，对压强的表达式(3.1.8)，情况则有所不同：即使在 $\langle n_0 \rangle \to N(z\to 1)$的情形下，式中第二项也仅有 $\ln N/N$ 的量级，可以略去. 于是，式(3.1.8)在 z 的所有取值范围内都可近似地写为

$$P = \frac{k_B T \omega_0}{\lambda^3} g_{5/2}(z),$$

因而有

$$PV = \frac{2}{3} E. \tag{3.1.10}$$

用巨势$\Omega=-k_B T\zeta$可计算熵

$$S = -\left(\frac{\partial \Omega}{\partial T}\right)_{\mu,V} = k_B\left(\frac{5}{2}\varsigma + \bar{N}\alpha\right). \tag{3.1.11}$$

吉布斯函数为

$$G = E - TS + PV = -\bar{N} k_B T \alpha. \tag{3.1.12}$$

2. 理想费米气体

对费米气体，这里仅考虑 $\alpha>0$ 情形，$\alpha<0$ 情形留待以后讨论. 类似于玻色气体，先写出配分函数

$$\varsigma = \ln Q = \frac{\omega_0 V}{h^3} \int_0^\infty 4\pi p^2 \ln\left(1 + z\mathrm{e}^{-\beta p^2/2m}\right) \mathrm{d}p$$

$$= \frac{\omega_0 V}{\lambda^3} \frac{4}{\sqrt{\pi}} \int_0^\infty x^2 \ln\left(1 + z\mathrm{e}^{-x^2}\right) \mathrm{d}x = \frac{\omega_0 V}{\lambda^3} \sum_{n=1}^\infty \frac{(-1)^{n-1}}{n^{5/2}} z^n.$$

定义费米-狄拉克函数

$$f_l(z) = \sum_{n=1}^\infty \frac{(-1)^{n-1} z^n}{n^l}, \tag{3.1.13}$$

l 的取值为 1，3/2，5/2，…，上式则可写为

$$\varsigma = \frac{\omega_0 V}{\lambda^3} f_{5/2}(z). \tag{3.1.14}$$

平均粒子数为

$$\bar{N} = \frac{\omega_0 V}{\lambda^3} f_{3/2}(z). \tag{3.1.15}$$

内能为

$$E = \frac{3}{2}\frac{k_B T \omega_0 V}{\lambda^3} f_{5/2}(z) = \frac{3}{2} k_B T \varsigma. \tag{3.1.16}$$

压强为

$$P = \frac{k_B T}{V}\varsigma = \frac{k_B T \omega_0}{\lambda^3} f_{5/2}(z). \tag{3.1.17}$$

物态方程为

$$PV = \frac{2}{3}E. \tag{3.1.18}$$

将两种气体的结果在 $\alpha > 0$ 情形合并可得

$$\varsigma = \frac{\omega_0 V}{\lambda^3}\sum_{n=1}^{\infty}(\pm 1)^{n-1}\frac{z^n}{n^{5/2}}. \tag{3.1.19}$$

$$\bar{N} = \frac{\omega_0 V}{\lambda^3}\sum_{n=1}^{\infty}(\pm 1)^{n-1}\frac{z^n}{n^{3/2}}, \tag{3.1.20}$$

$$E = \frac{3}{2}\frac{k_B T \omega_0 V}{\lambda^3}\sum_{n=1}^{\infty}(\pm 1)^{n-1}\frac{z^n}{n^{5/2}}, \tag{3.1.21}$$

$$PV = \frac{k_B T \omega_0 V}{\lambda^3}\sum_{n=1}^{\infty}(\pm 1)^{n-1}\frac{z^n}{n^{5/2}} = \frac{2}{3}E. \tag{3.1.22}$$

以上各式中的±号中，上面的对应玻色-爱因斯坦统计(B. E.)，下面的对应费米-狄拉克统计(F. D.).

3. 高温低密度理想气体

在高温低密度条件下，粒子相空间密度 $\rho\lambda^3$ 为小量，量子气体的计算将变得比较简单. 现在讨论这种情形的物态方程. 将式(3.1.20)改写为

$$\frac{\rho\lambda^3}{\omega_0} = z \pm \frac{z^2}{2^{3/2}} + \cdots,$$

迭代求解 z 可得

$$z=\frac{\rho\lambda^3}{\omega_0}\mp\frac{1}{2^{3/2}}\left(\frac{\rho\lambda^3}{\omega_0}\right)^2-\cdots. \tag{3.1.23}$$

在式(3.1.22)的级数中提出一个因子 z，再代入迭代结果，可得压强的表达式为

$$P=k_{\mathrm{B}}T\rho\left(1\mp\frac{1}{2^{3/2}}\frac{\rho\lambda^3}{\omega_0}-\cdots\right)\left(1\pm\frac{1}{2^{5/2}}\frac{\rho\lambda^3}{\omega_0}+\cdots\right).$$

物态方程则为

$$PV=\bar{N}k_{\mathrm{B}}T\left(1\mp\frac{1}{2^{5/2}}\frac{\rho\lambda^3}{\omega_0}+\cdots\right). \tag{3.1.24}$$

各公式中的两个符号仍是上面为 B. E.，下面为 F. D..

在极高温、低密度时，$\rho\lambda^3\ll 1$，为非简并情形，物态方程成为

$$PV=\bar{N}k_{\mathrm{B}}T ,$$

与经典理想气体的结果相同.

由式(3.1.24)可见，费米气体的压强比玻色气体大，这是一种量子效应. 因为费米系的波函数是反对称的，遵从泡利不相容原理，具有统计排斥性，而玻色气体则相反.

3.2 金属中的自由电子气

本节讨论金属中自由电子气的统计性质. 描述金属中电子的最简单模型是自由电子模型. 这个模型认为，组成晶体的原子中束缚得最弱的外层电子——传导电子可以在金属体内自由地运动.由于略去了离子实(原子除外层自由电子以外的部分)对电子的作用,同时也略去了电子之间的作用,所以哈密顿量中只含动能项,相互作用势能为零. 显然,用自由电子模型来描述金属中的电子过于简单. 尽管如此，简单金属的许多重要物理性质还是可以借助这一模型加以理解的. 在统计物理中，它也是理解简并费米气体的一个典型例子.

1. 电子气的简并性

通过粗略的估计即可判断，电子气是高度简并的.

可以通过估算易逸度的数量级来考察气体的“简并”程度. 将式(3.1.23)右端的高阶项略去可得

$$z=\mathrm{e}^{-\alpha}\approx\rho\lambda^3/\omega_0 ,$$

式中热波长 λ 的数量级可估算如下：

$$\lambda = \hbar\sqrt{\frac{2\pi}{mk_{\mathrm{B}}T}} \sim 10^{-5}m^{-1/2}T^{-1/2},$$

这里，质量 m 的单位是电子静止质量 m_{e}；常温时，$T \sim 10^2\mathrm{K}$.

对一般气体，m为$10^3 \sim 10^4$，$\lambda \sim 10^{-7}$，$\rho \sim 10^{19}$，可以估算出

$$\rho\lambda^3 \sim 10^{-2} — 10^{-3}.$$

于是有 $\alpha \gg 1$，$\mathrm{e}^{-\alpha} \ll 1$，属于非简并情形.

对于电子(及其他载流子)，可取 $m \sim 1$，热波长的数量级则为 $\lambda \sim 10^{-5}T^{-1/2}$. 空穴与电子有类似的统计性质. 金属和半导体中电子(或空穴)的数密度大不相同，简并性也很不一样.

半导体的载流子(电子与空穴)的数密度取决于掺杂浓度.在掺杂浓度不很高时，如 ρ 为 $10^{10} \sim 10^{15}\mathrm{cm}^{-3}$，则 $\rho\lambda^3$ 为$(10^{-8} \sim 10^{-3}) \ll 1$，属于非简并情形，可用玻尔兹曼统计研究.

金属中电子密度较高，为 $\rho \sim 10^{23}\mathrm{cm}^{-3}$，因此 $\rho\lambda^3 \sim 10^5 \gg 1$，即 $\mathrm{e}^{-\alpha} \gg 1$. 因此，金属电子气是高度简并的，必须用费米统计，并有 $\alpha < 0$. 高掺杂半导体的情况则接近金属.

综上所述，在常温下，对通常的气体和低掺杂半导体载流子系统，可以用玻尔兹曼统计法；对于金属中的电子气或高掺杂半导体中的载流子气，则必须采用费米统计法.

为分析费米系的简并性质，常引入一个特征温度——**费米温度**，记为 T_{F}，由下式定义：

$$T_{\mathrm{F}} = \mu_0/k_{\mathrm{B}} = \varepsilon_{\mathrm{F}}/k_{\mathrm{B}},$$

即热激发能相当于费米能时系统的温度. 根据 2.5 节的计算知 $\varepsilon_{\mathrm{F}} \propto (N/V)^{2/3}$，即 $T_{\mathrm{F}} \propto (N/V)^{2/3}$. 进一步又有

$$\mathrm{e}^{-\alpha} \approx \mathrm{e}^{\beta\mu_0} = \mathrm{e}^{T_{\mathrm{F}}/T}.$$

高密度费米气体的费米温度很高，常温情形即有 $T_{\mathrm{F}} \gg T$，以致 $\mathrm{e}^{-\alpha} \gg 1$，为高度简并气体，其费米函数

$$f = \frac{1}{\mathrm{e}^{\beta(\varepsilon-\mu)}+1},$$

十分接近阶跃函数.

2. 巨配分函数

为研究简并费米气体的热力学性质，我们先计算其巨配分函数(对数). 类似于

3.1 节，作变数变换 $x=p/(2mk_BT)^{1/2}$，可将巨配分函数写为

$$\varsigma=\frac{\omega_0 V}{\lambda^3}\frac{4}{\sqrt{\pi}}\int_0^\infty x^2\ln\left(1+z\mathrm{e}^{-x^2}\right)\mathrm{d}x\,.$$

先计算积分

$$I=\int_0^\infty x^2\ln\left(1+z\mathrm{e}^{-x^2}\right)\mathrm{d}x\,.$$

分部积分后，引入变数 $y=x^2$，再作变换 $\xi=\alpha+y$，利用$-\alpha\ll 1$ 的条件，可将积分逐步简化

$$\begin{aligned}I&=\frac{1}{3}x^3\ln\left(1+z\mathrm{e}^{-x^2}\right)\Big|_0^\infty+\frac{2}{3}\int_0^\infty\frac{x^4z\mathrm{e}^{-x^2}}{1+z\mathrm{e}^{-x^2}}\mathrm{d}x=\frac{1}{3}\int_0^\infty\frac{y^{3/2}\mathrm{d}y}{z^{-1}\mathrm{e}^y+1}\\&=\frac{2}{15}\int_0^\infty\frac{y^{5/2}\mathrm{e}^{-\alpha-y}}{\left(1+\mathrm{e}^{-\alpha-y}\right)^2}\mathrm{d}y=\frac{2}{15}\int_\alpha^\infty\frac{\left(\xi-\alpha\right)^{5/2}\mathrm{e}^{-\xi}\mathrm{d}\xi}{\left(1+\mathrm{e}^{-\xi}\right)^2}\approx\frac{2}{15}\int_{-\infty}^\infty\frac{\left(\xi-\alpha\right)^{5/2}\mathrm{e}^{-\xi}\mathrm{d}\xi}{\left(1+\mathrm{e}^{-\xi}\right)^2}\\&=\frac{2}{15}\int_{-\infty}^\infty\left[\left(-\alpha\right)^{5/2}+\frac{5}{2}\left(-\alpha\right)^{3/2}\xi+\frac{15}{8}\left(-\alpha\right)^{1/2}+\cdots\right]\frac{\mathrm{e}^{-\xi}\mathrm{d}\xi}{\left(1+\mathrm{e}^{-\xi}\right)^2}.\end{aligned}$$

由于积分区间具有对称性，积分中被积函数为奇函数的项全部为零，于是有

$$I=\frac{4}{15}\left(-\alpha\right)^{5/2}\int_0^\infty\frac{\mathrm{e}^{-\xi}\mathrm{d}\xi}{\left(1+\mathrm{e}^{-\xi}\right)^2}+\frac{1}{2}\left(-\alpha\right)^{1/2}\int_0^\infty\frac{\xi^2\mathrm{e}^{-\xi}\mathrm{d}\xi}{\left(1+\mathrm{e}^{-\xi}\right)^2}+\cdots.$$

算出式中的两个积分为

$$\int_0^\infty\frac{\mathrm{e}^{-\xi}\mathrm{d}\xi}{\left(1+\mathrm{e}^{-\xi}\right)^2}=\int_0^\infty\frac{\mathrm{e}^{\xi}\mathrm{d}\xi}{\left(\mathrm{e}^{\xi}+1\right)^2}=\frac{1}{2}\,,$$

$$\int_0^\infty\frac{\xi^2\mathrm{e}^{-\xi}\mathrm{d}\xi}{\left(1+\mathrm{e}^{-\xi}\right)^2}=\int_0^\infty\frac{\xi^2\mathrm{e}^{\xi}\mathrm{d}\xi}{\left(\mathrm{e}^{\xi}+1\right)^2}=\frac{\pi^2}{6}\,.$$

这里用到公式

$$\int_0^\infty\frac{\xi^l\mathrm{e}^{\xi}\mathrm{d}\xi}{\left(\mathrm{e}^{\xi}+1\right)^2}=2l\left(l-1\right)!\left(1-2^{1-l}\right)\varsigma\left(l\right),$$

其中，$\zeta(l)$是 Riemann-Zeta 函数

$$\zeta(l)=\sum_{n=1}^\infty\frac{1}{n^l}=1+\frac{1}{2^l}+\frac{1}{3^l}+\cdots.$$

巨配分函数对数则可近似写为

$$\begin{aligned}\varsigma &= \frac{\omega_0 V}{\lambda^3}\frac{4}{\sqrt{\pi}}\left\{\frac{2}{15}(-\alpha)^{5/2}+\frac{\pi^2}{12}(-\alpha)^{1/2}+\mathrm{O}\left[(-\alpha)^{-3/2}\right]\right\}\\ &\approx \frac{\omega_0 V}{\lambda^3\sqrt{\pi}}\left[\frac{8}{15}(-\alpha)^{5/2}+\frac{\pi^2}{3}(-\alpha)^{1/2}\right]\\ &= \frac{\omega_0 V(2mk_{\mathrm{B}}T)^{3/2}}{15\pi^2\hbar^3}(-\alpha)^{5/2}\left(1+\frac{5\pi^2}{8\alpha^2}\right).\end{aligned} \tag{3.2.1}$$

计算更高阶的偶次项积分，还可以求出更精确的表达式.

热力学函数可通过计算 ζ 获得. 例如

$$N=-\frac{\partial\varsigma}{\partial\alpha}=\frac{\omega_0 V(2mk_{\mathrm{B}}T)^{3/2}}{6\pi^2\hbar^3}(-\alpha)^{3/2}\left(1+\frac{\pi^2}{8\alpha^2}\right), \tag{3.2.2}$$

$$E=-\frac{\partial\varsigma}{\partial\beta}=\frac{3}{2}k_{\mathrm{B}}T\varsigma,$$

$$PV=k_{\mathrm{B}}T\varsigma,$$

$$S=k_{\mathrm{B}}\left(\frac{5}{2}\varsigma+N\alpha\right),$$

$$G=E-TS+PV=-Nk_{\mathrm{B}}T\alpha.$$

3. 化学势

欲具体计算热力学函数，需先用粒子总数 N 守恒的条件来确定 α，即确定化学势 μ.考虑到电子自旋为 1/2，因而 $\omega_0=2$，粒子数公式可写为

$$N=\frac{V(2mk_{\mathrm{B}}T)^{3/2}}{3\pi^2\hbar^3}(-\alpha)^{3/2}\left(1+\frac{\pi^2}{8\alpha^2}\right). \tag{3.2.3}$$

此方程可以迭代求解. 略去 α^{-2} 项，立即得出 α 的零级近似值

$$-\alpha_0=\frac{\mu_0}{k_{\mathrm{B}}T}=\frac{\hbar^2}{2m}\left(\frac{3\pi^2N}{V}\right)^{2/3}k_{\mathrm{B}}^{-1}T^{-1}. \tag{3.2.4}$$

$$\mu_0=\varepsilon_{\mathrm{F}}=\frac{\hbar^2}{2m}\left(\frac{3\pi^2N}{V}\right)^{2/3}.$$

这与式(2.5.9)给出的低温极限($T\to0$)结果相同. 代入电子有关参数可以估算出 α 的数量级为 $-\alpha_0\approx8\times10^4T^{-1}$. 常温下，$T\sim10^2\mathrm{K}$，有 $-\alpha_0\gg1$. 此结果与本节开始时的估计一致.

将 N 的表达式(3.2.3)作恒等变形后展开有

$$-\alpha=\frac{\hbar^2}{2m}\left(\frac{3\pi^2N}{V}\right)^{2/3}\left(k_BT\right)^{-1}\left(1+\frac{\pi^2}{8\alpha^2}\right)^{-2/3}$$
$$=\left(\frac{\mu_0}{k_BT}\right)\left(1-\frac{\pi^2}{12\alpha^2}+\cdots\right). \tag{3.2.5}$$

用 α_0 代替上式右端的 α，略去高阶项，得 α 的一级近似

$$-\alpha_1=\frac{\varepsilon_F}{k_BT}\left(1-\frac{\pi^2}{12\alpha_0^2}\right)=\frac{\varepsilon_F}{k_BT}-\frac{\pi^2k_BT}{12\varepsilon_F}. \tag{3.2.6}$$

进而得化学势的一级近似值

$$\mu_1=-k_BT\alpha_1=\varepsilon_F\left[1-\frac{\pi^2}{12}\left(\frac{k_BT}{\varepsilon_F}\right)^2\right]. \tag{3.2.7}$$

反复迭代可以求出 μ 的更高级近似.

获得 α 的各级近似值，即可求出 ζ 的相应表达式.这里给出一级近似的结果.将式(3.2.1)与式(3.2.2)两端相除得

$$\frac{\varsigma}{N}=\frac{2}{5}(-\alpha)\left(1+\frac{5\pi^2}{8\alpha^2}\right)\left(1+\frac{\pi^2}{8\alpha^2}\right)^{-1}=-\frac{2\alpha}{5}\left(1+\frac{5\pi^2}{8\alpha^2}\right)\left(1-\frac{\pi^2}{8\alpha^2}+\cdots\right),$$

于是有

$$\varsigma=\frac{2N}{5}(-\alpha)\left[1+\frac{\pi^2}{2\alpha^2}-\mathrm{O}\left(\alpha^{-4}\right)\right].$$

在一级近似下

$$\varsigma=\frac{2N}{5}\frac{\varepsilon_F}{k_BT}\left[1-\frac{\pi^2}{12}\left(\frac{k_BT}{\varepsilon_F}\right)^2\right]\left(1+\frac{\pi^2}{2\alpha_1^2}\right)$$
$$=\frac{2N}{5}\frac{\varepsilon_F}{k_BT}\left\{1-\frac{\pi^2}{12}\left(\frac{k_BT}{\varepsilon_F}\right)^2+\frac{\pi^2}{2}\left(\frac{k_BT}{\varepsilon_F}\right)^2\left[1-\frac{\pi^2}{12}\left(\frac{k_BT}{\varepsilon_F}\right)^2\right]^{-2}+\cdots\right\} \tag{3.2.8}$$
$$\approx\frac{2N}{5}\frac{\varepsilon_F}{k_BT}\left[1+\frac{5\pi^2}{12}\left(\frac{k_BT}{\varepsilon_F}\right)^2\right].$$

4. 电子比热

根据以上获得的巨配分函数对数，容易算出电子气的内能为

$$E=\frac{3}{2}k_{\mathrm{B}}T\varsigma=\frac{3}{5}N\varepsilon_{\mathrm{F}}\left[1+\frac{5\pi^2}{12}\left(\frac{k_{\mathrm{B}}T}{\varepsilon_{\mathrm{F}}}\right)^2+\cdots\right], \tag{3.2.9}$$

进一步获得比热(热容量)为

$$C_V^{\mathrm{e}}=\left(\frac{\partial E}{\partial T}\right)_V=\frac{\pi^2}{2}\frac{k_{\mathrm{B}}T}{\varepsilon_{\mathrm{F}}}Nk_{\mathrm{B}},$$

即

$$C_V^{\mathrm{e}}\big/Nk_{\mathrm{B}}=\frac{\pi^2}{2\varepsilon_{\mathrm{F}}}k_{\mathrm{B}}T\propto T. \tag{3.2.10}$$

由上式看出，$C_V^{\mathrm{e}}/Nk_{\mathrm{B}}$ 约为 $k_{\mathrm{B}}T/\varepsilon_{\mathrm{F}}$ 的量级. 这一点容易从物理上理解：根据费米分布的特征和泡利不相容原理可知，只有能量约在费米能级 ε_{F} 附近热激发能 $k_{\mathrm{B}}T$ 范围内的电子才可能被热激发，从而对比热有所贡献(图 3.2.1). 它们占电子总数之比例的量级约为 $k_{\mathrm{B}}T/\varepsilon_{\mathrm{F}}$. 每个被激发的电子对比热的贡献可按 k_{B} 估计，则得比热的量级为 $Nk_{\mathrm{B}}^2T/\varepsilon_{\mathrm{F}}$.

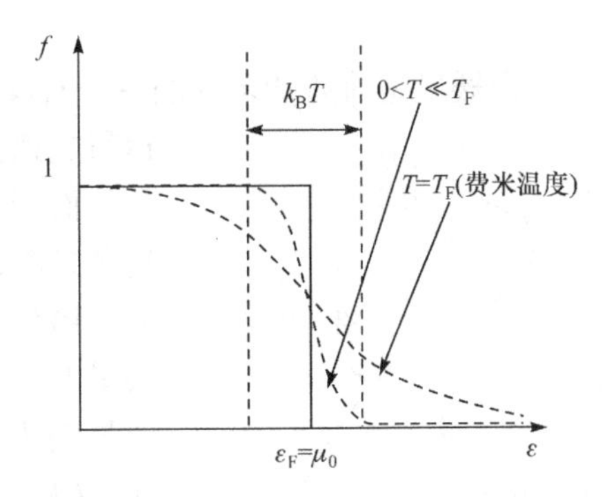

图 3.2.1　对比热有贡献电子的能量范围

由式(3.2.10)清楚可见，当温度趋于绝对零度时，电子比热与温度呈线性关系趋零，与晶格振动即原子对比热的贡献定性不同. 根据 2.6 节的结果，晶格振动(声子)对比热的贡献(记为 C_V^{L})与温度的 3 次方成正比，即

$$C_V^{\mathrm{L}}\propto T^3.$$

于是，我们可将金属的比热写为晶格和电子两部分贡献之和

$$C_V=C_V^{\mathrm{e}}+C_V^{\mathrm{L}}.$$

注意到晶格和电子比热随温度变化的规律，上式又写为

$$C_V\big/Nk_{\mathrm{B}}=AT+BT^3,$$

这里，A、B 为金属的两个特征参数，可通过实验结果拟合获得.

根据以上的计算结果，可以得出结论：在极低温时，电子对比热的贡献是主要的，金属比热与温度成正比；温度稍升，晶格的贡献逐渐变得更加重要，比热与温度的关系转为 3 次方律.

计算电子气的压强可得

$$P=\frac{k_{\mathrm{B}}T}{V}\varsigma=\frac{2N}{5\mathrm{V}}\varepsilon_{\mathrm{F}}\left[1+\frac{5\pi^{2}}{12}\left(\frac{k_{\mathrm{B}}T}{\varepsilon_{\mathrm{F}}}\right)^{2}+\cdots\right]. \tag{3.2.11}$$

我们注意到：$T\to 0$ 时压强的极限值，即费米气零点压强为

$$P\to\frac{2N}{5\mathrm{V}}\varepsilon_{\mathrm{F}}.$$

显然，此值为一远大于零的数. 这意味着，在绝对零度，虽然体系处于未激发的基态，但运动仍然十分剧烈，具有不小的压强. 这个压强的存在，源于泡利不相容性带来的电子间统计排斥作用.

3.3 白矮星临界质量

白矮星是简并费米气的一个有趣例子. 1844 年，贝塞尔(Bessel)观察到天狼星运行轨道沿一直线略有摆动，似有一不可见的星与其相伴而行，两星在共绕其引力中心运动(图 3.3.1). 根据这种判断，可以估算其伴星的位置. 1862 年，克拉克(Clark)在预言的位置附近果然发现了这颗伴星——天狼星 B，这就是最早发现的白矮星. 经测量知天狼星 B 质量约为 1.96×10^{33}g. 根据它的表面温度和辐射能量通量(见 2.6 节)，还可以估算出其半径约为 1.9×10^{9}cm. 由此可进一步估算出天狼星 B 的平均质量密度，高达 $\rho_{\mathrm{B}}\approx0.69\times10^{5}\mathrm{g\cdot cm^{-3}}$. 以后发现的白矮星有的密度更高，如范玛伦二号星的平均密度约为 $6.8\times10^{6}\mathrm{g\cdot cm^{-3}}$. 一般认为，白矮星的内部温度约为 10^{7}K.

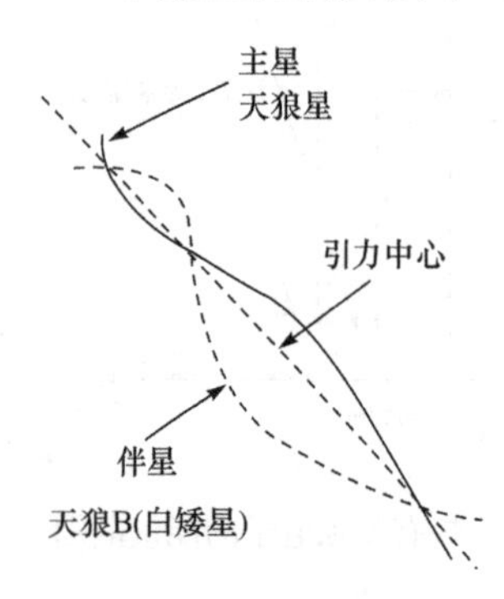

图 3.3.1　天狼星及伴星轨道示意图

让我们将白矮星的特征参数与太阳加以比较.太阳的相应数据为：质量 $M_{\odot}\approx1.99\times10^{33}$g，半径 $R_{\odot}\approx7.0\times10^{10}$cm，密度 $\rho_{\odot}\approx1\mathrm{g\cdot cm^{-3}}$，温度 $T_{\odot}\approx10^{7}$K. 太阳的密度是正常恒星的密度，而白矮星的密度则是它的 10^{4}～10^{7} 倍. 如果与太阳一样，白矮星也是由氢原子组成的，按照这样的密度，用氢原子质量(约 10^{-24}g 量级)估算，每个原子所占的体积为 10^{-30}～$10^{-28}\mathrm{cm^{3}}$. 而实际氢原子的体积应在 $10^{-24}\mathrm{cm^{3}}$ 左右. 可见，白矮星不是由氢原子组成的，而应由更致密的物质构成. 事实上，如此高的密度，电子已不能再束缚于核的周围，原子也不复存在. 一个比较合理的模型是：在白矮星内，原子被挤压破坏，其中的电子都被“挤”出来，形成费米气体. 根据上文的讨论可知，这种高密度费米气具有很强的统计排斥性. 另外，星体由核间极强的吸引结合在一起. 正是电子的费米排斥压强与核引力的平衡，使星体保持稳定而不致坍塌. 通过计算高密度电子气的相

关热力学函数，可以研究白矮星的平衡性质.

1. 白矮星中电子的性质

白矮星中电子的数密度为 10^{28}～10^{30}cm^{-3} 量级，由此可估算电子费米能的数量级为

$$\varepsilon_{\rm F}=\frac{\hbar^2}{2m_{\rm e}}\left(\frac{3\pi^2N}{V}\right)^{2/3}\sim 10^6\,{\rm eV}.$$

费米温度的数量级则为

$$T_{\rm F}=\varepsilon_{\rm F}/k_{\rm B}\sim 10^{10}\,{\rm K}.$$

于是

$$-\alpha=\varepsilon_{\rm F}/k_{\rm B}T=T_{\rm F}/T\sim 10^3\gg 1.$$

可见，白矮星中的电子气为高度简并费米气. 由于费米温度远高于星体实际温度，尽管星体温度很高，我们仍可将费米函数简化为低温极限($T\to 0$)下的阶跃函数

$$f=\begin{cases}1 & (\varepsilon\leqslant\varepsilon_{\rm F}),\\ 0 & (\varepsilon>\varepsilon_{\rm F}).\end{cases}$$

我们还注意到：白矮星的电子密度很高，其平均动量必很大，所以应当考虑相对论效应. 这样，电子的平动能量便写为

$$\varepsilon_p=c\sqrt{p^2+m_{\rm e}^2c^2}-m_{\rm e}c^2.$$

将上述动能表达式和 ω_0=2 代入式(2.5.2)，电子气内能表达式可写为

$$E_0=\frac{8\pi V}{h^3}\int_0^{p_{\rm F}}p^2\left(c\sqrt{p^2+m_{\rm e}^2c^2}-m_{\rm e}c^2\right){\rm d}p,$$

这里，$p_{\rm F}$ 为电子费米动量，由下式给出：

$$p_{\rm F}=\left(\frac{3\pi^2N}{V}\right)^{1/3}\hbar.$$

为便于计算，引入无量纲变数 $x=p/m_{\rm e}c$，则有

$$\begin{aligned}E_0&=\frac{Vm_{\rm e}^4c^5}{\pi^2\hbar^3}\int_0^{x_{\rm F}}x^2\left(\sqrt{1+x^2}-1\right){\rm d}x\\&=\frac{Vm_{\rm e}^4c^5}{\pi^2\hbar^3}\left[f(x_{\rm F})-\frac{1}{3}x_{\rm F}^3\right],\end{aligned}\tag{3.3.1}$$

其中

$$f(x_{\rm F})=\int_0^{x_{\rm F}}x^2\sqrt{1+x^2}\,{\rm d}x,\tag{3.3.2}$$

$$p_{\mathrm{F}}=\left(\frac{3\pi^2 N}{V}\right)^{1/3}\frac{\hbar}{m_{\mathrm{e}}c}. \tag{3.3.3}$$

分别对非相对论与极相对论性两种情形展开 $\sqrt{1+x^2}$ 加以计算得

$$f(x_{\mathrm{F}})=\begin{cases}\dfrac{1}{3}x_{\mathrm{F}}^3\left(1+\dfrac{3}{10}x_{\mathrm{F}}^2-\cdots\right), & x_{\mathrm{F}}\ll 1\ \ (\text{N. R.}),\\ \dfrac{1}{4}x_{\mathrm{F}}^4\left(1+\dfrac{1}{x_{\mathrm{F}}^2}-\cdots\right), & x_{\mathrm{F}}\gg 1\ \ (\text{E. R.}).\end{cases} \tag{3.3.4}$$

内能近似为

$$E_0=\begin{cases}\dfrac{Vm_{\mathrm{e}}^4c^5}{10\pi^2\hbar^3}x_{\mathrm{F}}^5, & x_{\mathrm{F}}\ll 1\ \ (\text{N. R.}),\\ \dfrac{Vm_{\mathrm{e}}^4c^5}{4\pi^2\hbar^3}x_{\mathrm{F}}^4, & x_{\mathrm{F}}\gg 1\ \ (\text{E. R.}).\end{cases} \tag{3.3.5}$$

压强为

$$P=\begin{cases}\dfrac{2}{3V}E_0\\ \dfrac{1}{3V}E_0\end{cases}=\begin{cases}\dfrac{Vm_{\mathrm{e}}^4c^5}{15\pi^2\hbar^3}x_{\mathrm{F}}^5=\dfrac{\hbar^2}{15\pi^2 m_{\mathrm{e}}}\left(\dfrac{3\pi^2N}{V}\right)^{5/3}, & (\text{N. R.}),\\ \dfrac{Vm_{\mathrm{e}}^4c^5}{12\pi^2\hbar^3}x_{\mathrm{F}}^4=\dfrac{\hbar c}{12\pi^2}\left(\dfrac{3\pi^2N}{V}\right)^{4/3}, & (\text{E. R.}).\end{cases} \tag{3.3.6}$$

2. 力学平衡条件

白矮星的平衡条件是费米气的排斥与核间引力(质量引力)平衡，即核引力做功恰好克服费米压力而使电子气由无限稀薄收缩至星体范围.

若简单地将白矮星视为半径为 R 的球体，克服电子气压力所做的功可估算为

$$W_{\mathrm{G}}=-\int_{\infty}^{R}4\pi P_0 r^2\mathrm{d}r,$$

式中用 P_0 表示费米气压强，并假定其不随 r 变化.

白矮星内的核引力自能为

$$U_{\mathrm{G}}=-\gamma\frac{GM^2}{R},$$

式中，M 为星球总质量；G 为引力常量；γ 是数量级为 1 的常数，具体数值可由进一步的理论确定.

星体稳定时，以上两能等大而反号，故有

$$\int_{R}^{\infty}4\pi P_0 r^2\mathrm{d}r=\gamma\frac{GM^2}{R}.$$

上式两端同对 R 微商，星体力学平衡条件成为

$$P_0 = \gamma \frac{GM^2}{4\pi R^4}. \tag{3.3.7}$$

进一步分析需要具体求出 P_0. 如果白矮星的质量不是特别大，即电子密度虽高，但仍可作为非相对论性粒子处理，即 $x_F \ll 1$. 此时，费米压强为

$$P_0 = \frac{\hbar^2}{15\pi^2 m_e}\left(\frac{3\pi^2 N}{V}\right)^{5/3}.$$

代入平衡条件式(3.3.7)有

$$\frac{\hbar^2}{15\pi^2 m_e}\left(\frac{3\pi^2 N}{V}\right)^{5/3} = \gamma \frac{GM^2}{4\pi R^4}. \tag{3.3.8}$$

考虑星体为球状，有 $V=4\pi R^3/3$；若每原子含两个电子，记 m_n 为核质量，电子数密度则可写为 $N=2M/m_n$. 将这两个条件代入上式可解出

$$R = \frac{4\hbar^2}{15\pi^2 m_e \gamma G}\left(\frac{9\pi}{2m_n}\right)^{5/3} M^{-1/3}, \tag{3.3.9}$$

即星体半径与总质量之间的定性关系为

$$R \propto M^{-1/3}. \tag{3.3.10}$$

由上式可见，随着质量的增加，白矮星半径将减小，星体会进一步收缩. 当白矮星质量很大时，其体积变得很小，电子密度很大. 由式(3.3.3)可知，此时电子动量亦将很大，因而相对论性十分突出，有 $x_F \gg 1$，属于极相对论性情形. 这时，星体力学平衡条件成为

$$\frac{\hbar c}{12\pi^2}\left(\frac{3\pi^2 N}{V}\right)^{4/3} = \gamma \frac{GM^2}{4\pi R^4}, \tag{3.3.11}$$

进一步可解出

$$M^{2/3} = \frac{\hbar c}{3\pi\gamma G}\left(\frac{9\pi}{2}\right)^{4/3} m_n^{-4/3}. \tag{3.3.12}$$

此时的白矮星平衡质量与半径无关.这意味着当白矮星质量增加(尺寸随之缩小)到满足上述关系时，无须增大质量，星球亦会收缩(坍塌).通常将这个质量称为**临界质量**，记为 M_c. 当质量增加至 $M>M_c$ 时，引力必大于斥力，星球将无法保持平衡而坍塌，不再是白矮星. 因此，临界质量 M_c 是白矮星保持力学平衡所允许的最大质量，故亦称上限质量. 方程式(3.3.12)给出临界质量为

$$M_c = \left(\frac{9\pi}{2}\right)^2 \left(\frac{\hbar c}{3\pi\gamma G}\right)^{3/2} m_n^{-2}. \tag{3.3.13}$$

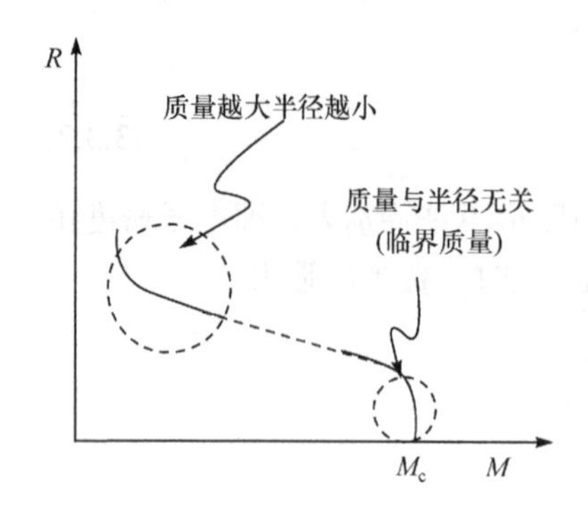

图 3.3.2　白矮星半径与质量的关系

图 3.3.2 是根据两个极端(非相对论和极相对论性)情形的结果定性绘出的白矮星半径对质量的依赖关系示意图，中间一段用虚线连接. $M=M_c$ 是 R 作为 M 函数的奇点.

根据临界质量的理论计算，可以推断白矮星的内部结构. 不妨先假定白矮星内的核为氦核，即 $m_n=4m_p$，m_p 为质子质量. 略去小于 10 的常数，用式(3.3.13)估计白矮星的临界质量得其数量级为

$$M_c \sim \left(\hbar c/G\right)^{3/2} m_p^{-2} \sim 10^{33}\,\mathrm{g} \sim M_\odot ,$$

与太阳质量的数量级相同. 用进一步的理论确定 γ 后，得到的结果是

$$M_c \sim 1.4 M_\odot .$$

若假定白矮星内的原子核是氢核，计算得到的上限质量则为

$$M_c \sim 5.6 M_\odot .$$

天文观察的结果是：白矮星质量均不超过$1.4M_\odot$. 由此可见，构成白矮星的核是氦核而不是氢核.

我们知道，氢是恒星的主要能源.在白矮星内，氢已燃尽，留下的是热核反应的产物——氦. 它的发光已不再是辐射热核反应能所致，而是缓慢收缩释放引力能的结果，所以亮度很低，直接观察比较困难.

以上的估算采用的模型比较粗略，只能给出定性正确的结果. 事实上，白矮星内电子的密度不可能是均匀的，处于深层的电子密度较大，外层或表面的电子密度则较小. 因此可以假定：深层的电子是极相对论性的，外层是非相对论性的. 这样计算的结果会更准确些. 不过，这里的计算虽然是定性的，但仍可以准确地推断白矮星的结构.

质量小于临界质量的白矮星，其电子的斥力可与核间引力平衡，白矮星是稳定的. 但质量大于临界质量，斥力便不能与引力抗衡，星体将进一步收缩，致使原子核也被挤垮，质子与电子反应形成中子. 当 $M\sim 2M_\odot$ 时，形成中子星，由中子之间的斥力维持使星体不致坍塌. 如果质量更大，有 $M> 2.2M_\odot$，中子的斥力也无法维持平衡，星体将进一步塌缩，直至形成黑洞.

3.4　自由电子抗磁性

以上几节关于自由电子气的讨论都是在没有外场的条件下进行的. 下面两节

将讨论外磁场中的自由电子气. 外磁场对自由电子运动的影响主要表现在两个方面：其一是电子围绕磁场运动轨道的量子化，导致抗磁性；其二是电子自旋沿外场方向的有序排列，导致顺磁性.本节先讨论第一种效应.

经典电动力学认为，电子运动轨迹在垂直于磁场方向的投影为圆，即电子在磁场中做回旋运动. 根据量子理论,回旋运动的轨道是量子化的. 这种量子化使电子气表现出抗磁性. 朗道于 1930 年首先从理论上研究了这种抗磁性，因此常称之为**朗道抗磁性**①.

1. 朗道能级

为集中研究电子的轨道运动，不妨假定电子是无自旋的自由粒子. 考虑电荷为 q(代数值)，质量为 m(有效质量)的电子，运动在均匀外磁场 $\boldsymbol{B}=\nabla\times\boldsymbol{A}$ 中，其哈密顿量可写为

$$H=\frac{1}{2m^*}\left(\boldsymbol{p}-\frac{q}{c}\boldsymbol{A}\right)^2, \tag{3.4.1}$$

式中，$\boldsymbol{p}$ 为正则动量(包含电子和场的运动). 记 $\boldsymbol{r}$ 为正则坐标，适当选取坐标轴取向，使磁场 $\boldsymbol{B}$ 沿 z 轴方向，磁场矢势的各分量则可写为

$$A_x=-By,\qquad A_y=A_z=0.$$

相应的薛定谔方程为

$$-\frac{\hbar^2}{2m^*}\left[\left(\frac{\partial}{\partial x}-\mathrm{i}\frac{eBy}{\hbar c}\right)^2+\frac{\partial^2}{\partial y^2}+\frac{\partial^2}{\partial z^2}\right]\psi(\boldsymbol{r})=\varepsilon'\psi(\boldsymbol{r}). \tag{3.4.2}$$

式中，e 为电子电荷(绝对值)，c 为光速.

将方程(3.4.2)的解写为如下形式：

$$\psi(\boldsymbol{r})=f(y)\exp\left[\mathrm{i}(k_x x+k_z z)\right], \tag{3.4.3}$$

式中，k_x、k_z 分别为电子波矢在 x、z 方向的分量. 代入式(3.4.2)可得关于 $f(y)$ 的方程：

$$\frac{\mathrm{d}^2 f}{\mathrm{d}y^2}+\frac{2m^*}{\hbar^2}\left[\varepsilon'-\frac{\hbar^2k_z^2}{2m^*}-\frac{1}{2m^*}\left(\hbar k_x-\frac{eBy}{c}\right)^2\right]f=0.$$

记

$$y_0\equiv\frac{\hbar k_x c}{eB},\qquad \omega_{\mathrm{c}}=\frac{eB}{m^*c},\qquad \varepsilon=\varepsilon'-\frac{\hbar^2k_z^2}{2m^*}$$

薛定谔方程方程变形为

---

① Landau L D. 1930. Z. Physik, 64: 629.

$$\frac{d^2 f}{dy^2}+\frac{2m^*}{\hbar^2}\left[\varepsilon-\frac{1}{2}m^*\omega_c^2(y-y_0)^2\right]f=0. \tag{3.4.4}$$

这是一个标准的一维谐振子方程，其能量本征值为

$$\varepsilon_j=\left(j+\frac{1}{2}\right)\hbar\omega_c \quad (j=0,1,2,\cdots). \tag{3.4.5}$$

此式给出电子在垂直于磁场方向(*xy* 平面)运动的能级，它们的取值是分立的. 朗道首先研究了这些分立能级，所以人们将之称为**朗道能级**. 式中的振子频率 ω_c 即电子在 *xy* 平面的回旋运动圆频率，称为**回旋频率**.

由薛定谔方程可知，电子在 *z* 轴方向的运动是自由的，其能级为

$$\frac{\hbar^2 k_z^2}{2m^*}=\frac{p_z^2}{2m^*}.$$

这里，p_z 和 k_z 分别是动量和相应波矢的 *z* 分量之本征值，可以通过对本征函数箱归一化确定为

$$p_z=\frac{2\pi\hbar}{L_z}l_z, \quad k_z=\frac{2\pi}{L_z}l_z.$$

式中，L_z 为材料沿磁场方向的厚度，l_z 可取 0, ±1, ±2, ⋯.

计入回旋运动和 *z* 方向平动两种运动的贡献，方程(3.4.2)的能量本征值由一组量子数 l_z 和 j 确定为

$$\varepsilon'=\frac{\hbar^2 k_z^2}{2m^*}+\left(j+\frac{1}{2}\right)\hbar\omega_c.$$

朗道能级是由电子在 *xy* 平面的二维自由运动能级“缩并”而来的，因此是高度简并的.无外场时，电子二维运动的能级构成抛物形准连续带；有外场时，磁场使这些能级简并为分立的朗道能级. 现在,我们来求朗道能级的简并度. 假定电子所处材料在 *x*、*y* 和 *z* 方向的长度分别为 L_x、L_y 和 L_z，其体积则为 $V=L_xL_yL_z$. 无外场时，电子动量的 *x* 分量 p_x 之本征值在小间隔 Δp_x 内可取值的数目为

$$\Delta l_x=\frac{\Delta p_x L_x}{2\pi\hbar}.$$

另一方面，由方程(3.4.4)可见，回旋运动的“轨道中心”在 $y=y_0$. 自然，y_0 的取值必须在介质内部，这要求

$$-L_y/2\leqslant y_0\leqslant L_y/2.$$

这里，我们略去了轨道尺寸，因为它远小于容积的大小. 再注意到 y_0 的定义，可得波矢 k_x 和动量 p_x 的取值范围分别为

$$-\frac{eBL_y}{2\hbar c}\leqslant k_x\leqslant\frac{eBL_y}{2\hbar c}$$

和

$$-\frac{eBL_y}{2c} \leqslant p_x \leqslant \frac{eBL_y}{2c}.$$

由此得

$$\Delta k_x = \frac{eBL_y}{\hbar c}, \qquad \Delta p_x \frac{eBL_y}{c}.$$

对确定的 p_z，一个朗道能级包含的态数 Δl_x，即能级的简并度应为

$$\frac{\Delta p_x L_y}{2\pi\hbar} = \frac{eBL_xL_y}{2\pi\hbar c}.$$

用 S 表示材料垂直于磁场的截面积，将此简并度写为

$$g = \frac{eBS}{2\pi\hbar c}. \tag{3.4.6}$$

为书写简便，以下用 i 代表描述状态的一组量子数，它包含 k_z、j 和简并态的量子数.此态的能量为

$$\varepsilon_i = \frac{\hbar^2 k_z^2}{2m^*} + \left(j + \frac{1}{2}\right)\frac{eB\hbar}{m^* c}. \tag{3.4.7}$$

2. 磁场中的电子气

以上讨论的是单电子运动，现在考虑多电子体系. 假定 N 个电子间没有相互作用，构成理想电子气. 记 N 个电子在单电子态上的分布为 $\{n_i\}$. 根据泡利不相容原理，n_i 的值只可取 0 和 1. 电子总数守恒，即有

$$\sum_i n_i = N.$$

写出电子气的配分函数为

$$Q_N = \sum_{\{n_i\}} \exp\left(-\beta \sum_i n_i \varepsilon_i\right). \tag{3.4.8}$$

巨配分函数则为

$$\mathcal{Q} = \prod_i \left(1 + z\mathrm{e}^{-\beta\varepsilon_i}\right) = \prod_{p_z, j} \left(1 + z\mathrm{e}^{-\beta\varepsilon_i}\right)^g,$$

其对数为

$$\ln \mathcal{Q} = \sum_{p_z, j} g \ln\left(1 + z\mathrm{e}^{-\beta\varepsilon_i}\right) = \sum_{j=0}^{\infty} \frac{gL_z}{h} \int_{-\infty}^{\infty} \ln\left(1 + z\mathrm{e}^{-\beta\varepsilon_i}\right) \mathrm{d}p_z. \tag{3.4.9}$$

平均电子数为

$$N=\frac{gL_z}{h}\int_{-\infty}^{\infty}\sum_{j=0}^{\infty}\frac{1}{z^{-1}\mathrm{e}^{\beta\varepsilon_i}+1}\mathrm{d}p_z\,. \tag{3.4.10}$$

电子气的磁矩计算为

$$M=-\left\langle\frac{\partial H}{\partial B}\right\rangle=\frac{1}{\beta}\frac{\partial}{\partial B}(\ln\mathcal{Q})_{z,\beta,V}\,.$$

磁化强度则为

$$\mathscr{M}=\frac{1}{\beta}\frac{\partial}{\partial B}\left(\frac{1}{V}\ln\mathcal{Q}\right)_{z,\beta,V}\,. \tag{3.4.11}$$

为具体了解系统的磁性，我们就两种极限情形实现上述计算：

1) 高温极限

由 3.2 节知，高温时 $\alpha\gg1$，z 很小. 将式(3.4.9)中的对数函数展开只保留首项，巨配分函数的对数则可写为

$$\begin{aligned}\ln\mathcal{Q}&=\frac{gL_z}{h}\sum_{j=0}^{\infty}\int_{-\infty}^{\infty}z\exp\left\{-\beta\left[\frac{p_z^2}{2m^*}+\left(j+\frac{1}{2}\right)\frac{eB}{m^*c}\right]\right\}\mathrm{d}p_z\\&=\frac{zgL_z}{h}\left(\frac{2\pi m^*}{\beta}\right)^{1/2}\frac{\mathrm{e}^{-\beta B\hbar/2m^*c}}{1-\mathrm{e}^{-\beta B\hbar/m^*c}}=\frac{zeBV}{4\pi^2\hbar^2c}\frac{zgL_z}{h}\left(\frac{2\pi m^*}{\beta}\right)^{1/2}\frac{\mathrm{e}^{-x}}{1-\mathrm{e}^{-2x}},\end{aligned}$$

式中，$x=\beta eB\hbar/2m^*c$. 引入热波长 λ，上式简化为

$$\ln\mathcal{Q}=\frac{2Vz}{\lambda^3}\frac{x\mathrm{e}^{-x}}{1-\mathrm{e}^{-2x}}=\frac{Vz}{\lambda^3}\frac{x}{\sinh x}\,. \tag{3.4.12}$$

平均电子数为

$$N=\ln\mathcal{Q}=\frac{Vz}{\lambda^3}\frac{x}{\sinh x}\,. \tag{3.4.13}$$

如果磁场很弱，$eB\hbar/m^*c\ll k_\mathrm{B}T$，即 $x\ll1$，由展开式(3.4.12)可得

$$\frac{1}{V}\ln\mathcal{Q}=\frac{z}{\lambda^3}\left(1-\frac{x^2}{6}\right). \tag{3.4.14}$$

磁化强度与磁化率分别为

$$\mathscr{M}=-\frac{z\beta}{3\lambda^3}\left(\frac{e\hbar}{2m^*c}\right)^2B\,. \tag{3.4.15}$$

$$\chi=-\frac{\partial\mathscr{M}}{\partial B}=-\frac{z}{3k_\mathrm{B}T\lambda^3}\left(\frac{e\hbar}{2m^*c}\right)^2. \tag{3.4.16}$$

由式(3.4.13)略去 x^2，可得电子数 $N\approx Vz/\lambda^3$，于是有

$$\chi = -\frac{N}{3k_{\mathrm{B}}TV}\left(\frac{\mathrm{e}\hbar}{2m^*c}\right)^2. \tag{3.4.17}$$

因此可知，$\chi<0$，体系具有抗磁性. 磁化率随温度变化的规律为

$$-\chi \propto T^{-1}.$$

显示负效应居里(Curie)定律.

2) 低温极限

绝对零度时，电子气处于基态. 为了集中讨论电子在磁场中特有的性质，我们只考虑垂直于磁场的二维平面运动，即令 $p_z=0$. 这时，单粒子能级为

$$\varepsilon_j = \frac{\mathrm{e}B\hbar}{m^*c}\left(j+\frac{1}{2}\right),\quad j=0,1,2,\cdots. \tag{3.4.18}$$

根据泡利不相容原理，如果简并度 $g<N$，电子必不只占据一个朗道能级. 这时，存在一个 j，使

$$(j+1)g \leqslant N < (j+2)g.$$

将有 $j+2$ 个能级上占据着电子. 其中，$j+1$ 个(从 0 到第 j 个)能级被占满，第 $j+1$ 能级半满($N=(j+1)g$ 时全满)，第 $j+2$ 以上能级则全空. 于是，电子气基态总能量可写为

$$E_0 = g\sum_{i=0}^{j}\varepsilon_i + \left[N-(j+1)g\right]\varepsilon_{j+1} = N\frac{\mathrm{e}\hbar B}{m^*c}\left[\left(j+\frac{3}{2}\right)-\frac{1}{2N}(j+1)(j+2)g\right],$$

$$\frac{E_0}{N} = \frac{e\hbar B}{2m^*c}\left[(2j+3)-\frac{(j+1)(j+2)g}{N}\right].$$

如果 $g\geqslant N$，则全部电子均在 $j=0$ 态，电子气基态的能量为

$$E_0 = N\frac{\mathrm{e}\hbar B}{2m^*c}.$$

综合以上两种情况，可将单粒子平均能量写为

$$\frac{E_0}{N} = \begin{cases} \dfrac{\mathrm{e}\hbar B}{2m^*c}\left[(2j+3)-\dfrac{(j+1)(j+2)g}{N}\right], & (j+1)g\leqslant N<(j+2)g, \\ \dfrac{\mathrm{e}\hbar B}{2m^*c}, & N\leqslant g. \end{cases}$$

磁化强度与磁化率分别为

$$\mathscr{M} = -\frac{1}{V}\frac{\partial E_0}{\partial B} = \begin{cases} \dfrac{N}{V}\dfrac{e\hbar}{2m^*c}\left[\dfrac{eBS}{\pi\hbar cN}(j+1)(j+2)-(2j+3)\right], & (j+1)g\leqslant N<(j+2)g, \\ -\dfrac{N}{V}\dfrac{e\hbar}{2m^*c}, & N\leqslant g. \end{cases}$$

式中，$j=0$，1，2，$\cdots$.

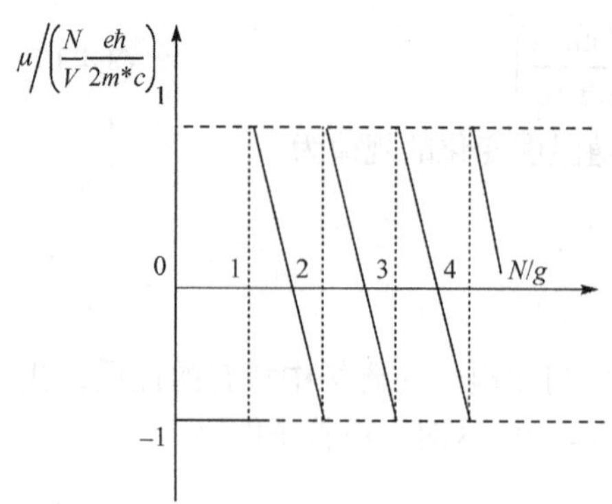

图 3.4.1 德 · 哈斯-范 · 阿尔芬效应

图 3.4.1 定性绘出 $\mathscr{M}$ 随 B^{-1} 变化的曲线. 为明晰起见，采用了无量纲变量：磁化强度 $\mathscr{M}$ 以 $\frac{N}{V}\frac{e\hbar}{2m^*c}$ 为单位；B^{-1} 则以 $\frac{eS}{2\pi\hbar cN}$ 为单位，即横坐标为 N/g. 我们看到，图中的 $\mathscr{M}$ 在 N/g 为整数的点不连续，磁化强度作为 B^{-1} 的函数发生周期性振荡. 这就是著名的德 · 哈斯-范 · 阿尔芬(de Hass-Van Alphen)效应. 这里作出的曲线虽然给出了德 · 哈斯-范 · 阿尔芬效应，但与实际情况还相差较远. 存在差别的重要原因是我们假定 p_z=0，即只考虑二维运动. 如果计入 z 方向的运动，将能消除 $\mathscr{M}$ 和 χ 的不连续性，振荡性质则仍然保留.

3.5 泡利顺磁性

3.4 节的讨论没有涉及粒子的自旋. 自旋不为零的粒子具有固有磁矩，记为 $\mu_{\rm B}$. 若记自旋为 $\boldsymbol{\sigma}$，其磁矩则为 $\boldsymbol{\mu}_{\rm B}=\mu_{\rm B}\boldsymbol{\sigma}$. 粒子在外磁场 $\boldsymbol{B}$ 中运动的哈密顿量可写为

$$H=\frac{1}{2m}\left(\boldsymbol{p}-\frac{q}{c}\boldsymbol{A}\right)^2-\boldsymbol{\mu}_{\rm B}\cdot\boldsymbol{B}.$$

此哈密顿量之首项带来的磁效应为朗道抗磁性，在 3.4 节已经讨论过. 为集中起见，本节将略去上式首项中的 $\boldsymbol{A}$，只讨论第二项带来的磁效应.

1. 配分函数

泡利提出，将碱金属中的传导电子视为高度简并费米气来讨论其磁学性质，研究结果解释了金属中顺磁性、低温弱场磁化率与温度无关等特征.

设有 N 个固有磁矩为 $\mu_{\rm B}$ 的非相对论性自由电子，在外磁场 $\boldsymbol{B}$ 中，单粒子哈密顿量为

$$H=\frac{1}{2m}p^2-\boldsymbol{\mu}_{\rm B}\cdot\boldsymbol{B}. \tag{3.5.1}$$

相应的能量本征值则为

$$\varepsilon_{\boldsymbol{p},s}=\frac{p^2}{2m}-s\mu_{\rm B}B. \tag{3.5.2}$$

其中，s 为 $\boldsymbol{\sigma}\cdot\boldsymbol{B}/B$ 之本征值.考虑电子自旋为 1/2，在磁场中有两个相反取向，s 可取±1. N 粒子系的能量本征值便写为

$$E_n = \sum_{\boldsymbol{p},s}\left(\frac{p^2}{2m} - s\mu_{\mathrm{B}}B\right)n_{\boldsymbol{p},s}$$

$$= \sum_{\boldsymbol{p}}\left[\left(\frac{p^2}{2m} - \mu_{\mathrm{B}}B\right)n_{\boldsymbol{p},+} + \left(\frac{p^2}{2m} + \mu_{\mathrm{B}}B\right)n_{\boldsymbol{p},-}\right].$$

这里，n 代表此系统某能量本征态；$n_{\boldsymbol{p},s}$ 是单粒子能级 $\varepsilon_{\boldsymbol{p},s}$ 的占据数，可取 0 或 1. 记

$$\sum_{\boldsymbol{p}} n_{\boldsymbol{p},+} \equiv N_+, \quad \sum_{\boldsymbol{p}} n_{\boldsymbol{p},-} \equiv N_-.$$

本征能量又可写为

$$E_n = \sum_{\boldsymbol{p}}\left(n_{\boldsymbol{p},+} + n_{\boldsymbol{p},-}\right)\frac{p^2}{2m} - \mu_{\mathrm{B}}B\left(N_+ - N_-\right). \tag{3.5.3}$$

配分函数则为

$$Q_N = \sum_{\{n_{\boldsymbol{p},s}\}}\exp\left[-\beta\sum_{\boldsymbol{p}}\left(n_{\boldsymbol{p},+} + n_{\boldsymbol{p},-}\right)\frac{p^2}{2m} + \beta\mu_{\mathrm{B}}B\left(N_+ - N_-\right)\right],$$

这里，分布$\{n_{\boldsymbol{p},+}\}$和$\{n_{\boldsymbol{p},-}\}$应满足如下粒子数守恒条件：

$$N = \sum_{\boldsymbol{p},s} n_{\boldsymbol{p},s} = N_+ + N_-. \tag{3.5.4}$$

将配分函数中对两个分布的求和分两步走，即先固定 N_+，变化 N_-求和，然后再对 N_+按 $0\to N$ 求和.如此处理，配分函数写为

$$Q_N = \sum_{N_+=0}^{N}\exp\left[\beta\mu_{\mathrm{B}}B\left(2N_+ - N\right)\right]\sum_{\sum_{\boldsymbol{p}} n_{\boldsymbol{p},+}=N_+}\exp\left(-\beta\sum_{\boldsymbol{p}}\frac{n_{\boldsymbol{p},+}p^2}{2m}\right)$$

$$\cdot\sum_{\sum_{\boldsymbol{p}} n_{\boldsymbol{p},-}=N-N_+}\exp\left(-\beta\sum_{\boldsymbol{p}}\frac{n_{\boldsymbol{p},-}p^2}{2m}\right).$$

不计自旋的电子系配分函数为

$$Q_N^{(0)} = \sum_{\{n_{\boldsymbol{p}}\}}\exp\left(-\beta\sum_{\boldsymbol{p}}\frac{n_{\boldsymbol{p}}p^2}{2m}\right) = \mathrm{e}^{-\beta F(N)},$$

这里，$F(N)$为无自旋 N 电子系的自由能. 利用上式，可以将含自旋系统的配分函数改写为

$$Q_N = \mathrm{e}^{-\beta\mu_{\mathrm{B}}BN}\sum_{N_+=0}^{N}\mathrm{e}^{2\beta\mu_{\mathrm{B}}BN_+}Q_{N_+}^{(0)}Q_{N-N_+}^{(0)}. \tag{3.5.5}$$

其对数为

$$\frac{1}{N}\ln Q_N = -\beta\mu_{\mathrm{B}}B + \frac{1}{N}\ln\sum_{N_+=0}^{N} \mathrm{e}^{2\beta\mu_{\mathrm{B}}BN_+ - \beta F(N_+) - \beta F(N_-)} . \tag{3.5.6}$$

在 $N \gg 1$ 的条件下，我们将式(3.5.6)右端第二项对数中的求和做近似处理，只取求和指数项的最大一项，结果是

$$\frac{1}{N}\ln Q_N = \beta f\left(\bar{N}_+\right), \tag{3.5.7}$$

其中函数 f 定义为

$$f(N) \equiv \mu_{\mathrm{B}}B\left(\frac{2N_+}{N} - 1\right) - \frac{1}{N}\left[F(N_+) + F(N - N_+)\right],$$

$$f\left(\bar{N}_+\right) = \mathrm{Max}\left[f(N_+)\right].$$

$\bar{N}_+$ 常解释为自旋投影取正之粒子数的平均值，相应地有 $\bar{N}_- = N - \bar{N}_+$.

磁化强度可写为

$$\mathscr{M} = \frac{\bar{N}_+ - \bar{N}_-}{V}\mu_{\mathrm{B}} = \frac{2\bar{N}_+ - N}{V}\mu_{\mathrm{B}} . \tag{3.5.8}$$

$\bar{N}_+$ 是使 $f(N_+)$ 极大时 N_+ 的取值，满足如下方程：

$$\frac{\partial f(N_+)}{\partial N_+} = 0 ,$$

亦即

$$\frac{2\mu_{\mathrm{B}}B}{N} - \frac{1}{N}\frac{\partial F(N_+)}{\partial N_+} - \frac{1}{N}\frac{\partial F(N - N_+)}{\partial N_+} = 0 ,$$

根据化学势的定义

$$\mu = \left(\frac{\partial F(N)}{\partial N}\right)_{T,V}$$

及关系 $\alpha = -\beta\mu$，并注意到

$$\frac{\partial F(N - N_+)}{\partial N_+} = -\frac{\partial F(N - N_+)}{\partial (N - N_+)} ,$$

可得方程

$$-k_{\mathrm{B}}T\left[\alpha\left(\bar{N}_+\right) - \alpha\left(N - \bar{N}_+\right)\right] = 2\mu_{\mathrm{B}}B . \tag{3.5.9}$$

用 3.2 节关于 α 的近似表达式，即可由式(3.5.9)求出 $\bar{N}_+$，代入式(3.5.8)即得磁化强度.

2. 顺磁性

类似于朗道抗磁性的分析，下面亦就两种极端情况的近似结果加以讨论.

(i) 低温情形，即 $k_{B}T \ll \varepsilon_{F}$.

首先应当注意到：本节所讨论的电子原来能量简并的两个自旋态已在磁场中分裂，因此能级不再简并，即简并度为 1. 各式中引用的 $F(N)$及 $\alpha(N)$为无自旋系的热力学函数，不涉及自旋态简并问题. 而在 3.2 节中，关于 α 的表达式(3.2.6)中的 ε_{F} 取考虑自旋简并(简并度 $\omega_0=2$)的结果. 将式(3.2.6)用于本问题，需要对代入的费米能级表达式略加修改，用式(2.5.9)给出的自旋简并度为 1 的 N 粒子费米能级

$$\varepsilon_{F}'(N)=\frac{\hbar^2}{2m}\left(\frac{6\pi^2 N}{V}\right)^{2/3}.$$

α 的表达式便成为

$$-\alpha(N)=\frac{\varepsilon_{F}'(N)}{k_{B}T}\left[1-\frac{\pi^2}{12}\left(\frac{k_{B}T}{\varepsilon_{F}'(N)}\right)^2\right].$$

于是，式(3.5.9)可写为

$$\varepsilon_{F}'(\bar{N}_{+})-\varepsilon_{F}'(N-\bar{N}_{+})-\frac{\pi^2(k_{B}T)^2}{12}\left[\frac{1}{\varepsilon_{F}'(\bar{N}_{+})}-\frac{1}{\varepsilon_{F}'(N-\bar{N}_{+})}\right]=2\mu_{B}B\ ,$$

引入序参数

$$\gamma\equiv\frac{\bar{N}_{+}-\bar{N}_{-}}{N}=\frac{2\bar{N}_{+}}{N}-1\ ,$$

则有

$$\varepsilon_{F}'(\bar{N}_{+})=(1+\gamma)^{2/3}\varepsilon_{F}\ ,$$

$$\varepsilon_{F}'(N-\bar{N}_{+})=(1-\gamma)^{2/3}\varepsilon_{F}\ ,$$

其中

$$\varepsilon_{F}=\frac{\hbar^2}{2m}\left(\frac{3\pi^2 N}{V}\right)^{2/3}.$$

代入前式则有

$$(1+\gamma)^{2/3}-(1-\gamma)^{2/3}-\frac{\pi^2}{12}\left(\frac{k_{B}T}{\varepsilon_{F}}\right)^2\left[(1+\gamma)^{-2/3}-(1-\gamma)^{-2/3}\right]=\frac{2\mu_{B}B}{\varepsilon_{F}}.\quad(3.5.10)$$

如果外场较弱，即 $\mu_{B}B \ll \varepsilon_{F}$，加之有低温条件 $0 < k_{B}T \ll \varepsilon_{F}$，可知 γ 必为一小数. 将式(3.5.10)左边展为γ的幂函数，只取一次项得

$$\frac{4}{3}\gamma-\frac{\pi^2}{12}\left(\frac{k_BT}{\varepsilon_F}\right)^2\left[-\frac{4}{3}\gamma\right]=\frac{2\mu_BB}{\varepsilon_F},$$

可解出

$$\gamma\approx\frac{3\mu_BB}{2\varepsilon_F}\left[1-\frac{\pi^2}{12}\left(\frac{k_BT}{\varepsilon_F}\right)^2\right],$$

磁化强度则为

$$\mathscr{M}=\frac{N}{V}\mu_B\gamma\approx\frac{3N\mu_B^2B}{2V\varepsilon_F}\left[1-\frac{\pi^2}{12}\left(\frac{k_BT}{\varepsilon_F}\right)^2\right], \tag{3.5.11}$$

磁化率为

$$\chi\approx\frac{3N\mu_B^2}{2V\varepsilon_F}\left[1-\frac{\pi^2}{12}\left(\frac{k_BT}{\varepsilon_F}\right)^2\right]. \tag{3.5.12}$$

可见$\chi>0$，此系具有顺磁性.

在低温极限下，即$T\to0$时，以上结果可进一步简化为

$$\gamma\approx\frac{3\mu_BB}{2\varepsilon_F},$$

由此得

$$\bar{N}_+\approx\frac{N}{2}\left(1+\frac{3\mu_B}{2\varepsilon_F}\right),$$

进而有

$$\mathscr{M}=\frac{3N\mu_B^2B}{2V\varepsilon_F}, \tag{3.5.13}$$

$$\chi\approx\frac{3N\mu_B^2}{2V\varepsilon_F}. \tag{3.5.14}$$

可见在低温极限下，不仅有顺磁性，而且磁化率与温度无关. 泡利首先研究了这种特殊的顺磁性质，因此称为**泡利顺磁性**[①].

(ii) 高温情形，即$k_BT\gg\varepsilon_F$.

这时，用3.1节的结果

---

① Pauli W. 1926. Z Physik, 41: 81.

$$z=\frac{\rho\lambda^3}{\omega_0},$$

式中，$\rho=N/V$，$\omega_0=1$. 于是可得

$$-\alpha=\ln\frac{N\lambda^3}{V}.$$

式(3.5.9)便成为

$$k_BT\left[\ln\left(\frac{\bar{N}_+}{V}\lambda^3\right)-\ln\frac{N-\bar{N}_+}{V}\lambda^3\right]=2\mu_BB,$$

即

$$\ln(1+\gamma)-\ln(1-\gamma)=\frac{2\mu_BB}{k_BT},$$

解出

$$\gamma=\tanh\frac{\mu_BB}{k_BT}.$$

在弱场情形下有

$$\gamma\approx\frac{\mu_BB}{k_BT}.$$

磁化强度为

$$\mathscr{M}=\frac{N}{V}\mu_B\gamma=\frac{N\mu_B^2}{Vk_BT}B,\tag{3.5.15}$$

磁化率则为

$$\chi\approx\frac{N\mu_B^2}{Vk_BT}\propto T^{-1}.\tag{3.5.16}$$

可见，高温磁化率具有顺磁性，且与温度成反比，遵守居里定律.

图 3.5.1 的曲线定性描述了仅考虑自旋效应时，弱磁场下电子气磁化率随温度变化的特征. 图中横坐标为 k_BT, 纵坐标为 $k_BT\chi$. 由图可见，磁化率大于零，体系呈现顺磁性. 当磁场确定时，磁化率与温度之积随温度增高而增大. 在低温极限 $k_BT\ll\varepsilon_F$ 时，$k_BT\chi$ 随温度的增高而接近线性增加，即磁化率与温度无关，呈现泡利顺磁性. 温度进一步升高，$k_BT\chi$ 的增加渐缓，直至温度较高，使 $k_BT\gg\varepsilon_F$ 时，$k_BT\chi$ 趋向确定的常数，磁化率与温度成反比，满足居里定律.

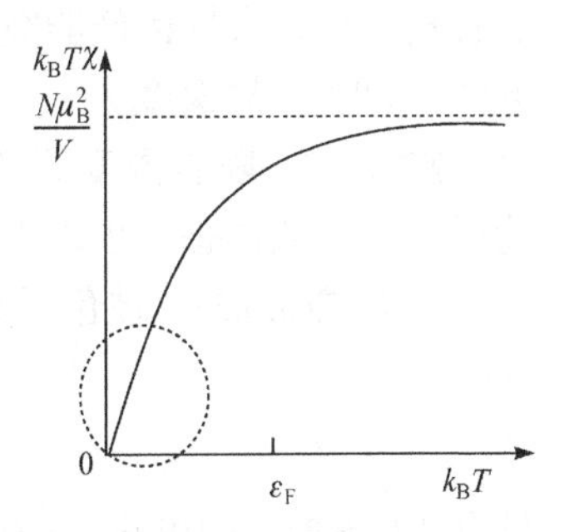

图 3.5.1　泡利顺磁性

3.6 玻色凝聚

在上文对简并气体热力学函数作普遍性讨论中曾经论及：当玻色气体易逸度趋向 1 时，体系会出现玻色凝聚(BEC)现象，本节将具体研究这种现象. 限于篇幅，这里还只能进行较为初浅的讨论. 玻色凝聚现象的研究主要涉及较低的温度范围，所以粒子的运动速度不高，可以按非相对论性粒子考虑. 同时，我们还将略去粒子间的相互作用，只讨论理想玻色气体.

1. 动量空间的凝聚现象

根据 3.1 节，非相对论性理想玻色气体的巨配分函数之对数可写为

$$\varsigma = \frac{\omega_0 V}{\lambda^3} g_{5/2}(z) - \omega_0 \ln(1-z). \tag{3.6.1}$$

粒子总数与易逸度则有如下关系

$$N = \frac{\omega_0 V}{\lambda^3} g_{3/2}(z) + \frac{\omega_0 z}{1-z}. \tag{3.6.2}$$

占据能级 ε_l 的平均粒子数为

$$\langle n_l \rangle = \frac{\omega_l}{z^{-1} e^{\beta \varepsilon_l} \mp 1}.$$

动量 p=0 的最低能级之平均占据数为

$$\langle n_0 \rangle = \frac{\omega_0 z}{1-z}. \tag{3.6.3}$$

为简单起见，以下只讨论自旋为零(即 ω_0=1)的粒子. 由上式可以看出，为保证基态粒子数非负，玻色系的易逸度必在 0 与 1 之间，化学势必不大于 0.

T=0 时，玻色子的占据情况与费米子不同. 因为它不受泡利不相容原理限制，所有粒子都将占据最低能级，即 $\langle n_0 \rangle = N$，物体系总能量为 E=0. 在热力学极限下($N \to \infty$时)，易逸度 $z \to 1$，化学势 $\mu \to 0$.

$T>0$ 时，随着温度的增加，物体系将在某个适当的温度发生相变. 关于相变的讨论，需从物态方程入手. 为此应先运用粒子数守恒条件求出易逸度.

根据式(3.6.2)，玻色子数密度与易逸度之间的关系由下式给出：

$$\frac{g_{3/2}(z)}{\rho \lambda^3} + \frac{z}{\rho V(1-z)} = 1. \tag{3.6.4}$$

结合式(3.6.3)，即可将 $p = 0$ 粒子占总粒子数的比分写为

$$\frac{\langle n_0 \rangle}{N} = 1 - \frac{g_{3/2}(z)}{\rho\lambda^3}. \tag{3.6.5}$$

由式(3.6.5)原则上可将易逸度 z 解为温度和体积的函数. 但是,由于函数的复杂性,我们只能用数值法或作图法求解.

让我们来分析函数

$$g_{3/2}(z) \equiv \sum_{n=1}^{\infty} \frac{z^n}{n^{3/2}}. \tag{3.6.6}$$

对我们研究的体系,z 的定义域为

$$0 \leqslant z \leqslant 1.$$

在此定义域内,函数 $g_{3/2}(z)$ 单调、有界且为正. 图 3.6.1 定性绘出 $g_{3/2}(z)$ 随 z 变化的曲线. 当 $z=0$ 时,$g_{3/2}(z)=0$;随着 z 的增加,$g_{3/2}(z)$ 亦增加,直至 $z=1$ 时为

$$g_{3/2}(1) = \zeta(3/2) \approx 2.612, \tag{3.6.7}$$

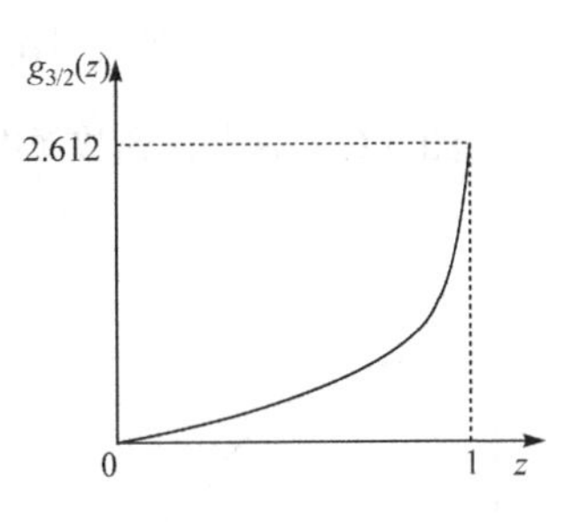

图 3.6.1 $g_{3/2}(z)$ 的定性曲线

式中

$$\zeta(l) = \sum_{n=1}^{\infty} \frac{1}{n^l} = 1 + \frac{1}{2^l} + \frac{1}{3^l} + \cdots$$

为黎曼 ζ 函数.

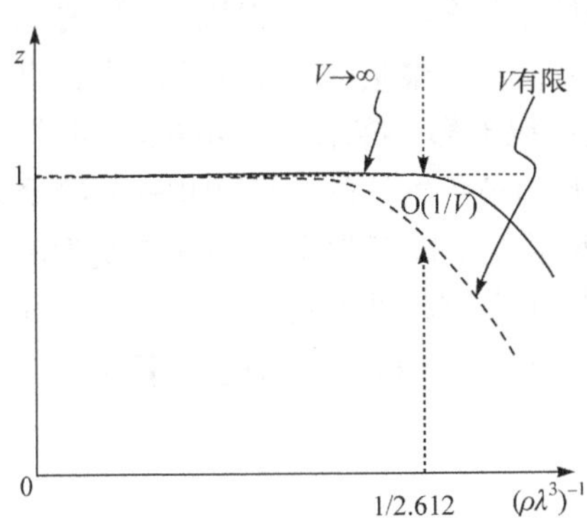

图 3.6.2 玻色气 z-$(\rho\lambda^3)^{-1}$ 曲线

图 3.6.2 给出图解 z 作为$(\rho\lambda^3)^{-1}$之函数的定性结果. 如果体积 V 有限,当$(\rho\lambda^3)^{-1}\to 0$ 时,$z\to 1$;随$(\rho\lambda^3)^{-1}$的增加,z 先不变,然后缓慢减小,到 $\rho\lambda^3 = g_{3/2}(1)$ 时,$1-z$ 的数量级为 V^{-1};$(\rho\lambda^3)^{-1}$ 继续增加,z 迅速减小. 如果取热力学极限,$V\to\infty$(N/V 保持不变),$V^{-1}\to 0$. 上述解成为

$$z = \begin{cases} 1, & \rho\lambda^3 \geqslant g_{3/2}(1), \\ g_{3/2}(z) = \rho\lambda^3 \text{ 的根}, & \rho\lambda^3 < g_{3/2}(1). \end{cases} \tag{3.6.8}$$

在满足

$$\rho\lambda^3 = g_{3/2}(1) \approx 2.612 \tag{3.6.9}$$

的点两边,z 的表达式取不同形式,我们将此点称为**临界点**. 满足这一等式的 T 和 ρ 值分别称为**临界温度**和**临界密度**.

在确定的密度 ρ 下,临界温度由下式给出:

$$T_{\mathrm{C}}=\frac{2\pi\hbar^2\rho^{2/3}}{mk_{\mathrm{B}}\left[g_{3/2}(1)\right]^{2/3}}. \tag{3.6.10}$$

在确定的温度下，临界密度为

$$\rho_{\mathrm{C}}=g_{3/2}(1)\lambda^{-3}. \tag{3.6.11}$$

这样，$p=0$ 粒子的比分又可写为临界温度或临界密度的函数

$$\frac{\langle n_0\rangle}{N}=\begin{cases}1-(T/T_{\mathrm{C}})^{3/2}=1-\rho_{\mathrm{C}}/\rho, & \rho\lambda^3\geqslant g_{3/2}(1),\\ 0, & \rho\lambda^3<g_{3/2}(1).\end{cases} \tag{3.6.12}$$

图 3.6.3 给出在密度确定的条件下$\langle n_0\rangle/N$ 作为 T 的函数的定性曲线.由图可见，当 $T>T_{\mathrm{C}}$ 或 $\rho<\rho_{\mathrm{C}}$(高温、低密度)时，$\rho\lambda^3<g_{3/2}(1)$，任何一个动量态(包括 p=0 态)上的$\langle n_l\rangle/N$ 都趋于零，即占据数与粒子总数相比微不足道，这时，全部粒子“弥散”在动量空间中. 但当 $T<T_{\mathrm{C}}$ 或 $\rho>\rho_{\mathrm{C}}$ 时，$\rho\lambda^3>g_{3/2}(1)$，$\langle n_0\rangle/N$ 为非零的有限数，p=0 基态聚集了数目可与粒子总数比拟的粒子，而在其他高能级态粒子的分布仍然是弥散的. 随着温度的进一步降低，基态聚集的粒子不断增多，直至 T=0 时，全部粒子都“冻结”在 p=0 态. 我们将这种状态理解为玻色气体的一种新相——凝聚相. 显然，这种凝聚不同于常见的如气态变为液态的凝聚，它是粒子在动量空间的凝聚. 爱因斯坦最早将玻色对光子气体的统计法推广到普通理想气体，预言这种凝聚现象的存在，后人将它称为**玻色-爱因斯坦凝聚**(Bose-Einstein condensation，BEC).

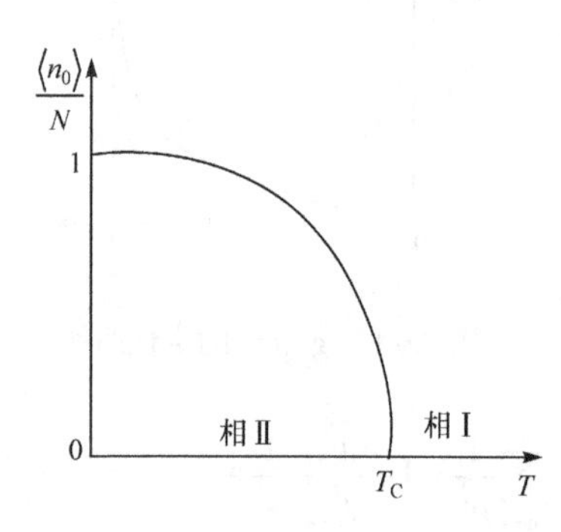

图 3.6.3 玻色气 $p=0$ 态平均占据数

2. 相变特征

如上所述，动量空间的凝聚过程是一种相变. 在确定的密度下，玻色气体在温度为 T_{C} 时发生相变；在确定的温度下，则在数密度为 ρ_{C} 时发生相变. 下面从不同角度对**玻色-爱因斯坦凝聚**的相变特征加以分析. 为讨论方便起见，我们将未出现凝聚的相称为Ⅰ相，出现凝聚的相称为Ⅱ相(图 3.6.3).

1) 等温相变(沿等温线，相变发生在 $\rho=\rho_{\mathrm{C}}$)

为讨论方便，定义比容(体积度)$v=\rho^{-1}$. 首先考查等温相变特征，即在确定温度下研究压强随体积(度)的变化. $\omega_0=1$ 的非相对论性理想玻色气体压强表达式为

$$P=\frac{k_{\mathrm{B}}T}{\lambda^3}g_{5/2}(z)-\frac{k_{\mathrm{B}}T}{V}\ln(1-z).$$

3.1 节已指出，在热力学极限下，上式右端后项在整个密度取值范围均可略去，即有

$$P = \frac{k_B T}{\lambda^3} g_{5/2}(z).$$

为便于讨论相变，将它写为

$$P = \begin{cases} k_B T \lambda^{-3} g_{5/2}(z), & v > v_C, \\ k_B T \lambda^{-3} g_{5/2}(1) \approx 1.342 \dfrac{k_B T}{\lambda^3}, & v \leqslant v_C. \end{cases} \tag{3.6.13}$$

根据式(3.6.13)，对各不同温度可以作出相应的 P-v 曲线，定性如图 3.6.4 所示.

由图 3.6.4 可见，P-v 曲线明显地分为性质迥异的两段：在 $v<v_C(\rho>\rho_C)$段，曲线为一水平直线段，比容(和密度)不随压强变化，玻色系处在凝聚相Ⅱ；在 $v>v_C(\rho<\rho_C)$段，比容随压强的增加而减小(对应密度增大)，玻色系处于非凝聚相Ⅰ.$v=v_C(\rho=\rho_C)$的点为相变点，相应的 $v_C(\rho_C)$称为**临界比容(临界密度)**，随温度变化.相变点为 P-v 曲线的拐点. 作为比容(体积)的函数，压强 P 及其对比容的一阶微商 $\mathrm{d}P/\mathrm{d}v$ 均连续，但其二阶微商 $\mathrm{d}^2p/\mathrm{d}v^2$ 不连续. 因此，可称这种相变为二级相变.

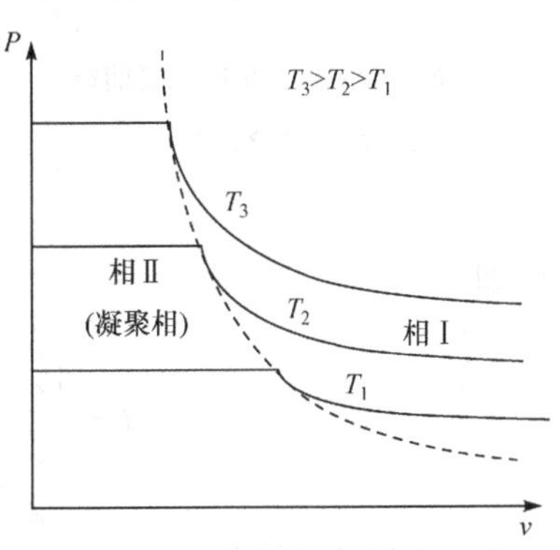

图 3.6.4 玻色气等温相变曲线

在 P-v 平面上，相变点的集合为一条形似双曲线的曲线(图中的虚线)，将平面分成两个区域，分别为Ⅰ、Ⅱ相区. 由式(3.6.11)可得临界比容满足的方程为

$$\lambda^3 / v_C = g_{3/2}(1).$$

代入压强的表达式，给出临界点曲线方程为

$$P v^{5/3} = \frac{2\pi\hbar^2}{m} \frac{g_{5/2}(1)}{\left[g_{3/2}(1)\right]^{5/3}}. \tag{3.6.14}$$

2) 等容相变(沿等容线，相变发生在 $T=T_C$)

仍由式(3.6.13)出发，有

$$P = \begin{cases} k_B T \lambda^{-3} g_{5/2}(z), & T > T_C, \\ k_B T \lambda^{-3} g_{5/2}(1), & T \leqslant T_C. \end{cases} \tag{3.6.15}$$

根据式(3.6.15)可作出不同比容(或密度)下的定容 P-T 曲线，定性如图 3.6.5 所示. 这些曲线以 $T=T_C$ 为拐点(相变临界点)，图中虚线为临界点的集合. P-T 相变

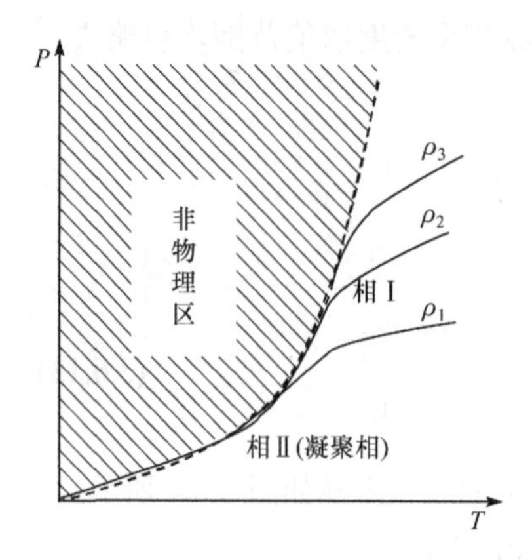

图 3.6.5　玻色气等容相变曲线
($\rho_3 > \rho_2 > \rho_1$)

曲线上临界点右侧诸点对应的态属于相 I，由式(3.6.15)上边表达式给出；左侧之点属于相 II——凝聚相，由式(3.6.15)下边表达式给出. 尽管不同的比容(或密度)对应不同的相变曲线，但这些曲线的相 II 部分却重合于一条曲线(图中虚线)——临界点曲线. 这条曲线将平面分割成两部分，曲线左侧的阴影部分是非物理区，区中的点不对应体系的实际物理态，曲线右侧为非凝聚相区. 相 II 的曲线亦即相变临界点曲线，由如下方程给出：

$$P=\left(\frac{m}{2\pi\hbar^2}\right)^{3/2} g_{5/2}(1)(k_\mathrm{B}T)^{5/2}. \tag{3.6.16}$$

进一步可以计算其他热力学函数，主要结果如下：

$$E=\begin{cases}\dfrac{3}{2}k_\mathrm{B}TV\lambda^{-3}g_{5/2}(z), & T>T_\mathrm{C},\\ \dfrac{3}{2}k_\mathrm{B}TV\lambda^{-3}g_{5/2}(1), & T\leqslant T_\mathrm{C}.\end{cases} \tag{3.6.17}$$

用式(3.1.11)计算熵为

$$S=k_\mathrm{B}\left(\frac{5}{2}\varsigma+\bar{N}\alpha\right)=\begin{cases}\dfrac{5}{2}k_\mathrm{B}V\lambda^{-3}g_{5/2}(z)-k_\mathrm{B}\rho V\ln z, & T>T_\mathrm{C},\\ \dfrac{3}{2}k_\mathrm{B}V\lambda^{-3}g_{5/2}(1), & T\leqslant T_\mathrm{C}.\end{cases} \tag{3.6.18}$$

吉布斯函数则为

$$G=N\mu=\begin{cases}Nk_\mathrm{B}T\ln z, & T>T_\mathrm{C},\\ 0, & T\leqslant T_\mathrm{C}.\end{cases} \tag{3.6.19}$$

用内能表达式(3.6.17)计算定容热容量得

$$C_V=\frac{\partial E}{\partial T}=\begin{cases}\dfrac{15}{4}k_\mathrm{B}V\lambda^{-3}g_{5/2}(z)-\dfrac{9g_{3/2}(z)}{4g_{1/2}(z)}Nk_\mathrm{B}, & T>T_\mathrm{C},\\ \dfrac{15}{4}k_\mathrm{B}V\lambda^{-3}g_{5/2}(1), & T\leqslant T_\mathrm{C}.\end{cases} \tag{3.6.20}$$

在这类相变的临界点附近，热容量的性质十分特殊，有必要专门加以讨论.

3. λ 比热

下面讨论玻色-爱因斯坦凝聚的定容比热(热容量)特性. 在确定比容(密度)下，

相变点 T_C 附近热容量 C_V 有如下性质：

1) C_V 连续

让我们用式(3.6.20)来计算相变点两侧的热容量值. 相 I 的热容量为

$$C_V = \frac{15}{4}k_B V\lambda^{-3}g_{5/2}(z) - \frac{9g_{3/2}(z)}{4g_{1/2}(z)}Nk_B .$$

在相变点，即当 $z \to 1$，$T \to T_C$ 时，

$$g_{1/2}(z) \to \sum_{n=1}^{\infty} 1/n^{1/2} \to \infty .$$

因此，式(3.6.20)后项趋于零. 于是得

$$C_V \to \frac{15}{4}k_B V\lambda_C^{-3}g_{5/2}(1) .$$

这里，λ_C 为临界温度的热波长. 相 II 的热容量亦为

$$C_V \to \frac{15}{4}k_B V\lambda_C^{-3}g_{5/2}(1) ,$$

与相 I 相同. 可见，在临界点 T_C，C_V 连续.

2) $\partial C_V/\partial T$ 不连续

计算 T 从相 I 和相 II 分别趋近于临界点在 T_C 时 $\partial C_V/\partial T$ 之差为

$$\Delta\left(\frac{\partial C_V}{\partial T}\right)_V = \left(\frac{\partial C_V}{\partial T}\right)\Bigg|_{T_C^+} - \left(\frac{\partial C_V}{\partial T}\right)\Bigg|_{T_C^-} = -\frac{9}{4}k_B N\frac{\partial}{\partial T}\left[\frac{g_{3/2}(z)}{g_{1/2}(z)}\right]$$

此式右端的导数不为零，因此热容量对温度的导数不连续.

由式(3.6.20)可以看出，当 $T < T_C$ 时，$C_V \propto T^{3/2}$，$\partial C_V/\partial T > 0$；当 $T > T_C$ 时，C_V 值小于临界点的相应值，$\partial C_V/\partial T < 0$，热容量在临界点取极大值. 注意到临界点满足的关系：$\rho\lambda^3 = g_{3/2}(1)$，容易算出 $T = T_C$ 时的热容量为

$$C_V = \frac{15}{4}k_B V\lambda_C^{-3}g_{5/2}(1) = \frac{15}{4}\frac{g_{5/2}(1)}{g_{3/2}(1)}Nk_B \approx 1.925Nk_B .$$

当 $T \to \infty$ 时，取 $z \approx \rho\lambda^3$，并略去其高次项，可得

$$C_V = \left[\frac{15g_{5/2}(z)}{4\rho\lambda^3} - \frac{9g_{3/2}(z)}{4g_{1/2}(z)}\right]Nk_B = \frac{3}{2}Nk_B$$

热容量趋向经典理想气体之值，它小于临界点的相应值.

图 3.6.6 绘出玻色气体热容量随温度变化的曲线. 在极低温下，玻色气体处于凝聚相，比热随温度增高以 3/2 次方形式增大，直至临界温度时达最大值；温度继续增高超越临界点后，比热随温度升高而减少，直至温度较高趋向经典理想气体之值. 此类比热随温度变化的曲线形状酷似希腊字母 λ，故常称之为 λ 比热，并

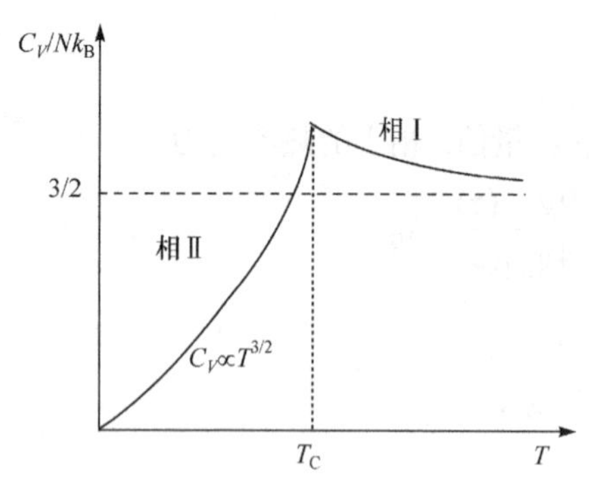

图 3.6.6 玻色气热容量随温度变化曲线

将具有此类比热特征的相变称为 λ 相变. 这里计算采用的模型十分简单，结果定性正确，定量尚有较大偏差. 实验观测的结果是 λ 相变的比热在临界点发散.

由式(3.6.10)可见，临界温度与气体密度为正关系，加大密度可以使临界温度提高以便于实现，因此实际企望观测玻色凝聚的系统应有较高的密度. 在这样的体系中，玻色子之间的相互作用亦较强，自由玻色气体模型会有较大误差，比较严格的理论应该建立在计入粒子间相互作用的非理想玻色气体模型上.

3.7 磁捕获气体的玻色-爱因斯坦凝聚

1. 玻色-爱因斯坦凝聚的实现

1924 年，印度物理学家玻色(S. N. Bose)将他的一篇论文寄给爱因斯坦，文中将光量子假说和统计力学结合，提出一种对光子气体微观状态的计数方法①(后人将之称为玻色统计法)，用量子论导出了黑体辐射的普朗克定律. 爱因斯坦看到这种统计法的重要意义，遂将其译为德文，加评注推荐在柏林《物理学期刊》上发表. 同年，他将玻色统计法推广至单原子理想气体，建立了相应的量子理论②. 根据理论计算的结果，爱因斯坦断言：在一定温度下，气体分子数密度有一阈值，超过这个阈值，便有一部分分子“凝结”在能量最低的单粒子态(动量为零的态)，形成类似于气-液两相共存(在动量空间)的新物态，即**玻色-爱因斯坦凝聚**(BEC). 3.6 节从理论上讨论了这种凝聚.

自爱因斯坦预言以来，物理学家一直试图在实验中发现这种凝聚现象. 根据实际气体的密度计算，出现这种凝聚的温度极低. 因此，BEC 的实验探索始终与获得极低温度的努力紧密联系在一起.如上文指出的，BEC 相变的一个典型特征是 λ比热. 1911 年昂尼斯(H. K. Onnes)发现的金属超导电性，以及 1938 年卡皮查(Kapitsa)和艾伦(Allen)、迈斯纳(Misener)等发现的液态氦(^{4}He)超流现象，在相变点附近比热容均呈λ形，曾认为与 BEC 有联系. 但是，仔细研究发现，这些现象

① Bose S N. 1924. Z. Physik, 26:178.

② Einstein A. 1924. Sitzungsber Klg. Preuss.Akad. Wiss., Phy.–math. Kl. XXII: 261; 1925. Sitzungsber Klg. Preuss.Akad. Wiss., Phy.–math. Kl. I: 3.

与爱因斯坦所预言的凝聚现象不同. 例如，如果考虑用理想气体模型描述超流的^{4}He原子系统，由式(3.6.10)估算的BEC温度为$T_C\approx$3.13K，与实际观测的液氦超流转变温度2.17K相差较大. 更重要的是，氦气在4.2K已凝结为液态，原子间的相互作用很强，不能再用理想气体来描述. 事实上，只有气体十分稀薄时，原子间的相互作用才可以忽略. 而根据式(3.6.10)可知，在密度很低时，临界温度必然变得极低，这给实验工作带来极大的困难.

经过几代实验物理学家坚持不懈的努力，这个愿望终于在爱因斯坦预言70年后实现. 1995年，美国实验天体物理联合研究所(JILA)的康奈尔(Cornell)和维曼(Wieman)领导的小组采用激光冷却和磁捕获技术，结合逃逸蒸发冷却，实现了金属铷(^{87}Rb)稀薄气体的玻色-爱因斯坦凝聚[①]. 他们将磁捕获的数密度为$n\sim 2.6\times10^{12}\ \mathrm{cm}^{-3}$、包含$2\times10^4$个铷-87原子的样品冷却至170 nK时，开始观测到铷原子的凝聚. 继续降温，样品中的非凝聚成分逐步减少，直至温度降到20nK时，非凝聚成分所剩无几，获得约含2000个原子的“纯”玻色-爱因斯坦凝聚体. 同年，麻省理工学院(MIT)克特勒(Kertterle)小组观察到钠(^{23}Na)原子气体的玻色-爱因斯坦凝聚[②]. 他们实现5×10^5个钠原子的凝聚，原子数密度高于$10^{14}\mathrm{cm}^{-3}$，临界温度$T_C\sim$2.0μK. 基于他们在玻色-爱因斯坦凝聚实验研究方面的杰出贡献，康奈尔、克特勒和维曼三位物理学家分享了2001年的诺贝尔物理学奖. 嗣后，科学家们陆续在锂(Li, 1997)、氢(H, 1998)、氦(He, 2001)、钾(K, 2001)、铯(Cs, 2002)、铈(Ce, 2002)、镱(Yb, 2003)、铬(Cr, 2005)和锶(Sr, 2009)等多种原子的稀薄气体中实现了玻色-爱因斯坦凝聚.

在BEC实验中，采用了磁捕获技术，将碱金属原子(玻色子)局域在“磁阱”中，通过降温实现凝聚.因此，这种气体并非3.6节所述的“自由”气体，而是运动在磁场中的稀薄气体.为从理论上正确描述这类气体的凝聚，需要在考虑磁场势作用的基础上研究玻色气体的凝聚问题.

2. 磁捕获气体的玻色-爱因斯坦凝聚[③]

研究磁捕获玻色气体凝聚的一个简单的模型是将玻色气视为局域在如下抛物形势阱(谐振势)中的气体：

$$V(x,y,z)=\frac{m}{2}\left(\omega_x^2x^2+\omega_y^2y^2+\omega_z^2z^2\right), \tag{3.7.1}$$

① Anderson M H, Ensher J R, Matthews M R, Wieman C E, Cornell E A. 1995. Science, 269: 198.

② Davis K B, Mewes M O, Andrews M R, van Druten N J, Durfee D S, Kurn D M, Ketterle W. 1995. Phys. Rev. Lett., 75: 3969.

③ Dalfovo F, Giorgini S, Pitaevskii Lev P, Stringari S. 1999. Rev. Mod. Phys., 71: 463.

式中，m 为原子质量，x，y，z 为原子坐标，ω_x，ω_y，ω_z 为相应方向的谐振频率. 作为对稀薄气体的初级近似，我们将略去原子间的相互作用. 于是，N 粒子玻色系哈密顿量可写为

$$H=\sum_{i=1}^{N}\left[\frac{p_i^2}{2m}+\frac{m}{2}\left(\omega_x^2x_i^2+\omega_y^2y_i^2+\omega_z^2z_i^2\right)\right], \tag{3.7.2}$$

式中，$\boldsymbol{p}_i$ 为 i 粒子的动量.

容易解出单粒子能量本征值为

$$\varepsilon_{l_xl_yl_z}=\left(l_x+1/2\right)\hbar\omega_x+\left(l_y+1/2\right)\hbar\omega_y+\left(l_z+1/2\right)\hbar\omega_z\ , \tag{3.7.3}$$

式中，l_x，l_y，l_z 为非负整数. 在不考虑自旋的情况下(自旋为 0)，上述能级不简并，即简并度为 1. 由式(3.7.3)可见，单粒子基态能量为 $\varepsilon_0=3\hbar\bar{\omega}/2$，其中 $\bar{\omega}=(\omega_x+\omega_y+\omega_z)/3$ 为三个方向谐振频率的算术平均值. 为便于书写，不妨将能量零点选为基态能，单粒子能量则可简化为

$$\varepsilon=\varepsilon_x+\varepsilon_y+\varepsilon_z=l_x\hbar\omega_x+l_y\hbar\omega_y+l_z\hbar\omega_z\ . \tag{3.7.4}$$

根据巨正则系综理论(见 2.4 节)，能级 $\varepsilon_{l_xl_yl_z}$ 的平均占据数为

$$\langle n_{l_xl_yl_z}\rangle=\frac{1}{z^{-1}\mathrm{e}^{\beta\varepsilon_{l_xl_yl_z}}-1}\ . \tag{3.7.5}$$

玻色系粒子数由下式给出：

$$N=\sum_{l_x,l_y,l_z}\frac{1}{z^{-1}\mathrm{e}^{\beta\varepsilon_{l_xl_yl_z}}-1}\ . \tag{3.7.6}$$

这里，易逸度 $z=\mathrm{e}^{\beta\mu}$，$\beta=(k_{\mathrm{B}}T)^{-1}$.上式亦可写为

$$N=\sum_{l_x,l_y,l_z}\frac{1}{\mathrm{e}^{\left(\varepsilon_{l_xl_yl_z}-\mu\right)/k_{\mathrm{B}}T}-1}, \tag{3.7.7}$$

式中，μ为化学势.

激发态的平均粒子总数为

$$N_{\mathrm{ex}}=N-\langle n_0\rangle=\sum_{l_x,l_y,l_z\neq0}\frac{1}{z^{-1}\mathrm{e}^{\beta\varepsilon_{l_xl_yl_z}}-1}, \tag{3.7.8}$$

式中

$$\langle n_0\rangle=\frac{1}{z^{-1}-1} \tag{3.7.9}$$

为粒子在最低能态(基态)的平均占据数.

考虑粒子数 N 很大，磁捕获谐振子能量较低，可假定热激发能远大于磁捕获

振子能量：$k_B T \gg \hbar\omega_x$，$\hbar\omega_y$ 和 $\hbar\omega_z$，式(3.7.8)中求和便可用积分计算，即

$$N_{\mathrm{ex}}=\int_0^{\infty}\int_0^{\infty}\int_0^{\infty}\frac{\mathrm{d}l_x\mathrm{d}l_y\mathrm{d}l_z}{z^{-1}\mathrm{e}^{\beta\hbar\left(\omega_x l_x+\omega_y l_y+\omega_z l_z\right)}-1}. \tag{3.7.10}$$

引入变量 $t_x=\beta\hbar\omega_x l_x$，$t_y=\beta\hbar\omega_y l_y$，$t_z=\beta\hbar\omega_z l_z$，上式可写为

$$N_{\mathrm{ex}}=\frac{\left(k_B T\right)^3}{\hbar^3\omega_x\omega_y\omega_z}\int_0^{\infty}\int_0^{\infty}\int_0^{\infty}\frac{\mathrm{d}t_x\mathrm{d}t_y\mathrm{d}t_z}{z^{-1}\mathrm{e}^{t_x+t_y+t_z}-1}. \tag{3.7.11}$$

完成积分有

$$N_{\mathrm{ex}}=N-\langle n_0\rangle=\left(\frac{k_B T}{\hbar\omega_{\mathrm{ho}}}\right)^3 g_3(z). \tag{3.7.12}$$

为书写简便，式中引入了谐振频率的几何平均值

$$\omega_{\mathrm{ho}}=\left(\omega_x\omega_y\omega_z\right)^{1/3}. \tag{3.7.13}$$

如 3.6 节的讨论，当体系由较高温度冷却至某一温度时，基态平均占据数$\langle n_0\rangle$由零转变为(宏观不可忽略的)有限数，发生玻色-爱因斯坦凝聚(BEC). 这个转变点相应的温度即临界温度. 这时，体系的易逸度 $z\to 1$，化学势μ 由负值上升至 0. 继续降温，化学势(易逸度)不再增加，直至 $T\to 0$.

在临界温度以上，基态平均占据数(粒子数)$\langle n_0\rangle=0$，由式(3.7.12)得在临界温度以上，基态平均占据数(粒子数)$\langle n_0\rangle=0$，由式(3.7.12)得

$$N=\left(\frac{k_B T}{\hbar\omega_{\mathrm{ho}}}\right)^3 g_3(z). \tag{3.7.14a}$$

在临界温度以下有

$$N-\langle n_0\rangle=\left(\frac{k_B T}{\hbar\omega_{\mathrm{ho}}}\right)^3 \zeta(3), \tag{3.7.14b}$$

式中，ζ 为黎曼 ζ 函数，如 3.6 节定义.

进而可得临界温度满足以下关系：

$$N=\zeta(3)\left(\frac{k_B T_C}{\hbar\omega_{\mathrm{ho}}}\right)^3. \tag{3.7.15}$$

于是得

$$T_C=\frac{\hbar\omega_{\mathrm{ho}}}{k_B}\left(\frac{N}{\zeta(3)}\right)^{1/3}=0.94\frac{\hbar\omega_{\mathrm{ho}}}{k_B}N^{1/3}. \tag{3.7.16}$$

应当注意，上述结果是在热力学极限，即 $N\to\infty$，$\omega_{\mathrm{ho}}\to 0$，且保持 $N\omega_{\mathrm{ho}}^3$ 不变的极限条件下获得的. 进一步可得凝聚比分(基态粒子数比分)为

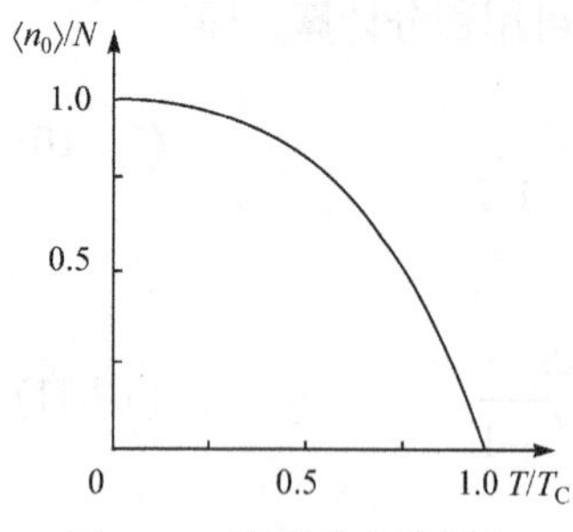

图 3.7.1 凝聚比分随温度变化示意

$$\frac{\langle n_0\rangle}{N}=1-\left(\frac{T}{T_C}\right)^3. \tag{3.7.17}$$

与式(3.6.12)比较可见，磁捕获玻色子体系的凝聚性质与自由玻色系的明显不同. 自由玻色气体凝聚粒子份数随温度的下降以 3/2 次方形式上升，三维磁捕获玻色系则以 3 次方律上升. 图 3.7.1 示意磁捕获玻色系凝聚比分随温度变化的特征.

还可以进一步计算热容量.体系总能量(内能)可写为

$$E=\sum_{l_x,l_y,l_z}\frac{\varepsilon_{l_xl_yl_z}}{z^{-1}e^{\beta\varepsilon_{l_xl_yl_z}}-1}. \tag{3.7.18}$$

此式的求和亦可通过对能量积分来计算. 由粒子能量表达式(3.7.4)获得态密度为

$$\rho(\varepsilon)=\frac{1}{2}\left(\hbar\omega_{ho}\right)^{-3}\varepsilon^2, \tag{3.7.19}$$

体系内能则可写为

$$E=\int_0^\infty\frac{\varepsilon^3 d\varepsilon}{2\left(\hbar\omega_{ho}\right)^3\left(z^{-1}e^{\beta\varepsilon}-1\right)}=3Nk_BT_C\frac{g_4(z)}{\zeta(3)}\left(\frac{T}{T_C}\right)^4. \tag{3.7.20}$$

凝聚相 z=1，上式给出

$$E=3Nk_BT_C\frac{\zeta(4)}{\zeta(3)}\left(\frac{T}{T_C}\right)^4, \tag{3.7.21}$$

与温度的 4 次方成正比. 这个结果与自由玻色子体系不同. 那里，由式(3.6.17)给出的结果是：在凝聚相，内能与温度的 5/2 次方成正比.

关于热容量，考虑到在临界点发生相变的事实，分 $T<T_C$ (凝聚相)和 $T>T_C$(非凝聚相)两段来计算.

A. $T<T_C$(凝聚相)

由式(3.7.21)可得 ω_{ho} 不变条件下的热容量(或称定频热容量)为

$$C_\omega^<=\frac{\partial E}{\partial T}=12Nk_B\frac{\zeta(4)}{\zeta(3)}\left(\frac{T}{T_C}\right)^3. \tag{3.7.22}$$

B. $T>T_C$(非凝聚相)

由式(3.7.20)计算定频热容给出

$$\frac{\partial E}{\partial T}=12Nk_B\frac{g_4(z)}{\zeta(3)}\left(\frac{T}{T_C}\right)^3+\frac{3Nk_BT_C}{\zeta(3)}\left(\frac{T}{T_C}\right)^4\frac{\partial g_4(z)}{\partial T}.$$

注意到 $g_4(z)=\sum_{n=1}^{\infty} z^n/n^4$，我们有

$$\frac{\partial g_4(z)}{\partial T}=\frac{\partial}{\partial T}\sum_{n=1}^{\infty}\frac{z^n}{n^4}=\left(\sum_{n=1}^{\infty}\frac{z^n}{n^3}\right)\frac{1}{z}\frac{\partial z}{\partial T}=g_3(z)\frac{1}{z}\frac{\partial z}{\partial T}.$$

于是得

$$C_{\omega}^{>}=12Nk_{\mathrm{B}}\frac{g_4(z)}{\zeta(3)}\left(\frac{T}{T_{\mathrm{C}}}\right)^3+3Nk_{\mathrm{B}}\frac{g_3(z)}{\zeta(3)}\left(\frac{T}{T_{\mathrm{C}}}\right)^4\frac{T_{\mathrm{C}}}{z}\frac{\partial z}{\partial T}. \tag{3.7.23}$$

关于 $\frac{T_{\mathrm{C}}}{z}\frac{\partial z}{\partial T}$ 的计算可通过对式(3.7.14a)两端求导数获得，结果为

$$\frac{T_{\mathrm{C}}}{z}\frac{\partial z}{\partial T}=-3\frac{T_{\mathrm{C}}}{T}\frac{g_3(z)}{g_2(3)},$$

代入式(3.7.23)得

$$C_{\omega}^{>}=3Nk_{\mathrm{B}}\left[4\frac{g_4(z)}{g_3(z)}-3\frac{g_3(z)}{g_2(z)}\right]. \tag{3.7.24}$$

合并式(3.7.22)和式(3.7.24)，可将热力学极限下的定频热容量写为

$$C_{\omega}=3Nk_{\mathrm{B}}\cdot\begin{cases}4\dfrac{g_4(z)}{g_3(z)}-3\dfrac{g_3(z)}{g_2(z)} & (T>T_{\mathrm{C}}),\\[2ex] 4\dfrac{\zeta(4)}{\zeta(3)}\left(\dfrac{T}{T_{\mathrm{C}}}\right)^3 & (T<T_{\mathrm{C}}).\end{cases} \tag{3.7.25}$$

比较式(3.7.25)给出的温度从正负两方向趋于 T_{C} 时之结果不难看出，定频热容量在临界点不连续，跃变值为

$$\Delta C_{\omega}=C_{\omega}(T_{\mathrm{C}}^{-})-C_{\omega}(T_{\mathrm{C}}^{+})=9Nk_{\mathrm{B}}\frac{g_3(z)}{g_2(z)}\approx 6.577Nk_{\mathrm{B}}. \tag{3.7.26}$$

图 3.7.2 绘出磁捕获理想玻色气体热容量随温度变化的曲线. 在凝聚相($T<T_{\mathrm{C}}$)，热容量随温度增加呈 3 次方增加，至临界点($T=T_{\mathrm{C}}^{-}$)达峰值 $10.81Nk_{\mathrm{B}}$；继续升温，热容量跃变从 $T=T_{\mathrm{C}}^{+}$ 的 $4.23\,Nk_{\mathrm{B}}$ 缓慢下降，直至高温时趋于 $3Nk_{\mathrm{B}}$. 比热曲线呈 λ 形.

与熟知的自由玻色气体不同，磁捕获理想(无相互作用)玻色气体凝聚相热容量随温度的 3 次方变化，且在临界点有明显跃变.

需要指出，我们的计算以粒子间无相互作用为前提，最终结果是在热力学极限($N\to\infty$)下获得的. 由图 3.7.1 和图 3.7.2 可见，关于临界温度和凝聚比分的理论结果与实验十分接近，热容量的理论计算定性正确，但临界点出现跃变. 更加定量的计算至少还应该考虑两个重要因素：在实际系统中，粒子数是有限的，粒子间有

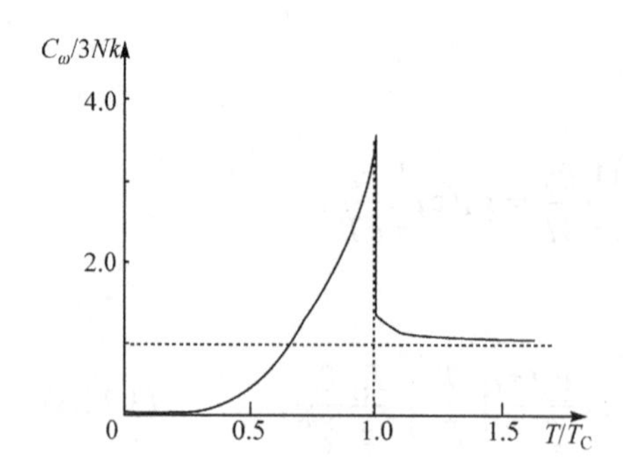

图 3.7.2　磁捕获理想玻色气体热容量随温度变化曲线

较微弱但不可忽略的相互作用. 计入粒子数有限效应后，热容量跃变将消失，曲线变得平滑；考虑相互作用将进一步改善理论计算的结果.关于上述因素的详细讨论，有兴趣的读者可参阅有关专著和文献①②.

3. 低维磁捕获系统的 BEC

上文的讨论给出关于三维磁捕获理想玻色气体凝聚的主要结果，尚未涉及磁束缚维数较低的情形. 事实上，对式(3.7.1)去掉式中一个或两个方向的谐振势能项，便可描述二维(2D)或一维(1D)磁捕获玻色系统.如是，低维磁捕获气体的单粒子能量可写为

$$\varepsilon_{l_x l_y} = l_x \hbar\omega_x + l_y \hbar\omega_y,\quad \text{2D} \tag{3.7.27a}$$

和

$$\varepsilon_{l_z} = l_z \hbar\omega_z,\quad \text{1D}. \tag{3.7.27b}$$

现在来讨论此类气体的玻色-爱因斯坦凝聚. 考虑易逸度 $z\to1$，为便于讨论，引入态密度$\rho(\varepsilon)$，将式(3.7.10)改写为

$$N = \int_0^\infty \frac{\rho(\varepsilon)\mathrm{d}\varepsilon}{\exp(\beta\varepsilon)-1}. \tag{3.7.28}$$

进一步计算需要给出各种维度的态密度. 先给出谐振子量子态在μ空间占据的体积. 以一维谐振子为例，其能量、坐标和动量之间的关系由下式给出：

$$\frac{p^2}{2m\varepsilon} + \frac{1}{2\varepsilon/m\omega^2}x^2 = 1.$$

由此可得小于 ε 的振子在 μ 空间(2 维)中所占体积(面积)为

$$S = \pi\sqrt{2m\varepsilon}\sqrt{\frac{2\varepsilon}{m\omega^2}} = \frac{2\pi\varepsilon}{\omega}.$$

因此，在 $\varepsilon\to\varepsilon+\mathrm{d}\varepsilon$ 能量范围内，谐振子的量子态数目为

$$\frac{\mathrm{d}S}{h} = \frac{2\pi\mathrm{d}\varepsilon}{h\omega} = \frac{\mathrm{d}\varepsilon}{\hbar\omega},$$

进而可知每个量子态占据体积为 $\hbar\omega$.

---

① Pethick C J, Smith H. 2008. Bose-Einstein Condensation in Dilute Gases. Cambridge: Cambridge University Press.

② Dalfovo F, Giorgini S, Pitaevskii Lev P, Stringari S. 1999. Rev. Mod. Phys., 71: 463.

对于式(3.7.4)描述的 3D 谐振子，每个量子态占据的体积应为 $\hbar^3\omega_x\omega_y\omega_z$.能量小于 ε 的态数可计算为

$$D(\varepsilon)=\frac{1}{\hbar^3\omega_x\omega_y\omega_z}\int_0^{\varepsilon}\mathrm{d}\varepsilon_x\int_0^{\varepsilon-\varepsilon_x}\mathrm{d}\varepsilon_y\int_0^{\varepsilon-\varepsilon_x-\varepsilon_y}\mathrm{d}\varepsilon_z=\frac{\varepsilon^3}{6\hbar^3\omega_x\omega_y\omega_z}, \tag{3.7.29}$$

由此可得态密度为

$$\rho(\varepsilon)=\frac{\mathrm{d}D}{\mathrm{d}\varepsilon}=\frac{\varepsilon^2}{2\hbar^3\omega_x\omega_y\omega_z}=\frac{\varepsilon^2}{2\left(\hbar\omega_{\mathrm{ho}}\right)^3}. \tag{3.7.30}$$

同理，可得 2D 和 1D 谐振子的态密度分别为

$$\rho(\varepsilon)=\frac{\varepsilon}{\hbar^2\omega_x\omega_y} \tag{3.7.31a}$$

和

$$\rho(\varepsilon)=\frac{1}{\hbar\omega_z}. \tag{3.7.31b}$$

将式(3.7.31)代入式(3.7.28)，进一步计算易得

$$T_{\mathrm{C}}=\frac{\hbar\omega_{2\mathrm{D}}}{k_{\mathrm{B}}}\left(\frac{N}{\zeta(2)}\right)^{1/2},\quad 2\mathrm{D} \tag{3.7.32a}$$

和

$$T_{\mathrm{C}}=\frac{\hbar\omega_{1\mathrm{D}}}{k_{\mathrm{B}}}\frac{N}{\ln(2N)},\quad 1\mathrm{D}, \tag{3.7.32b}$$

其中

$$\omega_{2\mathrm{D}}=\left(\omega_x\omega_y\right)^{1/2},\quad \omega_{1\mathrm{D}}\equiv\omega_z.$$

容易证明，在热力学极限下，2 维和 1 维自由玻色气体没有玻色-爱因斯坦凝聚(见习题 3.9～3.10). 而对于磁捕获气体，情况却大不相同. 由式(3.7.32a)可见，在热学极限下，即 $N\to\infty$，$\omega_{\mathrm{ho}}\to0$，且保持 $N\omega_{\mathrm{ho}}^2$ 为常量时，2 维磁捕获气体可以实现玻色-爱因斯坦凝聚.1 维系统的热力学极限为：$N\to\infty$，$\omega_{\mathrm{ho}}\to0$，且保持 $N\omega_{\mathrm{ho}}$ 为常量. 由式(3.7.32b)可见，在热力学极限下，1 维磁捕获气体在有限温度不能实现玻色-爱因斯坦凝聚. 事实上，实际系统的粒子数往往是有限的，气体可在某个温度间隔显示凝聚现象. 关于 2 维和 1 维系统玻色-爱因斯坦凝聚的讨论，读者可参阅有关文献[①②].

① Mullin W J. 1997. J. Low Temp. Phys., 106: 615.

② Ketterle W, van Druten N J. 1996b. Phys. Rev. A, 54: 656; van Druten N J, Ketterle W. 1997. Phys. Rev. Lett., 79: 549.

习 题

3.1 求高温、低密度($\rho\lambda^3 \ll 1$)下非相对论性理想气体的热力学函数 G、E、C_V、S 及物态方程(保留至 $\rho\lambda^3$ 项).

3.2 求证非相对论性简并电子气的热力学函数分别为

$$G = N\varepsilon_F\left[1-\frac{\pi^2}{12}\left(\frac{k_BT}{\varepsilon_F}\right)^2-\frac{\pi^4}{80}\left(\frac{k_BT}{\varepsilon_F}\right)^4+\cdots\right],$$

$$E = \frac{3}{5}N\varepsilon_F\left[1+\frac{5\pi^2}{12}\left(\frac{k_BT}{\varepsilon_F}\right)^2-\frac{\pi^4}{16}\left(\frac{k_BT}{\varepsilon_F}\right)^4+\cdots\right],$$

$$C_V = \frac{1}{2}Nk_B\pi^2\frac{k_BT}{\varepsilon_F}\left[1-\frac{3\pi^2}{10}\left(\frac{k_BT}{\varepsilon_F}\right)^2+\cdots\right],$$

$$S = \frac{1}{2}Nk_B\pi^2\frac{k_BT}{\varepsilon_F}\left[1-\frac{\pi^2}{10}\left(\frac{k_BT}{\varepsilon_F}\right)^2+\cdots\right],$$

$$F = \frac{3}{5}\varepsilon_F\left[1-\frac{5\pi^2}{12}\left(\frac{k_BT}{\varepsilon_F}\right)^2+\cdots\right],$$

$$PV = \frac{2}{3}E .$$

3.3 能量处在 ε 与 $\varepsilon+\mathrm{d}\varepsilon$ 之间的单粒子态的数目称为能量 ε 的单粒子态密度. 假定某费米子的态密度为 $D(\varepsilon)$，即在能量 $\mathrm{d}\varepsilon$ 范围内的态数为 $D(\varepsilon)\mathrm{d}\varepsilon$. 试证明：低温下的这种理想费米气体之比热可以写为

$$C_V = \frac{1}{3}\pi^2k_B^2TD(\mu_0) .$$

3.4 试求(自旋 1/2 的高度简并极相对论性费米气的化学势与比热.

3.5 假定白矮星中的电子组成强简并非相对论性费米气，可以按 $T=0$ 情形处理.试求

(i) 费米动量为 $m_ec/10$ 时电子的数密度；

(ii) 同上条件下电子气的压强.

3.6 试证明非简并理想电子气的磁化率在弱场情形为

$$\chi = \frac{n}{k_BT}\left(\mu_B^2-\frac{1}{12}\omega_C^2\right).$$

3.7 内部自由度相应的能级为 0 和 ε 的玻色子组成理想气体,试求其凝聚温度与 ε 的关系，并在 $\varepsilon \gg 1$ 的极限情形算出明显表达式.

3.8 求自由玻色气体相变潜热的表达式，导出相应的克劳修斯-克拉珀龙(Clausius-Clapeyron)方程①.

---

① 可参阅例如：雷克 L E. 黄昀，夏梦棼，仇韵清. 1983. 统计物理现代教程. 赵凯华译校.北京：北京大学出版社.

3.9　计算二维自由玻色气体的巨配分函数$Q(z, \beta, A)$，并求在热力学极限($A\to\infty$，N/A 有限)下的结果，求出单位面积平均粒子数作为温度和易逸度的函数，进而证明此类气体没有玻色凝结现象.

3.10　分别考虑被轴对称和各向同性磁场捕获的无相互作用玻色子系统，计算其临界温度和基态粒子数比分.

3.11　试求 2 维和 1 维磁捕获理想玻色气体基态粒子数比分和热容量.

第 4 章 非理想气体

前面讨论的实例均限于无相互作用的自由粒子系，即理想气体. 本章将考虑分子间的相互作用，以非理想气体为研究对象.

4.1 量子统计的经典极限

前已指出，经典统计是量子统计的极限结果. 严格地讲，微观体系的运动都应该用量子力学来描述. 因此，只有量子统计力学才是准确的. 但是，在特定的物理条件下，例如高温低密度情形，热波长 λ 较粒子间距离 d 小得多，而且粒子间的势在热波长范围内可以视为恒定. 这时，粒子可以近似认为是定域且有确定轨迹的经典粒子，量子统计取其经典极限.

1. 配分函数的量子-经典过渡

假定 N 粒子系的哈密顿量可写为

$$H = K + U \ , \tag{4.1.1}$$

式中，K 代表动能部分：

$$K = -\sum_{i=1}^{N} \frac{\hbar^2}{2m} \nabla_i^2 \ , \tag{4.1.1a}$$

U 代表势能部分：

$$U = U(\boldsymbol{r}_1, \boldsymbol{r}_2, \cdots, \boldsymbol{r}_N) = \sum_{i<j} u_{ij} = \sum_{i<j} u_{ij}(r_{ij}) . \tag{4.1.1b}$$

这里，$\boldsymbol{r}_i$ 是第 $i(i=1,2,\cdots,N)$ 个粒子的位矢，u_{ij} 为粒子 i 与 j 的相互作用势能，并假定相互作用仅含两体作用，$r_{ij} = |\boldsymbol{r}_i - \boldsymbol{r}_j|$.

上述系统可以用经典统计描述的条件是：

(i) 热波长 $\lambda \equiv \hbar\sqrt{2\pi/mk_{\rm B}T} \ll d = \rho^{-1/3}$.

(ii) 势能 u_{ij} 在波包范围(尺寸为 λ)内变化不大.

关于条件(i)可作如下理解：

首先，不难估算出热波长 λ 与波包尺寸有相同的数量级.我们知道，单粒子热运动平均能量具有 $k_{\rm B}T$ 量级，所以热运动导致的能量不确定性范围可估计为

$$\Delta\varepsilon \sim k_{\rm B}T .$$

注意到自由粒子能量与动量的关系：$\varepsilon=p^2/2m$，可估计由 $\Delta\varepsilon$ 带来的动量不确定范围为

$$\Delta p \sim (2mk_{\rm B}T)^{1/2}.$$

若波包范围(坐标不确定性)为Δq，则由不确定性原理$\Delta q\Delta p \sim h$ 可估计出波包尺寸为

$$\Delta q \sim \pi^{1/2}\hbar\left(\frac{2\pi}{mk_{\rm B}T}\right)^{1/2} \sim \lambda.$$

因为 $\lambda \ll d$，所以我们有可能找到一个中间尺寸 a，使其满足

$$\lambda \ll a \ll d.$$

考虑坐标不确定性的范围为 a 时，由不确定性原理有

$$a\Delta p \sim a\hbar\Delta k \sim h,$$

即波矢的不确定性范围为

$$\Delta k \sim \frac{2\pi}{a}.$$

又因 $\lambda \ll a$，即

$$\frac{2\pi\hbar^2}{mk_{\rm B}T} \ll a^2,$$

所以

$$\frac{\hbar^2(\Delta k)^2}{2m} \ll k_{\rm B}T.$$

可见，在一个远小于原子间距离的坐标不确定性范围内(在此范围可以近似地视坐标为确定值)，动量 p(波矢 k)的变化引起的动能变化较 $k_{\rm B}T$ 小得多，也可以认为是确定的. 这意味着可以近似地认为坐标和动量同时确定. 又因波包小且相距甚远，可视为互不重叠，以致粒子可以分辨. 同时，因为相互作用势在波包内变化不大，可以用某一“中值”代之，我们便能把粒子看成位于波包中心处的类经典粒子.

前面要求的经典极限条件对一般气体多是满足的.

在一个大气压、常温($T\approx 300$K)下，原子质量为 10^{-24}g 量级时，热波长 $\lambda\sim 0.1$Å；普通气体分子数密度的量级约为 10^{19}cm^{-3}，即 $d\sim 40$Å，因此条件(i)$\lambda \ll d$ 满足.

关于条件(ii)，通常将原子间相互作用写为

$$u_{ij} \sim r_{ij}^{-n} \quad (n>3),$$

故有微分关系

$$\frac{\delta u}{u}\sim n\frac{\delta r}{r}.$$

因为原子间距为 $r\sim d$，所以在波包(热波长)范围 $\delta r\sim\lambda$ 内有

$$\frac{\delta u}{u}\sim\frac{n\lambda}{d}\ll 1,$$

条件(ii)亦得以满足. 由此可见，一般气体在常温下都可以用经典统计来描述.

考虑由 N 个粒子组成的体系，其单粒子的运动用子相宇描述，体系的运动状态则可由子相宇中的 N 个点来描述. 将子相宇分为许多小格子(相格子)，每格体积为 $\Delta r\Delta p=h^3$，相当于粒子波包的范围. 若略去自旋，不计内部自由度，每一相格子便代表一个单粒子量子态. 此态的动能为 $p_l^2/2m$ (l 为相格指标). 如是，体系中的N个粒子的代表点将分布在子相宇的各相格中，每一分布对应体系的一个态，其波函数(态矢)记为 $\Psi_{系}$.在以这些态矢为基矢构成的空间中，哈密顿量 H 是对角化的. 于是，体系的能量可写成

$$E=\left(\Psi_{系},\ H\Psi_{系}\right)=\sum_{i=1}^{N}\frac{p_i^2}{2m}+U. \tag{4.1.2}$$

式中，i 为粒子指标，p_i 取其所处相格的相应值. 考虑到粒子的全同性，系统的微观态在相宇中所占体积应为 $N!h^{3N}$(交换任意两个粒子的坐标动量，体系微观态不变)，体系的配分函数写为

$$\begin{aligned}Q_N&=\mathrm{Tr}\mathrm{e}^{-\beta H}=\sum_{(系之态)}\mathrm{e}^{-\beta E}=\frac{1}{N!h^{3N}}\int\exp\left[-\beta\sum_i\left(\frac{p_i^2}{2m}+U\right)\right]\prod_i\left(\mathrm{d}\boldsymbol{r}_i\mathrm{d}\boldsymbol{p}_i\right)\\&=\frac{1}{N!h^{3N}}\int\mathrm{e}^{-\beta E}\mathrm{d}\Omega.\end{aligned} \tag{4.1.3}$$

这就是量子统计配分函数的经典极限结果. 它与 1.3 节给出的正确玻尔兹曼计数之配分函数仅差一个因子 h^{-3N}，这个区别不是实质性的.

巨配分函数则为

$$\mathcal{Q}=\sum_{N=0}^{\infty}\frac{z^N}{N!h^{3N}}\int\mathrm{e}^{-\beta E}\mathrm{d}\Omega.$$

2. 内部自由度

在以上的讨论中，没有计入粒子的内部自由度，如分子内部的振动、转动、内激发等，它们仅由分子内部变量决定. 计入分子内部运动后，物体系的哈密顿量写为

$$H=\sum_{i=1}^{N}\left(\frac{p_i^2}{2m}+\varepsilon^i\right)+U\ , \tag{4.1.4}$$

其中，ε^i是内部运动能，包括振动、转动等.相应的配分函数为

$$Q_N=\frac{1}{N!h^s}\int\prod_j\left(\mathrm{d}\boldsymbol{r}_j\mathrm{d}\boldsymbol{p}_j\right)\prod_i\mathrm{d}\omega^i\exp\left[-\beta\left(\sum_j\frac{p_j^2}{2m}+\sum_i\varepsilon^i+U\right)\right],$$

$\mathrm{d}\omega^i$表示内部自由度的相体积元，s 是物体系的总自由度. 此配分函数可进一步写为

$$\begin{aligned}Q_N&=\frac{1}{N!h^s}\left(\int\mathrm{d}\boldsymbol{p}\mathrm{e}^{-\beta p^2/2m}\right)^N\left(\int\mathrm{d}\omega^i\mathrm{e}^{-\beta\varepsilon^i}\right)^N\int\prod_j\mathrm{d}\boldsymbol{r}_j\mathrm{e}^{-\beta U}\\&=\frac{q^N}{N!\lambda^{3N}}\int\prod_{j=1}^{N}\mathrm{d}\boldsymbol{r}_j\mathrm{e}^{-\beta U},\end{aligned} \tag{4.1.5}$$

其中，q 为内部运动配分函数：

$$q=\frac{1}{h^r}\int\mathrm{d}\omega^i\mathrm{e}^{-\beta\varepsilon^i}$$

r 为分子内部运动自由度.

巨配分函数可写为

$$\mathcal{Q}=\sum_{N=0}^{\infty}\frac{z^Nq^N}{N!\lambda^{3N}}\int\prod_{j=1}^{N}\mathrm{d}\boldsymbol{r}_j\mathrm{e}^{-\beta U}. \tag{4.1.6}$$

如果体系是理想气体，则有

$$U=0\ ,$$

因而

$$Q_N=\frac{q^NV^N}{N!\lambda^{3N}}.$$

$$\mathcal{Q}=\sum_{N=0}^{\infty}\frac{1}{N!}\left(\frac{zqV}{\lambda^3}\right)=\exp\left(\frac{zqV}{\lambda^3}\right), \tag{4.1.7}$$

$$\frac{PV}{k_{\mathrm{B}}T}=\ln\mathcal{Q}=\frac{zqV}{\lambda^3}, \tag{4.1.8}$$

$$\bar{N}=z\frac{\partial}{\partial z}\ln\mathcal{Q}=\frac{zqV}{\lambda^3}. \tag{4.1.9}$$

于是有

$$PV=\bar{N}k_{\mathrm{B}}T\ .$$

易逸度可以求出为

$$z=\frac{\lambda^3\bar{N}}{qV}=\frac{\rho\lambda^3}{q}.$$

化学势为

$$\mu=k_{\mathrm{B}}T\left[\ln\frac{\bar{N}}{V}-\frac{3}{2}\ln\left(k_{\mathrm{B}}T\right)-\ln q+\frac{3}{2}\ln\frac{\hbar^2}{2\pi m}\right].\tag{4.1.10}$$

吉布斯函数为

$$G=\bar{N}\mu=\bar{N}k_{\mathrm{B}}T\left[\ln\frac{\bar{N}}{V}-\frac{3}{2}\ln\left(k_{\mathrm{B}}T\right)-\ln q+\frac{3}{2}\ln\frac{\hbar^2}{2\pi m}\right].\tag{4.1.11}$$

引入热力学势巨势

$$\Omega=-k_{\mathrm{B}}T\ln\mathcal{Q},$$

熵可以求出为

$$S=-\left(\frac{\partial\Omega}{\partial T}\right)_{\mu,V}=\frac{5}{2}\bar{N}k_{\mathrm{B}}-\frac{G}{T}+\frac{\bar{N}k_{\mathrm{B}}T}{q}\frac{\partial q}{\partial T}.\tag{4.1.12}$$

注意到

$$\frac{\bar{N}k_{\mathrm{B}}T}{q}\frac{\partial q}{\partial T}=-\frac{\bar{N}}{T}\frac{\partial}{\partial\beta}\ln q,$$

内部运动平均能量为

$$\left\langle\varepsilon^i\right\rangle=-\frac{\partial}{\partial\beta}\ln q,$$

式(4.1.12)又可写为

$$S=\bar{N}k_{\mathrm{B}}\left[\ln\frac{\bar{N}}{V}+\frac{3}{2}\ln\left(k_{\mathrm{B}}T\right)+\ln q+\frac{\left\langle\varepsilon^i\right\rangle}{k_{\mathrm{B}}T}-\frac{3}{2}\ln\frac{\hbar^2}{2\pi m}+\frac{5}{2}\right].\tag{4.1.13}$$

$$E=-\frac{\partial}{\partial\beta}\ln\mathcal{Q}=\bar{N}\left(\frac{3}{2}k_{\mathrm{B}}T+\left\langle\varepsilon^i\right\rangle\right).\tag{4.1.14}$$

4.2　经典非理想气体的梅逸尔理论

分子之间有相互作用的气体谓之非理想气体. 本节将在经典近似的条件下讨论非理想气体的物态方程，重点介绍梅逸尔(J.E.Mayer)所发展的集团展开方法. 4.1 节已指出，一般情况下，多数实际气体都属于经典的非理想气体. 因此，掌握经典非理想气体的统计理论具有重要的实际意义.

1. 位形配分函数

考虑 N 分子组成的非理想气体，其哈密顿量如式(4.1.4)所给出的为

$$H=\sum_{i=1}^{N}\left(\frac{p_i^2}{2m}+\varepsilon^i\right)+U .$$

配分函数则如式(4.1.5)为

$$Q_N=\frac{q^N}{N!\lambda^{3N}}\int \mathrm{e}^{-\beta U}\mathrm{d}\boldsymbol{r}_1\cdots\mathrm{d}\boldsymbol{r}_N . \tag{4.2.1}$$

引入位形配分函数

$$Q_V=\int \mathrm{e}^{-\beta U}\mathrm{d}\boldsymbol{r}_1\cdots\mathrm{d}\boldsymbol{r}_N , \tag{4.2.2}$$

体系的配分函数便写为

$$Q_N=\frac{q^N}{N!\lambda^{3N}}Q_V . \tag{4.2.3}$$

一般情形，势能项中只需考虑分子间的两体相互作用，即如式(4.1.1b)：

$$U=\sum_{i<j}u_{ij}\left(r_{ij}\right).$$

为便于计算位形配分函数，引入**梅逸尔函数** f_{ij}，它与 u_{ij} 的关系是

$$\mathrm{e}^{-\beta u_{ij}}=1+f_{ij} .$$

图 4.2.1 给出 u_{ij} 与 f_{ij} 的定性曲线. 由图可见，u_{ij} 无界，但梅逸尔函数 f_{ij} 是有界的. 当 r_{ij}=0 时，$f_{ij}=-1$；当 r_{ij} 增大至约为原子**直径**时，f_{ij} 为零；随着 r_{ij} 的进一步增大，f_{ij} 迅速增大至极大后又减小，直至趋于零.

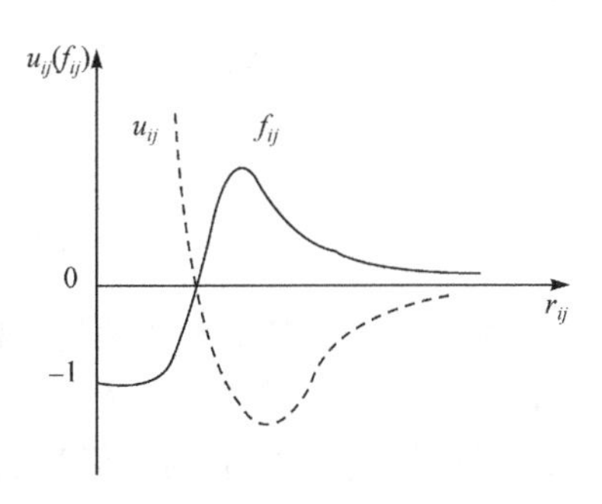

图 4.2.1　u_{ij} 和 f_{ij} 的定性曲线

引入梅逸尔函数，位形配分函数可写为

$$\begin{aligned}Q_V&=\int \exp\left[-\beta\sum_{i<j}u\left(r_{ij}\right)\right]\mathrm{d}\tau_1\cdots\mathrm{d}\tau_N\\&=\int\prod_{i<j}\left(1+f_{ij}\right)\mathrm{d}\tau_1\cdots\mathrm{d}\tau_N\\&=\int\left[1+\sum_{i<j}f_{ij}+\sum f_{ij}f_{i'j'}+\cdots\right]\mathrm{d}\tau_1\cdots\mathrm{d}\tau_N\\&=\int\sum_{(\mathrm{C})}\prod_{i<j\leqslant N}f_{ij}\mathrm{d}\tau_1\cdots\mathrm{d}\tau_N .\end{aligned}$$

式中，$\mathrm{d}\boldsymbol{\tau}_i=\mathrm{d}\boldsymbol{r}_i$；最后一式用了简化记号(C)，表示求和包括从 N 个分子中成对地取出分子时所有可能的组合方式；连乘$\prod$则是在一定组合方式下各对粒子作用的 f_{ij} 之积. 交换求和与积分顺序则有

$$Q_V=\sum_{(\mathrm{C})}\int\prod_{i<j\leqslant N}f_{ij}\mathrm{d}\tau_1\cdots\mathrm{d}\tau_N\,. \tag{4.2.4}$$

2. 集团展开

式(4.2.4)的积分求和计算，可采用梅逸尔提出的**集团展开法**处理. 为便于理解，可借助“图”来描述展开项. 首先定义“图”和“集团”：

定义一，图：N 个可区别的点(例如用 1，2，…，N 标记之)，任两点之间可有线段连接，亦可无线段连接，构成一个 N 点的图.

定义二，集团：集团是一类图，图中所有的点都由线段直接或间接相连.

图 4.2.2 列举几种简单的三点图. 图中的圆圈代表点，圈中数字为点的标号. 根据定义可知：(a) 是图但非集团，(b) 是图但非集团，(c)是图亦为集团.

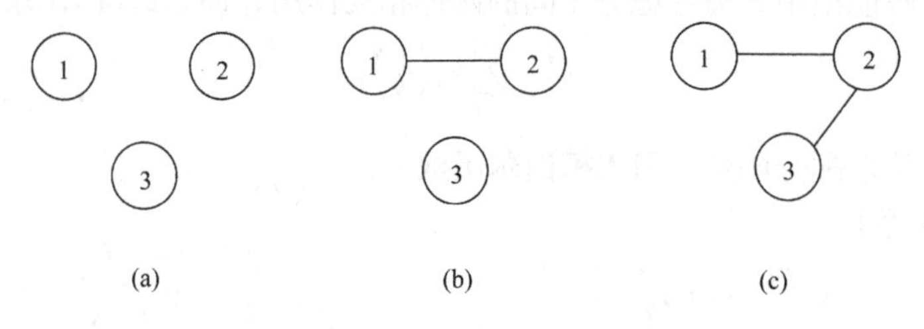

图 4.2.2 三种不同的三点图

式(4.2.4)的各求和的项均为梅逸尔函数 f_{ij} 乘积之积分，这些积分可以与一定的“图”对应，原则是：N 点图中一对用线段直接连接的点(i 和 j)提供一个梅逸尔函数因子 f_{ij}，没有与任何其他点连接的点只提供因子 1，全部因子的乘积作为被积函数对 N 个体积元 $\mathrm{d}\tau_1\cdots\mathrm{d}\tau_N$ 积分，就给出配分函数的一个求和项. 例如，图 4.2.2 列出的各三点图分别对应的积分为：

(a) 提供的因子积 1，对应积分 $\int\mathrm{d}\tau_1\mathrm{d}\tau_2\tau_3$；

(b) 提供因子积 f_{12}，对应积分 $\int f_{12}\mathrm{d}\tau_1\mathrm{d}\tau_2\tau_3=\int f_{12}\mathrm{d}\tau_1\mathrm{d}\tau_2\int\mathrm{d}\tau_3$；

(c) 提供因子积 $f_{12}f_{23}$，对应积分 $\int f_{12}f_{23}\mathrm{d}\tau_1\mathrm{d}\tau_2\tau_3$.

又如，图 4.2.3 绘出的十点图是由 5 个集团构成的图：7、8、9 和 10 构成一个四点集团，1 和 2、3 和 5 分别构成两点集团，4 和 6 则各为一单点集团. 图对应的积分为

$$\int f_{12}f_{35}f_{78}f_{79}f_{89}f_{7,10}\mathrm{d}\tau_1\cdots\mathrm{d}\tau_{10}\,.$$

它可以写为 5 个积分的乘积：

$$V^2\int f_{12}\mathrm{d}\tau_1\mathrm{d}\tau_2\int f_{35}\mathrm{d}\tau_3\mathrm{d}\tau_5\int f_{7,10}f_{79}f_{89}f_{9,10}\mathrm{d}\tau_7\mathrm{d}\tau_8\mathrm{d}\tau_9\mathrm{d}\tau_{10}\ .$$

这里，单点集团 4 和 6 的积分结果(被积函数为 1)均为体系的体积 V. 不难看出，由若干不相连接的集团构成之图的积分计算，如图 4.2.2(b)和图 4.2.3 所示，可以通过分别单独计算各集团的积分，再将各积分相乘来实现.

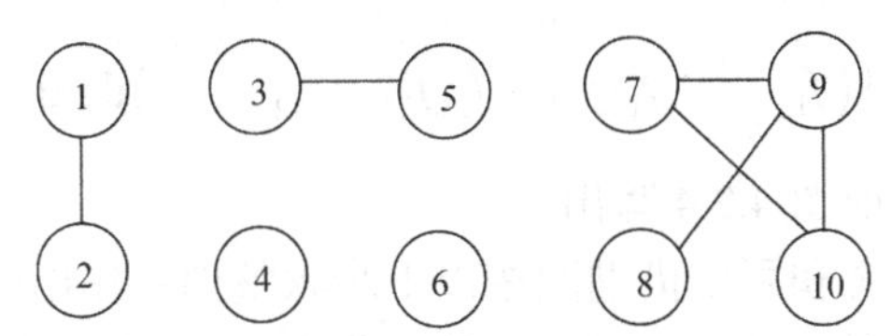

图 4.2.3　一种十点图

依据图的定义及其与积分的对应原则，N 分子非理想气体的位形配分函数 Q_V 就可与全部不相同 N 点图的总和对应. 借助对 N 点图结构的分析，可以对式(4.2.4)的求和加以整理，获得便于近似计算的表达式.

我们看到，各种 N 点图均可不同程度地分解为若干集团之积. 假定 N 点图中某种分解中 l 个点的集团有 m_l 个，所有不同点数之集团数构成集合，给出分布 $\{m_l\}$. 这个分布还不能完全确定图，尚有两个不定因素：其一，l 相同的 m_l 个集团可以互换其中之点；其二，分子相同的集团可以不同方式连接. 例如，图 4.2.3 各多点集团的点互换位置必出新图. 图 4.2.4 列出的 4 个图，虽包含同样的点(1、2 和 3)，连接方式却不同，对应 4 个不同的积分. 由于点(分子)的性质完全相同，集团积分值只与连接方式(拓扑结构)有关，而与点的标号无关. 这里，前三个图提供的积分值就是相同的.

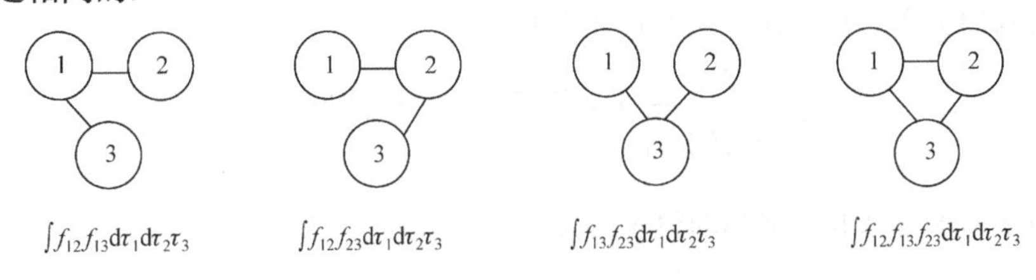

图 4.2.4　四种不同连接方式的三点集团

基于以上分析，为便于归纳整理，定义**集团积分**：

分子相同的集团各不同连接之积分的总和为集团积分.

l 个分子的集团积分由下式给出：

$$b_l=\frac{1}{l!V}\int\sum_{\substack{l\text{点集团之}\\ \text{不同连接}}}\prod_{i<j\leqslant l}f_{ij}\mathrm{d}\tau_1\cdots\mathrm{d}\tau_l\ . \tag{4.2.5}$$

显然 b_l 是 (β, V) 的函数，同时它已由分子数 l 完全确定而与集团内分子的标号无关.根据定义可写出最初的几个集团积分

$$b_1 = \frac{1}{V}\int \mathrm{d}\tau_1 = 1,$$

$$b_2 = \frac{1}{2V}\int f_{12}\mathrm{d}\tau_1\mathrm{d}\tau_2,$$

$$b_3 = \frac{1}{6V}\int \left(f_{12}f_{13} + f_{12}f_{23} + f_{13}f_{23} + f_{12}f_{13}f_{23}\right)\mathrm{d}\tau_1\mathrm{d}\tau_2\mathrm{d}\tau_3,$$

这里，b_3 的表达式参照图 4.2.4 写出.

配分函数的积分之和可以借助图按以下步骤整理：作出所有不同的 N 点图，每图均为配分函数贡献一项. 求和时先考虑分布 $\{m_l\}$ 相同的图，可将其中各集团包含的点相同、内部连接方式不同的图相加，再分解因式，进而将这类图的贡献之和写成一系列集团积分的乘积；因为集团积分之值仅与点数 l 有关而与其标号无关，又可将分布 $\{m_l\}$ 相同、分子归属不同的项合并而将其贡献以上述积分乘积倍以项数表示，获得分布 $\{m_l\}$ 的总贡献；最后，将所有可能的分布之贡献求和得配分函数.

为给出分布 $\{m_l\}$ 的总贡献，先写出此分布下分子归属不同的分组方式总数

$$\frac{N!}{\prod_l \left[m_l!(l!)^{m_l}\right]}.$$

应该注意到，分布 $\{m_l\}$ 需满足分子总数守恒条件

$$\sum_l m_l l = N.$$

进而可写出分布对配分函数贡献的求和项为

$$\frac{N!}{\prod_l \left[m_l!(l!)^{m_l}\right]}(Vb_1)^{m_1}(2!Vb_2)^{m_2}\cdots(l!Vb_l)^{m_l}\cdots.$$

将它对所有的分布 $\{m_l\}$ 求和即得位形配分函数

$$Q_V(\beta,V) = \sum_{\{m_l\}}\frac{N!}{\prod_l \left[m_l!(l!)^{m_l}\right]}\prod_l (l!Vb_l)^{m_l} = \sum_{\{m_l\}}\prod_l \frac{N!(Vb_l)^{m_l}}{m_l!}. \tag{4.2.6}$$

代入式(4.2.3)，得 N 分子非理想气体的配分函数为

$$Q_N(\beta,V) = \sum_{\{m_l\}}\prod_l \frac{1}{m_l!}\left(\frac{Vq^l}{\lambda^{3l}}b_l\right)^{m_l}. \tag{4.2.7}$$

3. 梅逸尔定理

式(4.2.7)虽给出配分函数的表达式，但计算比较复杂.采用巨配分函数，可以使问题简化. 写出巨配分函数为

$$\mathcal{Q}=\sum_{N=0}^{\infty}z^N Q_N(\beta,V)=\sum_{N=0}^{\infty}\sum_{\{m_l\}}\prod_l\frac{1}{m_l!}\left(\frac{z^l q^l}{\lambda^{3l}}Vb_l\right)^{m_l}$$

$$=\prod_{l=1}^{\infty}\sum_{m_l=0}^{\infty}\frac{1}{m_l!}\left[\left(\frac{zq}{\lambda^3}\right)^l Vb_l\right]^{m_l}=\prod_{l=1}^{\infty}\exp\left[\left(\frac{zq}{\lambda^3}\right)^l Vb_l\right],\tag{4.2.8}$$

其对数为

$$\varsigma=\ln\mathcal{Q}=\sum_{l=1}^{\infty}Vb_l\left(\frac{zq}{\lambda^3}\right)^l.\tag{4.2.9}$$

对巨配分函数求导数，可以得到压强与分子数的表达式，进而得如下方程：

$$\begin{cases}\dfrac{P}{k_{\rm B}T}=\displaystyle\sum_{l=1}^{\infty}b_l\left(\frac{zq}{\lambda^3}\right)^l,\\ \rho=\displaystyle\sum_{l=1}^{\infty}lb_l\left(\frac{zq}{\lambda^3}\right)^l.\end{cases}\tag{4.2.10}$$

这一方程组被称为**梅逸尔第一定理**.

在热力学极限 $V\to\infty$(N/V 有限)下，记

$$\tilde{b}_l=\lim_{V\to\infty}b_l(\beta,V).\tag{4.2.11}$$

梅逸尔第一定理取如下极限形式：

$$\begin{cases}\dfrac{P}{k_{\rm B}T}=\displaystyle\sum_{l=1}^{\infty}\tilde{b}_l\left(\frac{zq}{\lambda^3}\right)^l,\\ \rho=\displaystyle\sum_{l=1}^{\infty}l\tilde{b}_l\left(\frac{zq}{\lambda^3}\right)^l.\end{cases}\tag{4.2.12}$$

通过将梅逸尔第一定理与非理想气体物态方程的位力(Virial)展开式比较，可以用集团积分表示**位力系数**. 非理想气体的位力方程为

$$Pv=k_{\rm B}T\sum_{l=1}^{\infty}a_l(T)v^{-(l-1)},\tag{4.2.13}$$

与梅逸尔第一定理比较可得

$$\sum_{l=1}^{\infty} a_l \left[\sum_{n=1}^{\infty} n\tilde{b}_n \left(\frac{zq}{\lambda^3} \right)^n \right]^{l-1} = \frac{\sum_{l=1}^{\infty} \tilde{b}_l \left(\frac{zq}{\lambda^3} \right)^l}{\sum_{l=1}^{\infty} l\tilde{b}_l \left(\frac{zq}{\lambda^3} \right)^l} . \tag{4.2.14}$$

令等式两边 zq/λ^3 的各次幂相等，即可解出位力系数 $a_l(T)$为集团积分 $\tilde{b}_l$ 的函数. 前几个位力系数的计算结果是

$$\begin{aligned} a_1 &= \tilde{b}_1 = 1, \\ a_2 &= -\tilde{b}_2, \\ a_3 &= 4\tilde{b}_2^2 - 2\tilde{b}_3, \\ a_4 &= -20\tilde{b}_2^3 + 18\tilde{b}_2\tilde{b}_3 - 3\tilde{b}_4. \end{aligned}$$

至此，求非理想气体的物态方程的问题简化为集团积分的计算. 然而，$b_l(\beta, V)$的计算毕竟还是相当复杂的. 为进一步简化，需再引入可约与不可约集团的概念.

定义：如果将集团某一连线去掉，便可成为两个不相连部分(其中至少有一个是两点以上的集团)，则此集团称为可约集团，否则为不可约集团. 例如，图 4.2.5(a)的两个图为不可约集团，(b)的两个图为可约集团.

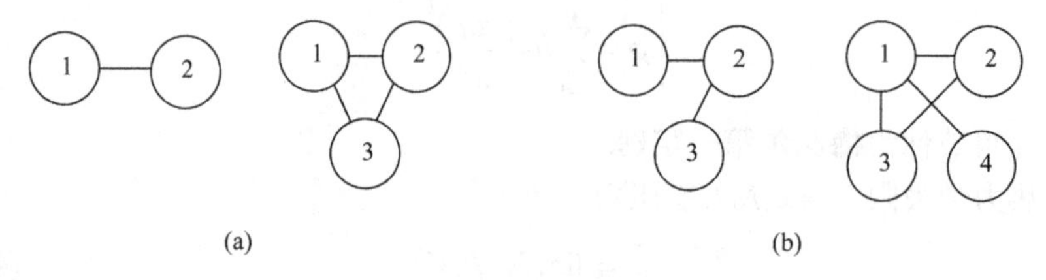

图 4.2.5　不可约(a)与可约(b)集团图例

定义不可约集团积分

$$\beta_k \equiv \frac{1}{k!V} \int \sum_{\substack{\text{不可约} \\ k+1\text{点集团}}} \prod_{i<j\leqslant k+1} f_{ij} \mathrm{d}\tau_1 \cdots \mathrm{d}\tau_{k+1} ,$$

根据定义可以求出 β_k 与 b_l 的关系. 例如，由定义知

$$\beta_1 = \frac{1}{V} \int f_{12} \mathrm{d}\tau_1 \mathrm{d}\tau_2 = 2!b_2,$$

$$\beta_2 = \frac{1}{2V} \int f_{12} f_{23} f_{13} \mathrm{d}\tau_1 \mathrm{d}\tau_2 \mathrm{d}\tau_3.$$

注意到前面给出的 b_3 表达式，不难写出

$$3!b_3 = 2!\beta_2 + 3\beta_1^2 .$$

类似地可以写出相继的关系，如

$$4!b_4 = 3!\beta_3 + 12(2!\beta_2)\beta_1 + 16\beta_1^3 \quad .$$

最终可以证明下述关系：

$$b_n(V \to \infty) = n^{-2} \sum_{\substack{m_k \\ \sum k m_k = n-1}} \prod_k \frac{(n\beta_k)^{m_k}}{m_k!} \quad ,$$

进而亦可获得 β_k 作为 b_l 函数的表达式

$$\beta_1 = 2b_2,$$

$$\beta_2 = 3\left(b_3 - 2b_2^2\right),$$

$$\beta_3 = 4\left(b_4 - 3!b_2b_3 + \frac{20}{3}b_2^3\right),$$

$$\cdots\cdots.$$

再利用梅逸尔定理，可获得用 β_k 表示的物态方程. 记

$$\left(zq/\lambda^3\right) = \eta \ ,$$

梅逸尔第一定理可写为

$$\begin{cases} \dfrac{P}{k_{\mathrm{B}}T} = b_1\eta + b_2\eta^2 + b_3\eta^3 + b_4\eta^4 + \cdots, \\ \rho = b_1\eta + 2b_2\eta^2 + 3b_3\eta^3 + 4b_4\eta^4 + \cdots. \end{cases}$$

进而导出压强与密度的关系为

$$\frac{P}{k_{\mathrm{B}}T} = \rho\left[1 - b_2\rho - 2\left(b_3 - 2b_2^2\right)\rho^2 - 3\left(b_4 - 3!b_2b_3 + \frac{20}{3}b_2^3\right)\rho^3 + \cdots\right],$$

代入 β_k 与 b_l 的关系式有

$$\frac{P}{k_{\mathrm{B}}T} = \rho\left[1 - \frac{1}{2}\beta_1\rho - \frac{2}{3}\beta_2\rho^2 - \frac{3}{4}\beta_3\rho^3 - \cdots\right],$$

即

$$\frac{Pv}{k_{\mathrm{B}}T} = 1 - \sum_{k=1}^{\infty} \frac{k\beta_k}{k+1} v^{-k} \ . \tag{4.2.15}$$

这就是**梅逸尔第二定理**. 限于篇幅，我们不拟对这一定理进行证明. 关于它的证明，有兴趣的读者可以参阅梅逸尔的著作①. 利用梅逸尔第二定理，只需计算不可约集团积分便能求出物态方程，使问题进一步简化.

---

① Mayer J E, Mayer M G. 1977. Statistical Mechanics, 2nd Edition. New York: John Wiley & Sons Inc., pp.261-262.

4.3 量子集团展开

对非理想量子气体也可用类似于 4.2 节的集团展开方法研究物态方程，得出相应的梅逸尔定理，并提供计算位力系数的方法.

1. 量子梅逸尔定理

考虑有 N 个分子的非理想气体，其哈密顿量写为

$$H_N=\sum_{i=1}^{N}\frac{p_i^2}{2m}+\sum_{i<j}u_{ij}\ . \tag{4.3.1}$$

这里已假定只有两体作用，相互作用势仅与分子之间的距离有关，即

$$u_{ij}=u\left(r_{ij}\right)=u(|\boldsymbol{r}_i-\boldsymbol{r}_j|)\ .$$

为了便于讨论，哈密顿量(4.3.1)略去了内部自由度.

体系的配分函数为

$$Q_N(\beta,V)=\mathrm{Tr}\left(\mathrm{e}^{-\beta H_N}\right),$$

巨配分函数则为

$$\mathcal{Q}=\sum_{N=0}^{\infty}z^N Q_N(\beta,V)\ .$$

为计算巨配分函数，先选择一组正交完全波函数$\{\psi_\alpha\}$为基矢构建表象. 将波函数 $\psi_\alpha(\boldsymbol{r}_1，\boldsymbol{r}_2，\cdots，\boldsymbol{r}_N)$记为 $\psi_\alpha(1，2，\cdots，N)$，配分函数则写为

$$Q_N(\beta,V)=\mathrm{Tr}\left(\mathrm{e}^{-\beta H_N}\right)=\sum_{\alpha}\int\psi_\alpha^*(1,2,\cdots,N)\,\mathrm{e}^{-\beta H_N}\psi_\alpha(1,2,\cdots,N)\,\mathrm{d}^{3N}r\ .$$

引入算符

$$\hat{W}_N\equiv N!\mathrm{e}^{-\beta H_N}\ . \tag{4.3.2}$$

它在上述表象中的对角元是

$$\begin{aligned}W_N(1,2,\cdots,N)&=N!\langle 1,2,\cdots,N|\mathrm{e}^{-\beta H_N}|1,2,\cdots,N\rangle\\&=N!\sum_{\alpha}\psi_\alpha^*(1,2,\cdots,N)\mathrm{e}^{-\beta H_N}\psi_\alpha(1,2,\cdots,N).\end{aligned} \tag{4.3.3}$$

配分函数又可写成

$$Q_N(\beta,V)=\mathrm{Tr}\left(\mathrm{e}^{-\beta H_N}\right)=\frac{1}{N!}\int W_N(1,2,\cdots,N)\,\mathrm{d}^{3N}r\ . \tag{4.3.4}$$

关于 $W_N(1，\cdots，N)$显然有以下事实：

(i) $W_1(1)=\lambda^{-3}$;

(ii) 无论波函数 ψ_α 对称(玻色系)或反对称(费米系), $W_N(1,\cdots,N)$均关于 $\boldsymbol{r}_1,\cdots,\boldsymbol{r}_N$ 对称;

(iii) $W_N(1,\ \cdots,N)$在$\{\psi_\alpha\}$的幺正变换中不变.

以上各条读者不难自己证明.

配分函数的计算问题归结为计算 W_N. 为实现这一计算，引入函数 $U_l(1,\ \cdots,\ l)$，由下式确定：

$$
\begin{aligned}
W_1(1) &= U(1) = \lambda^{-3}, \\
W_2(1,2) &= U_1(1)U_1(2) + U_2(1,2), \\
W_3(1,2,3) &= U_1(1)U_1(2)U_1(3) + U_1(1)U_2(2,3) \\
&\quad + U_1(2)U_2(1,3) + U_1(3)U_2(1,2) + U_3(1,2,3), \\
&\cdots\cdots
\end{aligned}
$$

$$
W_N(1,\cdots,N) = \sum_{\{m_l\},\mathrm{P}} \underbrace{U_1()\cdots U_1()}_{\{m_1\}\text{个因子}}\underbrace{\left[U_2(,)\cdots U_2(,)\right]}_{\{m_2\}\text{个因子}}\cdots\underbrace{U_N(1,\cdots,N)}_{\{m_N\}\text{个因子}}. \tag{4.3.5}
$$

最后一行求和的通项是这样得到的：将 N 个分子分成若干组，包含 l 个分子的组有 m_l 个，这些“组数”给出分布$\{m_l\}$；每一 l 个分子的组提供一个以组中分子坐标为变数的因子 U_l，这些因子连乘构成求和的一项. 求和号下的 P 表示分布确定对交换不同 U_l 中的分子出现的项求和，$\{m_l\}$表示对所有分布求和.如上文所指，$\{m_l\}$应满足如下条件：

$$
\sum_l m_l l = N .
$$

式(4.3.5)给出的对 W_N 的展开是计算量子位形配分函数的关键，称为**量子集团展开**. 与经典集团展开类似，量子集团展开也可以用图形表示，每图对应配分函数中的一个积分项. 例如，$W_3(1,\ 2,\ 3)$可表示为图 4.3.1 的形式. 作图原则一目了然，不再赘述. 这种做法也是将 N 个分子分成若干集团，各集团之间的变量相互独立，其积分可以分别计算.

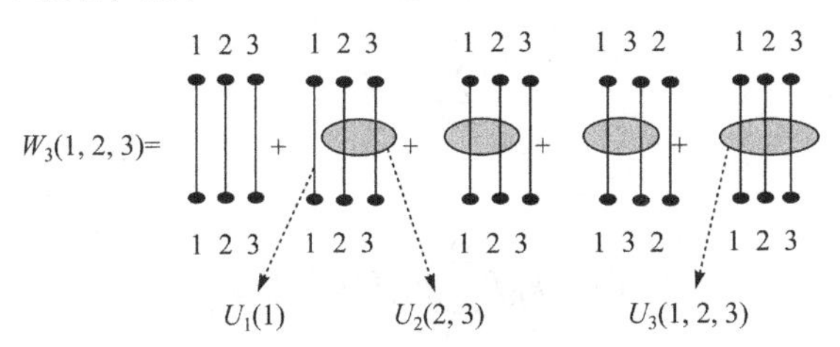

图 4.3.1　量子集团展开图举例

类似于经典情形，定义集团积分

$$b_l(\beta,V)=\frac{1}{l!V}\int U_l(1,\cdots,l)\,\mathrm{d}\tau_1\cdots\mathrm{d}\tau_l\ , \tag{4.3.6}$$

不难写出配分函数为

$$Q_N(\beta,V)=\sum_{\{m_l\}}\prod_{l=1}^{N}\frac{1}{m_l!}(b_lV)^{m_l}\ , \tag{4.3.7}$$

巨配分函数则为

$$\mathcal{Q}(z,\beta,V)=\prod_{l=1}^{\infty}\exp\left(b_lVz^l\right), \tag{4.3.8}$$

进而可得关于物态方程的量子梅逸尔定理

$$\begin{cases}\dfrac{P}{k_{\mathrm{B}}T}=\displaystyle\sum_{l=1}^{\infty}\left(b_lz^l\right),\\ \rho=\displaystyle\sum_{l=1}^{\infty}\left(lb_lz^l\right).\end{cases} \tag{4.3.9}$$

它与经典梅逸尔第一定理相似，只是集团积分 b_l 意义不同，可称为**量子梅逸尔第一定理**.

2. 位力系数

根据 W_N 和 U_l 的定义，b_l 值由 u_{ij} 的具体形式决定. 在一般情况下，u_{ij} 随分子间距增大迅速趋于零，式(4.3.6)的积分在系统体积很大时正比于 V，所以在热力学极限($V\to\infty$)下，b_l 的极限存在，将之记为

$$\lim_{V\to\infty}b_l\left(\beta,V\right)=\tilde{b}_l(\beta). \tag{4.3.10}$$

量子梅逸尔第一定理成为

$$\begin{cases}\dfrac{P}{k_{\mathrm{B}}T}=\displaystyle\sum_{l=1}^{\infty}\left(\tilde{b}_lz^l\right),\\ \rho=\displaystyle\sum_{l=1}^{\infty}\left(l\tilde{b}_lz^l\right).\end{cases} \tag{4.3.11}$$

对照位力展开

$$Pv=k_{\mathrm{B}}T\sum_{l=1}^{\infty}a_l(T)v^{-(l-1)}\ , \tag{4.3.12}$$

可得如下关系：

$$\sum_{l=1}^{\infty} a_l \left[\sum_{n=1}^{\infty} n\tilde{b}_n z^n\right]^{l-1} = \frac{\sum_{l=1}^{\infty} \tilde{b}_l z^l}{\sum_{l=1}^{\infty} l\tilde{b}_l z^l} \tag{4.3.13}$$

通过与经典情形类似的计算，即可获得由 $\tilde{b}_l$ 表示的各级位力系数.

为了说明量子梅逸尔定理的应用，先讨论一个特例：无相互作用系，即理想气体. 写出式(4.3.8)的对数

$$\varsigma = \ln \mathcal{Q} = \sum_{l=1}^{\infty}\left(\tilde{b}_l V z^l\right), \tag{4.3.14}$$

与自由粒子系的 ζ 比较可得自由系的集团积分为

$$\tilde{b}_l^{(0)} = (\pm 1)^{l-1} \omega_0 \lambda^{-3} l^{-5/2}. \tag{4.3.15}$$

式中，符号+为玻色系，–为费米系，ω_0 是内部运动简并度.

下面计算第二位力系数 $a_2 = -\tilde{b}_2$. 先写出两体哈密顿量：

$$H_2 = -\frac{\hbar^2}{2m}\left(\nabla_1^2 + \nabla_2^2\right) + u_{12}.$$

引入质心坐标系

$$\boldsymbol{R} = \frac{1}{2}\left(\boldsymbol{r}_1 + \boldsymbol{r}_2\right),\ \boldsymbol{r} = \boldsymbol{r}_2 - \boldsymbol{r}_1;$$

$$M = 2m,\ \mu = \frac{1}{2}m.$$

哈密顿量成为

$$H_2 = -\frac{\hbar^2}{2M}\nabla_R^2 - \frac{\hbar^2}{2m}\nabla_r^2 + u(\boldsymbol{r}), \tag{4.3.16}$$

相应的波函数为

$$\psi_\alpha(1,2) = \frac{1}{\sqrt{V}} e^{\frac{i}{\hbar}\boldsymbol{p}\cdot\boldsymbol{R}} \Psi_n(\boldsymbol{r}), \tag{4.3.17}$$

这里，α 代表一组量子数$(\boldsymbol{p}, n)$，$\Psi_n(\boldsymbol{r})$为两体相对运动的波函数. 代入式(4.3.16)后得到关于 $\Psi_n(\boldsymbol{r})$的方程

$$\left[-\frac{\hbar^2}{m}\nabla^2 + u(\boldsymbol{r})\right]\Psi_n(\boldsymbol{r}) = \varepsilon_n \Psi_n(\boldsymbol{r}), \tag{4.3.18}$$

因此，两体系之能量为

$$E_\alpha = \frac{p^2}{4m} + \varepsilon_n.$$

于是

$$W_2(1,2)=2\sum_{\alpha}\left|\psi_{\alpha}(1,2)\right|^2 \mathrm{e}^{-\beta E_{\alpha}}=\frac{2}{V}\sum_{\boldsymbol{p},n}\left|\Psi_n(\boldsymbol{r})\right|^2 \mathrm{e}^{-\beta\left(p^2/4m+\varepsilon_n\right)}.$$

利用求和变积分的对应关系

$$\sum_{\boldsymbol{p}}\cdots \to \frac{V}{h^3}\int 4\pi p^2 \mathrm{d}p ,$$

将对 $\boldsymbol{p}$ 的求和变为积分得

$$\begin{aligned}W_2(1,2)&=\frac{8\pi}{h^3}\int_0^{\infty} p^2 \mathrm{e}^{-\beta p^2/4m}\sum_{n}\left|\Psi_n(\boldsymbol{r})\right|^2 \mathrm{e}^{-\beta\varepsilon_n}\mathrm{d}p\\&=\frac{4\sqrt{2}}{\lambda^3}\sum_{n}\left|\Psi_n(\boldsymbol{r})\right|^2 \mathrm{e}^{-\beta\varepsilon_n}.\end{aligned}$$

自由粒子相应的量为

$$W_2^{(0)}(1,2)=\frac{4\sqrt{2}}{\lambda^3}\sum_{n}\left|\Psi_n(\boldsymbol{r})\right|^2 \mathrm{e}^{-\beta\varepsilon_n^{(0)}} ,$$

其中

$$\varepsilon_n^{(0)}=\frac{\hbar^2 k^2}{m} ,$$

$\boldsymbol{k}$ 为相对运动的波矢. 又

$$\begin{aligned}W_2(1,2)&=U_1(1)U_1(2)+U_2(1,2),\\W_2^{(0)}(1,2)&=U_1(1)U_1(2)+U_2^{(0)}(1,2),\end{aligned}$$

因此

$$W_2(1,2)-W_2^{(0)}(1,2)=U_2(1,2)-U_2^{(0)}(1,2).$$

于是可得有相互作用和无相互作用的二分子集团积分之差为

$$\begin{aligned}b_2-b_2^{(0)}&=\frac{1}{2V}\int\left(U_2(1,2)-U_2^{(0)}(1,2)\right)\mathrm{d}\tau_1\mathrm{d}\tau_2\\&=\frac{1}{2V}\int\left(W_2(1,2)-W_2^{(0)}(1,2)\right)\mathrm{d}\boldsymbol{R}\mathrm{d}\boldsymbol{r} .\\&=\frac{2\sqrt{2}}{\lambda^3}\sum_{n}\left(\mathrm{e}^{-\beta\varepsilon_n}-\mathrm{e}^{-\beta\varepsilon_n^{(0)}}\right)\end{aligned}\tag{4.3.19}$$

现在我们考虑两体系有束缚量子态的情形. 这时，相对运动的能级分为分立的束缚态部分和连续统部分. 记束缚态部分的能量为 ε_{B}，连续统部分的能量为 $\varepsilon_n^{\mathrm{c}}=\hbar^2k^2/m$，并记 $\mathrm{d}k$ 范围内的态数为 $g(k)\mathrm{d}k$，这里 $g(k)$被称为态密度. 再记无

相互作用的态密度为 $g^{(0)}(k)$，在热力学极限下，式(4.3.19)可写为

$$b_2 - b_2^{(0)} = \frac{2\sqrt{2}}{\lambda^3}\sum_{\mathrm{B}} \mathrm{e}^{-\beta\varepsilon_{\mathrm{B}}} + \frac{2\sqrt{2}}{\lambda^3}\int_0^{\infty}\left[g(k) - g^{(0)}(k)\right]\mathrm{e}^{-\beta\hbar^2k^2/m}\mathrm{d}k . \tag{4.3.20}$$

对连续统部分，方程(4.3.18)为矮力场散射运动方程，可采用分波法近似求解. 记

$$\varepsilon(r) = \frac{m}{\hbar^2}u(r) ,$$

原方程可化为

$$\left[\nabla^2 + k^2 - \varepsilon(\boldsymbol{r})\right]\Psi_n(\boldsymbol{r}) = 0 . \tag{4.3.21}$$

将 $\Psi_n(\boldsymbol{r})$展为球谐函数，其径向部分为

$$R_{kl}(r) = \frac{1}{r}u_{kl}(r) .$$

为保证 $\Psi_n(r)$的对称(玻色系)与反对称性(费米系)，l 的取值为

$$l = \begin{cases} 0,2,4,6,\cdots & (\mathrm{B.\ E.}), \\ 1,3,5,7,\cdots & (\mathrm{F.\ D.}). \end{cases}$$

当 $r \to \infty$时，$u_{kl}(r)$的渐近行为是

$$u_{kl}(r) \underset{r\to\infty}{\longrightarrow} \sin\left(kr - \frac{l\pi}{2} + \delta_l\right) ,$$

无相互作用时为

$$u_{kl}^{(0)}(r) \underset{r\to\infty}{\longrightarrow} \sin\left(kr - \frac{l\pi}{2}\right).$$

式中，δ_l 为第 l 级分波的相移，它是 k 的函数，通过求解式(4.3.20)确定. 再利用零边界条件

$$u_{kl}(r)\Big|_{r\to\infty} = u_{kl}^{(0)}(r)\Big|_{r\to\infty} = 0 ,$$

可得本征值 k 满足的方程为

$$\left(kr - \frac{l\pi}{2} + \delta_l\right)\Bigg|_{r\to\infty} = n\pi ,$$

无互作用时为

$$\left(kr - \frac{l\pi}{2}\right)\Bigg|_{r\to\infty} = n\pi ,$$

可见 k 完全由 l 和 n 决定. 对给定的 l，n 的取值改变 1 而带来 k 的变化 Δk 应满足的条件为

$$\left(r\Delta k+\frac{\partial\delta_l}{\partial k}\Delta k\right)\bigg|_{r\to\infty}=\pi\,,$$

无相互作用时为

$$r\Delta k^{(0)}\Big|_{r\to\infty}=\pi\,.$$

根据球谐函数的性质，每个 l 值对应的函数有 $2l+1$ 个，即 k 的简并度为 $2l+1$. 因此，

$$r\Delta k^{(0)}\Big|_{r\to\infty}=\pi\,.$$

对第 l 个分波有

$$g_l(k)\Delta k=2l+1$$

和

$$g_l^{(0)}(k)\Delta k^{(0)}=2l+1\,,$$

于是有

$$g_l(k)-g_l^{(0)}(k)=\frac{2l+1}{\pi}\frac{\partial\delta_l}{\partial k}\,.$$

记入所有分波，则有

$$g(k)-g^{(0)}(k)=\sum_l\frac{2l+1}{\pi}\frac{\partial\delta_l}{\partial k}\,.$$

将此结果代入式(4.3.20)，即可求得 $\tilde{b}_2$，进而得到第二位力系数 a_2.

更高级的位力系数计算比较烦琐，有兴趣的读者可以参看专门文献.

4.4　硬球势模型

前文介绍了研究非理想气体物态方程的经典和量子梅逸尔理论. 根据这一理论具体地计算气体物态方程还需要关于气体分子间相互作用势的知识. 本节将介绍描述非理想气体分子间相互作用的一种简单模型——硬球势模型. 此模型虽然简单，却能导出不少有用的结果. 我们的讨论将限于经典硬球势.

通常，气体分子之间的相互作用势随距离变化的定性行为如图 4.4.1 所示：在 r 较大时，分子间相互吸引，吸引势能随 r 减小而先增后减，有一极小点；当 r 较小时(约为分子尺寸)，分子间相互作用由吸引转为排斥，相应势能由负转正，

且随 r 减小迅速增大并趋向无穷；分子相互作用的力程范围一般比较小. 由于分子间排斥势在某一距离突然增大并趋无限，分子不可无限接近，在研究密度不很高的气体时，常采用所谓硬球势模型. 这个模型粗糙地将排斥势部分处理为无穷势垒，相当于将分子看成直径为 a 的硬球，硬球之间又有短程吸引力，势的形式如下：

$$u(r)=\begin{cases}\infty, & r\leqslant a,\\ \text{负有限}, & r>a.\end{cases} \tag{4.4.1}$$

图 4.4.1 绘出了这种势的定性曲线.

下面介绍硬球势的简单应用. 用这个势，经典情形容易获得常用的范德瓦耳斯(Van der Waals)方程，量子情形对于玻色气体则可得出超流结果.

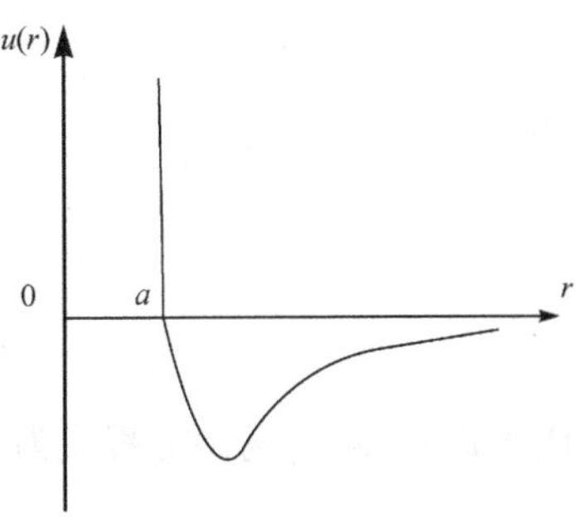

图 4.4.1　硬球势示意图

1. 范德瓦耳斯方程

首先考虑经典硬球势气体. 按 4.2 节的方法，引入梅逸尔函数

$$f(r)=\mathrm{e}^{-\beta u(r)}-1. \tag{4.4.2}$$

其定性行为如图 4.4.2 所示.

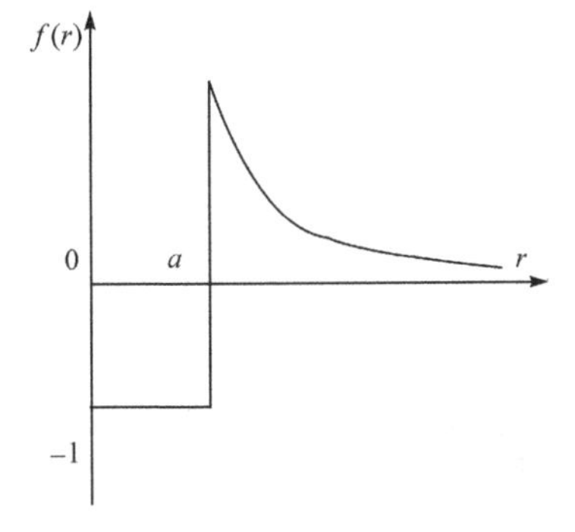

图 4.4.2　硬球势梅逸尔函数定性曲线

考虑引力的短程性和气体的稀薄性，可以将 $u(r)/k_{\mathrm{B}}T$ 视为小量而对 $f(r)$ 展开只取少数项. 一级近似结果是

$$f(r)=\theta(a-r)-\theta(r-a)\beta u(r), \tag{4.4.3a}$$

式中 θ 为阶跃函数：

$$\theta(x)=\begin{cases}0, & x<0\\ 1, & x\geqslant 0\end{cases}. \tag{4.4.3b}$$

用位力展开写出物态方程，保留到第二位力系数为

$$\frac{Pv}{k_{\mathrm{B}}T}=a_1+a_2v^{-1}. \tag{4.4.4}$$

根据式(4.2.13)，在 $V\to\infty$ 的极限下，上式的两个位力系数分别为

$$a_1=\tilde{b}_1=1$$

和

$$a_2=-\tilde{b}_2.$$

问题归结为计算 $\tilde{b}_2$. 根据集团积分的定义

$$\tilde{b}_2=\frac{1}{2V}\int f(r)\mathrm{d}\tau_1\mathrm{d}\tau_2 .$$

考虑到体积大而相互作用短程，我们有

$$\tilde{b}_2=\frac{1}{2}\int f(r)\mathrm{d}\tau=\tilde{a}+\tilde{b} , \tag{4.4.5}$$

其中

$$\begin{aligned}\tilde{a}&=-2\pi\beta\int_a^\infty r^2u(r)\mathrm{d}r,\\ \tilde{b}&=-2\pi\int_0^a r^2\mathrm{d}r=-\frac{2}{3}\pi a^3.\end{aligned} \tag{4.4.5a}$$

代入式(4.4.4)，物态方程成为

$$Pv=k_{\mathrm{B}}T\left(1-\frac{\tilde{a}+\tilde{b}}{v}\right)=k_{\mathrm{B}}T\left(1-\frac{\tilde{a}}{v}-\frac{\tilde{b}}{v}\right).$$

利用气体十分稀簿的条件:

$$a^3\ll v ,$$

可写

$$1-\frac{\tilde{b}}{v}\approx\left(1+\frac{\tilde{b}}{v}\right)^{-1}.$$

于是物态方程又可写为

$$Pv=k_{\mathrm{B}}T\left[\left(1+\frac{\tilde{b}}{v}\right)^{-1}-\frac{\tilde{a}}{v}\right].$$

代入式(4.4.5a)得

$$P-\frac{2\pi}{v^2}\int_a^\infty r^2u(r)\,\mathrm{d}r=k_{\mathrm{B}}T\left(v-\frac{2}{3}\pi a^3\right)^{-1}.$$

记

$$\begin{aligned}b&=\frac{2}{3}\pi a^3=4\left(\frac{4\pi r_{\mathrm{mol}}^3}{3}\right)=4v_0,\\ a^*&=-2\pi\int_a^\infty r^2u(r)\,\mathrm{d}r.\end{aligned} \tag{4.4.6}$$

式中，r_{mol} 代表分子半径；b 常称为协体积，4 倍于分子的实际体积 v_0. 参数 a^* 由 $u(r)$和分子直径决定，表征分子间吸引的强度. 代入前式，即得范德瓦耳斯方程的标准形式

$$\left(P+\frac{a^*}{v^2}\right)(v-b)=k_{\mathrm{B}}T\ . \tag{4.4.7}$$

由计算过程可知 $\tilde{a}>0$，所以 $a^*>0$. 根据 $u(r)$的具体形式计算 a^*，就可以完全确定范德瓦耳斯方程.

从上面的推导还可以看到，位力展开式(4.4.4)描述的气体物态方程比范德瓦耳斯方程有更宽的适用范围. 位力展开只需要 $a_2/v\ll 1$，而进一步得出范德瓦耳斯方程则又要求 $b\ll v$，条件较位力展开更苛刻.

2. 几种经典硬球势

进一步计算位力系数，获得范德瓦耳斯方程的具体形式，需要给出 $u(r)$的数学表达式.伦纳德-琼斯(Lennard-Jones)提出一个关于分子间相互作用的半经验公式①

$$u(r)=u_0\left[\left(\frac{a}{r}\right)^{12}-2\left(\frac{a}{r}\right)^{6}\right], \tag{4.4.8}$$

后人称之为**伦纳德-琼斯势**，又称 12-6 势，如图 4.4.3 实线所示. 12-6 势较好地描述了分子间相互作用的特征：分子间距 r 由无穷减小至某一特征值 a 时，吸引势取极小值$-u_0$；$r<a$ 后，势迅速上升变为排斥势，直至无穷. 伦纳德-琼斯势是应用最为广泛的分子作用势，但其计算较为烦琐，这里介绍几种比较简单的分子势，计算第二位力系数，获得范德瓦耳斯方程.

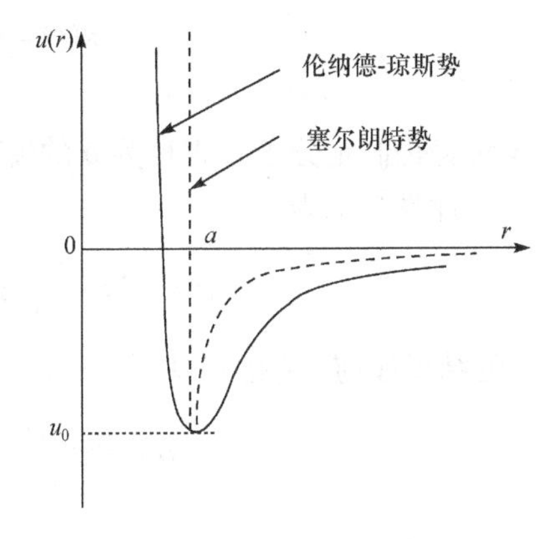

图 4.4.3　伦纳德-琼斯势和塞尔朗特势

1) 苏则朗势

伦纳德-琼斯势的排斥作用部分曲线十分陡峭，而排斥作用的细节在研究物态方程时往往并不重要. 苏则朗(W. Sutherland)提出用硬球势代替伦纳德-琼斯势的 12 次幂部分，给出以下相互作用势②(如图 4.4.3 中短划线)：

$$u(r)=\begin{cases}\infty, & r\leqslant a,\\ -u_0\left(\dfrac{a}{r}\right)^6, & r>a.\end{cases} \tag{4.4.9}$$

---

① Jones J E. 1924. Proc. Roy. Soc. London A, 106: 463; Lennard-Jones J E. 1931. Proceedings of the Physical Society, 43: 461.

② Sutherland W. 1893. Philosophical Magazine 5, 36:507.

这里将分子看成直径为 a 的硬球，引力与距离的 6 次方成反比.

将式(4.4.9)代入式(4.4.6)，即可求出范德瓦耳斯方程的两个参数：

$$a^* = 2\pi\int_a^{\infty} r^2 u_0 \left(\frac{a}{r}\right)^6 \mathrm{d}r = -\frac{2\pi u_0 a^6}{3r^3}\bigg|_a^{\infty} = \frac{2\pi u_0 a^3}{3}. \tag{4.4.10}$$

由于采用了硬球近似，b 的计算结果如式(4.4.6)，仍为

$$b = \frac{2}{3}\pi a^3.$$

范德瓦耳斯方程成为

$$\left(P + \frac{2\pi u_0 a^3}{3v^2}\right)\left(v - \frac{2\pi a^3}{3}\right) = k_{\mathrm{B}}T. \tag{4.4.11}$$

2) 方阱势

进一步将吸引部分简化为方阱①，可以得到更加简单的势

$$u(r) = \begin{cases} \infty, & 0 < r < a, \\ -u_0, & a \leqslant r \leqslant \delta a, \\ 0, & \delta a < r. \end{cases} \tag{4.4.12}$$

这种势仍假定分子为直径为 a 的硬球，方形势引力阱深度为 u_0，宽度为 $(\delta-1)a$.

计算结果为

$$a^* = -2\pi\int_a^{\delta a}\left(-u_0 r^2\right)\mathrm{d}r = \frac{2\pi}{3}a^3 u_0\left(\delta^3 - 1\right), \tag{4.4.13}$$

b 的结果如前. 范德瓦耳斯方程成为

$$\left(P + \frac{2\pi u_0 a^3}{3v^2}\left(\delta^3 - 1\right)\right)\left(v - \frac{2\pi a^3}{3}\right) = k_{\mathrm{B}}T. \tag{4.4.14}$$

3) 硬心势

最简单的硬球势是硬心势②

$$u(r) = \begin{cases} \infty, & r < a, \\ 0. & r \geqslant a. \end{cases} \tag{4.4.15}$$

这种势略去了吸引作用，简单地假定在 $r > a$ 范围时相互作用势为零，$r < a$ 时为正无穷.

用硬心势计算的结果是

---

① Sherwood A E, Prausnitz J M. 1964. J. Chem. Phys., 41：413；429.

② Ree F H，Hoover W G. 1964. J. Chem. Phys., 40：939.

$$a^{*}=0, \quad b=\frac{2}{3}\pi a^{3}.$$

其中引力贡献为零. 范德瓦耳斯方程成为

$$P\left(v-\frac{2}{3}\pi a^{3}\right)=k_{\mathrm{B}}T. \tag{4.4.16}$$

进一步可算出各位力系数有

$$a_{1}=1, \quad a_{2}=\frac{2}{3}\pi a^{3}, \quad a_{3}=\frac{5}{8}a_{2}^{2},$$
$$a_{4}=0.28695a_{2}^{3}, \quad a_{5}=0.1103a_{2}^{4}, \cdots\cdots$$

在各种模型的计算中, 两个主要参数 a 和 u_0 可通过第二位力系数的实验值拟合获得.

习　题

4.1　试作出所有不同积分的四分子集团图, 并指出它们在求和中出现的项数, 区别可约和不可约集团.

4.2　通过作图写出 3 点集团积分 b_3 的表达式, 并导出关系

$$b_{3}=\frac{1}{3}\beta_{2}+\frac{1}{2}\beta_{1}^{2},$$

进一步证明

$$4!b_{4}=3!\beta_{3}+12(2!\beta_{2})\beta_{1}+16\frac{1}{2}\beta_{1}^{3}.$$

你是否可以由此得出某种规律?

4.3　试证明经典气体**梅逸尔第二定理**

$$\frac{Pv}{k_{\mathrm{B}}T}=1-\sum_{k=1}^{\infty}\frac{k\beta_{k}}{k+1}v^{-k},$$

式中, β_k 为 k+1 点不可约集团积分.

4.4　试计算具有下列二体势的经典非理想气体的第二位力系数

(i) $u(r)=\alpha/r^{n} \quad (\alpha>0, n>3)$.

(ii) $u(r)=\begin{cases}\infty, & r<a,\\ -u_{0}, & a<r<b,\\ 0. & r>b,\end{cases}$

其中 u_0 为常数.

4.5　计算经典硬球气体(硬球直径为 a)在热力学极限下的 2 分子和 3 分子集团积分 $\tilde{b}_2$ 和 $\tilde{b}_3$, 写出经典硬球气体包含第三位力系数的位力物态方程.

4.6　试证明：遵从麦-玻统计的气体的配分函数为

$$Q_N^{\mathrm{MB}} = \frac{1}{N!\lambda^{3N}} \int W^{\mathrm{MB}}(1,2,\cdots,N) \ ,$$

其中

$$\frac{1}{N!\lambda^{3N}} W^{\mathrm{MB}}(1,2,\cdots,N) = \langle 1,2,\cdots,N | \mathrm{e}^{-\beta H} | 1,2,\cdots,N \rangle \ .$$

4.7　求无自旋的硬球玻色与费米气体的第二位力系数，精确到 $a\lambda^{-1}$ 的最低两级非零项. 其中 a 为硬球直径，λ 为热波长.

第 5 章　相变的平均场理论

前面几章建立了平衡态的统计理论,给出研究物体系平衡态性质的基本方法,并具体讨论了若干典型的均匀系统. 我们看到, 上述讨论仅限于单相, 并未涉及相变问题. 本章与第 6 章将讨论平衡态相变(连续相变),简要介绍关于临界现象的理论.

统计物理的深刻性, 表现在它能概括千姿百态的物理现象之间的本质联系. 认识平衡态相变规律, 正可对这种本质联系管中窥豹. 相变理论研究已历时百余年, 科学家们从不同的角度去理解相变的物理本质, 积累了大量有用的知识, 在指导实验和推动技术发展的同时, 对相变的普适性规律有了深刻的认识. 20 世纪 70 年代以来, 以威尔逊(Wilson)、卡丹诺夫(Kadanoff)、韦达姆(Widom)等为代表的一批学者相继工作, 从相变的共性出发, 揭示临界现象的标度规律, 进而将重整化群的方法用于临界指数的微观计算, 建立了临界现象的现代理论. 在介绍微观理论前, 本章先讨论一种唯象理论——平均场理论.

平均场理论是早年发展起来的一类比较成功的唯象相变理论. 在重整化群理论出现以前, 物理学家建立了多种描述特殊体系的模型, 如范德瓦耳斯方程、伊辛模型等, 在理解和预言相变的重要特征方面获得了很大的成功. 不同的模型和理论虽然形式上彼此相异, 但却有着共同的特点, 就是用"序参量"(或称序参数)来表征相变的特性. 对于不同的物体系, 序参量可能是不同的物理量. 但是, 它们总是可以与某个所谓"平均场"联系起来. 这种平均场是用以代替物体系内的相互作用的一种内部场. 因此,我们将这类相变理论统称为平均场理论. 这类理论虽显粗糙, 却获得了相变的主要结果, 对众多重要现象能给出定性正确的描述, 具有物理意义明确、易于理解、便于应用的优点, 至今仍在实际研究工作中发挥着重要的作用. 同时, 它也是发展重整化群理论的基础和前奏.

用平均场理论处理相变问题的方法不胜枚举, 本章将主要剖析伊辛模型的相变, 归纳得出连续相变的临界性质. 在此基础上, 简要介绍一种普遍的平均场理论——朗道(Landau)理论.

5.1 伊 辛 模 型

楞次(W. Lenz)于 1920 年提出一个描述铁磁体的简单模型[①]，由他的学生伊辛(E. Ising)研究. 伊辛于 1925 年首先给出这个模型一维情形的严格解[②]，发现没有相变. 后人将这个模型称为**伊辛模型**. 伊辛模型虽然简单，但是用它讨论铁磁体的相变十分方便. 对相应的记号和物理量对应稍加改变，这一模型还可描述二元合金模型、晶体内吸附气体分子的格气模型等以有序–无序相变为特征的系统.

1. 铁磁体的伊辛模型

伊辛模型是将铁磁体视为 N 个格点组成的 n 维晶格($n = 1, 2, 3$)，每个格点上均有一自旋粒子. 粒子的自旋计为 S_i ($i = 1, 2, \cdots, N$)，它只能取+1 或−1 两值，俗称自旋向上与向下两个取向. 格点上自旋的取值构成分布 $\{S_i\}$，每个分布描述铁磁系的一个构形.

自旋之间有相互作用，这里只考虑最近邻自旋的作用，其作用能的取值原则是：当两个相邻自旋相互平行(沿相同的取向)时取 $-\varepsilon$，反平行(平行但取向相反)时为 $+\varepsilon$；$\varepsilon>0$ 对应铁磁性，$\varepsilon<0$ 为反铁磁性.

同时，自旋与外磁场还有相互作用. 将自旋磁矩记为 μ_{B}，在外场为 B，分布为 $\{S_i\}$ 时系统的能量则可写为

$$E_{\mathrm{I}}\{S_i\} = -\varepsilon\sum_{\langle ij\rangle} S_i S_j - \mu_{\mathrm{B}} B \sum_{i=1}^{N} S_i , \tag{5.1.1}$$

式中求和符号中的 $\langle ij\rangle$ 的含义是：求和中 ij 只取最近邻项，S_iS_j 和 S_jS_i 中只取一项，这种规则有时写为 $j=i+1$；下标 I 表示伊辛模型. 如果每格点的最近邻格点数为 γ，求和项总数则为 $\gamma N/2$.

为简化能量表达式(5.1.1)，引入下列记号：

N_+：自旋向上粒子总数；

N_-：自旋向下粒子总数；

N_{++}：(+ +)型近邻(相邻两自旋均向上)总对数；

N_{--}：(− −)型近邻(相邻两自旋均向下)总对数；

N_{+-}：(+ −)(包括− +)型近邻(相邻两自旋反向)总对数.

---

① Lenz W. 1920. Z. Phys., 21: 613.

② Ising E. 1925. Z. Phys., 31: 253.

显然，以上各参数彼此并不完全独立. 让我们来考察它们之间的联系：

首先，由于粒子数守恒，自旋向上与向下粒子数 N_+ 与 N_- 之间有如下关系：

$$N_+ + N_- = N .$$

关于近邻对数之间的关系，我们不妨以自旋为+的格点为例来考虑. 如图 5.1.1 所示，用线段将每个+格点均与其近邻格点连接，这种连线总共应有 γN_+ 条. 由线段连接的格点对可以分为两类：(++)型与(+−)型. (++)型格点对涉及两个自旋为+的粒子，因此有两条连线，其总数为 $2N_{++}$；而(+−)型的格点对每对只有一条线，总线数为 N_{+-}. 两类格点对贡献的线数总和应为 γN_+，满足如下关系：

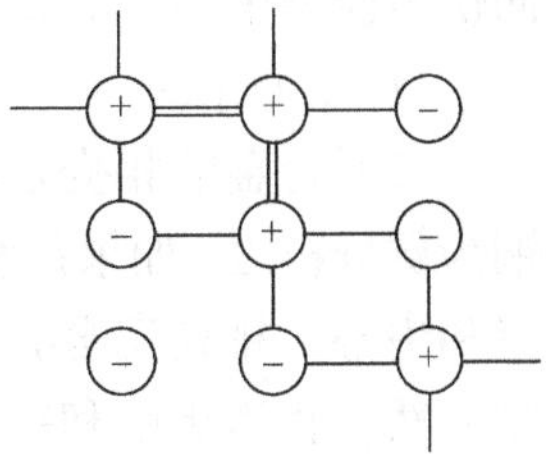

$$\gamma N_+ = 2N_{++} + N_{+-} .$$

图 5.1.1　自旋向上粒子近邻对数示意图

同理可得

$$\gamma N_- = 2N_{--} + N_{+-} .$$

总结整理可得一组关系：

$$\begin{aligned} N &= N_+ + N_-, \\ N_{+-} &= \gamma N_+ - 2N_{++}, \\ N_{--} &= \frac{1}{2}\gamma N + N_{++} - \gamma N_+. \end{aligned} \tag{5.1.2}$$

将式(5.1.2)代入式(5.1.1)便可得到以 N_+、N_{++}为变数的能量表达式：

$$E_{\mathrm{I}}(N_+, N_{++}) = -4\varepsilon N_{++} + 2(\gamma\varepsilon - \mu_{\mathrm{B}}B)N_+ - \left(\frac{1}{2}\gamma\varepsilon - \mu_{\mathrm{B}}B\right)N , \tag{5.1.3}$$

配分函数则为

$$\begin{aligned} Q_{\mathrm{I}}(\beta, B) &= \mathrm{e}^{-\beta F_{\mathrm{I}}(\beta,B)} = \sum_{S_1}\cdots\sum_{S_N}\mathrm{e}^{-\beta E_{\mathrm{I}}\{S_i\}} \\ &= \mathrm{e}^{N\beta\left(\frac{1}{2}\gamma\varepsilon - \mu_{\mathrm{B}}B\right)}\sum_{N_+=0}^{N}\mathrm{e}^{-2\beta(\gamma\varepsilon-\mu_{\mathrm{B}}B)N_+}\sum_{N_{++}} g(N_+, N_{++})\mathrm{e}^{4\beta\varepsilon N_{++}}. \end{aligned} \tag{5.1.4}$$

应当注意,第二个求和是在 N 个自旋中向上的自旋数 N_+确定的条件下进行的. $g(N_+, N_{++})$是给定一组(N_+, N_{++})时系统的构形总数，是变数(N_+, N_{++})的复杂函数. 顺便指出，上面计数时用到了伊辛自旋的可分辨性，这一点因原子的定域性而得到保证.

式(5.1.4)原则上给出了伊辛模型的配分函数. 但是,要利用这个配分函数来研究相变还需先确定 N_+ 和 N_{++}的值. 这归根到底是一个求解伊辛模型的问题. 一维和二维的伊辛模型已有严格解，而对于高维的伊辛模型，迄今为止还只能近似求解，后面几节将简要介绍一些方法和结果.

2. 其他模型的对照

二元合金和晶格气体可用类似于伊辛模型的方法来描述. 事实上，只要将上面伊辛模型中的 N_+, N_{++}等的意义加以调整，即可描述二元合金和格气.

1) 二元合金

二元合金的相变是研究最早的**有序-无序相变**. 现以铜(Cu)锌(Zn)合金——黄铜为例分析之. 如果铜和锌的组分都接近 50%，两种原子分别占据体心立方的顶点和中心，排列完全有序，形成β-黄铜. 每个铜原子周围的最近邻为锌原子，反之亦然，相当于铜和锌原子各形成的立方格子嵌套在一起，互为体心. 不过，只有在绝对零度时，才会如此有序地排列. 如果将完全有序排列时原子所占位置称为“对”的，那么温度上升离开绝对零度时，锌与铜的占位便可能“出错”. 温度由绝对零度升高，“错”的概率会由零逐渐增大，而“对”的概率则由 1 逐渐下降. 当温度升至 $T = T_C$(临界温度)时，每种原子占“对”位置的概率降为 1/2(“错”的概率同时增大到 1/2). 那就是说，从临界温度 T_C 开始继续升温，两种原子将“无序”地混合. 我们说在 T_C 点发生了从有序到无序的转变，或曰相变. 这个相变点又称为居里点. 黄铜的居里点为 742K. 在居里点，体系显示奇特的性质. 例如，比热曲线呈现λ形，电阻亦出现奇异现象(图 5.1.2). 利用类似描述铁磁体的伊辛模型，可以描述二元合金，研究它们的相变.

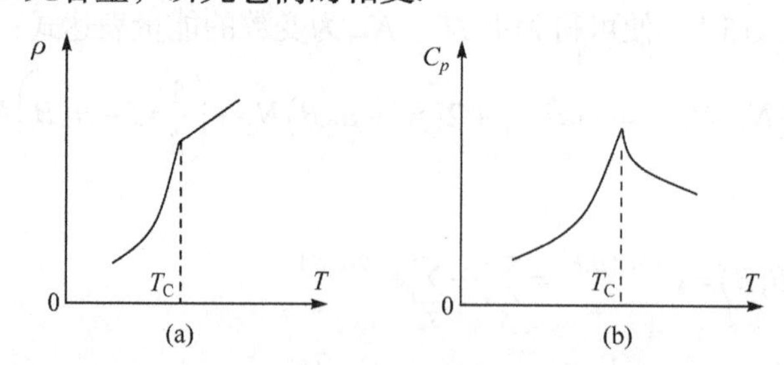

图 5.1.2 二元合金电阻率ρ和定压比热 C_p 随温度的变化

考虑某合金含有两种原子 A 和 B，我们将它们类比于自旋向上和向下两种情形. 假定原子共占据 N 个格点，每格点近邻数为γ，近邻 AA 型(即 A 原子与 A 原子相邻)的对数为 N_{AA}，BB 型对数为 N_{BB}，AB 型对数为 N_{AB}；再以ε_{AA}、ε_{BB}和ε_{AB}表示各种近邻的相互作用能. 这样，合金系的总能量可写成(略去原子动能)

$$E_A(N_{AA}, N_{BB}, N_{AB}) = \varepsilon_{AA}N_{AA} + \varepsilon_{BB}N_{BB} + \varepsilon_{AB}N_{AB}, \tag{5.1.5}$$

类似于铁磁系，给出各占据数之间的关系：

$$
\begin{aligned}
&N = N_{\mathrm{A}} + N_{\mathrm{B}}, \\
&N_{\mathrm{AB}} = \gamma N_{\mathrm{A}} - 2N_{\mathrm{AA}}, \\
&N_{\mathrm{BB}} = \frac{1}{2}\gamma N + N_{\mathrm{AA}} - \gamma N_{\mathrm{A}}.
\end{aligned} \tag{5.1.6}
$$

总能量则可写为 N_{A} 与 N_{AA} 的函数

$$
E_{\mathrm{A}}\left(N_{\mathrm{A}}, N_{\mathrm{AA}}\right) = \left(\varepsilon_{\mathrm{AA}} + \varepsilon_{\mathrm{BB}} - 2\varepsilon_{\mathrm{AB}}\right) N_{\mathrm{AA}} + \gamma\left(\varepsilon_{\mathrm{AB}} - \varepsilon_{\mathrm{BB}}\right) N_{\mathrm{A}} + \frac{1}{2}\gamma\varepsilon_{\mathrm{BB}} N. \tag{5.1.7}
$$

以上描述的模式与伊辛模型十分类似. 事实上，只需将伊辛模型的+、– 换为 A、B，它就可描述二元合金.

2) 格气

有些晶体的内部或表面可以吸附气体分子，因为被吸附的气体分子占据晶体的格座，所以将形成的体系称为格气. 一维格气如线性蛋白质或高聚合物晶体吸附的气体分子，二维格气如表面吸附分子，三维格气如钯等金属体内吸收氢分子，等等. 除吸附外，惰性气体在临界状态时的情形亦颇似格气. 格气模型与伊辛模型亦无本质区别.

考虑每一格座最多只能吸附一个原子的情形，只考虑被吸附原子的最近邻相互作用. 假定此种作用的相互作用能为 ε_0，即原子势具有如下形式：

$$
u(r) = \begin{cases} \infty, & r = 0, \\ -\varepsilon_0, & r \text{ 为最近邻间距}, \\ 0, & \text{其他情形}. \end{cases} \tag{5.1.8}
$$

以 a 代表原子，以 e 代表空格点，记格座数为 N，原子数为 N_{a}，空格点数为 N_{e}，每格点近邻数为 γ，近邻均为原子(aa 型)的近邻对的总对数为 N_{aa}，近邻是 ae 的对数为 N_{ae}，近邻是 ee 的对数为 N_{ee}. 因为只有近邻原子之间才有相互作用，所以 N_{ae} 与 N_{ee} 对总能量没有贡献. 略去原子动能，体系总能量可写为

$$
E_{\mathrm{G}} = -\varepsilon_0 N_{\mathrm{aa}}. \tag{5.1.9}
$$

因为各原子的吸附能相同，它们对总能量只贡献一个常数，所以这里没有记入，相当于将总吸附能作为能量零点.

用上述能量表达式立即可以写出配分函数为

$$
Q_{\mathrm{G}}\left(\beta, N_{\mathrm{a}}\right) = \frac{1}{N_{\mathrm{a}}!}\sum_{\{\mathrm{a}\}} \mathrm{e}^{\beta\varepsilon_0 N_{\mathrm{aa}}}. \tag{5.1.10}
$$

式中求和符号中{a}表示对所有被吸附原子的分布方式求和. 因为原子是定域的，所以可以分辨.

巨配分函数为

$$\mathcal{Q}_{\mathrm{G}}(z,\beta,N)=\sum_{N_{\mathrm{a}}=0}^{\infty}z^{N_{\mathrm{a}}}\mathcal{Q}_{\mathrm{G}}(\beta,N_{\mathrm{a}}). \tag{5.1.11}$$

上述两种模型与伊辛模型从统计力学的角度来看是相同的，其区别只在于格点状态的标记法不同，相互作用能大小各异. 以下我们将集中讨论对伊辛模型的求解，以之为代表研究此类体系的相变.

5.2 布拉格-威廉斯近似

伊辛模型的严格求解只在一维情形比较容易，随维度的增加变得十分困难，至今还只获得二维情形的精确解. 不过，运用平均场方法可以简单地得出伊辛模型的相变结果. 布拉格-威廉斯(Williams)近似方法就是一种典型的平均场理论. 这种近似虽然很粗糙，但可以说明相变的主要特征.

1. 布拉格-威廉斯假设

在伊辛模型的能量表达式(5.1.3)中，能量 E_{I} 由两个参数 N_{+}、N_{++}确定，严格确定它们是比较困难的. 如果找到这两个参数之间的关系，问题便可进一步简化. 布拉格和威廉斯提出一个假设，近似地取

$$N_{++}\approx\frac{1}{2}\gamma N\left(\frac{N_{+}}{N}\right)^{2} \tag{5.2.1}$$

这一假设的基本思路是：自旋对的总数为$\gamma N/2$，单粒子取正自旋的概率应是 N_{+}/N，两粒子同时取正的概率便应为$(N_{+}/N)^{2}$，用它代表(++)粒子对在总对数中所占的比例，便可得到上述关系. 显然，这是一个“平均”的考虑.

再定义长程序参数 L，由下式给出：

$$\frac{N_{+}}{N}\equiv\frac{1}{2}(1+L)\quad 或\quad \frac{N_{-}}{N}=\frac{1}{2}(1-L)\quad(-1\leqslant L\leqslant 1) \tag{5.2.2}$$

不难由下式看出 L 的物理意义：

$$L=(N_{+}-N_{-})/N\,.$$

若以元胞体积为体积单位，即 $N=V$，平均磁化强度则可写为

$$m=\mu_{\mathrm{B}}\bar{L}\,, \tag{5.2.3}$$

这里，$\bar{L}$ 是序参数 L 的统计平均值. 于是，求磁化强度的问题便归结为求 L 平均值的问题. 下面将用配分函数计算 $\bar{L}$.

2. 配分函数

采用布拉格-威廉斯假设，根据 L 的定义，式(5.1.3)可写为

$$E_{\mathrm{I}}(L)=-\frac{1}{2}\gamma\varepsilon N(L+1)^2+(\gamma\varepsilon-\mu_{\mathrm{B}}B)N(L+1)-\left(\frac{1}{2}\gamma\varepsilon-\mu_{\mathrm{B}}B\right)N$$
$$=\left(-\frac{1}{2}\gamma\varepsilon L^2-\mu_{\mathrm{B}}BL\right)N. \tag{5.2.4}$$

配分函数则为

$$Q_{\mathrm{I}}(\beta,B)=\sum_{\{S_i\}}\exp\left[\beta N\left(\frac{1}{2}\gamma\varepsilon L^2+\mu_{\mathrm{B}}BL\right)\right]. \tag{5.2.5}$$

求和的通项只依赖于 L，因而也只依赖于 N_+. 注意到给定 L 值的不同构形数是

$$C_{N_+}^N=\frac{N!}{N_+!(N-N_+)!}=\frac{N!}{\left[\frac{1}{2}N(1+L)\right]!\left[\frac{1}{2}N(1-L)\right]!},$$

因此配分函数成为

$$Q_{\mathrm{I}}(\beta,B)=\sum_{N_+=0}^{\infty}\frac{N!}{N_+!(N-N_+)!}\exp\left[\beta N\left(\frac{1}{2}\gamma\varepsilon L^2+\mu_{\mathrm{B}}BL\right)\right]$$
$$=\sum_{L=-1}^{1}\frac{N!}{\left[\frac{1}{2}N(1+L)\right]!\left[\frac{1}{2}N(1-L)\right]!}\exp\left[\beta N\left(\frac{1}{2}\gamma\varepsilon L^2+\mu_{\mathrm{B}}BL\right)\right]. \tag{5.2.6}$$

对于宏观体系，有 $N\gg 1$, $N_+\gg 1$，所以求和中可以只保留最大的一项. 将这一项的 L 记为 $\bar{L}$，配分函数的对数则可写为

$$\frac{1}{N}\ln Q_{\mathrm{I}}\approx\beta\left(\frac{1}{2}\gamma\varepsilon\bar{L}^2+\mu_{\mathrm{B}}B\bar{L}\right)-\frac{1+\bar{L}}{2}\ln\frac{1+\bar{L}}{2}-\frac{1-\bar{L}}{2}\ln\frac{1-\bar{L}}{2}. \tag{5.2.7}$$

式(5.2.6)的求和项取极大值对应的 $\bar{L}$ 应满足如下方程：

$$\frac{\partial}{\partial L}\left[\beta\left(\frac{1}{2}\gamma\varepsilon L^2+\mu_{\mathrm{B}}BL\right)-\frac{1+L}{2}\ln\frac{1+L}{2}-\frac{1-L}{2}\ln\frac{1-L}{2}\right]_{L=\bar{L}}=0,$$

由此得

$$\frac{1}{2}\ln\frac{1+\bar{L}}{1-\bar{L}}=\frac{\mu_{\mathrm{B}}B}{k_{\mathrm{B}}T}+\frac{\gamma\varepsilon\bar{L}}{k_{\mathrm{B}}T},$$

所以

$$\bar{L}=\tanh\left(\frac{\mu_{\mathrm{B}}B}{k_{\mathrm{B}}T}+\frac{\gamma\varepsilon\bar{L}}{k_{\mathrm{B}}T}\right). \tag{5.2.8}$$

这个公式给出了序参量的平均值，名为布拉格-威廉斯公式. 将之代入式(5.2.7)得

$$\frac{1}{N}\ln Q_{\rm I}=-\frac{1}{2}\beta\gamma\varepsilon\overline{L}^2-\frac{1}{2}\ln\frac{1-\overline{L}^2}{4},\tag{5.2.9}$$

进一步可得自由能为

$$F_{\rm I}(T,B)=-k_{\rm B}T\ln Q_{\rm I}=\frac{N}{2}\gamma\varepsilon\overline{L}^2+\frac{N}{2}k_{\rm B}T\ln\frac{1-\overline{L}^2}{4}.\tag{5.2.10}$$

其他热力学函数均可由自由能求出.

3. 相变

以$\varepsilon>0$，即铁磁性物质为例，考虑$B=0$情形的相变. 这时布拉格–威廉斯公式成为

$$\overline{L}=\tanh\left(\frac{\gamma\varepsilon\overline{L}}{k_{\rm B}T}\right)=\tanh\left(\frac{T_{\rm C}}{T}\overline{L}\right).\tag{5.2.11}$$

式中引入的温度$T_{\rm C}$满足以下条件：

$$T_{\rm C}=\frac{\gamma\varepsilon}{k_{\rm B}}.\tag{5.2.12}$$

$\overline{L}$可由式(5.2.11)通过数值法或图解法来求解. 如图 5.2.1 所示，以L为横坐标，f为纵坐标，作不同温度函数

$$f(L)=\tanh(\gamma\varepsilon L/k_{\rm B}T)=\tanh(T_{\rm C}L/T)$$

的曲线，它与直线$f(L)=L$的交点之横坐标即为欲求的$\overline{L}$. 当$T>T_{\rm C}$时，两线只有一个交点在$L=0$；而当$T<T_{\rm C}$时，曲线与直线有三个交点，如图中的$-L_0$、0 和L_0. 不过，进一步研究可知，解$\overline{L}=0$使$F_{\rm I}$取极大值，即配分函数取极小，故应舍去. 于是，$T<T_{\rm C}$时得两解，记作$\pm L_0$. 综上，方程的解可归纳为

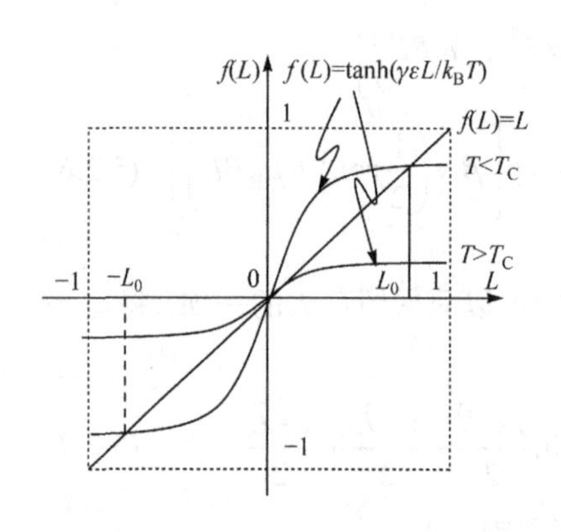

图 5.2.1 $\overline{L}$图解法示意图

$$\overline{L}=\begin{cases}0, & T>T_{\rm C},\\ \pm L_0, & T<T_{\rm C}.\end{cases}\tag{5.2.13}$$

结合式(5.2.3)可知：$T>T_{\rm C}$时，$\overline{L}=0, m=0$，体系无磁化；$T<T_{\rm C}$，在$\overline{L}$取$\pm L_0\neq 0$时$F_{\rm I}$有相同的极小值，不加外场仍有磁化，故称**自发磁化**. 这说明，铁磁系只有在$T<T_{\rm C}$时才出现铁磁性，在$T_{\rm C}$发生铁磁–非铁磁相变，因此将它称为相变的**临界温度**.

现在讨论热力学函数.

容易由式(5.2.10)求出自由能为

$$F_{\mathrm{I}}(T,0)=\begin{cases}\dfrac{N}{2}k_{\mathrm{B}}T\ln 4, & T>T_{\mathrm{C}},\\ \dfrac{N}{2}\gamma\varepsilon L_0^2+\dfrac{N}{2}k_{\mathrm{B}}T\ln\left(\dfrac{1-L_0^2}{4}\right), & T<T_{\mathrm{C}},\end{cases} \tag{5.2.14}$$

内能的计算结果是

$$\bar{E}_{\mathrm{I}}(T,0)=\begin{cases}0, & T>T_{\mathrm{C}},\\ -\dfrac{N}{2}\gamma\varepsilon L_0^2, & T<T_C,\end{cases} \tag{5.2.15}$$

进而求得比热为

$$C_{\mathrm{I}}(T,0)=\begin{cases}0, & T>T_{\mathrm{C}},\\ -\dfrac{N}{2}\gamma\varepsilon\dfrac{\mathrm{d}L_0^2}{\mathrm{d}T}, & T<T_{\mathrm{C}},\end{cases} \tag{5.2.16}$$

磁化强度为

$$m_{\mathrm{I}}(T,0)=\begin{cases}0, & T>T_{\mathrm{C}},\\ \pm\mu_{\mathrm{B}}L_0, & T<T_{\mathrm{C}}.\end{cases} \tag{5.2.17}$$

上面给出的热力学函数均表示为 L_0 的函数，而 L_0 又只能通过数值求解方程(5.2.11)获得. 为比较直观地了解铁磁相的特征，下面就两种极限情形给出近似解析结果：

1) $T\ll T_{\mathrm{C}}$，低温极限

这时$\gamma\varepsilon L_0/k_{\mathrm{B}}T\gg 1$，故有 $\mathrm{e}^{-2L_0T_{\mathrm{c}}/T}\ll 1$.

展开式(5.2.11)，略去高阶项可得

$$L_0=\frac{1-\mathrm{e}^{-2L_0T_{\mathrm{c}}/T}}{1+\mathrm{e}^{-2L_0T_{\mathrm{c}}/T}}\approx\left(1-\mathrm{e}^{-2L_0T_{\mathrm{c}}/T}\right)^2\approx 1-2\mathrm{e}^{-2L_0T_{\mathrm{c}}/T}.$$

为解此方程，可先令 $T/T_{\mathrm{C}}\to 0$，得出其零级近似解 $L_0=1$. 将之代入上式便可得一级近似为

$$L_0\approx 1-2\mathrm{e}^{-2T_{\mathrm{c}}/T}.$$

2) $T\to T_{\mathrm{C}}^-$，临界点附近

这时记$\tau\equiv 1-T/T_{\mathrm{C}}$，式(5.2.11)可以写为

$$L_0=\tanh\frac{T_{\mathrm{C}}L_0}{T}=\tanh\frac{L_0}{1-\tau},$$

即

$$\operatorname{arc\,tanh} L_0 = \frac{L_0}{1-\tau}.$$

用$\tau=1-T/T_{\mathrm{C}} \ll 1$的条件，视$L_0$为小量，展开上式可得

$$L_0 + \frac{1}{3}L_0^3 + \cdots = L_0\left(1+\tau+\tau^2+\cdots\right),$$

保留前两项得

$$L_0 \approx \sqrt{3\tau} = \sqrt{3\left(1-T/T_{\mathrm{C}}\right)}.$$

合并以上两结果得

$$L_0 \approx \begin{cases} 1-2\mathrm{e}^{-2T_{\mathrm{C}}/T}, & T/T_{\mathrm{C}} \ll 1, \\ \sqrt{3\left(1-T/T_{\mathrm{C}}\right)}, & 0<1-T/T_C \ll 1. \end{cases} \tag{5.2.18}$$

由式(5.2.18)可见，当体系温度接近 0K 时，L_0趋于 1；接近临界温度时，L_0趋于 0. 图 5.2.2 给出L_0作为温度的函数之曲线，它与玻色凝结之$\langle n_0\rangle/N$随温度变化的曲线十分相似. 这反映出两类不同性质的相变之共性. 在以后的各节还将进一步研究这种共性，从中总结出具有普遍性的规律. 这里我们看到，这两种相变的一个共同特征是：描述相变特征的量L_0和$\langle n_0\rangle/N$在相变点都是连续变化的. 因此，我们将这类相变称为**连续相变**.

将式(5.2.18)的结果代入式(5.2.16)，可得临界点的比热

$$C_{\mathrm{I}}\left(T_{\mathrm{C}}^{-},0\right) = \frac{3}{2}Nk_{\mathrm{B}}. \tag{5.2.19}$$

作出比热随温度变化的示意曲线，如图 5.2.3 所示. 由图可见，在T_{C}，比热发生了突变. 这反映了此类相变的特征. 为比较，图中同时绘出严格解的定性曲线。由图可见，与玻色凝聚一样，T_{C}是一个“λ”点.

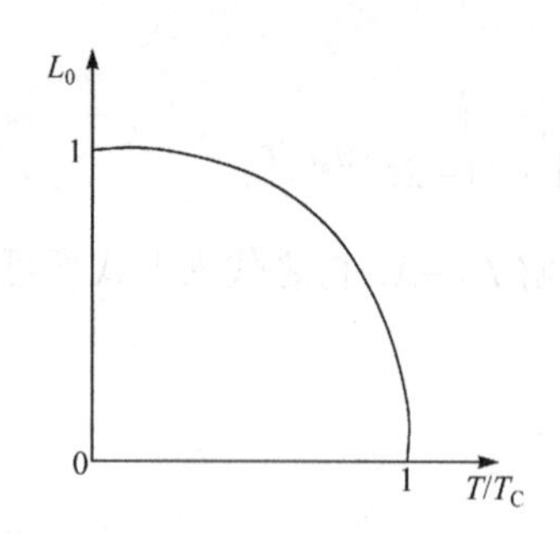

图 5.2.2　L_0随温度的变化曲线

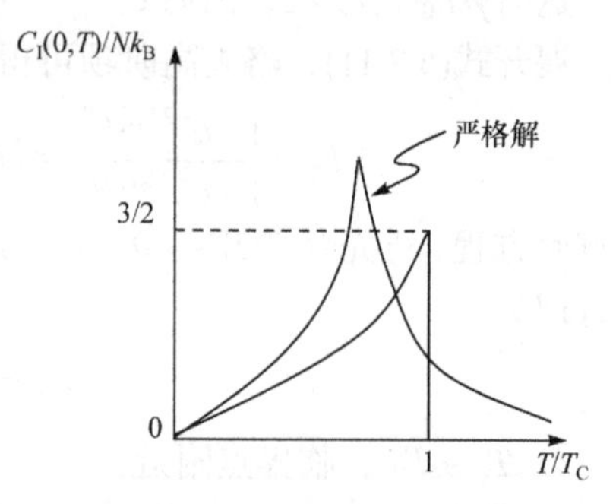

图 5.2.3　比热随温度变化的曲线

布拉格-威廉斯近似是一种十分简单的近似方法. 它成功地获得了相变的结

果，但有严重缺欠. 例如，由这一理论得到的“相变与空间维数无关”的结论是不正确的. 严格求解可以证明，一维伊辛模型没有相变.

5.3 临 界 指 数

5.2 节用布拉格–威廉斯的平均场近似方法得到了伊辛模型临界点附近的序参量 L 及热力学函数的解，给出了相变的一些特征. 在临界点 $T = T_C$ 附近，体系性质比较特殊，一个很突出的特征是涨落很大. 与此相关的一些物理现象，如临界乳光现象，早已为实验发现. 因此，研究临界点附近重要物理量对外参数变化的响应特性是十分重要的. 这些特性常用临界指数来描写. 现在，我们用 5.2 节的方法讨论伊辛系临界点附近的性质，并进一步给出临界指数的概念.

1. 临界点的性质

1) 临界磁化强度

5.2 节已给出临界点附近的序参量值为

$$\bar{L} = \begin{cases} 0 & (T > T_C), \\ \pm L_0 = \pm(3\tau)^{1/2} & (T < T_C), \end{cases}$$

这里 $\tau = 1 - T/T_C$. 又因 $m = \mu_B \bar{L}$，所以磁化强度在 $T \to T_C$ 时与 $(3\tau)^{1/2}$ 成正比，即

$$m \propto \tau^{1/2} \tag{5.3.1}$$

2) 临界比热

物体系的平均能量已由式(5.2.10)微分求出，结果是

$$\bar{E}_I(T,0) = \begin{cases} 0 & (T > T_C), \\ -\dfrac{N}{2}\gamma\varepsilon L_0^2 & (T < T_C), \end{cases}$$

比热为

$$C_I(T,0) = \begin{cases} 0 & (T > T_C), \\ -\dfrac{N}{2}\gamma\varepsilon \dfrac{\mathrm{d}L_0^2}{\mathrm{d}T} & (T < T_C). \end{cases}$$

根据此式和 L_0 之结果，可以讨论临界点 T_C 附近比热与温度的关系. 为便于集中研究比热的特征，这里仍假定外场 $B = 0$.

当 $T > T_C$ 时，$L_0 = 0$，可得 $E = 0$，且 $C_I = 0$.

当 $T < T_C$ 且趋近 T_C 时，我们有

$$C_I = \frac{3}{2} N k_B .$$

于是临界点附近的比热可以写为

$$C_I = \begin{cases} A_+ |\tau|^{-\alpha_+} & (T \to T_C^+), \\ A_- |\tau|^{-\alpha_-} & (T \to T_C^-), \end{cases} \tag{5.3.2}$$

这里 $\alpha_+ = \alpha_- = 0$.

3) 临界磁化率

现在考虑磁场 B 的影响. 在 $B = 0$ 处磁化率 χ 由下式给出:

$$\chi = \left(\frac{\partial m}{\partial B}\right)_{B=0} = \mu_B \left(\frac{\partial \overline{L}}{\partial B}\right)_{B=0} \tag{5.3.3}$$

由式(5.2.8)及 T_C 的定义可得

$$\frac{\mu_B B}{k_B T} + \frac{T_C}{T} \overline{L} = \operatorname{arc\,tanh} \overline{L} , \tag{5.3.4}$$

展开右端为

$$\frac{\mu_B B}{k_B T} + \frac{T_C}{T} \overline{L} = \overline{L} + \frac{1}{3} \overline{L}^3 + \frac{1}{5} \overline{L}^5 + \cdots . \tag{5.3.5}$$

上式对 B 求导数并注意 χ 的定义可得

$$\frac{\mu_B^2}{k_B T} = \chi \left(1 - \frac{T_C}{T} + \overline{L}^2 + \overline{L}^4 + \cdots\right). \tag{5.3.6}$$

当 $T > T_C$ 时，式(5.2.13)给出 $\overline{L} = 0$，代入上式有

$$\frac{\mu_B^2}{k_B T} = \chi \left(1 - \frac{T_C}{T}\right),$$

因此

$$\chi = \frac{\mu_B^2}{k_B (T - T_C)} = \frac{\mu_B^2}{k_B T_C (1 - \tau)} . \tag{5.3.7}$$

$T \to T_C^+$，即从正方趋近临界点时有

$$\chi \propto (-\tau)^{-1} = |\tau|^{-1},$$

且

$$\lim_{T \to T_C^+} \chi = \infty .$$

当 $T < T_C$ 且 τ 小时，式(5.2.18)给出

$$\bar{L} \approx (3\tau)^{1/2}.$$

代入式(5.3.6)有

$$\frac{\mu_B^2}{k_B T} = \chi\left[1 - \frac{1}{1-\tau} + 3\tau + O(\tau^2)\bar{L}^4 + \cdots\right], \tag{5.3.8}$$

展开并略去τ^2及更高次项得

$$\frac{\mu_B^2}{k_B T} = 2\tau\chi, \tag{5.3.9}$$

即

$$\chi = \frac{\mu_B^2}{2k_B T}\tau^{-1}. \tag{5.3.10a}$$

$T \to T_C^-$，即从负方趋近临界点时有

$$\chi \propto \tau^{-1}, \tag{5.3.10b}$$

且

$$\lim_{T \to T_C^-} \chi = \infty.$$

综上，无论在正或负方向，$T \to T_C$时，均有$\chi \to \infty$，且

$$\chi \propto |\tau|^{-1}, \tag{5.3.11}$$

只是正、负方向比例系数不同.

4) 临界点磁场

现在考察临界点磁场的性质. 当 $T = T_C$时，式(5.3.7)成为

$$\frac{\mu_B B}{k_B T} = \frac{1}{3}\bar{L}^3 + \frac{1}{5}\bar{L}^5 + \cdots.$$

弱场时有

$$\frac{\mu_B B}{k_B T} \approx \frac{1}{3}\bar{L}^3,$$

即

$$B \approx \frac{k_B T}{3\mu_B}\bar{L}^3. \tag{5.3.12}$$

2. 临界指数

体系在临界点附近的性质可以通过**临界指数**来描述. 常用的**临界指数**α、β、γ、δ等定义如下：

α由临界比热与温度的关系定义：

$$C=\begin{cases}A_{+}|\tau|^{-\alpha_{+}}, & T\to T_{\mathrm{C}}^{+},\\ A_{-}|\tau|^{-\alpha_{-}}, & T\to T_{\mathrm{C}}^{-},\end{cases} \tag{5.3.13}$$

式中，正负方向的表述用了不同的比例系数 A_{+}和 A_{-}. 这反映从两个方向趋向临界点时，比热的极限值不同，即比热在临界点不连续.

β由临界磁化强度与温度的关系定义：

$$m\propto\tau^{\beta}\quad(T\to T_{\mathrm{C}}). \tag{5.3.14}$$

γ由临界磁化率与温度的关系定义：

$$\chi=\begin{cases}|\tau|^{-\gamma_{+}} & (T\to T_{\mathrm{C}}^{+}),\\ |\tau|^{-\gamma_{-}} & (T\to T_{\mathrm{C}}^{-}).\end{cases} \tag{5.3.15}$$

δ由临界点磁场与磁化强度的关系定义：

$$B\propto m^{\delta}\quad(T=T_{\mathrm{C}}). \tag{5.3.16}$$

根据上述定义和前面的结果，布拉格-威廉斯近似给出的临界指数为

$$\begin{cases}\alpha_{+}=\alpha_{-}=0,\\ \beta=1/2,\\ \gamma_{+}=\gamma_{-}=1,\\ \delta=3.\end{cases} \tag{5.3.17}$$

5.4　伊辛模型的解

布拉格-威廉斯近似虽然简单而且给出了相变，但是过于粗糙，至少在两个方面有明显的不足：首先，它给出的相变与维数无关. 这一点在定性上就是不正确的. 本节将证明，一维伊辛模型没有相变. 其次，它给出的临界指数定量与实验值偏离较大. 对一些热力学量的计算结果在定性上也有偏差. 例如，它虽然给出了比热作为温度的函数在临界点 $T=T_{\mathrm{C}}$不连续，但具体特征不对，没有给出λ比热. 后来，贝特(Bethe)-派尔斯(Peierls)改进了他们的近似，得到了好得多的结果. 他们得出的临界温度低于布拉格–威廉斯的结果，更接近精确解的值，同时给出了接近λ型的比热. 但是，这种方法仍然是比较粗略的.

对于伊辛模型的严格求解，物理学家进行了长期的努力，但至今还只解决了一维和二维的问题. 对高维度(包括三维)的体系仍然只能获得近似结果.

1. 一维伊辛模型

我们用周期性边界条件来研究一维伊辛模型. 假定 N 个自旋组成一维链，其

第 N 个自旋与第一个相接，形成环形链，如图 5.4.1 所示. 在热力学极限下，边界条件的选择不会影响计算结果,因此用上述特殊边界条件得到的结果具有普遍性. 用 5.1 节的描述方法，构型组态$\{S_i\}$相应的能量为

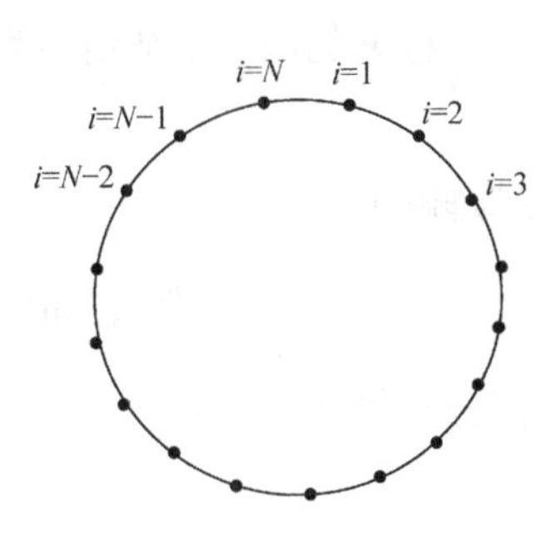

图 5.4.1　一维周期链

$$E_{\mathrm{I}}\{S_i\}=-\varepsilon\sum_{i=1}^{N}S_iS_{i+1}-\mu_{\mathrm{B}}B\sum_{i=1}^{N}S_i, \tag{5.4.1}$$

其周期性边界条件为

$$S_{N+1}=S_i. \tag{5.4.2}$$

配分函数为

$$Q_{\mathrm{I}}(\beta,B)=\sum_{s_1=\pm1}\cdots\sum_{s_N=\pm}\exp\left[\beta\sum_{i=1}^{N}\left(\varepsilon S_iS_{i+1}+\mu_{\mathrm{B}}BS_i\right)\right], \tag{5.4.3}$$

利用周期性边界条件则有

$$Q_{\mathrm{I}}(\beta,B)=\sum_{s_1}\cdots\sum_{s_N}\exp\left\{\beta\sum_{i=1}^{N}\left[\varepsilon S_iS_{i+1}+\frac{\mu_{\mathrm{B}}}{2}B\left(S_i+S_{i+1}\right)\right]\right\}. \tag{5.4.4}$$

为便于计算，引入 2×2 转移矩阵 $\boldsymbol{P}$，其矩阵元的定义是

$$\left\langle S_i\middle|\boldsymbol{P}\middle|S_j\right\rangle=\exp\left\{\beta\left[\varepsilon S_iS_j+\frac{\mu_{\mathrm{B}}}{2}B\left(S_i+S_j\right)\right]\right\}. \tag{5.4.5}$$

由于 S_i 取值仅限于+1、−1，所以矩阵元共有以下三种取值：

$$\begin{aligned}&\left\langle +1\middle|\boldsymbol{P}\middle|+1\right\rangle=\mathrm{e}^{\beta(\varepsilon+\mu_{\mathrm{B}}B)},\\&\left\langle -1\middle|\boldsymbol{P}\middle|-1\right\rangle=\mathrm{e}^{\beta(\varepsilon-\mu_{\mathrm{B}}B)},\\&\left\langle +1\middle|\boldsymbol{P}\middle|-1\right\rangle=\left\langle -1\middle|\boldsymbol{P}\middle|+1\right\rangle=\mathrm{e}^{-\beta\varepsilon}.\end{aligned} \tag{5.4.6}$$

以+1、−1 为行列标号，转移矩阵的具体形式为

$$\boldsymbol{P}=\begin{pmatrix}\mathrm{e}^{\beta(\varepsilon+\mu_{\mathrm{B}}B)} & \mathrm{e}^{-\beta\varepsilon}\\ \mathrm{e}^{-\beta\varepsilon} & \mathrm{e}^{\beta(\varepsilon-\mu_{\mathrm{B}}B)}\end{pmatrix}, \tag{5.4.7}$$

配分函数则可写为

$$\begin{aligned}Q_{\mathrm{I}}(\beta,B)&=\sum_{s_1}\cdots\sum_{s_N}\prod_{i=1}^{N}\left\langle S_i\middle|\boldsymbol{P}\middle|S_{i+1}\right\rangle\\&=\exp\left\{\beta\sum_{i=1}^{N}\left[\varepsilon S_iS_{i+1}+\frac{\mu_{\mathrm{B}}}{2}B\left(S_i+S_{i+1}\right)\right]\right\}\\&=\sum_{S_1}\left\langle S_1\middle|\boldsymbol{P}^N\middle|S_1\right\rangle=\mathrm{Tr}\boldsymbol{P}^N.\end{aligned} \tag{5.4.8}$$

将 $\boldsymbol{P}$ 的两个本征值写为λ_+、λ_-(假定$\lambda_+ \geqslant \lambda_-$)，由本征方程

$$\left|\boldsymbol{P}-\lambda \boldsymbol{I}\right|=0$$

不难解出

$$\lambda \pm = \mathrm{e}^{\beta\varepsilon}\left[\cosh(\beta\mu_{\mathrm{B}}B) \pm \sqrt{\cosh^2(\beta\mu_{\mathrm{B}}B) - 2\mathrm{e}^{-2\beta\varepsilon}\sinh(2\beta\varepsilon)}\right], \tag{5.4.9}$$

配分函数则可写成

$$Q_{\mathrm{I}}(\beta,B)=\lambda_+^N+\lambda_-^N,$$

其对数

$$\ln Q_{\mathrm{I}}(\beta,B)=N\ln\lambda_+ + \ln\left[1+\left(\frac{\lambda_-}{\lambda_+}\right)^N\right]. \tag{5.4.10}$$

自由能为

$$F_{\mathrm{I}}(T,B)=-Nk_{\mathrm{B}}T\ln\lambda_+ - k_{\mathrm{B}}T\ln\left[1+\left(\frac{\lambda_-}{\lambda_+}\right)^N\right]. \tag{5.4.11}$$

在热力学极限下，$N\to\infty$，因此$(\lambda_- / \lambda_+)^N\to 0$. 于是有

$$\begin{aligned} F_{\mathrm{I}}(T,B) &\underset{N\to\infty}{\to} -Nk_{\mathrm{B}}T\ln\lambda_+ \\ &= -N\varepsilon - Nk_{\mathrm{B}}T\ln\left[\cosh\left(\frac{\mu_{\mathrm{B}}B}{k_{\mathrm{B}}T}\right)+\sqrt{\cosh^2\left(\frac{\mu_{\mathrm{B}}B}{k_{\mathrm{B}}T}\right)-2\mathrm{e}^{-2\varepsilon/k_{\mathrm{B}}T}\sinh\left(\frac{2\varepsilon}{k_{\mathrm{B}}T}\right)}\right]. \end{aligned} \tag{5.4.12}$$

磁化强度则为

$$\begin{aligned} m_{\mathrm{I}}(T,B) &= \frac{1}{\beta}\frac{\partial}{\partial B}\ln Q_{\mathrm{I}} \\ &= \frac{\mu_{\mathrm{B}}B\sinh(\mu_{\mathrm{B}}B/k_{\mathrm{B}}T)}{\cosh(\mu_{\mathrm{B}}B/k_{\mathrm{B}}T)+\sqrt{\cosh^2(\mu_{\mathrm{B}}B/k_{\mathrm{B}}T)-2\mathrm{e}^{-2\varepsilon/k_{\mathrm{B}}T}\sinh(2\varepsilon/k_{\mathrm{B}}T)}}. \end{aligned} \tag{5.4.13}$$

显然，$B=0$ 时，无论温度如何，磁化强度总是零，即

$$m_{\mathrm{I}}(T,0)=0. \tag{5.4.14}$$

这里得到的严格解证明：一维伊辛模型没有相变，平均场理论给出相变与维数无关的结论是不正确的.

2. 二维伊辛模型的主要结果

二维伊辛模型的严格解最早是由昂萨格(Onsager)在外场为零的条件下得到

的[①]，以后杨振宁又得到有外场的解. 限于篇幅，这里只介绍其主要结果. 关于求解的过程，有兴趣的读者请参阅有关著作或文献[②].

仍然取周期性边界条件，将二维晶格围成形如图 5.4.2 的救生圈状.

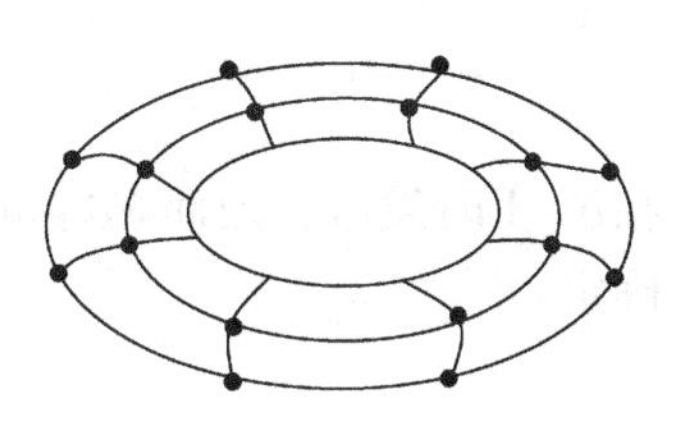

图 5.4.2 二维周期性边界条件示意图

B=0 时，采用转移矩阵法解出的热力学势——自由能为

$$F_{\mathrm{I}}(T,0)=-Nk_{\mathrm{B}}T\ln\left(2\cosh\frac{2\varepsilon}{k_{\mathrm{B}}T}\right)-\frac{Nk_{\mathrm{B}}T}{2\pi}\int_0^{\pi}\ln\left[\frac{1}{2}\left(1+\sqrt{1-\delta^2\sin^2\varphi}\right)\right]\mathrm{d}\varphi, \tag{5.4.15}$$

其中

$$\delta^2=\frac{2\sinh(2\varepsilon/k_{\mathrm{B}}T)}{\cosh^2(2\varepsilon/k_{\mathrm{B}}T)}. \tag{5.4.16}$$

进而算出内能为

$$E_{\mathrm{I}}(T,0)=N\varepsilon\coth\left(\frac{2\varepsilon}{k_{\mathrm{B}}T}\right)\left[1+\frac{2\delta'}{\pi}\int_0^{\pi/2}\frac{\mathrm{d}\varphi}{\sqrt{1-\delta^2\sin^2\varphi}}\right], \tag{5.4.17}$$

其中

$$\delta'=2\tanh(2\varepsilon/k_{\mathrm{B}}T)-1. \tag{5.4.18}$$

热容量为

$$C_{\mathrm{I}}(T,0)=\frac{2Nk_{\mathrm{B}}}{\pi}\left(\frac{\varepsilon}{k_{\mathrm{B}}T}\coth\frac{2\varepsilon}{k_{\mathrm{B}}T}\right)^2\cdot\left\{2\int_0^{\pi/2}\frac{\mathrm{d}\varphi}{\sqrt{1-\delta^2\sin^2\varphi}}-2\int_0^{\pi/2}\sqrt{1-\delta^2\sin^2\varphi}\,\mathrm{d}\varphi-(1-\delta')\left[\frac{\pi}{2}+\delta'\int_0^{\pi/2}\frac{\mathrm{d}\varphi}{\sqrt{1-\delta^2\sin^2\varphi}}\right]\right\} \tag{5.4.19}$$

上式中积分

① Onsager L. 1944. Phys. Rev., 65: 117.

② 例如，李政道. 1984. 统计力学. 北京: 北京师范大学出版社.

$$\int_0^{\pi/2}\frac{\mathrm{d}\varphi}{\sqrt{1-\delta^2\sin^2\varphi}}$$

在$\delta=1$时发散，因而热容量亦发散，显示相变特征. 相应的温度T_C由下面方程确定:

$$\frac{2\sinh(2\varepsilon/k_BT)}{\cosh^2(2\varepsilon/k_BT)}=1,$$

解得结果为

$$T_C\approx 2.269\varepsilon/k_B. \tag{5.4.20}$$

在相变点T_C，比热的近似解析表达式为

$$C_I(T,0)\approx\frac{2Nk_B}{\pi}\left(\frac{2\varepsilon}{k_BT_C}\right)^2\left[-\ln\left|1-\frac{T}{T_C}\right|+\ln\left(\frac{k_BT_C}{2\varepsilon}\right)-\left(1+\frac{\pi}{4}\right)\right]. \tag{5.4.21}$$

当$T\to T_C$时，比热对数发散，为λ相变.

图 5.4.3 定性描绘出昂萨格(O)、贝特-派尔斯(B-P)、布拉格-威廉斯(B-W)的比热结果. 由图可见，昂萨格严格解给出的比热是λ型的.

1949 年，昂萨格首先在一次讨论会上写出了伊辛模型在$B\neq 0$情形下的磁化强度与温度之关系，但未给出证明. 此后，杨振宁在 1952 年发表了他的严格推导[①]，结果是：在弱场情形计算自由能，最后令$B\to 0$得

$$\bar{L}=\begin{cases}0 & (T\geqslant T_C),\\ \left\{1-\left[\sinh(2\varepsilon/k_BT)\right]^{-4}\right\}^{1/8} & (T\leqslant T_C).\end{cases} \tag{5.4.22}$$

在$T\to 0$及$T\to T_C^-$的渐近行为是

$$\bar{L}(T,0)=\begin{cases}1-2\exp(-8\varepsilon/k_BT) & (T\to 0),\\ 1.2224(1-T/T_C)^{1/8} & (T\to T_C).\end{cases} \tag{5.4.23}$$

前面已知道，磁化强度与序参数成正比. 由式(5.4.23)可以看出，二维伊辛模型临界磁化强度的指数β之严格结果是 1/8.

自发磁化(与L_0正比)随温度变化的曲线如图 5.4.4 所示. 由图可见，二维伊辛模型的严格解不仅给出λ相变，而且在T_C附近的自发磁化(L_0)的特性与布拉格-威廉斯的平均场理论结果亦不同. 在$T\to T_C^-$处，严格解较近似解变化更陡.

① Yang C N. 1952. Phys. Rev., 85：809.

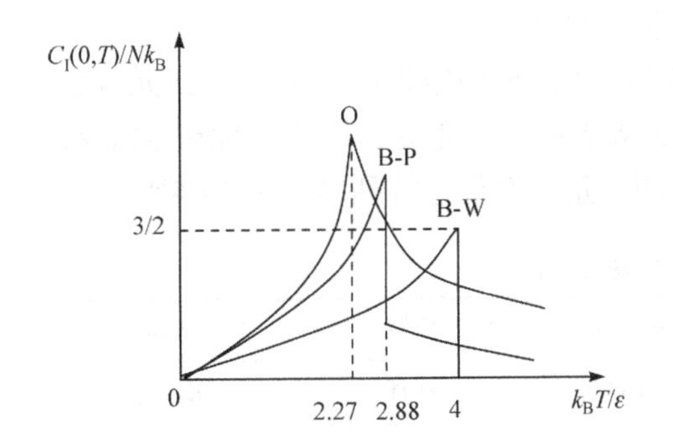

图 5.4.3　几种不同方法给出的比热曲线

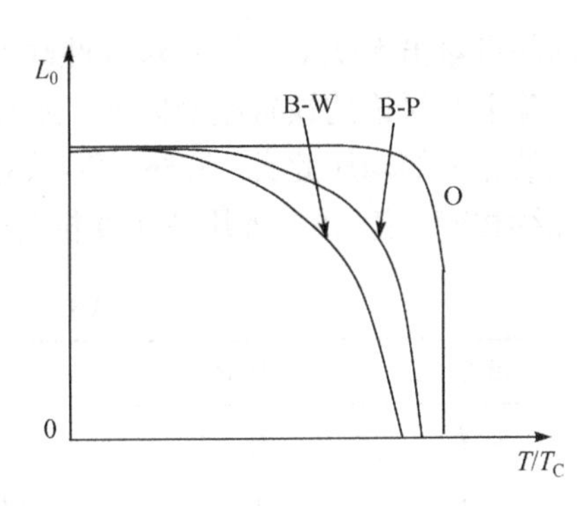

图 5.4.4　自发磁化随温度变化的曲线

5.5　朗道相变理论

1937 年，朗道发表了关于连续相变的一种普遍的唯象理论①. 这一理论获得了很大的成功，至今仍在相变问题的研究中占有重要地位. 朗道理论的核心是将热力学势在临界点附近展开为“序参量”的幂级数. 本节简要介绍这一理论.

1. 序参量

前面几节所讨论的相变不同于常见的相变(在临界温度以下). 例如，在伊辛模型相变点，自由能作为(T, B)的函数及其对外参量 B 的一级导数连续. 相变不伴随体积突变和潜热，只是由一种相“连续”地变到另一种相，故称**连续相变**. 但是在相变点，比热、压缩率、磁化率等物理量随温度变化出现跃变或发散. 因为比热在相变点显示λ型的尖峰，故将之称为λ相变，将该点称为λ点. 连续相变的突出特征是对称性的变化. 一般来讲，高温相有较高的对称性，或者说“无序”；体系温度降至临界温度以下则失去对称性而变得“有序”，或曰发生了从无序到有序的变化. 这一对称性丧失的过程谓之“对称破缺”. 鉴于上述特征，我们引入一个描述“序”(长程序)的参量，描述低对称性相之位形相对于高对称性相之位形偏离之程度.

本章前几节所讨论的铁磁相变的序参量为 L，它与自发磁化强度只差常数倍. 适当选择单位，可使二者完全相同. 因此，通常将顺磁–铁磁相变的序参量视为自发磁化强度. 磁有序的出现使各向同性的对称性“破缺”，发生相变. 在这种相变的过程中，序参量的变化是连续的. 在相变点 T_C，它由(高温时的)零变为非零. 体

① Landau L D. 1937. Phys. Z. Sowjet., 11(26): 545.

系的序参量虽无跃变，但其对称性却发生了突变.

除上文讨论的铁磁相变以外，还有很多相变属于连续相变. 例如，二元合金、格气的相变等均属此类. 另外，气-液在临界温度下的相变，超导、超流等相变也是连续相变. 表 5.5.1 将几种连续相变的序参量、对称性等列出，用以类比.

表 5.5.1　序参量与对称性

相变	序参量	破缺的对称	实例	T_C/K
气-液	$\rho_{液}-\rho_{气}$	反射(气↔液)	H_2O	647.05
二元合金	$(R-W)/(R+W)$	反射(对↔错)	Cu—Zn	739
铁磁	L	转动	Fe	1044 ($B=0$)
超导	能隙$\varDelta$	$U(1)$规范群	Pb	7.2 (B=0)
超流	波函数$\varPsi$	$U(1)$规范群	^4He	1.8～2.2
二元溶液	$\rho_1-\rho_2$	反射	CCl_4—C_7F_{14}	301.78

2. 朗道理论

记序参量为 m，热力学势为$\varPhi$. 在外场为零的条件下，$\varPhi$可以表示为 T 和 m 的函数$\varPhi(T, m)$，考虑到在相变点序参量连续地从零变到非零(或反之)，朗道提出将热力学势在 T_C 附近展开为序参量的幂级数. 假定体系对序参量是对称的，即

$$\varPhi(T,m)=\varPhi(T,-m).$$

$\varPhi$的展开式中必不含 m 的奇次幂项，即

$$\varPhi(T,m)=a(T)+\frac{1}{2}b(T)m^2+\frac{1}{4}c(T)m^4+\frac{1}{6}d(T)m^6+\cdots, \tag{5.5.1}$$

平衡态时，m 取使热力学势极小的值. 在展开式中，对 $b(T)$的选择应包含以下要求：

在临界点 T_C 以上，热力学势的极小位于 $m=0$ 处；在临界点 T_C 以下，热力学势极小值位于 $m>0$ 的范围内；通过临界点时，热力学势连续.

为满足上述要求，$b(T)$在 $T=T_C$ 处必须易号. 不妨假定：$T<T_C$时，$b(T)<0$；$T>T_C$时，$b(T)>0$；$T=T_C$时，$b(T)=0$. 这就是说，$b(T)$与$(T-T_C)$ 同正负. 于是，可以将 $b(T)$写为

$$b(T)=b_0(T-T_C), \tag{5.5.2}$$

其中，b_0是 T 的函数，且有 $b_0>0$. 再考虑到系统平衡的稳定性，各高次幂的系数也必须为正，即

$$c(T),\ d(T),\ e(T),\cdots>0.$$

根据 m 在相变点附近为小量的事实，以下将略去 m^6 以上的项. 满足以上条件的函数 Φ 作为 m 的函数之定性曲线示于图 5.5.1 中.

热力学势取极小的条件是

$$\left(\frac{\partial \Phi}{\partial m}\right)_T = bm + cm^3 + dm^5 + \cdots = 0, \qquad (5.5.3)$$

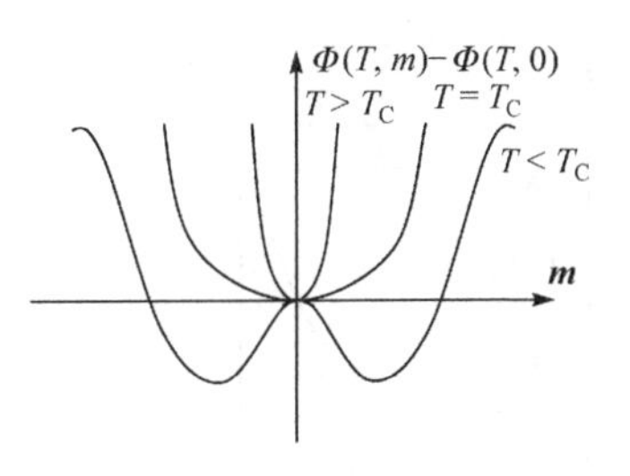

图 5.5.1　热力学势 Φ 随序参数 m 的变化

略去 m^5 以上项得，当 $T \to T_C^-$ 时

$$m \propto \left(T_C - T\right)^{1/2}.$$

具体写出 m 与 T 之关系为

$$m = \begin{cases} \pm\left[b_0/c(T_C)\right]^{1/2}\left(T_C - T\right)^{1/2} & (T < T_C), \\ 0 & (T > T_C). \end{cases} \qquad (5.5.4)$$

代入式(5.5.1)则得热力学势为

$$\Phi(T,m) = \begin{cases} a(T) - \dfrac{b_0^2\left(T_C - T\right)^2}{2c} & (T < T_C), \\ a(T) & (T > T_C). \end{cases} \qquad (5.5.5)$$

将这些结果用于熵与热容量的计算公式：

$$S = -\frac{\partial \Phi}{\partial T}$$

和

$$C = T\frac{\partial S}{\partial T}.$$

忽略 b_0 和 c 随温度的变化，得到相变点附近的热容量为

$$C = -T\frac{\partial^2 \Phi}{\partial T^2} \underset{T\to T_C}{\to} \begin{cases} -T\dfrac{\partial^2 a}{\partial T^2} + \dfrac{Tb_0^2}{c}\Bigg|_{T=T_C^-} & (T < T_C), \\ -T\dfrac{\partial^2 a}{\partial T^2}\Bigg|_{T=T_C^+} & (T > T_C). \end{cases} \qquad (5.5.6)$$

这里应注意，我们已略去 b_0、c 对 T 的导数. 由上式看到，当温度从小于和大于 T_C 两个不同的方向趋近 T_C 时，热容量的极限值不同. 这就是说，在 $T = T_C$ 热容量有一跃变(图 5.5.2)，其值为

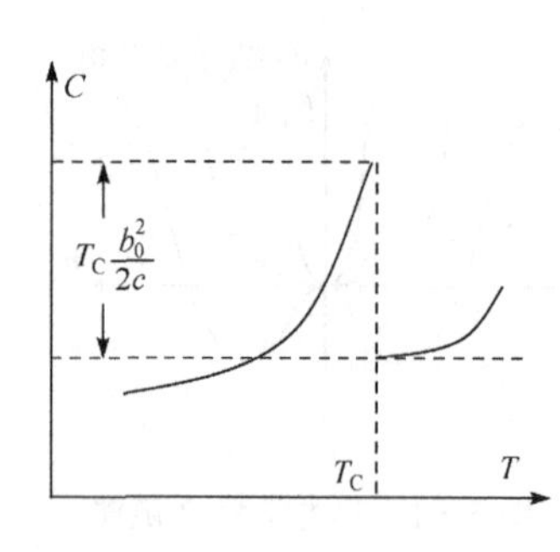

图 5.5.2 比热在相变点的跃变

$$\Delta C = T_C \frac{b_0^2}{2c}. \tag{5.5.7}$$

由此可见，朗道理论不仅得到平均场理论的普遍结果 $m \propto \tau^{1/2}$，而且得到临界点比热突变的结果.

3. 铁磁系的应用

下面将朗道理论用于描述铁磁系的伊辛模型. 用式(5.5.1)表示伊辛模型的自由能有

$$F_I(\boldsymbol{M},T) = F_I(0,T) + \frac{1}{2}b(T)M^2 + \frac{1}{4}c(T)M^4 + \cdots, \tag{5.5.8}$$

这里，$\boldsymbol{M}$ 是铁磁系的磁矩. 有外场 B 时，吉布斯函数为

$$\begin{aligned} G_I(\boldsymbol{B},T) &= F_I(\boldsymbol{M},T) - \boldsymbol{B}\cdot\boldsymbol{M} \\ &= G_0(\boldsymbol{B},T) + \frac{1}{2}b(T,\boldsymbol{B})M^2 + \frac{1}{4}c(T,\boldsymbol{B})M^4 + \cdots, \end{aligned} \tag{5.5.9}$$

其中

$$G_0(\boldsymbol{B},T) = F_I(0,T) - \boldsymbol{B}\cdot\boldsymbol{M}.$$

使 G_I 取极小值的 M 点应满足如下条件:

$$\left(\frac{\partial G_I}{\partial M}\right)_{T,B} = -B + b(T,\boldsymbol{B})M + c(T,\boldsymbol{B})M^3 + \cdots = 0. \tag{5.5.10}$$

略去高次项，在 $B=0$ 时注意到前面已有的关系

$$b(T) = b_0(T - T_C)$$

和

$$c(T) > 0,$$

得

$$M = \begin{cases} \pm(b_0/c)^{1/2}(T_C - T)^{1/2} & (T < T_C), \\ 0 & (T > T_C). \end{cases} \tag{5.5.11}$$

用前文定义的 $\tau \equiv 1 - T/T_C$，记平均磁化强度 $m = M/V$ (V 为体积)，在 $T \to T_C^-$ 附近有

$$m \propto \tau^{1/2}.$$

磁场非零但较小时，略去 $b(T,\boldsymbol{B})$ 和 $c(T,\boldsymbol{B})$ 随 $\boldsymbol{B}$ 的变化，式(5.5.10)可近似地写为

$$-B + b(T)M = 0,$$

于是得

$$m = \frac{B}{Vb}. \tag{5.5.12}$$

磁化率则为

$$\chi_T = \left(\frac{\partial m}{\partial B}\right)_T = \frac{1}{Vb} = \frac{1}{Vb_0(T - T_C)}. \tag{5.5.13}$$

如果在式(5.5.10)中记入 M^3 项，则有

$$B = b(T)M + c(T)M^3 = b_0\left(T - T_C\right) + c(T)M^3. \tag{5.5.14}$$

当 $T = T_C$ 时有

$$B = c(T)M^3,$$

得

$$B \propto m^3. \tag{5.5.15}$$

总结以上所得到的方程，有关于临界指数的如下结果：

$$\begin{cases} m \propto \tau^\beta, & \beta=1/2, \\ \chi \propto |\tau|^{-\gamma}, & \gamma=1, \\ B \propto m^\delta, & \delta=3, \\ C \propto |\tau|^{-\alpha}, & \alpha=0. \end{cases} \tag{5.5.16}$$

应当指出，在运用朗道理论导出上述结果时，依据了以下两条主要的假设：

(1) 热力学势在相变点附近为序参数的解析函数，可以展开为它的幂函数，展开式中不含序参数的奇次项；

(2) 展开式中序参数的二次项系数在 T_C 点易号，四次项的系数为正.

第一条以相变的连续性(序参量连续变化)为前提，同时考虑体系的对称性提出的. 第二条则是使临界点为稳定的态，即保证$\varPhi$有极小值的条件.

对应于其他的情形，还可作其他假定. 例如，在临界点热力学势展开式中序参数二次幂系数不变号而三次幂系数变号，奇次幂系数非零的情形，等等. 限于篇幅，本书不作详细的讨论. 有兴趣的读者可阅读有关著作①.

朗道理论是一种普适的平均场理论. 它不涉及具体系统的性质，抓住了连续相变的共同特征，反映着各类不同相变的本质联系. 用朗道理论求出的临界指数正是描述这种共性的指标. 但是，这个理论毕竟是一种唯象理论，需要以若干假设为前体，因此有较大的局限性. 它所得到的临界指数值与实验结果有较大的偏离. 为了彻底解决这一问题，还需建立更完美的微观理论.

① 例如，Plischke M, Bergersen B. 2006. Equilibrium Statistical Physics，2rd Edition. World Scientific Publishing Co.

5.6 涨落与相关长度

在临界点附近，涨落占有极其重要的地位，它导致了一系列特殊现象. 例如，在临界点附近涨落变得很大，使光散射明显增强，导致临界乳光现象. 不透明介质在临界点附近也会出现 X-射线及中子散射的反常增强，类似于临界乳光. 这些现象都与临界点涨落的反常增大有关，而这种增大则是由长程相关性引起的. 前面介绍的平均场理论之所以不能定量正确地描述临界点的行为，是因为它忽略了长程相关性. 将朗道理论作适当的推广，可以包含涨落和相关的内容，讨论长程相关效应.

1. 相关函数

由前面几节的讨论可知，在相变的临界点，物体系开始出现长程序. 这种长程序的建立是由“相关”引起的. 在临界点附近，涨落出现较大范围内的相关效应：物体系中在不同位置(可能相距很远)出现的涨落之间相互关联. 为了研究这种相关效应，通常定义一个相关函数，或称关联函数.

变量 A 在位置 $\boldsymbol{r}$ 与 $\boldsymbol{r}'$处的涨落之相关函数定义为

$$\Gamma(\boldsymbol{r},\boldsymbol{r}')=\langle\Delta A(\boldsymbol{r})\Delta A(\boldsymbol{r}')\rangle , \tag{5.6.1}$$

式中

$$\Delta A(\boldsymbol{r})=A(\boldsymbol{r})-\langle A(\boldsymbol{r})\rangle$$

和

$$\Delta A(\boldsymbol{r}')=A(\boldsymbol{r}')-\langle A(\boldsymbol{r}')\rangle$$

分别为 $\boldsymbol{r}$ 和 $\boldsymbol{r}'$处 A 的涨落(偏差).

由定义不难直接得出

$$\Gamma(\boldsymbol{r},\boldsymbol{r}')=\langle A(\boldsymbol{r})A(\boldsymbol{r}')\rangle-\langle A(\boldsymbol{r})\rangle\langle A(\boldsymbol{r}')\rangle.$$

如果物体系具有平移对称性，则相关函数只是位矢差的函数，即

$$\Gamma(\boldsymbol{r},\boldsymbol{r}')=\Gamma(\boldsymbol{r}-\boldsymbol{r}') .$$

在这种情况下，我们可以将相关函数记为

$$\Gamma(\boldsymbol{r})=\langle A(\boldsymbol{r})A(0)\rangle-\langle A(\boldsymbol{r})\rangle\langle A(0)\rangle . \tag{5.6.2}$$

现在，我们来考虑序参量的相关问题. 假定序参量与位置有关，将位置 $\boldsymbol{r}$ 处的序参量记为 $m(\boldsymbol{r})$，其体系平均值记为 $m_0(T)$，是温度的函数. 如果 $m(\boldsymbol{r})$为 $\boldsymbol{r}$ 处的磁化强度，体系的总磁矩则由下面积分给出：

$$M=\int m(\boldsymbol{r})\mathrm{d}^3r\,.$$

考虑外场(即位形参数磁化强度对应的力) h 的平均值为 h_0,它在 $\boldsymbol{r}$ 处有一摄动 $h(\boldsymbol{r})$,且具有δ函数的形式:

$$h(\boldsymbol{r})=h_0\delta(\boldsymbol{r})\,. \tag{5.6.3}$$

将由此引起的 $\boldsymbol{r}$ 处序参量 m 的涨落写为

$$m(\boldsymbol{r})-m(0)=\varphi(\boldsymbol{r})\,, \tag{5.6.4}$$

磁化率与涨落的关系则为

$$\chi=\int\varphi(\boldsymbol{r})\mathrm{d}^3r(\boldsymbol{r})/h_0\,. \tag{5.6.5}$$

计入与外场 $h(\boldsymbol{r})$相互作用的磁化能，体系哈密顿量应写为

$$H=H_0-\int h(\boldsymbol{r}')m(\boldsymbol{r}')\mathrm{d}^3r'\,, \tag{5.6.6}$$

其中，H_0 为体系无外场时的哈密顿量，与 $h(\boldsymbol{r})$无关. $\boldsymbol{r}$ 处序参量之统计平均需用哈密顿量式(5.6.6)来计算：

$$m(\boldsymbol{r})=\frac{\mathrm{Tr}\left(m(\boldsymbol{r})\exp\left\{-\beta\left[H_0-\int h(\boldsymbol{r}')m(\boldsymbol{r}')\mathrm{d}^3r'\right]\right\}\right)}{\mathrm{Tr}\left(\exp\left\{-\beta\left[H_0-\int h(\boldsymbol{r}')m(\boldsymbol{r}')\mathrm{d}^3r'\right]\right\}\right)}\,. \tag{5.6.7}$$

设想在 $\boldsymbol{r}=0$ 处有一外场扰动(变分)$\delta h(0)$. 由于相关性，这一扰动导致 $\boldsymbol{r}\neq 0$ 处的序参量平均值变化$\delta\langle m(\boldsymbol{r})\rangle$. 如果将$\varphi(\boldsymbol{r})$理解为 $\boldsymbol{r}=0$ 处之单位扰动带来的 $\boldsymbol{r}$ 处序参量之涨落，则对序参量统计平均的泛函微商有如下关系：

$$\frac{\varphi(\boldsymbol{r})}{h_0}=\frac{\delta\langle m(\boldsymbol{r})\rangle}{\delta h(0)}=\beta\big(\langle m(r)m(0)\rangle-\langle m(r)\rangle\langle m(0)\rangle\big)=\beta\varGamma(\boldsymbol{r})\,. \tag{5.6.8}$$

可见序参量–序参量相关函数$\varGamma(\boldsymbol{r})$与$\varphi(\boldsymbol{r})$成正比关系：

$$\varphi(\boldsymbol{r})\propto\varGamma(\boldsymbol{r})\,. \tag{5.6.9}$$

2. 相关长度

下面引入相关长度的概念.

由于序参量具有空间依赖性，体系的热力学势应写为体积积分的形式：

$$\varPhi\big(\{m(\boldsymbol{r})\},T\big)=\int\left\{a+\frac{b}{2}m^2(\boldsymbol{r})+\frac{c}{4}m^4(\boldsymbol{r})+\cdots+\frac{f}{2}\left[\nabla m(\boldsymbol{r})\right]^2\right\}\mathrm{d}^3r\,. \tag{5.6.10}$$

事实上，它是 $m(\boldsymbol{r})$的泛函. 式中右端被积函数中各项系数 a、b、c、…、f 均为温度的函数. 最后一项反映由序参量涨落所引起的热力学势增量，其系数 f 取正数. 从此式可以看出，序参量的涨落导致体系的不均匀.

根据外力与热力学势的关系，场 $h(\boldsymbol{r})$可以由 Φ 的泛函数导数求出：

$$h(\boldsymbol{r})=\frac{\delta\Phi}{\delta m(\boldsymbol{r})}.$$

其中热力学势的变分为

$$\delta\Phi=\int\left\{\delta m(\boldsymbol{r})\left[bm(\boldsymbol{r})+cm^3(\boldsymbol{r})+\cdots\right]+f\nabla\delta m(\boldsymbol{r})\cdot\nabla m(\boldsymbol{r})\right\}\mathrm{d}^3r. \tag{5.6.11}$$

对最后一项分部积分，并令边界处 $\delta m(r)=0$，可以求出

$$h(\boldsymbol{r})=bm(\boldsymbol{r})+cm^3(\boldsymbol{r})+\cdots-f\nabla^2m(\boldsymbol{r}). \tag{5.6.12}$$

根据前文对序参量涨落的假定有

$$m(\boldsymbol{r})=m_0(T)+\varphi(\boldsymbol{r}), \tag{5.6.13}$$

考虑 $\varphi(\boldsymbol{r})$不大时，展开 m^3，略去 φ 的非线性项有

$$m^3(\boldsymbol{r})=m_0^3+3m_0^2\varphi(\boldsymbol{r}). \tag{5.6.14}$$

代入式(5.6.12)可得

$$\nabla^2\varphi(\boldsymbol{r})-\frac{b}{f}\varphi(\boldsymbol{r})-\frac{3c}{f}m_0^2\varphi(\boldsymbol{r})-\frac{b}{f}m_0-\frac{c}{f}m_0^3=-\frac{h_0}{f}\delta(\boldsymbol{r}). \tag{5.6.15}$$

由 5.5 节已知，平衡时 m_0 的取值满足

$$m_0^2=\begin{cases}-\dfrac{b}{c} & (T<T_{\mathrm{C}}),\\ 0 & (T>T_{\mathrm{C}}).\end{cases} \tag{5.6.16}$$

因此可得关于 φ 的微分方程组：

$$\begin{cases}\delta^2\varphi(\boldsymbol{r})+\dfrac{2b}{f}\varphi(\boldsymbol{r})=-\dfrac{h_0}{f}\delta(\boldsymbol{r}) & (T<T_{\mathrm{C}}),\\ \delta^2\varphi(\boldsymbol{r})-\dfrac{b}{f}\varphi(\boldsymbol{r})=-\dfrac{h_0}{f}\delta(\boldsymbol{r}) & (T>T_{\mathrm{C}}).\end{cases} \tag{5.6.17}$$

用球坐标求解这对方程得

$$\varphi=\frac{h_0}{4\pi fr}\mathrm{e}^{-r/\xi}, \tag{5.6.18}$$

其中

$$\xi=\begin{cases}\left[-\dfrac{f}{2b(T)}\right]^{1/2} & (T<T_{\mathrm{C}}),\\ \left[\dfrac{f}{b(T)}\right]^{1/2} & (T>T_{\mathrm{C}}).\end{cases} \tag{5.6.19}$$

这里，ξ称为**相关长度**，它反映了不同位置的序参量之间相互关联的尺度. 根据式(5.6.8)写出相关函数的表达式为

$$\Gamma(\boldsymbol{r})=\frac{\varphi(\boldsymbol{r})}{h_0\beta}=\frac{k_\mathrm{B}T}{4\pi fr}\mathrm{e}^{-r/\xi}. \tag{5.6.20}$$

由上式可以看出，序参量之间的关联随距离的增大而呈指数衰减. 当距离增至接近相关长度ξ时，相关函数衰减为 $r=0$ 时的 $1/e$，可以认为其不再重要. 这就是相关长度的含义.

注意到 $b=b_0(T-T_\mathrm{C})$，可知在临界点$(T\to T_\mathrm{C}^{\pm})$处$\xi$发散，其定性行为如

$$\xi\propto\left|T-T_\mathrm{C}\right|^{-1/2}\propto\left|\tau\right|^{-1/2},$$

相关长度趋向无穷意味着出现大范围的关联.

定义一个描述关联程度的临界指数ν，它在 $T>T_\mathrm{C}$(或 $T<T_\mathrm{C}$) 时取ν_+(或ν_-)，可写出一个更普遍的式子

$$\xi=\begin{cases}\left|\tau\right|^{-\nu_-} & (T<T_\mathrm{C}),\\ \left|\tau\right|^{-\nu_+} & (T>T_\mathrm{C}).\end{cases} \tag{5.6.21}$$

这里ν_+与ν_-相同，上式又可简写为

$$\xi\propto\left|\tau\right|^{-\nu}. \tag{5.6.22}$$

由定义可见，临界指数反映相关长度随温度变化的特性.

将相关函数作傅里叶(Fourier)变换

$$\Gamma(\boldsymbol{r})=\frac{1}{(2\pi)^3}\int\Gamma(\boldsymbol{k})\mathrm{e}^{\mathrm{i}\boldsymbol{k}\cdot\boldsymbol{r}}\mathrm{d}^3k, \tag{5.6.23}$$

可得其傅里叶分量，即相关函数作为波矢的函数为

$$\Gamma(\boldsymbol{k})=\int\Gamma(\boldsymbol{r})\mathrm{e}^{-\mathrm{i}\boldsymbol{k}\cdot\boldsymbol{r}}\mathrm{d}^3r=\frac{k_\mathrm{B}T}{f\left(\xi^2+k^2\right)}. \tag{5.6.24}$$

在临界点附近，$\xi\to\infty$，因此得上式的渐近表达式为

$$\Gamma(\boldsymbol{k})\propto k^{-2}. \tag{5.6.25}$$

再引入一个临界指数 η，可将上述关系写成普遍的形式

$$\Gamma(\boldsymbol{k})\propto k^{-2+\eta}, \tag{5.6.26}$$

η为一比较小的数. 平均场理论的计算结果为$\eta=0$.

5.7 临界指数的理论与实验值

从前面几节的讨论可以看到，在连续相变的临界点附近，某些物理量之间的关系存在一定的规律性. 这些规律对不同材料是相同或相近的，反映了连续相变的共性. 这种规律通过物理量间的指数关系来描述，我们将这种“指数”称为“**临界指数**”. 本节介绍这些指数的理论值和实验结果.

1. 临界指数的意义

在临界点，涨落出现大范围的关联，导致体系性质的异常. 研究临界点性质的异常性，对深入认识相变的本质有重要意义. 为了描述体系的临界性质，我们先后引入了九个**临界指数**，它们是α_+、α_-、β、γ_+、γ_-、δ、ν_+、ν_-、η. 前面给出的九个临界指数，有三对的取值相同，它们是：

$$\alpha_+ = \alpha_-, \quad \gamma_+ = \gamma_-, \quad \nu_+ = \nu_- .$$

于是，9 个指数归并为六个.

在六个临界指数中，除α与比热联系以外，其余五个均与序参量有关. 其中β、δ直接反映序参量本身与温度和外场之联系，η、ν则反映序参量涨落的特性. 现将它们的定义和物理意义归纳列出如下：

α反映比热在临界点附近随温度变化的行为

$$C \propto |\tau|^{-\alpha} ;$$

β描述序参量(这里是磁化强度)对温度的依赖

$$m \propto \tau^{\beta} ;$$

γ给出磁化率的临界特性

$$\chi \propto |\tau|^{-\gamma} ;$$

δ是外场随序参量变化的幂指数

$$B \propto m^{\delta} ;$$

ν描述临界点时相关长度随温度的变化

$$\xi \propto |\tau|^{-\nu} ;$$

η反映相关函数(因而序参量涨落)对波矢的依赖关系

$$\Gamma(\boldsymbol{k}) \propto k^{-2+\eta} .$$

临界指数是一些普适的参数，反映临界现象的共同特征. 因此，精确地测量、正确地计算临界指数，对连续相变的研究具有十分重要的意义.

2. 临界指数的理论值

上文我们用平均场理论计算了临界指数，结果是

$$\alpha = 0(\text{跃变}),\quad \beta=1/2,\quad \gamma=1,$$
$$\delta=3,\quad \nu=1/2,\quad \eta=0.$$

运用平均场理论可以导出关于相变的许多结论，同时可以方便地计算各个临界指数. 但是，它毕竟是一种唯象理论，很难正确地描述涨落的相关效应，所以求出的临界指数与实际数值尚有较大偏离. 特别需要指出的是，根据平均场理论，相变的性质应与系统的维数无关，而严格求解却证明这一结论是不正确的. 例如，一维伊辛模型的严格解没有相变；较严格的计算给出的二维和三维伊辛模型临界指数差别很大.

二维伊辛模型的严格解获得的临界指数是

$$\alpha = 0(\text{对数发散}),\quad \beta=1/8,\quad \gamma=7/4,$$
$$\delta=15,\quad \nu=1,\quad \eta=1/4.$$

三维的近似结果是

$$\alpha = 0.1096,\quad \beta = 0.32653,\quad \gamma = 1.2373,$$
$$\delta = 4.7893,\quad \nu = 0.63012,\quad \eta = 0.03639.$$

以上讨论说明，平均场理论还不能很好地解决相变的问题，必须寻找更好的微观理论以正确描述连续相变. 后来发展的重整化群理论较好地解决了这个难题. 由它得出的临界指数值在表 5.7.1 中给出.

表 5.7.1　不同方法获得的临界指数

指数	平均场	2D 伊辛	3D 伊辛 [a]	重整化群 [b]	实验(铁磁)
α	0(跃变)	0(对数发散)	0.1096(5)	0.109(4)	0.110
β	1/2	1/8	0.32653(10)	0.3258(14)	0.325
γ	1	7/4	1.2373(2)	1.2396(13)	1.2405
δ	3	15	4.7893(8)	4.81	4~5
ν	1/2	1.0	0.63012(16)	0.6304(13)	0.6300
η	0	1/4	0.03639(15)	0.0335(25)	0.07

a. Campostrini M，Pelissetto A，Rossi P，Vicari E. 2002. Phys. Rev. E, 65：066127.

b. 于渌，郝柏林，陈晓松. 2005. 边缘奇迹：相变和临界现象. 北京：科学出版社.

3. 实验值的比较

实验工作者先后获得了部分临界指数的观测值，对理论的发展有很大的促进作用. 为了进行比较，表 5.7.1 列出几种不同方法所获得的临界指数的理论值与实验结果. 由表可见，重整化群方法得出的结果与实验值吻合，平均场理论则与实际值有较大的偏离.

习　题

5.1　假定自旋系两自旋为+的近邻的相互作用能(++型)为ε_{++}，− −型近邻相互作用能为ε_{--}，+−型近邻相互作用能为ε_{+-}. 试求自旋系的能量、配分函数之表达式，并与格气的巨配分函数比较.

5.2　用布拉格-威廉斯近似计算二元合金的比热，并简要讨论其相变.

5.3　假定有 N 个伊辛自旋排列为环状，自旋 σ_i 取值为±1. 在周期性边界条件下，系统能量为

$$E=-J\sum_{j=1}^{N}\sigma_j\sigma_{j+1}.$$

试证明

$$F=-Nk_{\mathrm{B}}T\ln\left[2\cosh\left(J/k_{\mathrm{B}}T\right)\right],$$

并求比热与温度的关系.

5.4　假定朗道吉布斯函数写为

$$G\left(T,m\right)=a(T)+\frac{1}{2}bm^2+\frac{1}{3}cm^4+\frac{1}{4}dm^6,$$

其中，$b>0$，$c<0$. 试证明这一体系有一级相变，并计算相变潜热.

第 6 章　相变的重整化群理论概要

第 5 章介绍的平均场理论是一种唯象理论，它的物理意义比较明确，容易理解，便于计算. 但是，由于没有正确地计入临界点附近的涨落突变和强关联，它给出的临界指数结果与精确解有明显的差异，与实验也难以定量吻合. 因此，我们需要一种普适的、能正确地处理临界点附近热力学函数的新理论. 这种理论必须抓住临界点附近涨落大范围相关的特征，揭示相关长度的临界性质和各临界指数的联系，并且能正确地计算这些指数. 经过不断深入的研究，以威尔逊、卡丹诺夫为代表的一批学者先后做出卓越的工作，建立了临界现象的现代微观理论——重整化群理论.

6.1　临界指数的标度律

平均场理论算出的临界指数值与实验不符，但却能正确地反映这些指数间的某些关系. 这些关系被称为标度关系，或曰**标度律**. 我们将看到，标度律更深刻地揭示了临界现象之间的必然联系，是最终形成临界现象微观理论的基础. 这同时也说明，平均场理论还是把握了相变现象的一些本质.

1. 标度关系

5.8 节曾给出平均场理论、伊辛模型解和实验测量获得的临界指数值. 仔细分析这些指数以及它们之间的联系，可以发现一些关于临界指数间关系的共同规律：

(i) 尽管不同物体系的性质差异甚大，但其临界指数却十分接近；

(ii) 虽然各种理论和实验给出的临界指数值差异颇大，但各指数间的关系却相同.

容易验证下列关系：

$$\begin{aligned}&\alpha+2\beta+\gamma=2,\\&\alpha+\beta(\delta+1)=2.\end{aligned}\tag{6.1.1}$$

这些方程约束着临界指数之间的关系，它们不因物体系的具体性质不同而不同，反映了临界现象的共性. 这种共性应该可以用更具普适性的理论来描述.

起初，物理学家从热力学的稳定性出发，导出一些描述临界指数之间关系的不等式. 其中十分著名、也是最简单的关系之一是罗什布卢克(Rushbrooke)在 1963 年导出的不等式[1].

将确定外场下的比热记作 C_B，确定磁化强度下的比热记为 C_M，它们应该满足以下热力学关系(请读者自行证明)：

$$\chi_T(C_B - C_M) = T\left(\frac{\partial M}{\partial T}\right)_B^2,$$

这里

$$\chi_T = \left(\frac{\partial M}{\partial B}\right)_T$$

为等温磁化率. 热力学稳定性条件要求χ_T、C_B和 C_M均不为负值，因此有

$$C_B > T\chi_T^{-1} = \left(\frac{\partial M}{\partial T}\right)_B^2.$$

根据临界指数的定义，当温度低于但十分接近临界温度 T_C时有

$$\chi_T \propto (T_C - T)^{-\gamma},$$
$$C_B \propto (T_C - T)^{-\alpha},$$
$$\left(\frac{\partial M}{\partial T}\right)_B \propto (T_C - T)^{-\beta}.$$

因此前面的不等式可写为

$$(T_C - T)^{-\alpha} > \text{某常数} \times (T_C - T)^{\gamma + 2(\beta - 1)},$$

于是得

$$\alpha + 2\beta + \gamma \geqslant 2. \tag{6.1.2}$$

人们将这一关系称为罗什布卢克标度律或不等式.

还有一些类似的不等式，此处不逐一列举. 有兴趣的读者可参阅其他著作[2]. 这些不等式在一定程度上反映了临界指数之间的关系，但是不够确定. 人们更大的兴趣还在于这些不等式的等号是否成立.

2. 标度假设

上面的事实使人们想到，从标度关系的导出入手，也许可以找到一种不同于平均场理论的描述临界点性质的普适方法. 经过数年努力，几位物理学家从不同

---

① Rushbrooke G S. 1963. J. Chem. Phys., 39: 842.

② 可参阅: Stanley H E. 1971. Introduction to Phase Transition and Critical Phenomena. London：Oxford.

的角度出发，找到了描述方法，建立了“标度理论”．

为确定起见，考虑由两个独立变数描述的体系，即简单均匀系．这种体系的热力学势为两个热力学变数的函数．选择不同的独立变数，对应不同的热力学势，如内能 $E(S, M)$、自由能 $F(T, M)$、吉布斯函数 $G(T, B)$等．在临界点，描写体系平衡态的变数用 T_C、B_C、M_C 等表示．

为了便于讨论临界点附近的性质，引入无量纲变量

$$\tau \equiv \frac{T - T_C}{T_C}, \quad h \equiv \frac{\mu_B B}{k_B T_C}.$$

这一组变数反映物体系离开临界点的“距离”，在临界点，$\tau = 0$，$h = 0$.

标度理论的核心是**标度假设**：

将热力学势写为正常(解析)和奇异两部分之和，临界点的奇异性质取决于其奇异部分．假定这个奇异部分是(τ, h)的广义齐次函数．

为了叙述方便，这里简要回顾齐次函数的定义：满足 $F(\lambda x)=g(\lambda)F(x)$(其中$\lambda$为任意参数)的函数 $F(x)$为 x 的齐次函数.

由此定义不难得出

$$g(\lambda) = \lambda^p,$$

因此可写

$$F(\lambda x) = \lambda^p F(x),$$

并称 F 为 x 的齐 p 次函数．此式亦可作为齐次函数的定义.

推广到多变量，例如两个变量(x, y)的齐次函数 $F(x, y)$．这类齐次函数可以写成如下形式：

$$F\left(\lambda^p x, \lambda^q y\right) = \lambda F(x, y).$$

令$\lambda=y^{-1/q}$，上面关系又可写为

$$F(x, y) = y^{1/q} F\left(x/y^{p/q}, 1\right).$$

现在再回到关于标度律的讨论．假定吉布斯函数的奇异部分 G 可以写为

$$G\left(\lambda^p \tau, \lambda^q h\right) = \lambda G(\tau, h), \tag{6.1.3}$$

p, q 称为自变量的标度幂．这一假定事实上规定了吉布斯函数在体系的尺度变化时的行为：体系在离开临界点的距离(τ, h)改变时，热力学势只改变其尺度而不改变其函数形式.

根据定义，磁化强度为

$$m = -\left(\frac{\partial G}{\partial h}\right)_\tau, \tag{6.1.4}$$

磁化率则为

$$\chi=\left(\frac{\partial m}{\partial h}\right)_\tau . \tag{6.1.5}$$

将式(6.1.3)的两端对 h 求导数有

$$\lambda^q m\left(\lambda^p \tau,\lambda^q h\right)=\lambda m(\tau,h), \tag{6.1.6}$$

再次求导又有

$$\lambda^{2q}\chi\left(\lambda^p \tau,\lambda^q h\right)=\lambda\chi(\tau,h). \tag{6.1.7}$$

考虑 $h=0$ 点，令 $\lambda^p\tau=-1$，由式(6.1.6)得

$$m(\tau,0)=\lambda^{q-1}m(-1,0)=(-\tau)^{(1-q)/p}m(-1,0),$$

所以

$$m(\tau,0)\propto(-\tau)^{(1-q)/q} . \tag{6.1.8}$$

对照β的定义 $m\propto(-\tau)^\beta$有

$$\beta=\frac{1-q}{p}. \tag{6.1.9}$$

考虑$\tau=0$，令$\lambda^q h=1$，由式(6.1.6)又得

$$m(0,h)=\lambda^{q-1}m(0,1)=h^{(1-q)/q}m(0,1),$$

因此

$$h\propto m(0,h)^{q/(1-q)} .$$

对比δ的定义 $h\propto m^\delta$有

$$\delta=\frac{q}{1-q}. \tag{6.1.10}$$

再考虑临界指数γ_+、γ_-. 在 $h=0$ 的前提下，分别对$\tau>0$ 和$\tau<0$ 两种情形加以讨论：

对$\tau>0$，令$\lambda^p\tau=1$，由式(6.1.7)得

$$\chi(\tau,0)=\lambda^{2q-1}\chi(1,0)=\tau^{(1-2q)/p}\chi(1,0),$$

因此

$$\chi(\tau,0)\propto\tau^{-(2q-1)/p} .$$

对$\tau<0$，令$\lambda^p\tau=-1$，得

$$\chi(\tau,0)=\lambda^{2q-1}\chi(-1,0)=(-\tau)^{(1-2q)/p}\chi(-1,0),$$

所以

$$\chi(\tau,0)\propto(-\tau)^{-(2q-1)/p}.$$

根据γ_+和γ_-的定义

$$\chi\propto\begin{cases}|\tau|^{-\gamma_-} & (T\to T_C^-),\\ |\tau|^{-\gamma_+} & (T\to T_C^+),\end{cases}$$

综合以上两式有

$$\gamma_+=\gamma_-=\gamma=\frac{2q-1}{p}. \tag{6.1.11}$$

最后来看临界指数α_+和α_-. 定磁场比热为

$$C_B=T\frac{\partial S}{\partial T}=-T\left(\frac{\partial^2 G}{\partial T^2}\right)_B,$$

在临界点可将它写为

$$C_B\sim\frac{\partial^2 G}{\partial\tau^2}.$$

类似于式(6.1.7)有

$$\lambda^{2q}C_B\left(\lambda^p\tau,\lambda^q h\right)=\lambda C_B(\tau,h).$$

分别以$\tau>0$和$\tau<0$两种情形讨论比热C_B:

对$\tau>0$，令$\lambda^p\tau=1$，注意到$h=0$，我们有

$$C_B(\tau,0)=\lambda^{2p-1}C_B(1,0)=\tau^{-(2p-1)/p}C_B(1,0),$$

因此

$$C_B(\tau,0)\propto\tau^{-(2p-1)/p}.$$

对$\tau<0$，令$\lambda^p\tau=-1$，我们有

$$C_B(\tau,0)=\lambda^{2p-1}C_B(-1,0)=(-\tau)^{-(2p-1)/p}C_B(-1,0),$$

所以

$$C_B(\tau,0)\propto(-\tau)^{-(2p-1)/p}.$$

对照α_+、α_-的定义

$$C\propto\begin{cases}|\tau|^{-\alpha_-} & (T\to T_C^-),\\ |\tau|^{-\alpha_+} & (T\to T_C^+),\end{cases}$$

可得

$$\alpha_{+}=\alpha_{-}=\frac{2p-1}{p}. \tag{6.1.12}$$

联立方程(6.1.9)～(6.1.12)，消去 p、q，便可得两个独立的方程：

$$\begin{cases}\alpha+2\beta+\gamma=2,\\ \beta(\delta-1)=\gamma.\end{cases} \tag{6.1.13}$$

这是两个标度律，分别称为罗什布卢克和韦达姆标度律①.

3. 相关函数

下面研究与相关函数联系的临界指数 ν 和 η. 相应的标度假设是：相关函数 $\Gamma(r)$ 的傅里叶分量 $\Gamma(k)$ 的渐近表达式为齐次函数，即

$$\Gamma(k)\approx\xi^{y}\zeta(k\xi),$$

其中，y 为待定参数.

对 τ 接近但不等于零的情形，我们有

$$\Gamma(0)\approx\xi^{y}\zeta(0)\propto\xi^{y}.$$

ν 的定义为

$$\xi\propto|\tau|^{-\nu},$$

于是得

$$\Gamma(0)\propto|\tau|^{-\nu y}. \tag{6.1.14}$$

γ 的定义为

$$\chi\propto|\tau|^{-\gamma}.$$

再注意到

$$\chi\propto\Gamma\ (k=0),$$

可得

$$\nu y=\gamma,$$

亦即

$$y=\gamma/\nu.$$

同时，当 k 接近但不等于零时，根据 η 的定义知

$$\Gamma(k)\propto k^{-2+\eta},$$

与渐近行为比较可得

---

① 参阅：Widom B. 1965. J. Chem. Phys., 43：3898.

$$\zeta(k\xi)\to(k\xi)^{-2+\eta},$$

于是

$$\Gamma(k)\propto\xi^{y}(k\xi)^{-2+\eta}=k^{-2+\eta}\xi^{y-2+\eta}.$$

再结合η的定义则得

$$y-2+\eta=0,$$

即

$$\gamma=\nu(2-\eta). \tag{6.1.15}$$

这个关系称为菲施尔(Fisher)标度律.

到目前为止，我们共得到以下几个标度律：

$$\begin{cases}\alpha+2\beta+\gamma=2,\\ \beta(\delta-1)=\gamma,\\ \nu(2-\eta)=\gamma.\end{cases} \tag{6.1.16}$$

这些标度律都是在一定假设下获得的，不是微观计算的结果. 这些关系的直接实验验证比较困难. 不过关于自由能的标度假设形式与实验测量的结果还是吻合的. 同时，严格解(如二维伊辛模型)的结果与上述标度关系也是一致的. 更进一步的微观计算建立在$\xi\to\infty$时标度变换不变性的基础之上，将在后面几节简要介绍.

6.2　卡丹诺夫变换

6.1 节的讨论中之两个基本假设，即关于自由能函数的齐次性假设和相关函数渐近形式的假设都没有从物理上加以证明. 关于它们的重要推导首先是由卡丹诺夫给出的. 卡丹诺夫考虑到临界点附近相关长度趋于无穷的特征，提出了标度变换不变性的概念，解决了标度律的问题[①②].

1. 标度变换

在临界点附近，关联显得特别突出. 吉布斯函数(自由能)的奇异性来源于相关长度ξ的发散性. $\xi\to\infty$意味着不论用什么尺度来度量(只要是有限的)，相关长度都是无限的. 若ξ不是无穷，只要很大，也总可以找到较微观尺度大而比相关长度小

① Kadanoff L P. 1967. Physics, 2: 263.

② Kadanoff L P，Gotze W，Hamblen D，Hecht R，Lewis E A S，Palciaukas V V，Rayl M，Swift J，Aspnes D，Kane J. 1967. Rev. Mod. Phys., 39：395.

得多的尺度. 在这种范围内改变尺度(标度)大小，所“见”到的形象应是一样的. 卡丹诺夫将这种形象理解为标度变换的不变性，或者说“自相似”.

为了便于讨论，我们仍以伊辛模型为例加以说明. 考虑一个维数为 d 的超立方格子，每格点置 1 自旋，最近邻格点间距为 a_0，描述体系的独立变数为(τ, h). 这里τ和 h 如 6.1 节所定义. 假定相关长度$\xi \gg a_0$, 在 $T \to T_C\ (\tau \to 0)$时, $\xi \to \infty$. 将晶格分为若干个小块，每块为一“集团”，其中包含若干个自旋. 如图 6.2.1 中的二维方块，每个小块为一包含 9 个自旋的集团. “集团们”又构成新的晶格，新格子的最近邻间距则为 $3a_0$.

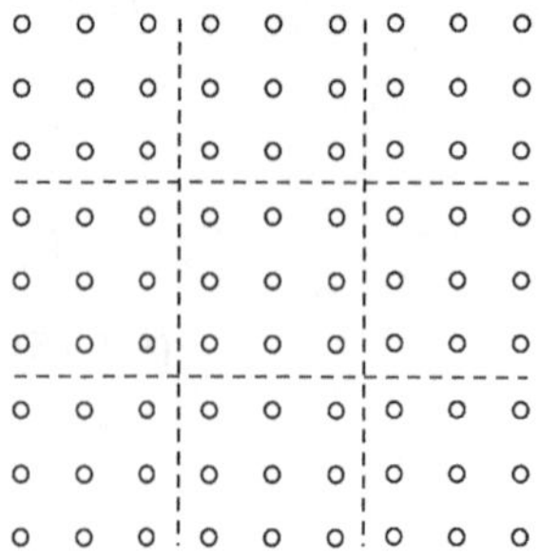

图 6.2.1　二维正方点阵 9 自旋方块体

如果每格点的自旋只能取+1 或−1 两值, 每个小块可能的状态数目则应为 2^9. 一般来说，如果维数是 d，小块的线度为 L，则态数是 2^n，其中 $n = L^d$. 如果$\xi/a_0 \gg L$，即“块”的尺度远小于相关长度ξ，在小块内关联极强，这些态(2^n 个)中的大多数将被压抑.

我们将每块的自旋仍用伊辛自旋表征，即 $S^{B}{}_{j} = \pm 1$ 表示第 j 个集团自旋. 这相当于将块中自旋以某种方式“平均”，例如用“少数服从多数”的方法取值. 这样，我们就有了一个新的、尺度(单位长)为原来的 L 倍(这里是 3 倍)的伊辛点阵. 这时，我们说实现了标度变换. 经历一系列这种过程，伊辛点阵的每个“自旋块”将变得越来越大，因此又称为“粗粒化”过程. 如果写出体系的哈密顿量，则标度变换前后的哈密顿量应具有相同的泛函形式. 对新的块自旋系计算自由能，结果应与对原来的格点自旋系计算结果相同. 这个原理称为标度变换不变性. 卡丹诺夫首先提出标度变换不变性的概念，故称这种变换为**卡丹诺夫变换**.

随着标度的变换，描述体系的独立变数(τ, h)也应重新标度. 将描述新自旋系的独立变数，即重新标度过的温度和磁场记为(τ_L, h_L)，它们与原格点自旋系的变数(τ, h)及变换尺度 L 的关系可表示为

$$\begin{cases} h_L = hL^x, \\ \tau_L = \tau L^y. \end{cases} \tag{6.2.1}$$

式中, x, y 是待定的幂指数. 这里取 x, y 为正数，使得重新标度的自旋系比原来的格点自旋系离临界点更远. 当 $h \to -h$ 时，$h_L \to -h_L$, 而$\tau_L \to \tau_L$；当$\tau = h = 0$ 时，$\tau_L = h_L = 0$.

根据标度变换的不变性，两个不同标度的自旋系的吉布斯函数也应具有相同的形式，只是自变量不同. 如果以 $g(\tau, h)$表示每个“格点”的平均吉布斯函数，以 $g(\tau_L, h_L)$ 表示每个“块”的平均吉布斯函数，因为小块中各有 L^d 个自旋，所

以有

$$g(\tau_L, h_L) = L^d g(\tau, h), \tag{6.2.2}$$

或

$$g(\tau, h) = L^{-d} g\left(L^y \tau, L^x h\right). \tag{6.2.3}$$

标度的变换相当于把“尺子”放大到原来的 L 倍，用它去“量”相关长度，结果应该是原来的 $1/L$ 倍，即

$$\xi(\tau, h) = L\xi\left(L^y \tau, L^x h\right). \tag{6.2.4}$$

现在让我们来考察临界指数之间的关系，这些关系表现为下面将导出的几个标度律：

1) 约瑟夫森(Josephson)标度律

考虑到式(6.2.1)中 y 待定，L 可以任取，不妨令

$$L = |\tau|^{-1/y}.$$

关于零外场时的吉布斯函数和相关长度有

$$g(\tau, 0) = |\tau|^{d/y} g(\pm 1, 0) \tag{6.2.5}$$

和

$$\xi(\tau, 0) = |\tau|^{-1/y} \xi(\pm 1, 0). \tag{6.2.6}$$

式中，+、−号分别对应 $\tau > 0$ 和 $\tau < 0$ 情形.

将 ν 的定义

$$\xi(\tau, 0) \propto |\tau|^{-\nu}$$

用于式(6.2.6)，可知 $\nu = 1/y$. 代入式(6.2.5)得

$$g(\tau, 0) \propto |\tau|^{d\nu}. \tag{6.2.7}$$

用吉布斯函数(自由能)可以讨论比热的临界性质. 将式(6.2.7)代入比热公式

$$C_B = -T\frac{\partial^2 G}{\partial T^2},$$

可得

$$C_B \propto |\tau|^{d\nu - 2} \propto |\tau|^{-\alpha}, \tag{6.2.8}$$

于是有

$$\alpha = 2 - d\nu. \tag{6.2.9}$$

这个方程称为约瑟夫森标度律.

2) 非施尔标度律

考虑磁化强度涨落的关联，由 5.6 节知各向同性体系的相关函数为

$$\Gamma(r)=\langle m(r)m(0)\rangle-\langle m(r)\rangle\langle m(0)\rangle.$$

将重新标度的位矢记为 $r_L=r/L$，我们有

$$\delta h_L(r_L)=L^x\delta h(r).$$

注意到标度变换前后平均吉布斯函数的变分之间有关系

$$\delta g(\tau,h)=L^{-d}\delta g(\tau_L,h_L),$$

可得

$$\frac{\delta g(\tau,h)}{\delta h(r)}=L^{x-d}\frac{\delta g(\tau_L,h_L)}{\delta h_L(r_L)}.$$

而 r 处磁化强度的统计平均可写为

$$\langle m(r)\rangle=-\frac{\delta g(r)}{\delta h(r)},$$

所以标度变换前后的磁化强度应有如下关系：

$$m(\tau,h)=L^{x-d}m(\tau_L,h_L). \tag{6.2.10}$$

相关函数标度变换前后的关系则为

$$\Gamma(r,\tau,h)=L^{2(x-d)}\Gamma(r_L,\tau_L,h_L). \tag{6.2.11}$$

在临界点，$\tau=0$，$h=0$. 注意到 5.6 节的结果，对相关函数有

$$\Gamma(r)\sim r^{-(d-2+\eta)}. \tag{6.2.12}$$

选 $L=r/a_0$，则得

$$\Gamma(r,0,0)=r^{2(x-d)}a_0^{-2(x-d)}\Gamma(a_0,0,0)\propto r^{2(x-d)}. \tag{6.2.13}$$

比较(6.2.12)和(6.2.13)两式的幂指数可得

$$2-\eta=2x-d. \tag{6.2.14}$$

再考虑磁化强度与磁化律. 由

$$m=-\frac{\partial g}{\partial h}=-L^{x-d}\frac{\partial g(\tau_L,h_L)}{\partial h_L}$$

得

$$m(\tau,h)=L^{x-d}m(\tau_L,h_L),$$

因此

$$m(\tau,0)=L^{x-d}m(\tau_L,0).$$

又由

$$x=-\frac{\partial m}{\partial h}=L^{x-d}\frac{\partial m(\tau_L,h_L)}{\partial h_L}\frac{\mathrm{d}h_L}{\mathrm{d}h}=L^{2x-d}\chi(\tau_L,h_L),$$

得

$$\chi(\tau,h)=L^{2x-d}\chi(\tau_{L,}h_L),$$

因此

$$\chi(\tau,0)=L^{2x-d}\chi(\tau_{L,}0).$$

令 $L=|\tau|^{-1/y}$, 则

$$\chi(\tau,0)=|\tau|^{-(2x-d)/y}\chi(\pm1,0). \tag{6.2.15}$$

根据γ的定义$\chi\ \propto|\tau|^{-\gamma}$和$\nu$的意义可得

$$\gamma=(2-\eta)\nu. \tag{6.2.16}$$

这个方程称为菲施尔标度律.

3) 罗什布卢克标度律

由上面得到的磁化强度表达式还可以得出

$$m(\tau,0)=|\tau|^{-(x-d)/y}m(-1,0)\quad(T<T_{\mathrm{C}}).$$

同样令 $L=|\tau|^{-1/y}$, 再结合临界指数β的定义

$$m\propto\tau^{\beta},$$

便有

$$\beta=-(x-d)/y=(d-x)\nu.$$

将式(6.2.9)和式(6.2.14)代入则得

$$\alpha+2\beta+\gamma=2. \tag{6.2.17}$$

这就是前面提到的罗什布卢克标度律.

4) 韦达姆标度律

考虑 m 与 h 之关系. 仍由前面的结果

$$m(\tau,h)=L^{x-d}m(\tau_L,h_L)$$

出发，令 $L=h^{-1/x}$, 在临界点有

$$m(0,h)=h^{(d-x)/x}m(0,1),$$

即

$$h \propto m^{x/(d-x)}.$$

再用临界指数δ的定义

$$h \propto m^{\delta},$$

可得

$$\delta = \frac{x}{d-x} = \frac{2-\eta+d}{d+\eta-2},$$

将前面的三个标度律代入则得

$$\gamma = \beta(\delta - 1). \tag{6.2.18}$$

这就是韦达姆标度律.

至此，我们已得到四个标度律：

$$\begin{cases} \alpha + 2\beta + \gamma = 2, \\ \gamma = \beta(\delta - 1), \\ \gamma = (2-\eta)\nu, \\ \nu d = 2 - \alpha. \end{cases} \tag{6.2.19}$$

由上面的结果可见，已引入的六个临界指数不完全独立，被四个标度律约束，它们中只有两个独立. 这恰好是描述体系的独立变数的数目. 正因为体系只需两个独立变数描述，所以也只需两个独立的标度参数.

2. 普适性

以上几节的讨论说明，临界指数的值并不因材料的具体性质不同而异，它是一些普适的量. 那么，究竟普适到什么程度呢?是哪些因素影响着临界指数呢?可以考虑的因素很多，如粒子之间相互作用的范围、自旋的大小、量子或经典自旋、实际液体的连续性、晶格和自旋的空间维数、晶场效应等. 进一步研究的结果表明，临界性质(主要反映在临界指数的值)与物体系的大多数细节特征无关. 同时也发现，有两个参数显然是十分重要的，这就是空间维数 d 和自旋维数 n(对自旋系). 它们影响着临界指数的取值，其他很多因素都是次要的，可以忽略.

根据大量的经验事实，卡丹诺夫 1971 年又提出了**普适性假设**：

体系相变的临界性质只取决于空间维数d和有序相的对称性n. 这里n相当于序参量的个数，亦可称为内部自由度. 物理体系可以分为若干普适类，每个普适类的临界特性是完全一样的.

标度假设和普适性假设阐明了反映临界现象深刻规律的标度律，突破了平均场理论的框架. 但它还不是微观理论，还需要寻找微观方法来计算临界指数.

6.3　伊辛链的重整化群

标度理论在导出临界指数间满足的关系时，不可避免地作了一些假设. 这些假设的物理基础还有待于微观理论的证明. 另外，标度假设只是导出了临界指数之间的关系，还不能最终确定临界指数的具体值. 这些问题在 20 世纪 70 年代威尔逊建立了重整化群理论后才得以解决[①]. 威尔逊的主要贡献是把量子场论中的重正化群方法用于标度变换不变性，找到了一种不必首先计算配分函数就可以从微观上计算临界指数的途径. 以下几节将对这种方法作简要介绍.

为了便于对基本概念的理解，我们先讨论一个最简单的例子——一维伊辛链.

1. 重整化变换

假定由 N 个格点组成一维晶格，每个格点上均有一个自旋，取值+1 或−1，构成伊辛链. 如 5.1 节，在周期性边界条件下，体系的哈密顿量可以写为

$$H^* = -\varepsilon\sum_{i=1}^{N} S_i S_{i+1} - \mu_{\mathrm{B}} B\sum_{i=1}^{N} S_i\,, \tag{6.3.1}$$

其中，$S_i = \pm 1$. 由周期性边界条件有 $S_{N+1}=S_1$.

定义无量纲哈密顿量

$$H = -\beta H^* = K\sum_{i=1}^{N} S_i S_{i+1} + h\sum_{i=1}^{N} S_i\,, \tag{6.3.2}$$

式中，$K=\beta\varepsilon$ 称为耦合常数，$h=\beta\mu_{\mathrm{B}}B$ 为无量纲外场能(相应于格点自旋与外场的相互作用能). 配分函数可写为

$$Q_{\mathrm{I}} = \mathrm{Tr}\mathrm{e}^{H} = \sum_{\{S_i\}}\exp\left\{\sum_{i=1}^{N}\left[KS_i S_{i+1} + \frac{1}{2}h\left(S_i + S_{i+1}\right)\right]\right\}. \tag{6.3.3}$$

下面将要考虑一种最简单的标度变换：将尺度扩大到原来的 2 倍. 为便于数学处理，我们假定伊辛系有偶数个原子. 这个假定不会影响讨论的一般性.

在偶原子数的假定下，可将式中求和分别对奇、偶数标号的原子去做. 如下式所示：

$$\sum_{\{S_i\}}\cdots = \sum_{S_2}\sum_{S_4}\cdots\sum_{S_N}\left[\sum_{S_1}\sum_{S_3}\cdots\sum_{S_{N-1}}\cdots\right],$$

① Wilson K G. 1971. Phys. Rev., B4：3173, 3184.

即先进行方括号中的求和手续，对奇数标号的原子求和；然后再对偶数号原子求和. 显然，每个奇数号自旋的最近邻自旋必为偶数号，反之亦然. 在 H 中，含 S_1 的项之和为

$$KS_1(S_N+S_2)+hS_1.$$

它对“迹”的贡献为

$$\sum_{S_1=\pm1}\exp\left[KS_1(S_N+S_2)+hS_1\right]=2\cosh\left[K(S_N+S_2)+h\right].$$

对于伊辛自旋，我们有

$$S^{2N}=1,\quad S^{2N+1}=S;$$

因此又有如下关系：

$$\begin{aligned}&2\exp\left[h(S_N+S_2)/2\right]\cosh\left[K(S_N+S_2)+h\right]\\&=\exp\left[2g+K'S_NS_2+\frac{1}{2}h'(S_N+S_2)\right],\end{aligned}\tag{6.3.4}$$

其中

$$K'=\frac{1}{4}\ln\frac{\cosh(2K+h)\cosh(2K-h)}{\cosh 2h},\tag{6.3.4a}$$

$$h'=h+\frac{1}{2}\ln\frac{\cosh(2K+h)}{\cosh(2K-h)},\tag{6.3.4b}$$

$$g=\frac{1}{8}\ln\left[16\cosh(2K+h)\cosh(2K-h)\cosh^2 h\right].\tag{6.3.4c}$$

由于系统有平移对称性，所有奇标号 S_i 项的求和与 S_1 项的求和应有相同的贡献. 于是，配分函数计算中奇标号原子求和部分的结果为

$$\sum_{S_1}\cdots\sum_{S_{N-1}}\mathrm{e}^H=\exp\left[Ng(K,h)+K'\sum_i S_{2i}S_{2i+2}+h'\sum_i S_{2i}\right],\tag{6.3.5}$$

其中，对 i 的求和只包括奇数标号的自旋.

计算配分函数的下一步是对偶数号的自旋求和. 将式(6.3.5)给出的项对偶数标号的自旋求和为

$$\sum_{\{S_{j偶}\}}\exp\left[Ng(K,h)+K'\sum_j S_jS_{j+2}+h'\sum_j S_j\right].\tag{6.3.6}$$

我们看到，此式右端若提取一个因子 $\exp[Ng(K,h)]$，剩余的部分与计算配分函数的最初表达式(6.3.3)完全类似. 不难看出，这部分恰是一个尺度为原来 2 倍的自旋组成之体系的配分函数. 这个自旋系的耦合常数为 K'，外场为 h'. 从原来的自旋

系到 2 倍尺度的自旋系的过程，可以看成是一种“重整化”手续，K'可称为“重整化耦合常数”，h'则为“重整化磁场”．重整化后的哈密顿量为

$$H' = K'\sum_j S_j S_{j+2} + h'\sum_j S_j + Ng(K,h),$$

这样，伊辛系的配分函数便可写为

$$Q_{\mathrm{I}}(N,K,h) = \mathrm{e}^{Ng(K,h)} Q_{\mathrm{I}}(N/2,K',h'), \tag{6.3.7}$$

再次重整化结果是

$$Q_{\mathrm{I}}(N,K,h) = \mathrm{e}^{Ng(K,h)} \mathrm{e}^{Ng(K',h')/2} Q_{\mathrm{I}}(N/4,K'',h''). \tag{6.3.8}$$

以此类推，重整化过程可以不断地进行．图 6.3.1 示意这种不断重整化的过程．

根据定义，重整化过程中自由能所满足的方程为

ОKОKОKОKОKОKОKОKОKОKОKО
О K′　О K′　О K′　О K′　О K′　О
О　　K″　О　　K″　　О
……

图 6.3.1　重整化过程示意图

$$\begin{aligned} -\beta F(N,K,h) &= \ln Q_{\mathrm{I}}(N,K,h) \\ &= Ng(K,h) + \frac{1}{2} Ng(K',h') + \frac{1}{4}\ln Q_{\mathrm{I}}(N/4,K'',h'') \end{aligned}$$

以此递推，则有

$$\begin{aligned} -\beta F/N &= f(K,h) \\ &= g(K,h) + \frac{1}{2} g(K',h') + \frac{1}{4} g(K'',h'') + \cdots \\ &= \sum_{l=0}^{\infty}\left(\frac{1}{2}\right)^l g(K_l,h_l). \end{aligned} \tag{6.3.9}$$

式中最后一步用 K_l 代表第 l 次标度变换后的“重整化耦合常数”．式中 $f(K, h)$是以 $k_B T$ 为单位的无量纲自旋平均自由能．这样反复地进行变换，$K\to K_1$, $K_1\to K_2$, …, $K_l\to K_{l+1}$, …，是一个迭代的过程．因为在这一迭代过程中哈密顿量的形式总是不变的，所以 g 的函数形式在迭代的每一步也都是一样的．以 $K\to K'$为代表的重整化变换手续，包含了将自旋归并、对自旋变量等相应的量重新标度等两个步骤．

2. “流”和“不动点”

将上面指出的迭代过程不断进行乃至无穷，可以得到一个级数．我们关心的问题是，经过这样的重整化变换，所获得的关于 F 的无穷级数是否收敛．为了便于讨论，我们将 K 和 h 统称为耦合参数，并以它们为坐标，构造一个参数平面，进而考虑在这个参数平面中点的“流向”问题．

首先考虑 $h=0$ 情形.

在这种情况下，$h_l=0$ 对所有的 l 都成立. 于是有

$$K'=\frac{1}{2}\ln\left(\cosh 2K\right)\leqslant K. \tag{6.3.10}$$

由上式可见，标度变换将不断地使耦合常数减小. 如果经过多次变换后可以到达这样的点，使重整化变换前后耦合常数值不变，即 $K'=K$，则称此点为"不动点". 显然，目前情形有两个不动点：$K=0$ 和 $K=\infty$.

从上面的讨论可以看出，重整化变换的过程是一个减少自由度的过程. 所以，我们又将之称为自由度"稀化". N 个格点的伊辛自旋系自由度是 N. 经过一次标度变换后，其自由度成为 $N/2$，以此递推. 另外，$K'\leqslant K$ 又意味着上面的重整化变换过程对任何有限的 K 都是使自旋耦合变弱的过程. 因此，在耦合常数空间中，不断变换给出的点是"流向" $K=0$ 的，亦即朝着无相互作用自由度构成的哈密顿量而去的. 一旦到达 $K=0$ 点，耦合常数将不会再变. 因此，我们可以认为，$K=0$ 点是稳定的不动点. 我们看到，它正好对应于 $T\to\infty$的点.

与此相反，$K=\infty$这个不动点是不稳的，它对应于 $T=0$ 点. 体系一旦"漂离" $K=\infty$点，变换所得的点就将"流"向 $K=0$.

同时，我们还看到，对任何有限的 K，关于 f 的级数表达式都是收敛的.

由式(6.3.4c)还可得

$$g\left(K,0\right)=\frac{1}{2}\ln 2+\frac{1}{4}\ln\left[\cosh\left(2K\right)\right]. \tag{6.3.11}$$

上式右端的首项为常数项；随着重整化变换的不断进行，由于 K 的取值越来越小，式中的第二项最终将趋近于零. 因此，我们总可以假定有一个"比较大"的数 n，使得计算(6.3.9)的求和时，$l>n$ 以后的项可以略去，于是有

$$f\left(K,0\right)=\sum_{l=0}^{n}\left(\frac{1}{2}\right)^{l}g\left(K_l,0\right)+2^{-(n+1)}\ln 2. \tag{6.3.12}$$

根据统计物理熵的定义，式中后项恰好是无相互作用的 $N/2^{n+1}$ 个自旋组成的体系中一个自旋的平均熵.

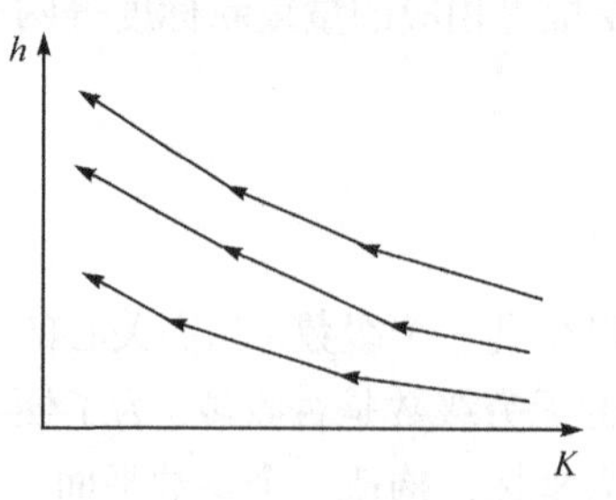

图 6.3.2 "流向"示意图

现在我们来考察 $h\neq 0$ 的情形.

由 h' 的表式(6.3.4b)可知，对所有有限 K 都有 $h'>h$. 这就是说，重整化变换使"场" h 不断增大(与此同时 K 减少). 整个迭代过程是一个 K 减而 h 增的过程，即场随着自旋耦合的减少而增加. 这种变化关系可以用图 6.3.2 给出的 h-K 平面流向示意图表示. 图中重整化变换的流向是由右向左的，即

流向 $K=0$ 线.

对伊辛模型不难算出，$K=0$ 时，相关长度 $\xi=0$；$K\to\infty$时，相关长度 $\xi\to\infty$.

由上面的讨论可以看出，这里的重整化变换过程中自旋的分块就是**卡丹诺夫变换**. 相关长度随着标度变换(自旋不断分块)而缩小. 但是，当相关长度 ξ 的值为 0(不相关)和∞(强相关)时，它将不随变换而变. 由前面的讨论可知，这两个点($K=0$ 和∞)是标度变换的不动点，分别对应于无相互作用系和“临界点”. 由此可见，两个不动点可以理解为重标度下相关长度不变的点. 在这两个点中，$K=0$ 点的哈密顿量 H 是平庸的，而 $K=\infty$则为相变点. 根据 K 的定义，这个临界点相应于 $T=0$ 的点. 因此，相变点在 $T=0$，事实上就是在有限温度不可能出现相变. 可见，一维伊辛模型是没有相变的.

当维数高于 1 时，可能会在有限温度下出现相变. 这时可望有 3 个不动点：$T=0$ 和 $T=\infty$是平庸的，而 T 为有限值的一个则为临界点，在此点附近将发生相变.

3. 重整化群

对上述标度变换，我们可以定义一个算符 R_b, 其作用是将自旋系划分为若干块而重新标度，其数学表述为

$$R_b\left(K\right)=K'. \tag{6.3.13}$$

在一般情形下，耦合常数 K 为一组(n 个)数，记为$\{K\}=(K_1, K_2, \cdots, K_n)$. 标度变换则可写为

$$R_b\left(\{K\}\right)=\{K'\}. \tag{6.3.14}$$

算符 R_b 的意义是作一次将尺度放大到 b 倍的变换. 对 d 维空间来说，每次变换后都会用一个集团自旋来代替 b^d 个格点自旋. 根据定义立即可以得到如下性质：

$$R_b\left(R_b\left(\{K\}\right)\right)=R_{b^2}\left(\{K\}\right). \tag{6.3.15}$$

以算符 $R_b, R_{b^2}, R_{b^3}, \cdots$ 作为元素的集合(即重整化变换的序列)，可构成一个“群”，威尔逊将它称为“**重整化群**”. 与通常的“群”略有不同，这个“群”中的组元不存在逆算符 R_b^{-1}，因此实际上只能算作“**半群**”. 引入重整化群的概念以后，卡丹诺夫的标度变换便可抽象为“群”操作.

综上所述，我们给出了一种估算配分函数的新方法，即实行标度变换(放大尺度)，逐次对自旋晶格粗粒化，将体系的自由度稀化. 在这一变换中，哈密顿量保持不变的形式. 这就使我们可以用迭代的方法来计算配分函数. 卡丹诺夫的标度变换缩短了相关长度 ξ, 变换的流向是朝着耦合常数不断减少的方向. 正如前面的例子，每次迭代由 K 到 K'，都使 K 减少，即逐渐离开无穷而接近零.

6.4 流向与临界点

6.3 节以一维伊辛链为例，演示了重整化变换过程，引入了重整化群的概念，讨论了变换过程中参数平面内点的流向问题. 我们看到,一维模型没有相变. 为了研究临界点的性质，本节考虑更普遍的多维(多个耦合常数)情形.

1. 自由能递归关系

前面讨论的体系只包含了两个耦合参数(K, h). 一般情形下，耦合参数可以是一组 n 个，我们将之记为$\{K\}=(K_1, K_2, \cdots, K_n)$. 假定经过重整化变换后，尺度被放大到原来的 b 倍,即 b^d 个自由度代之以一个自由度(用一个自旋代替 b^d 个自旋). 如果变换后保留的自由度间之耦合形式仍然与前相同，亦即保持了哈密顿量的变换不变性,我们就说这组耦合参数是完全的. 下面的讨论都将以这种完全情形为基础.

设系统的无量纲哈密顿量为

$$H=-\beta H^{*}=K\sum_{\alpha=1}^{n}K_{\alpha}\psi_{\alpha}\left(S_{i}\right), \tag{6.4.1}$$

式中，K_α和ψ_α 通过以下方式定义：在 6.3 节的例中，$\alpha=1, 2$, 相应的 K_1、K_2 和 Ψ_1、Ψ_2 则分别为

$$K_1=K,\ K_2=h;\ \psi_1=\sum_{\langle ij\rangle}S_iS_j,\ \psi_2=\sum_i S_i .$$

还可考虑其他的耦合，如次近邻相互作用等. 如果用 K_1、K_2 和 K_3 分别代表近邻、次近邻(nn)相互作用耦合常数和场 h, 则有

$$\psi_1=\sum_{\langle ij\rangle}S_iS_j,\ \psi_2=\sum_{\langle ij\mathrm{nn}\rangle}S_iS_j,\ \psi_3=\sum_i S_i .$$

余类推之.

这样，重整化变换以后的哈密顿量则成为

$$H'=K\sum_{\alpha=1}^{n}K'_{\alpha}\psi_{\alpha}\left(S_{\mathrm{I}}\right)+Ng\left(\{K\}\right), \tag{6.4.2}$$

这里，S_{I}表示“粗粒化”以后的自旋，它应与原来的自旋有同样的代数性质. ψ_α 在变换中也应不变. 定义一个算符来代表这一操作，它必是一个矢量算符. 将其 α 分量记为 R_α, 则有

$$K'_{\alpha}=R_{\alpha}\left(K_1,K_2,\cdots,K_n\right). \tag{6.4.3}$$

关于迹的运算则有如下关系：

$$\operatorname*{Tr}_{\{S_i\}} e^{H} = e^{Ng(\{K\})} \operatorname*{Tr}_{\{S_i\}} e^{H'(\{K'\})}.$$

注意到迹与格点自旋之自由能的关系：

$$\mathrm{Tr} e^{H} = e^{Nf(\{K\})},$$

式中，f 为格点自旋的自由能. 根据 H 的不变性可知

$$\mathrm{Tr} e^{H'} = e^{Nf(\{K'\})/b^d},$$

即

$$f(\{K\}) = g(\{K\}) + b^{-d} f(\{K'\}). \tag{6.4.4}$$

此式称为自由能的递归关系. 6.3 节我们曾经作为一个特例就一维伊辛链在 b=2 的情形下给出它的结果.

如果取 $K_1, K_2, \cdots, K_n$ 为坐标轴，可以构成一个几何空间，名之“参数空间”. 因为一组参数 $\{K\}$ 可以完全确定哈密顿量，所以参数空间中每一个点对应一个哈密顿量. 重整化群的作用对象是这种参数空间. 每经过一次变换，系统的参数由一组值变化为另一组值，即在参数空间中由一点移动到另一点. 因此，重整化变换相应于参数空间中点的运动. 同时，这里的每一点对应一个耦合参数矢量 $\boldsymbol{K}(K_1, K_2, \cdots, K_n)$，重整化变换也相应于耦合参数矢量在参数空间的运动. 这与一般的态矢量在相空间的运动相似，其区别仅在于 K 的运动是分立跳跃式的、不连续的.

式(6.4.4)给出的自由能递归关系是比较普遍的形式. 6.3 节所讨论的是它的一种特例. 由那个特例已经可以看出，这种递归关系的不动点或者对应无相互作用系，或者是临界点. 对多参数的体系来说，参数空间中可能会有这样一些不动点：它对一部分参数(称为“非关涉参数”，变换使之不断减小)是稳定的，而对另一些参数(称为“关涉参数”，变换使之增大)则是不稳的. 这样的不动点就是所谓的“鞍点”，临界点往往与这些鞍点有关.

2. 二维流向与标量场

一维伊辛模型在 h = 0 时有两个不动点：K = 0 和 $K = \infty$，其中 $K = \infty(T = 0)$ 是不稳定的不动点，应为临界点. 但是，因为它对应于 $T = 0$ 的点，所以在有限温度没有相变.

我们现在来考虑较为普遍的情形——多耦合参数情形. 以各参数为变数可以建立一个参数空间. 在参数空间中，点的运动轨迹构成“流向图”. 分析“流向”的一般特征将发现，流向图中少数特殊的点——不动点控制着运动的流向. 为简单起见，我们仍讨论只有两个耦合参数 K_1、K_2 的系统. 对此类系统，我们建立的

参数空间为二维空间(平面). 耦合参数在重整化过程中发生变化. 假定变换的尺度为 b，相应算符的两个分量各为 R_1 和 R_2，重整化变换后的耦合参数则由方程

$$\begin{cases} K_1' = R_1\left(K_1, K_2\right) \\ K_2' = R_2\left(K_1, K_2\right) \end{cases} \tag{6.4.5}$$

给出. 根据 6.3 节给出的表达式可知，这个方程组是非线性的，其不动点(K_1^*，K_2^*)满足的方程组为

$$\begin{cases} K_1^* = R_1\left(K_1^*, K_2^*\right) \\ K_2^* = R_2\left(K_1^*, K_2^*\right) \end{cases}. \tag{6.4.6}$$

为便于分析，我们将上述变换在不动点(K_1^*，K_2^*)的附近线性化. 假定(K_1, K_2)是参数空间接近不动点的一点，它与不动点之间的距离之分量为

$$\begin{cases} \delta K_1 = K_1 - K_1^* \\ \delta K_2 = K_2 - K_2^* \end{cases}. \tag{6.4.7}$$

作为初级(线性)近似可以将 K_1, K_2 变换后的 K_1'、K_2' 分别写为

$$\begin{aligned} K_1' &= R_1\left(K_1^* + \delta K_1, K_2^* + \delta K_2\right) \\ &= K_1^* + \delta K_1 \frac{\partial R_1}{\partial K_1}\bigg|_{(K_1^*, K_2^*)} + \delta K_2 \frac{\partial R_1}{\partial K_2}\bigg|_{(K_1^*, K_2^*)}, \\ K_2' &= K_2^* + \delta K_1 \frac{\partial R_2}{\partial K_1}\bigg|_{(K_1^*, K_2^*)} + \delta K_2 \frac{\partial R_2}{\partial K_2}\bigg|_{(K_1^*, K_2^*)}. \end{aligned}$$

这个线性变换可以写为矩阵形式

$$\boldsymbol{\delta K}' = \boldsymbol{M} \cdot \boldsymbol{\delta K}, \tag{6.4.8}$$

其中

$$\boldsymbol{M} = \begin{pmatrix} M_{11} & M_{12} \\ M_{21} & M_{22} \end{pmatrix} = \begin{pmatrix} \dfrac{\partial R_1}{\partial K_1} & \dfrac{\partial R_1}{\partial K_2} \\ \dfrac{\partial R_2}{\partial K_1} & \dfrac{\partial R_2}{\partial K_2} \end{pmatrix}_{(K_1^*, K_2^*)}. \tag{6.4.8a}$$

$\delta\boldsymbol{K}$ 和 $\delta\boldsymbol{K}'$ 均为矢量，可表示为

$$\begin{cases} \boldsymbol{\delta K} = \left(\delta K_1, \delta K_2\right) \\ \boldsymbol{\delta K}' = \left(\delta K_1', \delta K_2'\right) \end{cases}. \tag{6.4.8b}$$

一般来讲，$\boldsymbol{M}$ 不是对称矩阵. 为了分析重整化变换的流向，我们希望将它对角化.

此矩阵的本征方程为

$$\det|\boldsymbol{M}-\boldsymbol{I}\lambda|=0. \tag{6.4.9}$$

矩阵 $\boldsymbol{M}$ 的左、右本征矢是不同的，我们考虑左本征矢. 相应于左本征值问题的方程可以写为

$$\lambda_\alpha \varphi_{\alpha j}=\sum_{j=1,2}\varphi_{\alpha i}M_{ij}, \tag{6.4.10}$$

其中，$\varphi_{\alpha j}$ 为左本征矢的 j 分量. 由重整化变换的“群”特征可知

$$\lambda_\alpha(b)\lambda_\alpha(b)=\lambda_\alpha(b^2),$$

故可将式(6.4.10)左端写为

$$\lambda_\alpha \varphi_{\alpha j}=b^{y_\alpha}\varphi_{\alpha j}, \tag{6.4.11}$$

式中的 y_α 由下式确定：

$$\lambda_\alpha=b^{y_\alpha}. \tag{6.4.12}$$

下面考虑 $\delta\boldsymbol{K}$ 在 φ_α 上的投影 $U_\alpha(\alpha=1,2)$. 它的定义为

$$U_\alpha=\delta K_1\varphi_{\alpha 1}+\delta K_2\varphi_{\alpha 2}. \tag{6.4.13}$$

根据重整化变换的性质，U_α 变换后的值为

$$U_\alpha'=\delta K_1'\varphi_{\alpha 1}+\delta K_2'\varphi_{\alpha 2}.$$

注意到 φ_α 是左本征矢，我们有

$$U_\alpha'=\lambda_\alpha U_\alpha=b^{y_\alpha}U_\alpha. \tag{6.4.14}$$

通过不断的标度变换得到的 U_α' 之整体构成“标度场”.

若以 φ_α 为基矢构造几何空间，耦合参数矢量 $\boldsymbol{K}$ 距不动点的偏离 $\delta\boldsymbol{K}$ 则可描述为 (U_1, U_2). 经过变换成为

$$U_1'=\lambda_1 U_1=b^{y_1}U_1, \tag{6.4.15a}$$

$$U_2'=\lambda_2 U_2=b^{y_2}U_2. \tag{6.4.15b}$$

可见，λ_1 和 λ_2 决定了参数空间中不动点附近点的流向.

我们来考虑 (K_1^*, K_2^*) 为鞍点的情况. 这时，y_1 和 y_2 的取值必正负各一. 不妨假定 $y_1>0, y_2<0$，相应的本征值有 $\lambda_1>0$ 和 $\lambda_2<0$ 的关系. 图 6.4.1 给出了这种鞍点附近点的流向示意图. 图中的不动点为鞍点，是一个不稳定的不动点. 将沿本征矢 φ_1 和 φ_2 的流线称为本征曲线. $\lambda_1(>1)$ 的本征曲线为“谷线”，沿此线逐次作增大尺度的变换时，总使 $U_1'>U_1$，系统的代表点渐渐远离不动点而坠入“谷”中. 沿着这样的本征线，相应的参量 U_1 不断地被放大. 我们将这种参量称为“关涉量”，对应的本征值为关涉本征值，它的本征矢量往往等同于度量系统与临界点之间距

离的物理量，例如τ、h 等. 与之相反，在$\lambda_2(<1)$的本征曲线上，变换使系统的代表点趋向不动点，这是马鞍形的“鞍脊”. 相应的参量 U_2 在变换中不断减小，称为“非关涉量”. 在鞍脊上的系统经过多次变换后总可以任意地接近同一个不稳定的不动点，因此都是临界的. 所以，我们又将$\lambda < 1$ 的本征曲线称为临界线，并称这类系统具有“普适性”. 不在本征曲线上的点有着与本征曲线上相近的流向. 这种系统经过多次变换，总是要向背离不动点的方向移动的. 这也是鞍点的基本特征. 一般来说，系统可能有多个鞍点. 每个鞍点控制一个“流域”，在同一流域范围内的系统，尽管初始条件有可能不同(即不同的物体系)，其变化规律却总是相同的，我们说它们属于同一个“普适类”.

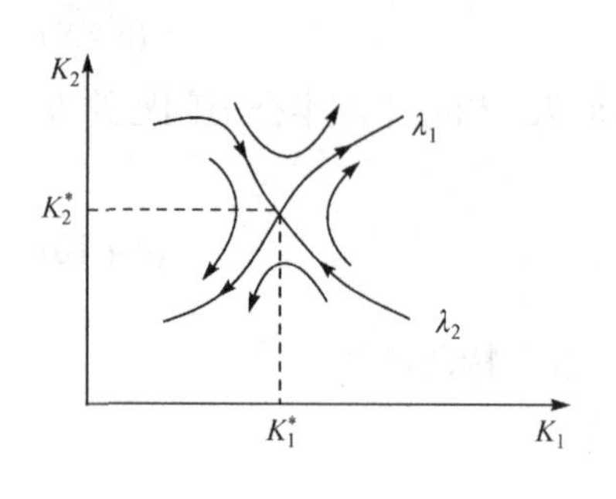

图 6.4.1　不动点附近的流向

3. 临界性质

鞍点即不动点的特性(包括鞍点的位置、趋向鞍点的脊线斜率等)决定临界性质，这一点可以由自由能的递归关系看出.

在自由能的递归关系式(6.4.4)中，右端首项 $g(\{K\})$不含自旋变量，在相变中不起作用，可以将之视为耦合常数的解析函数. 于是，自由能的奇异部分为

$$f_s\left(\{K\}\right)=b^{-d}f_s\left(\{K'\}\right). \tag{6.4.16}$$

如果$\boldsymbol{K}$接近$\boldsymbol{K}^*$，可以用前面的描述方法，将变数由$\boldsymbol{K}$变为U_1、U_2，上式成为

$$f_s\left(U_1,U_2\right)=b^{-d}f_s\left(b^{y_1}U_1,b^{y_2}U_2\right),$$

或写为

$$b^d f_s\left(U_1,U_2\right)=f_s\left(b^{y_1}U_1,b^{y_2}U_2\right). \tag{6.4.17}$$

此式与卡丹诺夫的标度假设十分相像. b^{y_1} 和 b^{y_2} 分别是变换矩阵的两个本征值λ_1和λ_2, 因此有

$$y_1=\frac{\ln\lambda_1}{\ln b},\quad y_2=\frac{\ln\lambda_2}{\ln b}.$$

对伊辛系统，由前面的分析已知，$\tau=(T-T_C)/T_C$是关涉量. 为了研究自由能对τ之依赖关系在变换中的行为，我们令

$$U_1=\tau=(T-T_C)/T_C\,,$$

并假定 U_2 不变. 在此前提下，考虑自由能的递归，式(6.4.17)可写为

$$f_s(\tau,U_2)=b^{-d}f_s\left(b^{y_1}\tau,b^{y_2}U_2\right),\tag{6.4.18}$$

此式对任意 b 均成立. 若令

$$b=|\tau|^{-1/y_1},$$

则有

$$f_s(\tau,U_2)=|\tau|^{d/y_1}f_s\left(\tau/|\tau|,|\tau|^{-y_2/y_1}U_2\right).\tag{6.4.19}$$

由上面的分析可知：临界指数可以由不动点的线性化递归之关涉本征值来确定. 例如，根据比热正比于自由能对温度的二阶导数的事实，再用关系 $y_1=\ln\lambda_1/\ln b$，可得

$$d/y_1=2-\alpha.$$

由此可定临界指数α.

另外，注意到 $y_2<0$ 和 $y_1>0$ 的假定，可知当$\tau\to 0$时有

$$|\tau|^{-y_2/y_1}U_2\to 0.$$

可见，自由能的渐近性质与 U_2 无关，这正符合它为非关涉量($\lambda_2<1$)的事实.

以上的讨论只涉及两个耦合参数，其中一个是关涉的，另一个是非关涉的. 为了较全面地描述临界性质，需要考虑高维空间，即耦合参数的个数不止两个，关涉量也不限于一个的情形. 一般来讲，n 耦合参数的空间中不动点满足的方程是

$$K_\alpha^*=R_\alpha\left(K_1^*,K_2^*,\cdots,K_n^*\right).\tag{6.4.20}$$

这里，$\alpha=1,2,\cdots,n$. 将变数选为 $U_1,U_2,\cdots,U_n$, 相应于式(6.4.17)的方程成为

$$b^d f_s(U_1,U_2,\cdots,U_n)=f_s\left(b^{y_1}U_1,b^{y_2}U_2,\cdots,b^{y_n}U_n\right).\tag{6.4.21}$$

相应于标度场 U_j 的标度幂为 $y_j/d(j=1,2,\cdots,n)$，与相应本征值的关系为

$$y_j=\frac{\ln\lambda_j}{\ln b}.$$

由它们可以确定各临界指数. 因为临界指数中只有两个是独立的，所以我们有理由期望$\{y_j\}$中只有两个取正值，不妨假定：$y_1>0,y_2>0$, 其他的标度幂均为负. 这就是说，标量场中只有 U_1 和 U_2 为关涉量，相应的本征值是$\lambda_1>1$ 和$\lambda_2>1$, 其他的标度场都是非关涉的. 对于伊辛模型，可取关涉量为 $U_1\propto\tau$和 $U_2\propto h$.

综上所述，研究临界性质应经历如下步骤：选择一组完全的耦合参数，写出以它们为变量的哈密顿量；寻找适当的重整化变换，并求出其变换矩阵；求解变换矩阵的本征值问题，确定本征值和相应的标度场，最后便可用关涉量的标度幂来计算临界指数.

6.5 二维三角形点阵

前面介绍了重整化群的概念和临界点的主要特征. 现以二维三角形点阵为例具体说明临界指数的计算等问题①. 我们的讨论将分为个三个步骤进行：给出重整化变换，研究不动点，计算临界指数.

1. 重整化变换

考虑如图 6.5.1 所示的二维三角自旋点阵，其无量纲哈密顿量为

$$H = \sum_{ij} K_{ij} S_i S_j + h \sum_i S_i \text{ ,} \tag{6.5.1}$$

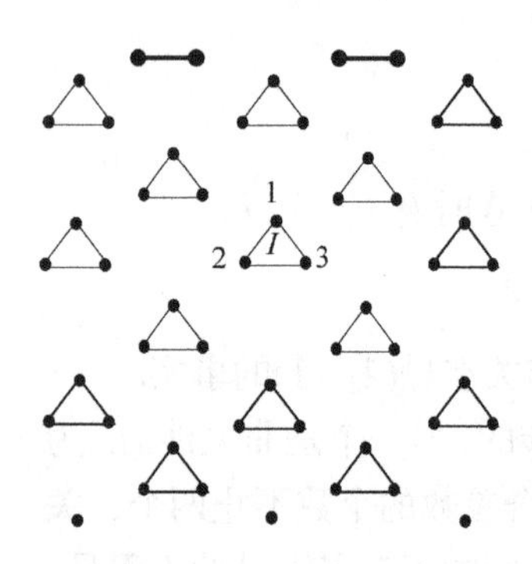

图 6.5.1 二维三角自旋点阵

其中，$S_i = \pm 1$. 对 i、j 的求和不再像前面讨论伊辛模型那样只限最近邻作用. 根据格点的特征，我们将点阵分为三角形的块，每块含 3 个格点自旋. 显然，如果原来点阵最近邻格点之间的距离为 a_0，则新的块格子最近邻格点间距(中心最近距)则为 $\sqrt{3}a_0$. 记新格子的“块自旋”取值遵循“少数服从多数”的原则. 以第 I 个块自旋为例，记 3 个格点 1、2 和 3 的自旋为 S_{1I}、S_{2I} 和 S_{3I}，可取值为+1 或−1；块自旋 σ_I(=±1)取值为 3 个自选中多数自旋的取值.

为了用数学方法来描述块自旋取值，特引入投影算符

$$P(\sigma_I, S_{1I}, S_{2I}, S_{3I}) \equiv P(\sigma_I, \{S_I\}), \tag{6.5.2}$$

满足下面条件：

$$\begin{aligned} &\exp\left[Ng(K,h) + H'(\{\sigma_I\}, K', h')\right] \\ &= \operatorname*{Tr}_{\{S_i\}}\left\{\left[\prod_I P(\sigma_I, \{S_I\})\right]\exp\left[H(\{S_I\}, K, h)\right]\right\}. \end{aligned} \tag{6.5.3}$$

式中，$\{S_I\}$表示 3 个格点自旋之构形(组态). 如果令 P 满足如下关系：

$$\operatorname*{Tr}_{\{\sigma_I\}} P(\sigma_I, \{S_I\}) = 1 \text{ ,} \tag{6.5.4}$$

则有

① Niemeijer T H, van Leeuwen J M J. 1976. Phase Transitions and Critical Phenomena, vol. 6, eds. Domb C and Green M S. New York: Acadeic Press.

$$\operatorname*{Tr}_{\{\sigma\}} e^{Ng+H'} = \operatorname*{Tr}_{\{S_I\}} e^{H}, \tag{6.5.5}$$

使自由能在变换下守恒. 根据这个条件，P 可选为

$$P\left(\sigma_I,\{S_I\}\right)=\delta_{\sigma,\varphi(\{S_I\})}, \tag{6.5.6}$$

式中，δ 为克罗内克(Kronecker)记号，

$$\varphi\left(\{S_I\}\right)=\left(S_1+S_2+S_3-S_1S_2S_3\right)/2 .$$

此式体现了块自旋取值的多数法则：$\varphi=+1$(当多数 S 为正时)或-1(多数 S 为负时).

现在我们来求 g 和变换后的 H'、K' 及 h'. 先将原哈密顿量写为两部分之和

$$H\left(\{S\},K,h\right)=H_0\left(\{S_I\},K,h\right)+V\left(\{S_I\},K,h\right). \tag{6.5.7}$$

这里，H_0 是哈密顿量中不含块自旋间相互作用的部分，V 则是块间耦合哈密顿量：

$$H_0=\sum_I K_I\left(S_{1I}S_{2I}+S_{1I}S_{3I}+S_{2I}S_{3I}\right)+h\sum_I\left(S_{1I}+S_{2I}+S_{3I}\right), \tag{6.5.8}$$

$$V=\sum_{I,J,n}K_n\sum_{\alpha,\beta}S_{\alpha I}S_{\beta J}, \tag{6.5.9}$$

这里，K_n 是第 n 近邻耦合常数，α、β 选取 I、J 块内各自旋的标号. 如果只计入最近邻作用，近邻块之间将只有两种耦合项，它们是

$$\begin{cases} V_{IJ}=K_1\left(S_{1I}S_{2J}+S_{1I}S_{3J}\right), \\ V_{IK}=K_1\left(S_{1I}S_{2K}+S_{3I}S_{2K}\right). \end{cases} \tag{6.5.10}$$

式(6.5.3)的右端则可写为

$$\begin{aligned} &\operatorname*{Tr}_{\{S_I\}}\left\{\left[\prod_I P\left(\sigma_{I,}\{S_I\}\right)\right]e^{H}\right\} \\ &=\operatorname*{Tr}_{\{S_I\}}\left\{\left[\prod_I P\left(\sigma_{I,}\{S_I\}\right)\right]e^{H_0}\,e^{V}\right\}=Z_0\left\langle e^{V}\right\rangle, \end{aligned} \tag{6.5.11}$$

其中

$$Z_0=\operatorname*{Tr}_{\{S_I\}}\left\{\left[\prod_I P\left(\sigma_{I,}\{S_I\}\right)\right]e^{H_0}\right\}, \tag{6.5.12}$$

$\langle\cdots\rangle$ 代表相应于哈密顿量 H_0 的统计平均，即

$$\langle A\rangle=\frac{1}{Z_0}\operatorname*{Tr}_{\{S_I\}}\left\{\left[\prod_I P\left(\sigma_{I,}\{S_I\}\right)\right]A\,e^{H_0}\right\}. \tag{6.5.13}$$

获得目前的结果，我们没有作任何近似处理. 但是，实现精确计算极其困难，必须采取适当的近似. 这里简要介绍一种便于近似计算的累积展开方法.

为了计算自由能，我们需要将式(6.5.11)右端的统计平均

$$\left\langle e^V \right\rangle = 1 + \left\langle V \right\rangle + \frac{1}{2!}\left\langle V^2 \right\rangle + \cdots$$

写为指数函数形式，即

$$\left\langle e^V \right\rangle = \exp\left[\ln\left(\left\langle e^V \right\rangle\right)\right] = \exp\left[\ln\left(1 + \left\langle V \right\rangle + \frac{1}{2!}\left\langle V^2 \right\rangle + \cdots\right)\right].$$

利用对数函数的级数表达式

$$\ln(1+x) = x - x^2/2 + x^3/3 - \cdots,$$

将其指数展开有

$$\left\langle e^V \right\rangle = \exp\left[\left\langle V \right\rangle + \frac{1}{2!}\left(\left\langle V^2 \right\rangle - \left\langle V \right\rangle^2\right) + \frac{1}{3!}\left(\left\langle V^3 \right\rangle - 3\left\langle V \right\rangle\left\langle V^2 \right\rangle + 2\left\langle V \right\rangle^3\right) + \cdots\right]. \tag{6.5.14}$$

通常将式(6.5.14)称为累积展开.

精确计算累积展开是十分复杂的，这里仅给出它的初级近似：只取式(6.5.14)的首项，即

$$\left\langle e^V \right\rangle \approx e^{\langle V \rangle}.$$

如果只计入最近邻相互作用，即令 $K_1 = K, K_2 = K_3 = \cdots = 0$. 无块间耦合的配分函数 Z_0 可以写成如下形式：

$$Z_0 = \prod_I e^{A + B\sigma_I}. \tag{6.5.15}$$

其中，A、B 由以下两式确定：

$$\begin{cases} e^{A+B} = e^{3K+3h} + 3e^{-K+h} & (\sigma_I = 1), \\ e^{A-B} = e^{3K-3h} + 3e^{-K-h} & (\sigma_I = -1), \end{cases}$$

解上面方程组有

$$\begin{cases} A = \dfrac{1}{2}\ln\left[\left(e^{3K+3h} + 3e^{-K+h}\right)\left(e^{3K-3h} + 3e^{-K-h}\right)\right], \\ B = \dfrac{1}{2}\ln\dfrac{e^{3K+3h} + 3e^{-K+h}}{e^{3K-3h} + 3e^{-K-h}}. \end{cases} \tag{6.5.16}$$

因为 H_0 中不含块间相互作用部分，所以 $\langle V \rangle$ 也容易被写出为

$$\left\langle V \right\rangle = K \sum_{\langle \alpha I, \beta J \rangle} \left\langle S_{\alpha I} \right\rangle \left\langle S_{\beta J} \right\rangle, \tag{6.5.17}$$

再用对称性条件可得

$$\left\langle S_{\alpha I} \right\rangle = C + D\sigma_I, \tag{6.5.18}$$

其中

$$
\begin{aligned}
C&=\frac{1}{2}\left(\frac{e^{3K+3h}+e^{-K+h}}{e^{3K+3h}+3e^{-K+h}}-\frac{e^{3K-3h}+e^{-K-h}}{e^{3K-3h}+3e^{-K-h}}\right),\\
D&=\frac{1}{2}\left(\frac{e^{3K+3h}+e^{-K+h}}{e^{3K+3h}+3e^{-K+h}}+\frac{e^{3K-3h}+e^{-K-h}}{e^{3K-3h}+3e^{-K-h}}\right).
\end{aligned}
\tag{6.5.19}
$$

结合式(6.5.3)、式(6.5.11)和式(6.5.15)可得

$$
\begin{aligned}
&Ng(K,h)+H'(\{\sigma_I\},K',h')\\
&=\frac{1}{3}NA(K,h)+B\sum_I\sigma_I+2K\sum_{\langle IJ\rangle}(C+D\sigma_I)(C+D\sigma_J).
\end{aligned}
\tag{6.5.20}
$$

重整化的哈密顿量则可写为

$$
H'=K'\sum_{\langle IJ\rangle}\sigma_I\sigma_J+h'\sum_I\sigma_I\,. \tag{6.5.21}
$$

同时有如下递推关系：

$$
\begin{aligned}
&K'=2KD^2(K,h),\\
&h'=B(K,h)+12KC(K,h)D(K,h),\\
&g(K,h)=\frac{1}{3}A(K,h)+2KC^2(K,h).
\end{aligned}
\tag{6.5.22}
$$

2. 不动点

为了研究临界性质，需要求出并分析上述变换的不动点(K^*, h^*)，这可以根据递推关系式(6.5.22)由式(6.4.6)获得. 考虑无外场即 $h = 0$ 情形，则有 $B = C = 0$，递推关系成为

$$
K'=2K\left(\frac{e^{3K}+e^{-K}}{e^{3K}+3e^{-K}}\right)^2, \tag{6.5.23a}
$$

$$
h'=h=0\,. \tag{6.5.23b}
$$

由上式可以看出：当 $K\ll 1$ 时，$K' \approx K/2$，代表点流向无相互作用的高温极限不动点；当 $K\gg 1$ 时，$K' \approx 2K$，点流向 $K=\infty$的低温极限($T=0$ 基态)不动点. 这些点都不给出相变. 与临界点相联系的不动点坐标则由下面两式确定：

$$
\begin{cases}
\dfrac{e^{3K^*}+e^{-K^*}}{e^{3K^*}+3e^{-K^*}}=\sqrt{2}/2,\\
h^*=0,
\end{cases}
\tag{6.5.24}
$$

这个解是不稳定的.

由式(6.5.24)解出的临界点坐标近似值为

$$\begin{cases} K^* = 0.3356, \\ h^* = 0. \end{cases}$$

精确解相应的结果是 $K^* = 0.27465$, 平均场结果则是 $K^* = 0.1667$. 可见我们的结果虽优于平均场,但与精确解还有一定的差距. 这是因为我们采取了初级近似. 如果取高级项，结果会有所改善.

3. 临界指数

为了求出临界指数，我们考虑线性近似变换式(6.4.8). 由对称性有

$$\left.\frac{\partial h'}{\partial K}\right|_{K^*,h^*} = \left.\frac{\partial K'}{\partial h}\right|_{K^*,h^*} = 0,$$

进而可得

$$\lambda_1 = b^{y_t} = \left.\frac{\partial K'}{\partial K}\right|_{K^*,h^*}, \quad \lambda_2 = b^{y_h} = \left.\frac{\partial h'}{\partial h}\right|_{K^*,h^*},$$

其中，$b = \sqrt{3}$.

计算以上两个导数的值得

$$\lambda_1 = 1.623, \quad \lambda_2 = 2.121.$$

可见，$\lambda_1 > 1, \lambda_2 > 1$，两个本征值都是关涉的，可以由它们来确定临界指数. 由上面结果得

$$y_1 = 0.882, \quad y_2 = 1.369.$$

对比自由能递归关系

$$f(U_1, U_2) = b^{-d} f\left(b^{y_1} U_1, b^{y_2} U_2\right)$$

U_1、U_2分别取为τ、h, 则有

$$f(\tau, h) = b^{-d} f\left(b^{y_1}\tau, b^{y_2} h\right).$$

再与韦达姆的标度假定

$$f(\tau, h) = \lambda^{-1} f\left(\lambda^p \tau, \lambda^q h\right)$$

比较，便可得如下标度幂关系：

$$p = y_1/d = 0.441,$$
$$q = y_2/d = 0.685.$$

再用式(6.1.9)～式(6.1.12)和式(6.2.19)即可算出部分临界指数的值. 例如

$$\alpha = (2p-1)/p = -0.267,$$

$$\beta = (1-q)/p = -0.039,$$
$$\gamma = (2q-1)/p = 2.345,$$
$$\delta = q/(1-q) = 2.175.$$

关于λ_1和λ_2，昂萨格对二维伊辛模型严格求解的结果是

$$\lambda_1 = 1.73, \quad \lambda_2 = 2.80.$$

上面给出的λ_1 (即λ_K) 接近严格解，而λ_2(即λ_h)则相差较大，结果明显偏离实验结果和二维严格解. 但这并不意味着重整化理论在本质上有问题. 因为这里得到的解仅是一个最初级的近似，正确的结果应通过计算高级项获得. 限于篇幅和本书的任务，这里不做进一步的计算. 尽管如此，我们所介绍的初级近似还是演示了重整化群的基本计算方法. 有兴趣进一步了解这一理论的读者，可阅读有关专著和相应的文献①.

习　题

6.1　用重整化群的理论验证：一维伊辛模型没有相变. 试讨论考虑次近邻作用后结果如何.

6.2　考虑 6.3 节伊辛链的重整化变换. 在外场为零($h = 0$)的情况下，利用式(6.3.10)～式(6.3.12)，由 $K = 1$ 出发，求 K_j、$g(K_j, 0)$到第四级，并计算无量纲化学势μ的近似值.

6.3　采用与三角形点阵类似的方法，求二维正方形伊辛点阵 5 自旋方块体的临界指数的初级近似结果(见图).

6.4　用与上题相同的方法，计算二维正方形伊辛点阵 9 自旋方块体的临界指数的初级近似结果(图 6.2.1).

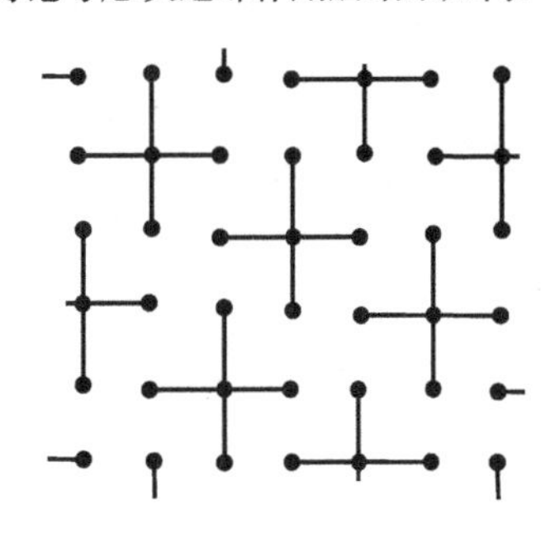

习题 6.3 图　二维正方点阵 5 自旋块体

① Niemeijer T H，van Leeuwen J M J. 1976. Phase Transitions and Critical Phenomena，vol. 6，eds. Domb C and Green M S. New York：Acadeic Press.

第二编

统计力学的量子场论方法

第二篇

[illegible]

第 7 章　量子场论预备知识

量子力学中遇到的问题大多不能严格求解，在进行量子统计力学的计算时，很难写出多粒子体系能量的精确解析表达式，因此也常常无法解析计算配分函数及热力学量. 为了解决这个困难，人们寻找了不少近似方法来处理多粒子体系的量子统计力学问题. 费曼(Feynman)等在量子场论基础上发展的多粒子体系格林函数理论，为统计力学提供了一种十分有效的近似方法. 以下几章将介绍这一理论的基本知识.

多体系的格林函数理论是以量子场论的描述方法为基础的. 为了便于后面的论述，本章先简要地回顾量子场论中有关的概念.

7.1　量子力学谐振子

量子力学中严格可解的问题有两个：有心力场和谐振子问题. 在量子场论中，常将一些运动分解为谐振子的线性叠加. 为便于理解量子场论的描述方法，先回顾量子力学谐振子的概念是必要的.

1. 线性谐振子

为简单起见，先考虑一维谐振子. 假定质量为 m 的粒子在一维空间中运动，其坐标为 q，受虎克力作用. 这一系统的哈密顿量可写为

$$H=\frac{1}{2m}p^2+\frac{1}{2}kq^2. \tag{7.1.1}$$

记$\omega^2\equiv k/m$，注意到坐标、动量算符分别是

$$q=q,\quad p=\frac{\hbar}{i}\frac{\mathrm{d}}{\mathrm{d}q}, \tag{7.1.2}$$

哈密顿量可写为

$$H=-\frac{\hbar^2}{2m}\frac{\mathrm{d}^2}{\mathrm{d}q^2}+\frac{1}{2}m\omega^2q^2, \tag{7.1.3}$$

薛定谔方程则为

$$\left(-\frac{\hbar^2}{2m}\frac{\mathrm{d}^2}{\mathrm{d}q^2}+\frac{1}{2}m\omega^2q^2\right)\psi=E\psi . \tag{7.1.4}$$

引入无量纲变数

$$\xi\equiv\left(\frac{m\omega}{\hbar}\right)^{1/2}q , \tag{7.1.5}$$

则有

$$\left(-\frac{1}{2}\frac{\mathrm{d}^2}{\mathrm{d}\xi^2}+\frac{1}{2}\xi^2\right)\psi=\frac{E}{\hbar\omega}\psi . \tag{7.1.6}$$

在坐标表象中解出量子数为 n 的本征能量及本征波函数为

$$\begin{cases}E_n=\left(n+\dfrac{1}{2}\right)\hbar\omega,\\ \psi_n=N_n\mathrm{e}^{-\xi^2/2}H_n(\xi),\end{cases} \tag{7.1.7}$$

其中

$$H_n(\xi)=(-1)^n\mathrm{e}^{\xi^2}\frac{\mathrm{d}^n}{\mathrm{d}\xi^n}\mathrm{e}^{-\xi^2}$$

为厄米多项式.

2. 粒子数表象

为了运算方便，常用粒子数表象来描述量子谐振子的运动. 引入新算符

$$b=\frac{1}{\sqrt{2}}\left(\frac{\mathrm{d}}{\mathrm{d}\xi}+\xi\right), \tag{7.1.8a}$$

及其共轭

$$b^\dagger=\frac{1}{\sqrt{2}}\left(-\frac{\mathrm{d}}{\mathrm{d}\xi}+\xi\right), \tag{7.1.8b}$$

则有关系

$$\begin{cases}q=\left(\dfrac{\hbar}{2m\omega}\right)^{1/2}\left(b+b^\dagger\right),\\ p=\dfrac{1}{\mathrm{i}}\left(\dfrac{m\hbar\omega}{2}\right)^{1/2}\left(b-b^\dagger\right).\end{cases} \tag{7.1.9}$$

由坐标与动量的对易关系，可以得到 $b, b^\dagger$的对易关系. 由

$$[q,p]=\frac{\hbar}{2\mathrm{i}}\left[\left(b+b^{\dagger}\right),\left(b-b^{\dagger}\right)\right]=-\frac{\hbar}{\mathrm{i}}\left[b,b^{\dagger}\right]=\mathrm{i}\hbar,$$

可得

$$\left[b,b^{\dagger}\right]=1,\quad [b,b]=\left[b^{\dagger},b^{\dagger}\right]=0. \tag{7.1.10}$$

这组关系称为**玻色对易关系**，b 和 $b^{\dagger}$为玻色算符. 利用玻色算符可将哈密顿量写为

$$\begin{aligned}H&=\frac{1}{2m}\left(p^2+m^2\omega^2q^2\right)\\&=\frac{1}{4}\hbar\omega\left[-\left(b-b^{\dagger}\right)^2+\left(b+b^{\dagger}\right)^2\right]\\&=\hbar\omega b^{\dagger}b+\frac{1}{2}\hbar\omega.\end{aligned} \tag{7.1.11}$$

现在来研究量子数 n 的取值范围和算符 b、$b^{\dagger}$的意义. 将能量为 E 的本征矢量记为$|\psi\rangle$，则有

$$\hbar\omega\langle\psi|b^{\dagger}b|\psi\rangle=\langle\psi|H-\frac{1}{2}\hbar\omega|\psi\rangle=\left(E-\frac{1}{2}\hbar\omega\right)\langle\psi|\psi\rangle, \tag{7.1.12}$$

而

$$\langle\psi|\left(b^{\dagger}+b\right)|\psi\rangle=\left|b|\psi\rangle\right|^2\geqslant 0,$$

因此

$$E\geqslant\frac{1}{2}\hbar\omega.$$

又

$$Hb-bH=\hbar\omega\left(b^{\dagger}bb-bb^{\dagger}b\right)=-\hbar\omega b,$$

所以

$$\begin{aligned}Hb&=bH-\hbar\omega b,\\Hb|\psi\rangle&=(bH-\hbar\omega b)|\psi\rangle=(E-\hbar\omega)b|\psi\rangle,\end{aligned} \tag{7.1.13}$$

即 $b|\psi\rangle$ 也是 H 的本征矢，本征值为 $E-\hbar\omega$. 再考虑 H 和 $b^{\dagger}$之对易关系：

$$Hb^{\dagger}-b^{\dagger}H=\hbar\omega b^{\dagger},$$

即

$$Hb^{\dagger}=b^{\dagger}H+\hbar\omega b^{\dagger},$$

又得

$$Hb^{\dagger}|\psi\rangle=(E+\hbar\omega)b^{\dagger}|\psi\rangle. \tag{7.1.14}$$

可见 $b^{\dagger}|\psi\rangle$ 亦 H 之本征矢，本征值为 $E+\hbar\omega$. 再注意到另一关系：

$$\hbar\omega\langle\psi|bb^{\dagger}|\psi\rangle=\hbar\omega\langle\psi|(1+b^{\dagger}b)|\psi\rangle=\left(E+\frac{1}{2}\hbar\omega\right)\langle\psi|\psi\rangle, \tag{7.1.15}$$

由式(7.1.12)～式(7.1.15)可知，如果 E 是本征值，则本征值的序列必为

$$\cdots,E-2\hbar\omega,E-\hbar\omega,E,E+\hbar\omega,E+2\hbar\omega,\cdots.$$

它必有下界 $\hbar\omega/2$，当 $E=\hbar\omega/2$ 时，$b|\psi\rangle=0$，本征函数系列截止. 于是，我们将最低能量选为 $\hbar\omega/2$. 从式(7.1.13)又知 E 无上界，所以 H 的本征值应取为

$$E_n=\left(n+\frac{1}{2}\right)\hbar\omega \qquad (n=0,1,2,\cdots). \tag{7.1.16}$$

如果将能量增 $\hbar\omega$ 视为增加一个粒子，单粒子的 E_n 态便是有 n 个能量为 $\hbar\omega$ 的粒子的态，或 $\hbar\omega$ 态的占据数为 n. 在此意义下，称 $b^{\dagger}$ 为该粒子的产生算符，b 则为湮没算符. 为简单明确起见，常将 n 粒子态记为 $|n\rangle$. 方程(7.1.4)则写为

$$H|n\rangle=\left(n+\frac{1}{2}\hbar\omega\right)|n\rangle. \tag{7.1.17}$$

这样就建立了一个新的表象(空间)——粒子数表象，或称为占据数表象. 在此表象中，算符均用 b、$b^{\dagger}$ 表示.

现在我们来求粒子数表象中 b、$b^{\dagger}$ 的矩阵元.

由式(7.1.14)有

$$\langle n|Hb^{\dagger}|m\rangle=\left(\frac{2m+1}{2}+1\right)\hbar\omega\langle n|b^{\dagger}|m\rangle=\frac{2n+1}{2}\hbar\omega\langle n|b^{\dagger}|m\rangle,$$

因此

$$(m-n+1)\hbar\omega\langle n|b^{\dagger}|m\rangle=0,$$

$$\langle n|b^{\dagger}|m\rangle=\begin{cases}\text{非 }0 & (m=n-1),\\ 0 & (m\neq n-1).\end{cases} \tag{7.1.18}$$

同理

$$\langle n|b|m\rangle=\begin{cases}\text{非 }0 & (m=n+1),\\ 0 & (m\neq n+1).\end{cases} \tag{7.1.19}$$

假定 $|n\rangle$ 是归一化的，再用 b、$b^{\dagger}$ 之对易关系可得

$$\langle 0|b|1\rangle\langle 1|b^{\dagger}|0\rangle=1,$$

即

$$|\langle 0|b|1\rangle|^2=|\langle 1|b^{\dagger}|0\rangle|^2=1. \tag{7.1.20}$$

另外还可以得到

$$\langle n|b|n+1\rangle\langle n+1|b^\dagger|n\rangle-\langle n|b^\dagger|n-1\rangle\langle n-1|b|n\rangle=1,$$

即

$$|\langle n|b|n+1\rangle|^2=|\langle n-1|b|n\rangle|^2+1.$$

递推并用式(7.1.20)得

$$|\langle n|b|n+1\rangle|^2=n+1,$$

进而得

$$b|n+1\rangle=\sqrt{n+1}|n\rangle.$$

相应的共轭量为

$$b^\dagger|n\rangle=\sqrt{n+1}|n+1\rangle,$$

即有

$$\left(b^\dagger\right)^n|0\rangle=\sqrt{n!}|n\rangle.$$

n 粒子态矢可用产生算符表示为

$$|n\rangle=\frac{1}{\sqrt{n!}}\left(b^\dagger\right)^n|0\rangle. \tag{7.1.21}$$

容易证明，它与$|0\rangle$同时归一化.

3. 多振子情形

如果物系由多个谐振子组成，H_k 为第 k 个振子，其哈密顿量则可写为

$$H=\sum_k H_k=\sum_k \hbar\omega_k\left(b_k^\dagger b_k+\frac{1}{2}\right).$$

适当选择零点，可将其写为

$$H=\sum_k \hbar\omega_k b_k^\dagger b_k . \tag{7.1.22}$$

对易关系为

$$\left[b_k,b_{k'}^\dagger\right]=\delta_{kk'},$$

$$\left[b_k,b_{k'}\right]=\left[b_k^\dagger,b_{k'}^\dagger\right]=0.$$

本征值和本征矢分别为

$$E=\sum_k \hbar\omega_k n_k ,$$

$$\left|n_1, n_2, \cdots, n_k, \cdots\right\rangle = \prod_k \frac{1}{\sqrt{n_k!}}\left(b_k^\dagger\right)^{n_k}\left|0\right\rangle . \tag{7.1.23}$$

上述粒子数表象的描述也很容易推广到多维谐振子情形.

7.2 二次量子化

经典力学中的力学量用数(可以是一组数)来描述. 任何一对力学量都可以同时具有确定值. 而在量子力学中则不同,不是任何一对力学量都可以同时确定. 每个力学量也不是在任何情况下都可以取确定值的. 因此，量子力学的力学量不能简单地用数(即使是一组数)来描述. 通常是将力学量作为算符,用波函数ψ来描述粒子的运动状态. 描述波函数演化行为的方程则是薛定谔方程. 这个由经典力学到量子力学过渡的过程常称为将体系量子化的过程. 如果再将波函数ψ作为算符,体系又可以进一步量子化. 这个进一步量子化的过程被称为二次量子化.

1. 哈密顿函数的量子化表示

单粒子薛定谔方程一般可以写为

$$\left(-\frac{\hbar^2}{2m}\nabla^2 + V\right)\psi = \mathrm{i}\hbar\dot{\psi} . \tag{7.2.1}$$

方程中的ψ是描述粒子状态的波函数，可以将它看成是一种场，二次量子化就是将它量子化. 因为在式(7.2.1)中ψ还未量子化，故有时又称此方程为“经典”方程.

当势 V 不显含时间 t 时，可得定态方程为

$$\left(-\frac{\hbar^2}{2m}\nabla^2 + V\right)\varphi_n = E_n\varphi_n . \tag{7.2.2}$$

原方程(7.2.1)的本征解则为

$$\psi_n = \mathrm{e}^{-\mathrm{i}E_n t/\hbar}\varphi_n , \tag{7.2.3}$$

这里 n 代表一组量子数，相应的力学量构成完全集. 于是，一般波函数可表示为φ_n的线性组合：

$$\psi = \sum_k C_n\psi_n = \sum_\mu b_\mu(t)\varphi_\mu , \tag{7.2.4}$$

其中

$$b_\mu(t) = b_\mu(0)\mathrm{e}^{-\mathrm{i}E_\mu t/\hbar} ,$$

$b_\mu(0)$是由初始条件决定的常系数. ψ可视为一种场，名之薛定谔场，其拉格朗日函

数为[①]

$$L=\int\left(\psi^{*}\mathrm{i}\hbar\dot{\psi}-\psi^{*}V\psi+\psi^{*}\frac{\hbar^{2}}{2m}\nabla^{2}\psi\right)\mathrm{d}x\,. \tag{7.2.5}$$

式中，$\boldsymbol{x}$ 为坐标空间的矢量；ψ是复函数，其实部和虚部各自作为独立变数满足相应的薛定谔波动方程，可以独立求解. 这两个独立变数也可以用ψ和ψ^*代替，ψ^*满足的运动方程是薛定谔方程的共轭.

注意到$-\mathrm{i}\hbar\nabla$的厄米性，利用关系

$$-\int\psi^{*}\left(\frac{\hbar^{2}}{2m}\nabla^{2}\psi\right)\mathrm{d}\boldsymbol{x}=\int\nabla\psi^{*}\cdot\frac{\hbar^{2}}{2m}\nabla\psi\mathrm{d}\boldsymbol{x}\,,$$

不难验证式(7.2.5)的正确性(还原到波动方程).

以ψ为广义坐标，其正则共轭动量则为

$$\pi=\frac{\partial L}{\partial\dot{\psi}}=\mathrm{i}\hbar\psi^{*}\,, \tag{7.2.6}$$

相应的哈密顿量便可写为

$$H=\int\pi\dot{\psi}\mathrm{d}\boldsymbol{x}-L\,,$$

将式(7.2.1)和式(7.2.5)代入则得

$$H=\int\psi^{*}\left(-\frac{\hbar^{2}}{2m}\nabla^{2}+V\right)\psi\mathrm{d}\boldsymbol{x}\,. \tag{7.2.7}$$

将波场ψ代之以式(7.2.4)的形式，哈密顿量成为

$$\begin{aligned}H&=\sum_{\mu\mu'}b_{\mu'}^{*}b_{\mu}\int\varphi_{\mu'}^{*}(\boldsymbol{x})\left(-\frac{\hbar^{2}}{2m}\nabla^{2}+V\right)\varphi_{\mu}(x)\mathrm{d}\boldsymbol{x}=\sum_{\mu\mu'}b_{\mu'}^{*}b_{\mu}E_{\mu}\int\varphi_{\mu'}^{*}(\boldsymbol{x})\varphi_{\mu}(x)\mathrm{d}\boldsymbol{x}\\&=\sum_{\mu\mu'}b_{\mu'}^{*}b_{\mu}E_{\mu}\delta_{\mu\mu'},\end{aligned}$$

即

$$H=\sum_{\mu}b_{\mu}^{*}b_{\mu}E_{\mu}\,. \tag{7.2.8}$$

酷似谐振子哈密顿量在粒子数表象中的表达式(7.1.22). 将 b_{μ}、b_{μ}作为算符，便可实现对薛定谔波场的量子化.

① 可参阅：Schiff L I. 1968. Quantum Mechanics, 3ed. New York: McGRAW-HILL Inc.

2. 玻色场的量子化

将式(7.2.4)中的展开系数(它们确定波场)作为算符，记为$\hat{b}_{\mu}^{\dagger}$和$\hat{b}_{\mu}$，则波函数$\varPsi$也成为算符，记为$\hat{\psi}$. 具体写出$\hat{\psi}$及其共轭即

$$\begin{cases}\hat{\psi}=\sum_{\mu}\hat{b}_{\mu}\varphi_{\mu},\\ \hat{\psi}^{\dagger}=\sum_{\mu}\hat{b}_{\mu}^{\dagger}\varphi_{\mu}^{*}.\end{cases}\tag{7.2.9}$$

为了完成量子化手续，需要确定$\hat{b}_{\mu}^{\dagger}$和$\hat{b}_{\mu}$的对易关系.

利用式(7.2.9)再将ψ的正则共轭量π写为场算符的形式有

$$\hat{\pi}=\mathrm{i}\hbar\hat{\psi}^{\dagger}=\mathrm{i}\hbar\sum_{\mu}\hat{b}_{\mu}^{\dagger}\varphi_{\mu}^{*}.$$

$\hat{\psi}$和$\hat{\pi}$的对易关系是广义坐标与动量的对易关系

$$\left[\hat{\psi}(\boldsymbol{x}),\hat{\pi}(\boldsymbol{x}')\right]=\mathrm{i}\hbar\delta(\boldsymbol{x}-\boldsymbol{x}'),$$

由此得

$$\left[\psi(\boldsymbol{x}),\hat{\psi}^{\dagger}(\boldsymbol{x}')\right]=\delta(\boldsymbol{x}-\boldsymbol{x}').$$

用φ_{μ}的正交性不难求得

$$\hat{b}_{\mu}=\int\varphi_{\mu}^{*}\hat{\psi}\mathrm{d}x,$$

$$\hat{b}_{\mu}^{\dagger}=\int\varphi_{\mu}\hat{\psi}^{\dagger}\mathrm{d}x,$$

因此

$$\left[\hat{b}_{\mu},\hat{b}_{\mu}^{\dagger}\right]=\int\int\varphi_{\mu}^{*}\left[\hat{\psi}(x),\hat{\psi}\ \ (x')\right]\varphi_{\mu'}\mathrm{d}x\mathrm{d}x'=\int\varphi_{\mu}^{*}(x)\varphi_{\mu'}(x)\mathrm{d}x$$

应当注意，φ_{μ}不是算符而是数量函数，称为C数. 由上式可得

$$\left[\hat{b}_{\mu},\hat{b}_{\mu'}^{\dagger}\right]=\delta_{\mu\mu'},\quad\left[\hat{b}_{\mu},\hat{b}_{\mu'}\right]=\left[\hat{b}_{\mu}^{\dagger},\hat{b}_{\mu'}^{\dagger}\right]=0\tag{7.2.10}$$

这组对易关系为玻色对易关系，与谐振子情形相同.

利用上述关系，可将哈密顿量写为

$$H=\sum_{\mu}E_{\mu}\hat{b}_{\mu}^{\dagger}\hat{b}_{\mu},\tag{7.2.11}$$

式中，E_{μ}为单粒子能级.

系统的能量与波函数分别为

$$E=\sum_{\mu}n_{\mu}E_{\mu},\tag{7.2.12}$$

$$\Phi = \prod_{\mu} \frac{1}{\sqrt{n_{\mu}!}} \left(\hat{b}_{\mu}^{\dagger}\right)^{n_{\mu}} \Phi_0 . \tag{7.2.13}$$

这里，Φ_0为基态波函数，n_μ应理解为第μ个能级的占据数.

因为玻色子不受泡利不相容原理的限制，所以我们在导出对易关系式(7.2.10)的过程中，对单粒子态上可以占据的粒子数未加限制. 这样，n_μ的取值就可以是0, 1, 2, ….

3. 费米场的量子化

与玻色场算符类似，费米场算符的定义为

$$\begin{cases} \hat{\psi} = \sum_{\mu} \hat{a}_{\mu} \varphi_{\mu}, \\ \hat{\psi}^{\dagger} = \sum_{\mu} \hat{a}_{\mu}^{\dagger} \varphi_{\mu}^{*}. \end{cases} \tag{7.2.14}$$

不同的是，由于受到泡利不相容原理的限制，费米场单粒子量子态的占据数不能超过 1，因此费米产生和湮没算符必有以下性质：

$$\left(\hat{a}_{\mu}^{\dagger}\right)^2 \Phi = 0, \quad \left(\hat{a}_{\mu}\right)^2 \Phi = 0.$$

玻色对易关系不能满足这两个条件. 因此，我们对费米场算符的“对易关系”作了不同于玻色场的规定：

$$\hat{a}_{\mu}^{\dagger}\hat{a}_{\nu}^{\dagger} + \hat{a}_{\nu}^{\dagger}\hat{a}_{\mu}^{\dagger} = 0,$$

$$\hat{a}_{\mu}\hat{a}_{\nu} + \hat{a}_{\nu}\hat{a}_{\mu} = 0,$$

$$\hat{a}_{\mu}\hat{a}_{\nu}^{\dagger} + \hat{a}_{\nu}^{\dagger}\hat{a}_{\mu} = \delta_{\mu\nu}.$$

这些关系能够保证泡利不相容原理的成立. 定义反对易子符号

$$\left[A, B\right]_{+} = AB + BA,$$

可将费米算符的反对易关系写为

$$\left[\hat{a}_{\mu}, \hat{a}_{\nu}^{\dagger}\right]_{+} = \delta_{\mu\nu},$$

$$\left[\hat{a}_{\mu}, \hat{a}_{\nu}\right]_{+} = \left[\hat{a}_{\mu}^{\dagger}, \hat{a}_{\nu}^{\dagger}\right]_{+} = 0 . \tag{7.2.15}$$

费米场算符的反对易关系则为

$$\begin{aligned} &\left[\hat{\psi}(\boldsymbol{x}), \hat{\psi}^{\dagger}(\boldsymbol{x}')\right]_{+} = \delta(\boldsymbol{x} - \boldsymbol{x}'), \\ &\left[\hat{\psi}(\boldsymbol{x}), \hat{\psi}(\boldsymbol{x}')\right]_{+} = \left[\hat{\psi}^{\dagger}(\boldsymbol{x}), \hat{\psi}^{\dagger}(\boldsymbol{x}')\right]_{+} = 0. \end{aligned} \tag{7.2.16}$$

哈密顿算符与玻色情形有相同的形式：

$$H = \sum_{\mu} E_{\mu} \hat{a}_{\mu}^{\dagger} \hat{a}_{\mu} . \tag{7.2.17}$$

体系的本征能量和相应的波函数则为

$$E = \sum_{\mu} n_{\mu} E_{\mu} , \tag{7.2.18}$$

$$\Phi = \prod_{\mu} \frac{1}{\sqrt{n_{\mu}!}} \left(\hat{a}_{\mu}^{\dagger} \right)^{n_{\mu}} \Phi_0 . \tag{7.2.19}$$

由于泡利不相容原理的限制，单粒子态占据数 n_{μ} 只能取 0 和 1.

4. 多粒子力学量

以上的讨论还限于单个粒子情形，现在考虑有多个粒子的体系. 将它们的力学量用场算符来表示.

1) 粒子数密度

在 $\boldsymbol{x}$ 处之粒子数密度的算符定义为

$$\hat{n}(\boldsymbol{x}) = \hat{\psi}^{\dagger}(\boldsymbol{x}) \hat{\psi}(\boldsymbol{x}). \tag{7.2.20}$$

我们以玻色系为例来说明其意义. 此算符在场中有一个波矢为 $\boldsymbol{k}$ 之粒子的态 $\Phi = \hat{b}_k^{\dagger} \Phi_0$ 的期望值是

$$\overline{\hat{n}(\boldsymbol{x})} = \langle \Phi | \hat{\psi}^{\dagger}(\boldsymbol{x}) \hat{\psi}(\boldsymbol{x}) | \Phi \rangle ,$$

代入式(7.2.9)有

$$\overline{\hat{n}(\boldsymbol{x})} = \langle \Phi_0 | \hat{b}_k \sum_{\mu_1 \mu_2} \hat{b}_{\mu_1}^{\dagger} \hat{b}_{\mu_2} \varphi_{\mu_1}^{*} \varphi_{\mu_2} \hat{b}_k^{\dagger} | \Phi_0 \rangle = \langle \Phi_0 | \varphi_k^{*} \varphi_k | \Phi_0 \rangle = \varphi_k^{*} \varphi_k .$$

这正是波矢为 $\boldsymbol{k}$ 之粒子的概率密度函数.

如果 $\hat{\psi}(\boldsymbol{x})$ 是多粒子系的场算符，则多体系总粒子数算符为

$$\hat{N} = \int \hat{n}(\boldsymbol{x}) \mathrm{d}x = \int \hat{\psi}^{\dagger}(\boldsymbol{x}) \hat{\psi}(\boldsymbol{x}) \mathrm{d}x . \tag{7.2.21}$$

2) 单粒子型力学量

单粒子型动能为

$$\hat{T} = \sum_{i=1}^{N} \left(-\frac{\hbar^2}{2m} \nabla_i^2 \right). \tag{7.2.22}$$

外场中的势能为

$$\hat{V}^{\mathrm{e}} = \sum_{i=1}^{N} V^{\mathrm{e}}(x_i) . \tag{7.2.23}$$

上述力学量不包含不同粒子之间的相关项，称为单粒子型力学量，它们的二次量

子化形式可写为

$$\hat{T}=\int\hat{\psi}^{\dagger}(\boldsymbol{x})\left(-\frac{\hbar^{2}}{2m}\nabla^{2}\right)\hat{\psi}(\boldsymbol{x})\mathrm{d}\boldsymbol{x}, \tag{7.2.24}$$

$$\hat{V}^{\mathrm{e}}=\int\hat{\psi}^{\dagger}(\boldsymbol{x})V^{\mathrm{e}}\hat{\psi}(\boldsymbol{x})\mathrm{d}\boldsymbol{x}. \tag{7.2.25}$$

3) 两体互作用能

粒子间两体相互作用能一般写为

$$V=\frac{1}{2}\sum_{ij}V\left(\boldsymbol{x}_{i},\boldsymbol{x}_{j}\right). \tag{7.2.26}$$

用薛定谔场表示则为

$$\frac{1}{2}\iint\psi^{*}(\boldsymbol{x})\psi(\boldsymbol{x})V(\boldsymbol{x},\boldsymbol{x}')\psi^{*}(\boldsymbol{x}')\psi(\boldsymbol{x}')\mathrm{d}\boldsymbol{x}\mathrm{d}\boldsymbol{x}'.$$

二次量子化后，ψ成为场算符. 与 C 数不同，在乘积中任意两算符的位置不可随意互换，因此上式在表示为场算符时各场算符位置的顺序应正确地确定. 这一顺序的选择应与如下事实一致：只有一个粒子出现时，相互作用能为零. 考虑到这点，相互作用哈密顿量应写成如下形式：

$$\hat{V}=\frac{1}{2}\iint\hat{\psi}^{\dagger}(\boldsymbol{x})\hat{\psi}^{\dagger}(\boldsymbol{x}')V(\boldsymbol{x},\boldsymbol{x}')\hat{\psi}(\boldsymbol{x}')\hat{\psi}(\boldsymbol{x})\mathrm{d}\boldsymbol{x}\mathrm{d}\boldsymbol{x}'. \tag{7.2.27}$$

4) 多粒子系的哈密顿量

由以上各式，只考虑两体互作用的多粒子系在外场中的哈密顿量写为

$$\begin{aligned}\hat{H}=&\int\hat{\psi}^{\dagger}(\boldsymbol{x})T(\boldsymbol{x})\hat{\psi}(\boldsymbol{x})\mathrm{d}\boldsymbol{x}+\int\hat{\psi}^{\dagger}(\boldsymbol{x})V^{\mathrm{e}}(\boldsymbol{x})\hat{\psi}(\boldsymbol{x})\mathrm{d}\boldsymbol{x}\\&+\frac{1}{2}\iint\hat{\psi}^{\dagger}(\boldsymbol{x})\hat{\psi}^{\dagger}(\boldsymbol{x}')V(\boldsymbol{x},\boldsymbol{x}')\hat{\psi}(\boldsymbol{x}')\hat{\psi}(\boldsymbol{x})\mathrm{d}\boldsymbol{x}\mathrm{d}\boldsymbol{x}'.\end{aligned} \tag{7.2.28}$$

这里，$\hat{\psi}$ 和 $\hat{\psi}^{\dagger}$ 是场算符，而 V^{e}、V 为 C 数.

将式(7.2.28)中的场算符用 $\hat{b}$ 、$\hat{b}^{\dagger}$ 表示后，将对坐标的积分求出，可得占据数表象中 $\hat{H}$ 的表达式：

$$\begin{aligned}\hat{H}=&\sum_{ij}\hat{b}_{i}^{\dagger}\langle i|T|j\rangle\hat{b}_{j}+\sum_{ij}\hat{b}_{i}^{\dagger}\langle i|V^{\mathrm{e}}|j\rangle\hat{b}_{j}\\&+\frac{1}{2}\sum_{ijkl}\hat{b}_{i}^{\dagger}\hat{b}_{j}^{\dagger}\langle ij|V|kl\rangle\hat{b}_{k}\hat{b}_{l}.\end{aligned} \tag{7.2.29}$$

式中，k、l、i、j 是单粒子本征态的量子数，求和中各矩阵元为

$$\langle i|T|j\rangle=\int\varphi_i^*(\boldsymbol{x})T(\boldsymbol{x})\varphi_j(\boldsymbol{x})\mathrm{d}\boldsymbol{x},$$

$$\langle i|V^{\mathrm{e}}|j\rangle=\int\varphi_i^*(\boldsymbol{x})V^{\mathrm{e}}(\boldsymbol{x})\varphi_j(\boldsymbol{x})\mathrm{d}\boldsymbol{x},$$

$$\langle ij|V|kl\rangle=\iint\varphi_i^*(\boldsymbol{x})\varphi_j^*(\boldsymbol{x}')V(\boldsymbol{x},\boldsymbol{x}')\varphi_k(\boldsymbol{x}')\varphi_l(\boldsymbol{x})\mathrm{d}\boldsymbol{x}\mathrm{d}\boldsymbol{x}'.$$

费米场的表示式与玻色场形式相同，区别只在于场算符的对易与反对易性.

以上的讨论虽然涉及玻色、费米两种不同的对称性，但是并未涉及自旋态. 在以下的讨论中，只要不特别指出，将一律不计自旋.

5. 动量空间

以上的讨论是在坐标空间(实空间)中进行的. 实际应用中，在动量空间中讨论问题往往更方便. 为此，我们需要通过傅里叶变换将各量的表述从坐标空间变到动量空间. 在周期性边界条件下，动量平面波的本征波函数为

$$\varphi_k(\boldsymbol{x})=\frac{1}{\sqrt{\mathscr{V}}}\mathrm{e}^{\mathrm{i}\boldsymbol{k}\cdot\boldsymbol{x}}, \tag{7.2.30}$$

其中，$\mathscr{V}$ 是体系的体积，$\boldsymbol{k}$ 为波矢. 将玻色场算符用此本征波函数展开写为

$$\begin{cases}\hat{\psi}(\boldsymbol{x})=\dfrac{1}{\sqrt{\mathscr{V}}}\sum\limits_{\boldsymbol{k}}\hat{b}_{\boldsymbol{k}}\mathrm{e}^{\mathrm{i}\boldsymbol{k}\cdot\boldsymbol{x}},\\ \hat{\psi}^\dagger(\boldsymbol{x})=\dfrac{1}{\sqrt{\mathscr{V}}}\sum\limits_{\boldsymbol{k}}\hat{b}_{\boldsymbol{k}}^\dagger\mathrm{e}^{-\mathrm{i}\boldsymbol{k}\cdot\boldsymbol{x}}.\end{cases} \tag{7.2.31}$$

费米场算符亦有类似形式.

对势 $V^{\mathrm{e}}(\boldsymbol{x})$和 $V(\boldsymbol{x},\boldsymbol{x}')$作傅里叶变换：

$$V^{\mathrm{e}}(\boldsymbol{x})=\frac{1}{\mathscr{V}}\sum_{\boldsymbol{q}}V^{\mathrm{e}}(\boldsymbol{q})\mathrm{e}^{\mathrm{i}\boldsymbol{q}\cdot\boldsymbol{x}}\xrightarrow[\mathscr{V}\to\infty]{}\frac{1}{(2\pi)^3}\int V^{\mathrm{e}}(\boldsymbol{q})\mathrm{e}^{\mathrm{i}\boldsymbol{q}\cdot\boldsymbol{x}}\mathrm{d}^3q, \tag{7.2.32}$$

$$V(\boldsymbol{x},\boldsymbol{x}')=V(\boldsymbol{x}-\boldsymbol{x}')=\frac{1}{\mathscr{V}}\sum_{\boldsymbol{q}}V(\boldsymbol{q})\mathrm{e}^{\mathrm{i}\boldsymbol{q}\cdot(\boldsymbol{x}-\boldsymbol{x}')}$$

$$\xrightarrow[\mathscr{V}\to\infty]{}\frac{1}{(2\pi)^3}\int V(\boldsymbol{q})\mathrm{e}^{\mathrm{i}\boldsymbol{q}\cdot(\boldsymbol{x}-\boldsymbol{x}')}\mathrm{d}^3q, \tag{7.2.33}$$

式中相互作用势的傅里叶分量由下式给出：

$$V(\boldsymbol{q})=\int V(\boldsymbol{x})\mathrm{e}^{-\mathrm{i}\boldsymbol{q}\cdot\boldsymbol{x}}\mathrm{d}^3x, \tag{7.2.34}$$

变换后的动能容易算出为

$$\hat{T}=\sum_k\frac{\hbar^2k^2}{2m}\hat{b}_k^\dagger\hat{b}_k. \tag{7.2.35}$$

单粒子势能可表示为

$$\hat{V}^{\mathrm{e}}=\int\frac{1}{\mathscr{V}}\sum_{\boldsymbol{k}\boldsymbol{k}'}\hat{b}_{\boldsymbol{k}}\hat{b}_{\boldsymbol{k}'}V^{\mathrm{e}}(\boldsymbol{x})\mathrm{e}^{-\mathrm{i}(\boldsymbol{k}-\boldsymbol{k}')\cdot\boldsymbol{x}}\mathrm{d}^3x=\frac{1}{\mathscr{V}^2}\int\sum_{\boldsymbol{k}\boldsymbol{k}'\boldsymbol{q}}\hat{b}_{\boldsymbol{k}}^{\dagger}\hat{b}_{\boldsymbol{k}'}V^{\mathrm{e}}(\boldsymbol{q})\mathrm{e}^{\mathrm{i}[\boldsymbol{q}-(\boldsymbol{k}-\boldsymbol{k}')]\cdot\boldsymbol{x}}\mathrm{d}^3x.$$

将δ函数满足的关系式

$$\delta(\boldsymbol{k}-\boldsymbol{k}')=\frac{1}{\mathscr{V}}\int\mathrm{e}^{\mathrm{i}(\boldsymbol{k}-\boldsymbol{k}')\cdot\boldsymbol{x}}\mathrm{d}^3x$$

用于上式可得

$$\hat{V}^{\mathrm{e}}=\frac{1}{\mathscr{V}}\sum_{\boldsymbol{k}\boldsymbol{k}'}V^{\mathrm{e}}(\boldsymbol{k}-\boldsymbol{k}')\hat{b}_{\boldsymbol{k}}\hat{b}_{\boldsymbol{k}'}. \tag{7.2.36}$$

粒子间两体相互作用能则为

$$\begin{aligned}\hat{V}&=\frac{1}{2\mathscr{V}}\sum_{\boldsymbol{k}\boldsymbol{k}'\boldsymbol{k}''\boldsymbol{k}'''\boldsymbol{q}}V(\boldsymbol{q})\hat{b}_{\boldsymbol{k}}^{\dagger}\hat{b}_{\boldsymbol{k}'}^{\dagger}\hat{b}_{\boldsymbol{k}''}\hat{b}_{\boldsymbol{k}'''}\frac{1}{\mathscr{V}}\int\mathrm{e}^{\mathrm{i}(\boldsymbol{q}+\boldsymbol{k}'''-\boldsymbol{k})\cdot\boldsymbol{x}}\mathrm{d}^3x\frac{1}{\mathscr{V}}\int\mathrm{e}^{\mathrm{i}(\boldsymbol{k}''-\boldsymbol{q}-\boldsymbol{k}')\cdot\boldsymbol{x}'}\mathrm{d}^3x'\\&=\frac{1}{2\mathscr{V}}\sum_{\boldsymbol{k}\boldsymbol{k}'\boldsymbol{q}}V(\boldsymbol{q})\hat{b}_{\boldsymbol{k}+\boldsymbol{q}}^{\dagger}\hat{b}_{\boldsymbol{k}'-\boldsymbol{q}}^{\dagger}\hat{b}_{\boldsymbol{k}'}\hat{b}_{\boldsymbol{k}}.\end{aligned} \tag{7.2.37}$$

费米场情形的表达式与之相同，只需将玻色算符$\hat{b}$、$\hat{b}^{\dagger}$改为费米算符$\hat{a}$、$\hat{a}^{\dagger}$，其间的对易关系亦随之成为反对易关系.

系统哈密顿量在动量表象中的场算符形式则为以上三项之和

$$\hat{H}=\hat{T}+\hat{V}^{\mathrm{e}}+\hat{V}.$$

7.3　电子-声子相互作用

前面几节的讨论只涉及一种场(粒子)情形，未考虑两种场之间的相互作用. 在实际问题中，我们往往需要处理多种场之间的作用. 作为一个典型例子，本节简要介绍对电子-声子场相互作用的描述.

1. 自由声子场

先考虑无外场、无相互作用的声子场——自由声子场.

在研究晶体的晶格振动时，涉及电子对格点上离子实(原子除外层价电子以外的部分)的作用. 我们采用绝热近似处理这一问题，即在讨论离子实的振动时，先剔除电子-离子实间作用对振动的影响. 这一简化基于离子实质量远大于电子质量的事实. 另外，在研究电子运动时，先视离子如“固定”在其平衡位置一般. 这是因为当离子实离开平衡位置振动时，质量很小的电子的波函数总是可以随时适应离子的组态，紧跟离子的运动. 在绝热近似下，我们可以先分别单独研究电子和晶格的运动，然后再考虑两种运动的耦合.

关于晶格振动，通常用小振动理论研究，即将原子(离子)的振动分解为一系列独立的简正振动之叠加. 对于简正振动，再采用简谐近似：将支配原子振动的势能作为原子偏离平衡位置之位移的函数展开为泰勒级数，只保留到平方项. 这样，离子间相互作用力的性质便与弹性力相同，简正振动成为彼此独立的简谐振动，晶格振动则描述为若干简谐振动的叠加. 我们将每种简正振动称为一个“模”，这种模的数目等于系统的自由度数. 各模相应的简谐振动在晶体中传播形成格波，格波量子化的“粒子”即为声子(phonon). 对所有模的格波量子化，便得到声子系，亦称声子场. 由于振动彼此独立，声子系内声子之间无耦合，在无外场作用时，声子系便为自由声子系.

最简单的情形是由单原子分子组成的晶体. 如果 N 个单原子分子组成三维晶体，其运动自由度(因而晶格振动之模式数)则为 $3N$. 在这 $3N$ 个模中，有 $2N$ 个是横振动模，N 个为纵振动模. 多原子分子构成的晶体情况比较复杂，每个分子的运动又可分解为质心运动和分子内原子之间的相对运动两部分. 以双原子分子为例，每个分子(原胞)的运动自由度为(2×3=)6, N 原胞晶体共有 $6N$ 个自由度(晶格振动模)其中的 $3N$ 个对应于质心运动，其余的对应分子内原子间相对运动. 描述质心运动的声子，其性质与单原子分子晶体之声子类似. 这类声子的振动频率较低且与波矢约成正比，与声波和热膨胀联系较为紧密，故称之为声学声子(acoustic phonon). 另一类声子描述分子内部不同原子间的相对运动，频率较高，与光波联系紧密，故称光学声子(optical phonon). 这里将直接写出声子场及其与电子相互作用的一些结果，不详细介绍声子的概念和有关推导. 有兴趣的读者可参阅固体物理学书籍和相关专著①.

自由声子系的哈密顿量与 7.1 节给出的多谐振子系哈密顿量相似

$$H_{\text{ph}} = \sum_{\boldsymbol{q}} \hbar \omega_{\boldsymbol{q}} \left(\hat{b}_{\boldsymbol{q}}^{\dagger} \hat{b}_{\boldsymbol{q}} + \frac{1}{2} \right), \tag{7.3.1}$$

式中，$\hat{b}_{\boldsymbol{q}}$ 和 $\hat{b}_{\boldsymbol{q}}^{\dagger}$ 是声子的湮没和产生算符，满足如下对易关系：

$$\left[\hat{b}_{\boldsymbol{q}}, \hat{b}_{\boldsymbol{q}'}^{\dagger} \right] = \delta_{\boldsymbol{q}\boldsymbol{q}'}, \quad \left[\hat{b}_{\boldsymbol{q}}, \hat{b}_{\boldsymbol{q}'} \right] = \left[\hat{b}_{\boldsymbol{q}}^{\dagger}, \hat{b}_{\boldsymbol{q}'}^{\dagger} \right] = 0,$$

这里，$\omega_{\boldsymbol{q}}$ 是波矢为 $\boldsymbol{q}$ 之声子的频率.

① 例如：李正中. 1985. 固体理论. 北京：高等教育出版社；黄昆原. 1988. 固体物理学. 韩汝琦改编. 北京：高等教育出版社.

2. 电子-声子场相互作用

声子与电子的作用是晶格振动导致离子(因而电荷)密度或原胞极性发生变化形成的附加场与电子的作用. 这种作用的本质是库仑型(纵场)的, 影响库仑场变化的振动应是纵向振动, 所以只需考虑振动方向与波矢 $\boldsymbol{q}$ 相同的纵声子模.

1) 电子-纵声学声子相互作用

先讨论声学声子(质心运动)对电子运动的影响. 晶体中的电子通过库仑作用使离子移动, 导致其周围正电荷密度变化, 犹如对其附加一个因形变产生的势, 分析它与电子的作用, 可建立电子-声学声子相互作用哈密顿量.

描述格点在 $\boldsymbol{x}$ 处偏离平衡位置的位移矢量算符可写为

$$\hat{\boldsymbol{d}}(\boldsymbol{x}) = -\mathrm{i}\sum_{\boldsymbol{q}}\left(\frac{\hbar}{2NM\omega_{\boldsymbol{q}}}\right)^{1/2}\frac{\boldsymbol{q}}{q}\left(\hat{b}_{\boldsymbol{q}}\mathrm{e}^{\mathrm{i}\boldsymbol{q}\cdot\boldsymbol{x}} - \hat{b}_{\boldsymbol{q}}^{\dagger}\mathrm{e}^{-\mathrm{i}\boldsymbol{q}\cdot\boldsymbol{x}}\right), \tag{7.3.2}$$

式中, M 为离子质量. 此位移导致离子数密度的变化, 其增量算符为

$$\delta\hat{n}(\boldsymbol{x}) = -n_0\nabla\cdot\hat{\boldsymbol{d}},$$

这里, $n_0 = N/\mathscr{V}$ 为离子平均密度. 随之而来的电荷密度增量为

$$\delta\hat{\rho}_{\mathrm{i}}(\boldsymbol{x}) = -Zen_0\nabla\cdot\hat{\boldsymbol{d}}, \tag{7.3.3}$$

其中, Z 为离子价数, e 为基本电荷.

将电子电荷密度的算符用其场算符表示为

$$\hat{\rho}_{\mathrm{e}}(\boldsymbol{x}) = -e\hat{\psi}^{\dagger}(\boldsymbol{x})\hat{\psi}(\boldsymbol{x}), \tag{7.3.4}$$

其中

$$\hat{\psi}(\boldsymbol{x}) = \frac{1}{\sqrt{\mathscr{V}}}\sum_{\boldsymbol{k}}\hat{a}_{\boldsymbol{k}}\mathrm{e}^{\mathrm{i}\boldsymbol{k}\cdot\boldsymbol{x}}, \tag{7.3.5}$$

电子与晶格振动即离子数密度变化产生的场之间的作用应由下式给出:

$$H_{\text{e-i}} = \iint \mathrm{d}^3x\mathrm{d}^3x'\frac{\rho_{\mathrm{e}}(\boldsymbol{x})\delta\rho_{\mathrm{i}}(\boldsymbol{x}')}{|\boldsymbol{x}-\boldsymbol{x}'|}. \tag{7.3.6a}$$

将式(7.3.3)和式(7.3.4)代入式(7.3.6a), 可写出电子-声学声子相互作用哈密顿量为

$$\hat{H}_{\text{e-p}} = \iint \mathrm{d}^3x\mathrm{d}^3x'\frac{1}{\mathscr{V}}\sum_{\boldsymbol{k}\boldsymbol{k}'}\hat{a}_{\boldsymbol{k}}^{\dagger}\hat{a}_{\boldsymbol{k}'}\mathrm{e}^{-\mathrm{i}\boldsymbol{k}\cdot\boldsymbol{x}+\mathrm{i}\boldsymbol{k}'\cdot\boldsymbol{x}}Ze^2n_0\left(\frac{-\mathrm{i}}{|\boldsymbol{x}-\boldsymbol{x}'|}\right)$$
$$\cdot\sum_{\boldsymbol{q}}\left(\frac{\hbar}{2NM\omega_{\boldsymbol{q}}}\right)^{1/2}\nabla'\cdot\frac{\boldsymbol{q}}{q}\left(\hat{b}_{\boldsymbol{q}}\mathrm{e}^{\mathrm{i}\boldsymbol{q}\cdot\boldsymbol{x}'} - \hat{b}_{\boldsymbol{q}}^{\dagger}\mathrm{e}^{-\mathrm{i}\boldsymbol{q}\cdot\boldsymbol{x}'}\right).$$

计算式中的散度，并对$1/|\boldsymbol{x}-\boldsymbol{x}'|$作傅里叶变换

$$\frac{1}{|\boldsymbol{x}-\boldsymbol{x}'|}=\sum_{\boldsymbol{q}}\frac{4\pi}{q'^2\mathscr{V}}\mathrm{e}^{\mathrm{i}\boldsymbol{q}'\cdot(\boldsymbol{x}-\boldsymbol{x}')},$$

最后得

$$\begin{aligned}\hat{H}_{\text{e-p}}&=\sum_{\boldsymbol{k}\boldsymbol{k}'\boldsymbol{q}\boldsymbol{q}'}Ze^2n_0\left(\frac{\hbar}{2NM\omega_{\boldsymbol{q}}}\right)^{1/2}\int\mathrm{d}^3x\hat{a}_{\boldsymbol{k}}^{\dagger}\hat{a}_{\boldsymbol{k}'}\mathrm{e}^{-\mathrm{i}\boldsymbol{k}\cdot\boldsymbol{x}+\mathrm{i}\boldsymbol{k}'\cdot\boldsymbol{x}}\frac{4\pi q}{\mathscr{V}\ q'^2}\mathrm{e}^{\mathrm{i}\boldsymbol{q}'\cdot\boldsymbol{x}}\\&\quad\cdot\frac{1}{\mathscr{V}}\int\mathrm{d}^3x'\left[\hat{b}_{\boldsymbol{q}}\mathrm{e}^{\mathrm{i}(\boldsymbol{q}-\boldsymbol{q}')\cdot\boldsymbol{x}'}-\hat{b}_{\boldsymbol{q}}^{\dagger}\mathrm{e}^{-\mathrm{i}(\boldsymbol{q}+\boldsymbol{q}')\cdot\boldsymbol{x}'}\right]\\&=\sum_{\boldsymbol{k}\boldsymbol{q}}\frac{4\pi Ze^2\hbar}{\mathscr{V}\ q}\left(\frac{N}{2M\hbar\omega_{\boldsymbol{q}}}\right)^{1/2}\left(\hat{a}_{\boldsymbol{k}+\boldsymbol{q}}^{\dagger}\hat{a}_{\boldsymbol{k}}\hat{b}_{\boldsymbol{q}}+\hat{a}_{\boldsymbol{k}}^{\dagger}\hat{a}_{\boldsymbol{k}+\boldsymbol{q}}\hat{b}_{\boldsymbol{q}}^{\dagger}\right)\\&=\sum_{\boldsymbol{k}\boldsymbol{q}}\hbar g_{\boldsymbol{q}}\left(\hat{a}_{\boldsymbol{k}+\boldsymbol{q}}^{\dagger}\hat{a}_{\boldsymbol{k}}\hat{b}_{\boldsymbol{q}}+\hat{a}_{\boldsymbol{k}}^{\dagger}\hat{a}_{\boldsymbol{k}+\boldsymbol{q}}\hat{b}_{\boldsymbol{q}}^{\dagger}\right),\end{aligned}\tag{7.3.6b}$$

其中，$\hbar g_q$为电声子耦合函数，描述电子-声子耦合的强度

$$g_{\boldsymbol{q}}=\frac{4\pi Ze^2}{\mathscr{V}^{1/2}q}\left(\frac{n_0}{2M\hbar\omega_{\boldsymbol{q}}}\right)^{1/2}.\tag{7.3.7}$$

通常采用德拜模型研究声学声子：将声子频率写为$\omega_q=Cq$，其中C为声速；假定频率$\omega_{\boldsymbol{q}}$有最大值即截止频率ω_{D}，使$\omega_{\boldsymbol{q}}\leqslant\omega_{\mathrm{D}}$，相应波矢$\boldsymbol{q}\leqslant\boldsymbol{q}_{\mathrm{D}}$. 这里，$\omega_{\mathrm{D}}$和$q_{\mathrm{D}}$分别称为德拜频率和德拜波矢. 于是，电子-声学声子相互作用哈密顿量式(7.3.6)可写为

$$\begin{aligned}\hat{H}_{\text{e-p}}&=\sum_{\boldsymbol{k}}\sum_{q\leqslant q_{\mathrm{D}}}\hbar g_{\boldsymbol{q}}\left(\hat{a}_{\boldsymbol{k}+\boldsymbol{q}}^{\dagger}\hat{a}_{\boldsymbol{k}}\hat{b}_{\boldsymbol{q}}+\hat{a}_{\boldsymbol{k}}^{\dagger}\hat{a}_{\boldsymbol{k}+\boldsymbol{q}}\hat{b}_{\boldsymbol{q}}^{\dagger}\right)\\&=\sum_{\boldsymbol{k}\boldsymbol{q}}\hbar g_{\boldsymbol{q}}\theta\left(\omega_{\mathrm{D}}-\omega_q\right)\left(\hat{a}_{\boldsymbol{k}+\boldsymbol{q}}^{\dagger}\hat{a}_{\boldsymbol{k}}\hat{b}_{\boldsymbol{q}}+\hat{a}_{\boldsymbol{k}}^{\dagger}\hat{a}_{\boldsymbol{k}+\boldsymbol{q}}\hat{b}_{\boldsymbol{q}}^{\dagger}\right).\end{aligned}\tag{7.3.8}$$

函数$\theta(x)$在 5.3 节已定义，即

$$\theta(x)=\begin{cases}1 & (x>0),\\0 & (x<0).\end{cases}\tag{7.3.9}$$

式(7.3.8)又可写为

$$\hat{H}_{\text{e-p}}=\sum_{\boldsymbol{k}}\sum_{q\leqslant q_{\mathrm{D}}}\frac{4\pi Ze^2}{\mathscr{V}^{1/2}Cq^2}\left(\frac{n_0\hbar\omega_{\boldsymbol{q}}}{2M}\right)^{1/2}\left(\hat{a}_{\boldsymbol{k}+\boldsymbol{q}}^{\dagger}\hat{a}_{\boldsymbol{k}}\hat{b}_{\boldsymbol{q}}+\hat{a}_{\boldsymbol{k}}^{\dagger}\hat{a}_{\boldsymbol{k}+\boldsymbol{q}}\hat{b}_{\boldsymbol{q}}^{\dagger}\right).\tag{7.3.10}$$

从以上推导过程不难看出，只有振动方向与波矢 $\boldsymbol{q}$ 相同的纵声子模对电子-声学声子相互作用有贡献.

2) 电子-纵光学声子相互作用

如果研究离子或极性多原子晶体，则必须考虑光学振动的贡献. 以二元离子

(极性)晶体为例，原胞中包含正、负两离子(电荷中心)，类似偶极子，电子诱生偶极矩变化，产生附加的极化势. 从分析此极化势与电子的作用入手，可建立电子-光学声子相互作用哈密顿量.

记晶格振动的离子位移为 $\boldsymbol{d}$，有效电荷为 e^*，其对极化矢量的偶极贡献则为

$$\boldsymbol{P} = e^* \boldsymbol{d} . \tag{7.3.11}$$

在连续介质近似下，设介质的质量密度为 ρ_m，光学振动频率为 ω，与正负离子相对运动的约化质量为 m，写出晶格振动能量密度，运用关于极化与介电函数之间的关系，可以导出联系有效电荷、介电常数及振动频率的一个常用公式[①]

$$\gamma = \mathrm{e}^{*2} / \rho_m = \frac{\omega^2}{4\pi}\left(\frac{1}{\varepsilon_\infty} - \frac{1}{\varepsilon_0}\right). \tag{7.3.12}$$

将电子电荷密度作为位置 $\boldsymbol{x}$ 的函数写为 $\rho_{\mathrm{e}}(\boldsymbol{x})$, $\boldsymbol{x}'$ 处之极化矢量写为 $\boldsymbol{P}(\boldsymbol{x}')$, 电子与晶格光学振动之间的相互作用能则可写为

$$\iint \rho_{\mathrm{e}}(\boldsymbol{x}) \frac{\boldsymbol{x}-\boldsymbol{x}'}{|\boldsymbol{x}-\boldsymbol{x}'|^3} \cdot \boldsymbol{P}(\boldsymbol{x}') \mathrm{d}^3 x \mathrm{d}^3 x' .$$

用式(7.3.4)将电荷密度写为场算符形式，相互作用哈密顿量便写为

$$H_{\mathrm{I}} = \iint \mathrm{e} \hat{\psi}^\dagger(\boldsymbol{x}) \hat{\psi}(\boldsymbol{x}) \frac{1}{|\boldsymbol{x}-\boldsymbol{x}'|} \nabla' \cdot \boldsymbol{P}(\boldsymbol{x}') \mathrm{d}^3 x \mathrm{d}^3 x' . \tag{7.3.13}$$

上式积分中有因子 $\nabla' \cdot \boldsymbol{P}(\boldsymbol{x}')$，所以只有极化场的纵分量才有 $\nabla' \cdot \boldsymbol{P}(\boldsymbol{x}') \neq 0$，因而对相互作用有贡献.

用位移矢量算符表达式(7.3.2)，可将极化矢量写为

$$\hat{\boldsymbol{P}}(\boldsymbol{x}) = -\mathrm{i} \sum_{\boldsymbol{q}} \left(\frac{\hbar}{2\gamma \mathscr{V} \omega_{\boldsymbol{q}}}\right)^{1/2} \frac{\boldsymbol{q}}{q} \left(\hat{b}_{\boldsymbol{q}} \mathrm{e}^{\mathrm{i}\boldsymbol{q}\cdot\boldsymbol{x}} - \hat{b}_{\boldsymbol{q}}^\dagger \mathrm{e}^{-\mathrm{i}\boldsymbol{q}\cdot\boldsymbol{x}}\right), \tag{7.3.14}$$

将式(7.3.5)和式(7.3.14)代入式(7.3.13), 并对 $1/|\boldsymbol{x}-\boldsymbol{x}'|$ 作傅里叶变换，整理得电子-纵光学声子相互作用哈密顿量为

$$\hat{H}_{\text{e-p}} = \sum_{k,q} \hbar g_q \left(\hat{a}_{k+q}^\dagger \hat{a}_k \hat{b}_q + \hat{a}_k^\dagger \hat{a}_{k+q} \hat{b}_q^\dagger\right), \tag{7.3.15}$$

其中，$\hbar g_q$ 为电声子耦合函数

$$g_q = \frac{4\pi \mathrm{i}}{q}\left(\frac{e^2}{2\gamma \mathscr{V} \hbar \omega_q}\right)^{1/2} = \frac{\mathrm{i}}{\mathscr{V}^{1/2}}\left[\frac{2\pi e^2 \omega_q}{\hbar}\left(\frac{1}{\varepsilon_\infty} - \frac{1}{\varepsilon_0}\right)\right]^{1/2} \frac{1}{q}. \tag{7.3.16}$$

为更加简便地讨论极性晶体中声子对电子运动行为的影响，弗洛利希

① Fröhlich H. 1954. Advances in Physics, 3(11): 3251.

(Fröhlich)提出将电子近似地处理为“点电荷”粒子，即用

$$\rho_{\mathrm{e}}(\boldsymbol{x})=-e\delta(\boldsymbol{x}-\boldsymbol{x}'')$$

代替式(7.3.13)中的

$$-e\hat{\psi}^{\dagger}(\boldsymbol{x})\hat{\psi}(\boldsymbol{x}).$$

这样，电子-纵光学声子相互作用哈密顿量便可写为

$$\hat{H}_{\text{e-p}}=\sum_{\boldsymbol{q}}\hbar g_{\boldsymbol{q}}\left(\mathrm{e}^{\mathrm{i}\boldsymbol{q}\cdot\boldsymbol{x}}\hat{b}_{\boldsymbol{q}}+\mathrm{e}^{-\mathrm{i}\boldsymbol{q}\cdot\boldsymbol{x}}\hat{b}_{\boldsymbol{q}}^{\dagger}\right). \tag{7.3.17}$$

电子-纵光学声子系哈密顿量则写为

$$\hat{H}=\frac{P^2}{2m}+\sum_{\boldsymbol{q}}\hbar\omega_{\boldsymbol{q}}\left(\hat{b}_{\boldsymbol{q}}^{\dagger}\hat{b}_{\boldsymbol{q}}+\frac{1}{2}\right)+\sum_{\boldsymbol{q}}\hbar g_{\boldsymbol{q}}\left(\mathrm{e}^{\mathrm{i}\boldsymbol{q}\cdot\boldsymbol{x}}\hat{b}_{\boldsymbol{q}}+\mathrm{e}^{-\mathrm{i}\boldsymbol{q}\cdot\boldsymbol{x}}\hat{b}_{\boldsymbol{q}}^{\dagger}\right), \tag{7.3.18}$$

式中首项为电子动能. 此哈密顿量亦称为弗洛利希哈密顿量.

习　题

7.1　试验证式(7.2.5)给出的拉氏函数的正确性.

7.2　试由费米产生、湮没算符的反对易关系(7.2.15)证明费米场算符的反对易关系(7.2.16).

7.3　假定 A、B 两种原子(离子)构成线型链，两原子的质量分别为 m_{A} 和 m_{B}，其相互作用的弹性常数为 K. 写出此系统的经典哈密顿量并将其量子化，获得二次量子化形式的哈密顿量

$$\hat{H}=\sum_{k\lambda}\omega_{k\lambda}\left(\hat{a}_{k\lambda}^{\dagger}\hat{a}_{k\lambda}+\frac{1}{2}\right),$$

式中，$\omega_{k\lambda}$为振动的正则频率.

7.4　试证明多振子系本征函数 $|n_1,n_2,\cdots,n_k,\cdots\rangle$ 的正交性，并证明：

$$\langle\cdots n_k\cdots|\hat{a}_m^{\dagger}\hat{a}_n|\cdots n_k\cdots\rangle=\begin{cases}0 & (m\neq n),\\ n_m & (m=n).\end{cases}$$

7.5　由 N 个自旋为零的粒子组成的体系，粒子间互作用势为 V. 试证明其基态能量的一级微扰为

$$\frac{E^{(1)}}{N}=(N-1)\frac{V(0)}{2V}\approx\frac{1}{2}nV(0),$$

其中，$V(0)$为 $V(\boldsymbol{x})$的傅氏分量在 $\boldsymbol{q}=0$ 时的值 $V(q=0)$.

7.6　试导出电子-纵光学声子相互作用的弗洛利希哈密顿量.

第 8 章 零温格林函数

从前面的讨论中可以看到，无相互作用的多粒子体系(自由粒子系)的哈密顿量是单粒子型的，其解往往可以精确地获得. 有相互作用的体系的哈密顿量则包含多体项，往往很难获得精确解. 我们常将这些相互作用部分作为微扰处理，一般只能取微扰展开级数中前面少数几项. 这样的计算有时不能满足需要，有必要寻找便于计入较多微扰项的系统方法. 借助于格林函数理论建立的量子场论方法，是解决这类问题的一种成功的理论. 首先建立的格林函数理论是零温条件下的理论. 当温度为绝对温标的零度时，多体系处于基态，问题比较单纯. 随着温度的升高，物体系被激发，以一定的概率分布于各个可能的量子态. 温度成了重要的因素，格林函数理论也较零温时复杂. 我们的讨论将以零温为起点，首先介绍绝对零度下的格林函数，然后再介绍关于有限温度条件下的理论.

8.1 相互作用绘景与 U 算符

量子力学对体系运动的描述总是在一定“表象”下进行的. 选取一组完全的波函数作为基矢构成希尔伯特(Hilbert)空间，波函数与力学量则分别用这个空间的矢量和矩阵来表示. 表象的不同，只是表示方法的不同(就如几何中描述同一图形可选取不同的坐标系)，而算符与其波函数的性质还是完全一样的. 常用的表象有坐标表象、动量表象、粒子数表象等.

量子力学还用不同“图像”来描绘力学体系的演化. 这种不同，不是表象的不同，而是用不同的方法来定义力学量和波函数. 我们将这种不同的描述方法称为不同的“绘景”. 前面涉及的关于力学量和量子态的描述都是在所谓“薛定谔绘景”下进行的. 这种绘景是最基本、最常用的绘景. 还有一些其他的绘景，与薛定谔绘景等价. 在实际应用中，采用哪种绘景更为方便，应视具体情况而定.

1. 三种不同的绘景

为了便于用量子场论方法处理相互作用体系的问题，我们将用到三个不同的绘景：薛定谔绘景、海森伯绘景和相互作用绘景.

1) 薛定谔绘景

薛定谔绘景是基本的绘景，在此绘景中，描述体系运动的薛定谔方程为

$$\mathrm{i}\hbar\frac{\partial}{\partial t}\left|\Psi_{\mathrm{S}}(t)\right\rangle=\hat{H}_{\mathrm{S}}\left|\Psi_{\mathrm{S}}(t)\right\rangle, \tag{8.1.1}$$

式中，$|\Psi_{\mathrm{S}}(t)\rangle$ 为 t 时刻的薛定谔绘景态矢(波函数)，$\hat{H}_{\mathrm{S}}$ 为体系的薛定谔绘景哈密顿量. 这里哈密顿量等描述力学量的算符均不显含时间 t. 如果用 $\hat{A}_{\mathrm{S}}$ 表示薛定谔绘景中任一力学量的算符，则有

$$\frac{\partial}{\partial t}\hat{A}_{\mathrm{S}}=0.$$

与算符不同，态矢则是时间的显函数. 因为算符不显含时间，这一绘景又被称为“静坐标”.

若将 $t=0$ 时的波函数记为$|\Psi_{\mathrm{S}}(0)\rangle$，式(8.1.1)的形式解则为

$$\left|\Psi_{\mathrm{S}}(t)\right\rangle=\mathrm{e}^{-\mathrm{i}\hat{H}_{s}t/\hbar}\left|\Psi_{\mathrm{S}}(0)\right\rangle. \tag{8.1.2}$$

等式右端出现的算符的指数函数，应理解为按它的幂级数展开式定义

$$\begin{aligned}\mathrm{e}^{-\mathrm{i}\hat{H}_{s}t/\hbar}&=1+\frac{\hat{H}_{S}t}{\mathrm{i}\hbar}+\frac{1}{2!}\left(\frac{\hat{H}_{S}t}{\mathrm{i}\hbar}\right)^{2}+\cdots+\frac{1}{n!}\left(\frac{\hat{H}_{S}t}{\mathrm{i}\hbar}\right)^{n}+\cdots\\&=\sum_{n=0}^{\infty}\frac{1}{n!}\left(\frac{\hat{H}_{S}t}{\mathrm{i}\hbar}\right)^{n}.\end{aligned}$$

2) 海森伯绘景

设有任意力学量 $\hat{A}$，它在薛定谔绘景中的算符为 $\hat{A}_{\mathrm{S}}$，在态 $|\Psi_{\mathrm{S}}(t)\rangle$ 的期望值则为

$$\overline{A}=\left\langle\Psi_{\mathrm{S}}(t)\right|\hat{A}_{\mathrm{S}}\left|\Psi_{\mathrm{S}}(t)\right\rangle,$$

将$|\Psi_{\mathrm{S}}(t)\rangle$ 的形式解(8.1.2)代入则为

$$\overline{A}=\left\langle\Psi_{\mathrm{S}}(0)\right|\mathrm{e}^{\mathrm{i}\hat{H}_{s}t/\hbar}\hat{A}_{\mathrm{S}}\mathrm{e}^{-\mathrm{i}\hat{H}_{s}t/\hbar}\left|\Psi_{\mathrm{S}}(0)\right\rangle. \tag{8.1.3}$$

与薛定谔绘景不同，**海森伯绘景**的算符定义为

$$\hat{A}_{\mathrm{H}}(t)\equiv\mathrm{e}^{\mathrm{i}\hat{H}_{s}t/\hbar}\hat{A}_{\mathrm{S}}\mathrm{e}^{-\mathrm{i}\hat{H}_{s}t/\hbar}. \tag{8.1.4}$$

这种重新定义的算符称为海森伯算符. 显然,海森伯算符是显含时间的. 将它用于力学量 $\hat{A}$ 期望值的算式，式(8.1.3)成为

$$\overline{A}=\left\langle\Psi_{\mathrm{S}}(0)\right|\hat{A}_{\mathrm{H}}(t)\left|\Psi_{\mathrm{S}}(0)\right\rangle.$$

在海森伯绘景中重新定义态矢为

$$\left|\Psi_{\mathrm{H}}(t)\right\rangle\equiv\mathrm{e}^{\mathrm{i}\hat{H}_{s}t/\hbar}\left|\Psi_{\mathrm{S}}(t)\right\rangle. \tag{8.1.5}$$

显然，它正是薛定谔绘景 $t=0$ 时的态矢. 容易证明

$$\mathrm{i}\hbar\frac{\partial}{\partial t}\left|\Psi_{\mathrm{H}}(t)\right\rangle=0 .$$

与薛定谔绘景相比，海森伯绘景波函数不再显含时间 t, 其时间变化转移到算符上了. 因为算符显含时间，海森伯绘景又被称为“动坐标”.

对海森伯绘景，还可证明以下事实：

(a) 海森伯绘景与薛定谔绘景的哈密顿量 $\hat{H}$ 具有相同的形式，即

$$\hat{H}_{\mathrm{H}}=\mathrm{e}^{\mathrm{i}\hat{H}_{s}t/\hbar}\hat{H}_{\mathrm{S}}\mathrm{e}^{-\mathrm{i}\hat{H}_{s}t/\hbar}=\hat{H}_{\mathrm{S}}. \tag{8.1.6}$$

以后将把两种绘景的哈密顿量统一记为 $\hat{H}$，一般不再用下标区分.

(b) 假定三个力学量 A、B 和 C 在薛定谔绘景中的算符分别为 $\hat{A}_{\mathrm{S}}$、$\hat{B}_{\mathrm{S}}$ 和 $\hat{C}_{\mathrm{S}}$，且有对易关系

$$\left[\hat{A}_{\mathrm{S}},\hat{B}_{\mathrm{S}}\right]=\hat{C}_{\mathrm{S}}.$$

容易直接证明：相应的对易关系对海森伯算符亦成立：

$$\left[\hat{A}_{\mathrm{H}}(t),\hat{B}_{\mathrm{H}}(t)\right]=\hat{C}_{\mathrm{H}}(t). \tag{8.1.7}$$

(c) 算符的运动方程.

将式(8.1.4)对 t 微商可得海森伯算符的运动方程：

$$\frac{\partial}{\partial t}\hat{A}_{\mathrm{H}}=\mathrm{e}^{\mathrm{i}\hat{H}t/\hbar}\left[\hat{H},\hat{A}_{\mathrm{S}}\right]\mathrm{e}^{-\mathrm{i}\hat{H}t/\hbar}\frac{\mathrm{i}}{\hbar}=\frac{1}{\mathrm{i}\hbar}\left[\hat{A}_{\mathrm{H}},\hat{H}\right]. \tag{8.1.8}$$

(d) 定态薛定谔方程具有与薛定谔绘景相同的形式：

$$\hat{H}\left|\Psi_{\mathrm{H}}\right\rangle=E\left|\Psi_{\mathrm{H}}\right\rangle.$$

3) 相互作用绘景

为了研究粒子间有相互作用的体系，引入**相互作用绘景**是方便的. 此类体系的哈密顿量可以写成两部分哈密顿量之和

$$\hat{H}=\hat{H}_{0}+\hat{H}_{\mathrm{I}}, \tag{8.1.9}$$

式中，第一项 $\hat{H}_0$ 为无相互作用部分，它通常严格可解，其解往往已经求出；第二项 $\hat{H}_{\mathrm{I}}$ 则为哈密顿量中的相互作用部分.

相应的薛定谔方程为

$$\mathrm{i}\hbar\frac{\partial}{\partial t}\left|\Psi_{\mathrm{S}}(t)\right\rangle=\left[\hat{H}_{0}+\hat{H}_{\mathrm{I}}\right]\left|\Psi_{\mathrm{S}}(t)\right\rangle. \tag{8.1.10}$$

定义相互作用绘景的态矢

$$\left|\Psi_{\mathrm{I}}(t)\right\rangle\equiv\mathrm{e}^{\mathrm{i}\hat{H}_{0}t/\hbar}\left|\Psi_{\mathrm{S}}(t)\right\rangle, \tag{8.1.11}$$

则有

$$\left|\Psi_{\mathrm{S}}(t)\right\rangle=\mathrm{e}^{-\mathrm{i}\hat{H}_{0}t/\hbar}\left|\Psi_{\mathrm{I}}(t)\right\rangle.$$

再代入式(8.1.10)有

$$\hat{H}_0 e^{-i\hat{H}_0 t/\hbar}\left|\Psi_I(t)\right\rangle + i\hbar e^{-i\hat{H}_0 t/\hbar}\frac{\partial}{\partial t}\left|\Psi_I(t)\right\rangle = \left(\hat{H}_0 + \hat{H}_I\right)e^{-i\hat{H}_0 t/\hbar}\left|\Psi_I(t)\right\rangle$$

即

$$i\hbar e^{-i\hat{H}_0 t/\hbar}\frac{\partial}{\partial t}\left|\Psi_I(t)\right\rangle = \hat{H}_I e^{-i\hat{H}_0 t/\hbar}\left|\Psi_I(t)\right\rangle,$$

两边左乘 $e^{i\hat{H}_0 t/\hbar}$ 得

$$i\hbar\frac{\partial}{\partial t}\left|\Psi_I(t)\right\rangle = e^{i\hat{H}_0 t/\hbar}\hat{H}_I e^{-i\hat{H}_0 t/\hbar}\left|\Psi_I(t)\right\rangle .$$

在相互作用绘景中，相互作用哈密顿算符定义为

$$\hat{H}_I(t) \equiv e^{i\hat{H}_0 t/\hbar}\hat{H}_I e^{-i\hat{H}_0 t/\hbar} . \tag{8.1.12}$$

显然，这个算符是含时间的. 于是，方程(8.1.10)在相互作用绘景中成为

$$i\hbar\frac{\partial}{\partial t}\left|\Psi_I(t)\right\rangle = \hat{H}_I(t)\left|\Psi_I(t)\right\rangle . \tag{8.1.13}$$

由以上各式可见，在相互作用绘景中，算符与波函数都显含时间. 在此绘景中任意算符的定义是

$$\hat{A}_I(t) \equiv e^{i\hat{H}_0 t/\hbar}\hat{A}_S e^{-i\hat{H}_0 t/\hbar}, \tag{8.1.14}$$

容易得出算符的运动方程为

$$\frac{\partial}{\partial t}\hat{A}_I(t) = e^{i\hat{H}_0 t/\hbar}\left[\hat{H}_0, \hat{A}_S\right]e^{-i\hat{H}_0 t/\hbar}\frac{i}{\hbar} = \frac{1}{i\hbar}\left[\hat{A}_I(t), \hat{H}_0\right]. \tag{8.1.15}$$

由上面给出的各式可以看到，相互作用绘景算符的形式与无互作用系的海森伯算符相同，其运动方程也相同. 由于它的算符的演化由自由场 $\hat{H}_0$ 决定，故又称之为“自由”算符. 而态矢随时间的变化则是由哈密顿量的相互作用部分决定的. 因此，可以形象地说：自由场“管”算符，相互作用“管”态矢. 因为相互作用绘景算符和态矢都含时间，并且其演化分别由哈密顿量的两个部分决定，所以又将其称为“混合”坐标.

不难求出自由粒子场的产生、湮没算符在相互作用绘景中的表示. 在薛定谔绘景中，自由场的哈密顿量可写为

$$\hat{H}_0 = \sum_{\boldsymbol{k}}\hbar\omega_{\boldsymbol{k}}\hat{C}_{\boldsymbol{k}}^{\dagger}\hat{\boldsymbol{C}}_{\boldsymbol{k}} , \tag{8.1.16}$$

式中，$\hat{C}_{\boldsymbol{k}}^{\dagger}$ 和 $\hat{\boldsymbol{C}}_{\boldsymbol{k}}$ 分别为波矢为 $\boldsymbol{k}$ 之粒子的产生和湮没算符. 它们在相互作用绘景中的形式为

$$\hat{C}_{\boldsymbol{k}I}(t) = e^{i\hat{H}_0 t/\hbar}\hat{C}_{\boldsymbol{k}}e^{-i\hat{H}_0 t/\hbar} = \hat{C}_{\boldsymbol{k}}e^{-i\omega_{\boldsymbol{k}} t} ; \tag{8.1.17}$$

同理

$$\hat{C}_{k\mathrm{I}}^{\dagger}(t)=\hat{C}_{k}^{\dagger}\mathrm{e}^{\mathrm{i}\omega_k t}. \tag{8.1.18}$$

它们随时间变化的方程分别为

$$\begin{aligned}&\mathrm{i}\hbar\frac{\partial}{\partial t}\hat{C}_{k\mathrm{I}}(t)=\left[\hat{C}_{k\mathrm{I}}(t),\hat{H}_0\right]=\hbar\omega_k\hat{C}_{k\mathrm{I}}(t),\\&\mathrm{i}\hbar\frac{\partial}{\partial t}\hat{C}_{k\mathrm{I}}^{\dagger}(t)=-\hbar\omega_k\hat{C}_{k\mathrm{I}}^{\dagger}(t).\end{aligned} \tag{8.1.19}$$

根据各绘景中算符、态矢的定义可以看到，三种绘景在 $t=0$ 时是重合的，即

$$\begin{aligned}&\left|\Psi_{\mathrm{H}}\right\rangle=\left|\Psi_{\mathrm{S}}(0)\right\rangle=\left|\Psi_{\mathrm{I}}(0)\right\rangle,\\&\hat{A}_{\mathrm{S}}=\hat{A}_{\mathrm{H}}(0)=\hat{A}_{\mathrm{I}}(0).\end{aligned} \tag{8.1.20}$$

表 8.1.1 给出三种绘景的坐标、波函数随时间变化规律的简单对比.

表 8.1.1　三种绘景的对照

S 绘景	H 绘景	I 绘景
$\dot{\hat{A}}_{\mathrm{S}}=0$	$\dot{\hat{A}}_{\mathrm{H}}=\frac{1}{\mathrm{i}\hbar}\left[\hat{A}_{\mathrm{H}},\hat{H}\right]$	$\dot{\hat{A}}_{\mathrm{I}}=\frac{1}{\mathrm{i}\hbar}\left[\hat{A}_{\mathrm{I}},\hat{H}_0\right]$
$\mathrm{i}\hbar\left\|\dot{\Psi}_{\mathrm{S}}(t)\right\rangle=\hat{H}\left\|\Psi_{\mathrm{S}}(t)\right\rangle$	$\left\|\dot{\Psi}_{\mathrm{H}}\right\rangle=0$	$\mathrm{i}\hbar\left\|\dot{\Psi}_{\mathrm{I}}(t)\right\rangle=\hat{H}_{\mathrm{I}}(t)\left\|\Psi_{\mathrm{I}}(t)\right\rangle$
静坐标	动坐标	混合坐标

2. *U* 算符

现在考虑相互作用绘景中薛定谔方程(8.1.13)的解. 类似于薛定谔绘景的形式解法，将 t 时刻的态矢与 t_0 时刻的态矢用一个**时间演化算符** $\hat{U}(t,t_0)$ 联系起来，即

$$\left|\Psi_{\mathrm{I}}(t)\right\rangle=\hat{U}(t,t_0)\left|\Psi_{\mathrm{I}}(t_0)\right\rangle. \tag{8.1.21}$$

这样，求解 $|\Psi_{\mathrm{I}}(t)\rangle$ 实际上就是寻找 $\hat{U}(t,t_0)$. 将式(8.1.21)代入式(8.1.13)，可得 $\hat{U}(t,t_0)$ 所满足的方程

$$\mathrm{i}\hbar\frac{\partial}{\partial t}\hat{U}(t,t_0)=\hat{H}_{\mathrm{I}}(t)\hat{U}(t,t_0). \tag{8.1.22}$$

在求解算符 $\hat{U}$ 以前，让我们先了解它的几个基本性质：

(1) $\hat{U}(t_0,t_0)=1$. (8.1.23)

这正是 $\hat{U}$ 的初始条件 (或称边界条件)，由定义显然可知.

(2) $\hat{U}^{\dagger}(t,t_0)\hat{U}(t,t_0)=1$. (8.1.24)

此式给出 $\hat{U}$ 的幺正性，证明如下：

式(8.1.22)的共轭方程是

$$-\mathrm{i}\hbar\frac{\partial}{\partial t}\hat{U}^{\dagger}=\hat{U}^{\dagger}\hat{H}_{\mathrm{I}}^{\dagger}(t),$$

因此

$$\begin{aligned}-\mathrm{i}\hbar\frac{\partial}{\partial t}\hat{U}^{\dagger}\hat{U}&=\left(-\mathrm{i}\hbar\frac{\partial}{\partial t}\hat{U}^{\dagger}\right)\hat{U}-\mathrm{i}\hbar\hat{U}^{\dagger}\frac{\partial}{\partial t}\hat{U}\\&=\hat{U}^{\dagger}\hat{H}_{\mathrm{I}}\hat{U}-\hat{U}^{\dagger}\hat{H}_{\mathrm{I}}\hat{U}=0,\end{aligned}$$

即

$$\hat{U}^{\dagger}(t,t_0)\hat{U}(t,t_0)=C\quad(\text{与 } t \text{ 无关}).$$

令 $t=t_0$, 根据式(8.1.23)可知 $C=1$. 因此

$$\hat{U}^{\dagger}(t,t_0)\hat{U}(t,t_0)=1,$$

命题得证. 由此命题又可得

$$\hat{U}^{\dagger}(t,t_0)=\hat{U}^{-1}(t,t_0),$$

所以 $\hat{U}$ 为幺正算符.

(3) $\hat{U}(t,t_1)\hat{U}(t_1,t_0)=\hat{U}(t,t_0)$. (8.1.25)

此式反映时间演化的连续性，可以从定义直接得出.

(4) $\hat{U}(t,t_0)\hat{U}(t_0,t)=1$.

此式给出时间演化的可逆性. 由此可得

$$\hat{U}(t,t_0)=\hat{U}^{\dagger}(t_0,t).\tag{8.1.26}$$

下面考虑式(8.1.22)的求解问题.

将该方程两边由 t_0 到 t 积分有

$$\hat{U}(t,t_0)-\hat{U}(t_0,t_0)=\frac{1}{\mathrm{i}\hbar}\int_{t_0}^{t}\mathrm{d}t_1\hat{H}_{\mathrm{I}}(t_1)\hat{U}(t_1,t_0),$$

即

$$\hat{U}(t,t_0)=1+\frac{1}{\mathrm{i}\hbar}\int_{t_0}^{t}\mathrm{d}t_1\hat{H}_{\mathrm{I}}(t_1)\hat{U}(t_1,t_0).\tag{8.1.27}$$

不断迭代积分中的 $\hat{U}$，最后可将解写为如下形式：

$$\begin{aligned}\hat{U}(t,t_0)=1&+\frac{1}{\mathrm{i}\hbar}\int_{t_0}^{t}\mathrm{d}t_1\hat{H}_{\mathrm{I}}(t_1)+\left(\frac{1}{\mathrm{i}\hbar}\right)^2\int_{t_0}^{t}\mathrm{d}t_1\int_{t_0}^{t_1}\mathrm{d}t_2\hat{H}_{\mathrm{I}}(t_1)\hat{H}_{\mathrm{I}}(t_2)\\&+\cdots+\left(\frac{1}{\mathrm{i}\hbar}\right)^n\int_{t_0}^{t}\mathrm{d}t_1\int_{t_0}^{t_1}\mathrm{d}t_2\cdots\int_{t_0}^{t_{n-1}}\mathrm{d}t_n\hat{H}_{\mathrm{I}}(t_1)\cdots\hat{H}_{\mathrm{I}}(t_n)\\&+\cdots.\end{aligned}\tag{8.1.28}$$

应当注意，积分中各时间变量的先后顺序是

$$t > t_1 > t_2 > \cdots > t_n > \cdots.$$

式(8.1.28)中各积分的上限不同. 为了计算方便，我们先将各积分限更换取得一致. 以展开式中的二阶项(积分的被积函数中含两个 $\hat{H}_\mathrm{I}$ 的积)为例，考虑积分

$$\int_{t_0}^{t} \mathrm{d}t_1 \int_{t_0}^{t_1} \mathrm{d}t_2 \hat{H}_\mathrm{I}(t_1)\hat{H}_\mathrm{I}(t_2).$$

这是一个二重积分, 它的积分区域如图 8.1.1 所示，为二维平面中的三角形围成的面积. 图中用阴影面及箭头描绘积分的过程：对确定的 t_1, t_2 沿横向由 t_0 到斜线 $t_2 = t_1$ 上的点积分(见水平灰色条)；然后再对 t_1 积分时，沿纵向从 t_0 “扫过”积分区域到 t, 最终实现在三角形面积的积分. 在此面积的积分，亦可先对 t_1 沿纵向积分(扫过纵向阴影条)，再变化 t_2 沿横向扫过整个积分区，这一积分的表达式成为

$$\int_{t_0}^{t} \mathrm{d}t_2 \int_{t_2}^{t} \mathrm{d}t_1 \hat{H}_\mathrm{I}(t_1)\hat{H}_\mathrm{I}(t_2).$$

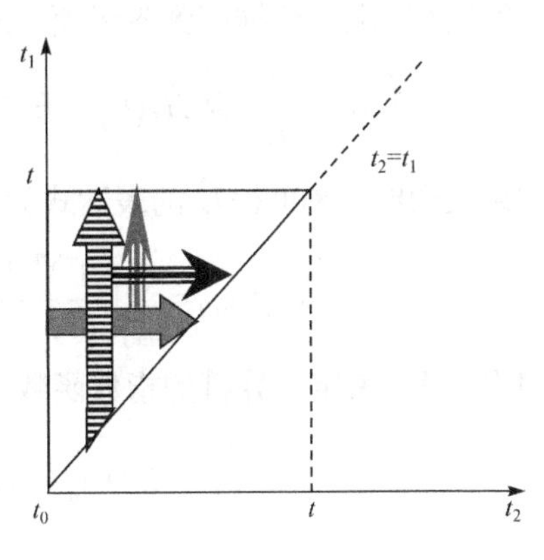

图 8.1.1　积分换限示意图

它所获得的结果应与前面手续的相同.

再将变数记号 t_1 和 t_2 互换，积分又可写为

$$\int_{t_0}^{t} \mathrm{d}t_1 \int_{t_1}^{t} \mathrm{d}t_2 \hat{H}_\mathrm{I}(t_2)\hat{H}_\mathrm{I}(t_1),$$

于是，原积分可写为

$$\begin{aligned}
&\int_{t_0}^{t} \mathrm{d}t_1 \int_{t_0}^{t_1} \mathrm{d}t_2 \hat{H}_\mathrm{I}(t_1)\hat{H}_\mathrm{I}(t_2) \\
&= \int_{t_0}^{t} \mathrm{d}t_1 \int_{t_1}^{t} \mathrm{d}t_2 \hat{H}_\mathrm{I}(t_2)\hat{H}_\mathrm{I}(t_1) \\
&= \frac{1}{2}\int_{t_0}^{t} \mathrm{d}t_1 \int_{t_0}^{t_1} \mathrm{d}t_2 \hat{H}_\mathrm{I}(t_1)\hat{H}_\mathrm{I}(t_2) + \frac{1}{2}\int_{t_0}^{t} \mathrm{d}t_1 \int_{t_1}^{t} \mathrm{d}t_2 \hat{H}_\mathrm{I}(t_2)\hat{H}_\mathrm{I}(t_1) \\
&= \frac{1}{2}\int_{t_0}^{t} \mathrm{d}t_1 \int_{t_0}^{t} \mathrm{d}t_2 \left\{\left[\theta(t_1 - t_2)\right]\hat{H}_\mathrm{I}(t_1)\hat{H}_\mathrm{I}(t_2) + \left[\theta(t_2 - t_1)\right]\hat{H}_\mathrm{I}(t_2)\hat{H}_\mathrm{I}(t_1)\right\},
\end{aligned}$$

式中，$\theta(t_1-t_2)$为阶跃函数

$$\theta(t_1 - t_2) = \begin{cases} 1 & (t_1 > t_2), \\ 0 & (t_1 < t_2). \end{cases}$$

最后一个积分中被积函数的两项恰是一对算符不同时间顺序的乘积($t_1 > t_2$ 与 $t_1 < t_2$

两段)之和. 如果约定乘积中算符的次序始终按时间顺序排列，两项即可合写为一项. 为了书写简便，引入编时算符(或称时序算符)$\mathscr{T}$, 其作用是将乘积中各因子的次序恒按“左迟”(t 值大)“右早”(t 值小)的时间顺序编排. 利用这一算符，上式可简写为

$$\frac{1}{2}\int_{t_0}^{t}\mathrm{d}t_1\int_{t_0}^{t}\mathrm{d}t_2\mathscr{T}\left[\hat{H}_{\mathrm{I}}(t_1)\hat{H}_{\mathrm{I}}(t_2)\right].$$

将上述换限手续推广到各级项，n 维的 n 重积分限换为

$$\int_{t_0}^{t}\mathrm{d}t_1\cdots\int_{t_0}^{t_{n-1}}\mathrm{d}t_n\hat{H}_{\mathrm{I}}(t_1)\cdots\hat{H}_{\mathrm{I}}(t_n)=\frac{1}{n!}\int_{t_0}^{t}\mathrm{d}t_1\cdots\int_{t_0}^{t}\mathrm{d}t_n\mathscr{T}\left[\hat{H}_{\mathrm{I}}(t_1)\cdots\hat{H}_{\mathrm{I}}(t_n)\right].$$

用于式(8.1.28)可得 $\hat{U}$ 的表达式为

$$\hat{U}(t,t_0)=\sum_{n=0}^{\infty}\left(\frac{1}{\mathrm{i}\hbar}\right)^n\frac{1}{n!}\int_{t_0}^{t}\mathrm{d}t_1\cdots\int_{t_0}^{t}\mathrm{d}t_n\mathscr{T}\left[\hat{H}_{\mathrm{I}}(t_1)\cdots\hat{H}_{\mathrm{I}}(t_n)\right].\tag{8.1.29}$$

用幂级数来定义算符的指数函数，此式又可简写为

$$\hat{U}(t,t_0)=\mathscr{T}\left\{\exp\left[\frac{1}{\mathrm{i}\hbar}\int_{t_0}^{t}\hat{H}_{\mathrm{I}}(t_1)\mathrm{d}t_1\right]\right\}.\tag{8.1.30}$$

这就是算符 $\hat{U}$ 的形式解.

应当指出，在运用编时算符将一系列场算符的乘积按时序排列时，必将涉及算符的换序问题. 这时还要根据算符交换位置时的对易(玻色算符)、反对易(费米算符)性质，乘之以相应的正、负号.

3. 寝渐引入相互作用

讨论多粒子体系的一个基本问题是求体系能量本征值与本征波函数，在海森伯绘景中就是求解如下薛定谔方程：

$$\hat{H}|\Psi_{\mathrm{H}}\rangle=E|\Psi_{\mathrm{H}}\rangle.\tag{8.1.31}$$

在相互作用绘景中，波函数$|\Psi_{\mathrm{I}}(t)\rangle$随时间变化的规律由相互作用哈密顿量 $\hat{H}_{\mathrm{I}}(t)$ 支配. 用 $\hat{U}$ 算符来表示$|\Psi_{\mathrm{I}}\rangle$ 与$|\Psi_{\mathrm{H}}\rangle$ 之间的关系为

$$|\Psi_{\mathrm{H}}\rangle=|\Psi_{\mathrm{I}}(0)\rangle=\hat{U}(0,t_0)|\Psi_{\mathrm{I}}(t_0)\rangle.\tag{8.1.32}$$

只要获得了$|\Psi_{\mathrm{I}}(t)\rangle$，就可以运用这一关系由初始时刻($t=t_0$)的$|\Psi_{\mathrm{I}}\rangle$ 确定$|\Psi_{\mathrm{H}}\rangle$.

相互作用系的波函数$|\Psi_{\mathrm{I}}(t)\rangle$和$|\Psi_{\mathrm{H}}\rangle$的直接求解是十分困难的. 好在自由粒子系的波函数是可求的，并且往往已经解出. 我们不妨设法在相互作用系波函数与自由粒子系波函数之间建立某种联系，以自由粒子系的解为基础，进而求解相互作用系. 在量子场论中，相互作用系与自由系波函数之间的联系建立在以下“寝

渐引入相互作用”假设(或称绝热假设)的基础之上：

在无穷远的过去，即 $t=-\infty$时，系统内粒子间无相互作用，哈密顿量只含 $\hat{H}_0$ 部分. 随着时间的推移，相互作用被无限缓慢地(“寝渐”)引入，到 $t=0$ 以及在以后一段时间范围内，相互作用是 $\hat{H}_{\mathrm{I}}$. 随着时间的增长，相互作用又无限缓慢地(“寝渐”)撤出，到 $t=+\infty$时相互作用完全取消.

在这一假设的前体下，波函数在 $t=-\infty$的初始条件(或称边界条件)为

$$\left|\Psi_{\mathrm{I}}(t\to-\infty)\right\rangle=\left|\Psi_0\right\rangle,$$

这里$|\Psi_0\rangle$ 表示无相互作用系态矢. 再用式(8.1.32)，可得海森伯态矢与无相互作用系态矢间的关系

$$\left|\Psi_{\mathrm{H}}\right\rangle=\hat{U}(0,-\infty)\left|\Psi_0\right\rangle. \tag{8.1.33}$$

当 $t\to\infty$时，态矢又成为

$$\hat{U}(\infty,0)\left|\Psi_{\mathrm{H}}\right\rangle=\hat{U}(+\infty,-\infty)\left|\Psi_0\right\rangle,$$

可记作

$$\hat{U}(\infty,0)\left|\Psi_{\mathrm{H}}\right\rangle=\hat{S}\left|\Psi_0\right\rangle.$$

这里引入的新算符

$$\hat{S}=\hat{U}(\infty,-\infty) \tag{8.1.34}$$

在量子场论中有重要用途. 算符在具体表象(如粒子数表象)中可写为矩阵,上述算符常称为 ***S* 矩阵**.

将绝对零度($T=0$)时相互作用系的海森伯绘景基态记为$\left|\Psi_{\mathrm{H}}^0\right\rangle$，将自由粒子系基态记为$|\Phi_0\rangle$，它们之间的关系为

$$\left|\Psi_{\mathrm{H}}^0\right\rangle=\hat{U}(0,-\infty)\left|\Phi_0\right\rangle. \tag{8.1.35}$$

当 $t\to\infty$时，此态成为

$$\hat{U}(\infty,0)\left|\Psi_{\mathrm{H}}^0\right\rangle=\hat{U}(+\infty,-\infty)\left|\Phi_0\right\rangle=\hat{S}\left|\Phi_0\right\rangle. \tag{8.1.36}$$

系统寝渐引入相互作用，后又撤销，整个过程应保持总动量和能量守恒. 所以，$t=-\infty$时的基态(初态)经历相互作用的加入和撤销过程后，到 $t=\infty$时仍然应是基态，只是位相可能发生了变化.

在结束本节之前，我们再给出一些重要的结果. 根据算符$\hat{U}$ 的定义，同一力学量的 H(海森伯)绘景与 I(相互作用)绘景的算符之间可以用$\hat{U}$ 联系. 由式(8.1.4)和式(8.1.14)可得

$$\hat{A}_{\mathrm{H}}=\mathrm{e}^{\mathrm{i}\hat{H}t/\hbar}\mathrm{e}^{-\mathrm{i}\hat{H}_0t/\hbar}\hat{A}_{\mathrm{I}}(t)\mathrm{e}^{\mathrm{i}\hat{H}_0t/\hbar}\mathrm{e}^{-\mathrm{i}\hat{H}t/\hbar}. \tag{8.1.37}$$

根据式(8.1.2)、式(8.1.11)和式(8.1.20)又可得

$$\left|\Psi_{\mathrm{I}}(t)\right\rangle=\mathrm{e}^{\mathrm{i}\hat{H}_0 t/\hbar}\mathrm{e}^{-\mathrm{i}\hat{H}t/\hbar}\left|\Psi_{\mathrm{I}}(0)\right\rangle,$$

再与式(8.1.21)比较则得

$$\hat{U}(t,t_0)=\mathrm{e}^{\mathrm{i}\hat{H}_0 t/\hbar}\mathrm{e}^{-\mathrm{i}\hat{H}t/\hbar}, \tag{8.1.38}$$

因此

$$\hat{A}_{\mathrm{H}}=\hat{U}(0,t)\hat{A}_{\mathrm{I}}(t)\hat{U}(t,0). \tag{8.1.39}$$

我们看到，在U算符形式解的表达式中，主要部分是算符编时积的积分. 因此，我们在计算平均值时，必然反复实现求算符编时乘积的期望值的手续. 在 H 绘景中，相互作用体系的算符编时乘积在基态的期望值可以写为

$$\frac{\left\langle\Psi_{\mathrm{H}}^0\right|\mathscr{T}\left[\hat{A}_{\mathrm{H}}(t_1)\hat{B}_{\mathrm{H}}(t_2)\right]\left|\Psi_{\mathrm{H}}^0\right\rangle}{\left\langle\Psi_{\mathrm{H}}^0\middle|\Psi_{\mathrm{H}}^0\right\rangle}$$
$$=\theta(t_1-t_2)\frac{\left\langle\Psi_{\mathrm{H}}^0\right|\hat{A}_{\mathrm{H}}(t_1)\hat{B}_{\mathrm{H}}(t_2)\left|\Psi_{\mathrm{H}}^0\right\rangle}{\left\langle\Psi_{\mathrm{H}}^0\middle|\Psi_{\mathrm{H}}^0\right\rangle}\pm\theta(t_2-t_1)\frac{\left\langle\Psi_{\mathrm{H}}^0\right|\hat{B}_{\mathrm{H}}(t_2)\hat{A}_{\mathrm{H}}(t_1)\left|\Psi_{\mathrm{H}}^0\right\rangle}{\left\langle\Psi_{\mathrm{H}}^0\middle|\Psi_{\mathrm{H}}^0\right\rangle},$$

右端第二式的+、−号选择仍如前文的原则：上面的符号+对应玻色场，下面的−对应费米场.

用式(8.1.39)将上面期望值公式中的海森伯绘景算符换作相互作用绘景中相应的算符，在寝渐引入相互作用假设的前体下将$\left|\Psi_{\mathrm{H}}^0\right\rangle$代换为$\left|\Phi_0\right\rangle$，再注意到$S$算符的定义，即可将上式写为用无相互作用基态表示的形式. 最后可以证明

$$\frac{\left\langle\Psi_{\mathrm{H}}^0\right|\mathscr{T}\left[\hat{A}_{\mathrm{H}}(t_1)\hat{B}_{\mathrm{H}}(t_2)\right]\left|\Psi_{\mathrm{H}}^0\right\rangle}{\left\langle\Psi_{\mathrm{H}}^0\middle|\Psi_{\mathrm{H}}^0\right\rangle}=\frac{\left\langle\Phi_0\right|\mathscr{T}\left[\hat{A}_{\mathrm{I}}(t_1)\hat{B}_{\mathrm{I}}(t_2)\hat{S}\right]\left|\Phi_0\right\rangle}{\left\langle\Phi_0\right|\hat{S}\left|\Phi_0\right\rangle}. \tag{8.1.40}$$

这是量子场论中一个很重要的公式. 限于篇幅，此处不拟证明. 关于它的证明，读者可参阅有关专著①.

8.2 单粒子格林函数

单粒子格林函数理论是格林函数理论的基础. 同时，用它也可以直接解决许多具体问题. 有些多粒子格林函数的问题往往能化为单粒子格林函数加以讨论. 零温($T = 0$)下的单粒子格林函数更是基础的基础. 同时，一些涉及有限温度的问

① Fetter A L, Walecka J D. 2003. Quantum Theory of Many-Partical Systems, Dover edition: Dover Publications.

题，用零温的方法也可以较好地描述(特别是定性性质). 因此，作为格林函数理论的基础，我们将首先考虑零温单粒子格林函数，并将讨论的重点放在这一部分.

1. 格林函数的定义

零温**单粒子格林函数**的定义是

$$G_{\alpha\beta}(\boldsymbol{x}t,\boldsymbol{x}'t')=-\mathrm{i}\frac{\left\langle\Psi_{\mathrm{H}}^{0}\middle|\mathscr{T}\left[\hat{\psi}_{\mathrm{H}\alpha}(\boldsymbol{x},t)\hat{\psi}_{\mathrm{H}\beta}^{\dagger}(\boldsymbol{x}',t')\right]\middle|\Psi_{\mathrm{H}}^{0}\right\rangle}{\left\langle\Psi_{\mathrm{H}}^{0}\middle|\Psi_{\mathrm{H}}^{0}\right\rangle}$$

其中，α、β是粒子自旋指标，以下的讨论暂不计入自旋，这一下标可以省去. 再考虑到$\left|\Psi_{\mathrm{H}}^{0}\right\rangle$的归一性，上式又可简化为

$$G(\boldsymbol{x}t,\boldsymbol{x}'t')=-\mathrm{i}\left\langle\Psi_{\mathrm{H}}^{0}\middle|\mathscr{T}\left[\hat{\psi}_{\mathrm{H}}(\boldsymbol{x},t)\hat{\psi}_{\mathrm{H}}^{\dagger}(\boldsymbol{x}',t')\right]\middle|\Psi_{\mathrm{H}}^{0}\right\rangle. \tag{8.2.1}$$

利用S矩阵，可将它表示为自由粒子基态的期望值：

$$G(\boldsymbol{x}t,\boldsymbol{x}'t')=-\mathrm{i}\frac{\left\langle\Phi_{0}\middle|\mathscr{T}\left[\hat{\psi}_{\mathrm{I}}(\boldsymbol{x},t)\hat{\psi}_{\mathrm{I}}^{\dagger}(\boldsymbol{x}',t')\hat{S}\right]\middle|\Phi_{0}\right\rangle}{\left\langle\Phi_{0}\middle|\hat{S}\middle|\Phi_{0}\right\rangle}. \tag{8.2.2}$$

式中算符 $\mathscr{T}$ 的定义已由 8.1 节给出. 这里还应当注意算符在乘积中交换位置时对易与反对易关系的不同作用. 以式(8.2.1)中的编时积为例

$$\mathscr{T}\left[\hat{\psi}_{\mathrm{H}}(\boldsymbol{x},t)\hat{\psi}_{\mathrm{H}}^{\dagger}(\boldsymbol{x}',t')\right]=\begin{cases}\hat{\psi}_{\mathrm{H}}(\boldsymbol{x},t)\hat{\psi}_{\mathrm{H}}^{\dagger}(\boldsymbol{x}',t') & (t>t'),\\ \pm\hat{\psi}_{\mathrm{H}}^{\dagger}(\boldsymbol{x}',t')\hat{\psi}_{\mathrm{H}}(\boldsymbol{x},t) & (t<t').\end{cases} \tag{8.2.3}$$

这里定义的格林函数是基态的期望值，描述物体系在 $T=0$ 时的性质，因此称为零温格林函数.

至少可以从以下几个方面初步看到格林函数的作用：

首先，各种单粒子型算符的基态平均值可以由格林函数计算. 单粒子算符 $A(x)$ 的二次量子化形式为

$$\hat{A}(\boldsymbol{x})=\int\hat{\psi}^{\dagger}(\boldsymbol{x})\hat{\psi}(\boldsymbol{x})\mathrm{d}x. \tag{8.2.4}$$

基态平均为

$$\overline{A}=\left\langle\Psi_{\mathrm{S}}^{0}\middle|\hat{A}(\boldsymbol{x})\middle|\Psi_{\mathrm{S}}^{0}\right\rangle,$$

式中，上标 0 表示基态，$\left|\Psi_{\mathrm{S}}^{0}\right\rangle$为薛定谔基态波函数. 代入式(8.2.4)有

$$\begin{aligned}\overline{A}&=\int \lim_{x'\to x}A(\boldsymbol{x})\left\langle \Psi_{\mathrm{S}}^{0}\left|\hat{\psi}^{\dagger}(\boldsymbol{x}')\hat{\psi}(\boldsymbol{x})\right|\Psi_{\mathrm{S}}^{0}\right\rangle \mathrm{d}x\\&=\pm\int \lim_{\substack{t'\to t^{+}\\x'\to x}}A(\boldsymbol{x})\left\langle \Psi_{\mathrm{H}}^{0}\left|\mathscr{T}\left[\hat{\psi}_{\mathrm{H}}(\boldsymbol{x},t)\hat{\psi}_{\mathrm{H}}^{\dagger}(\boldsymbol{x}',t')\right]\right|\Psi_{\mathrm{H}}^{0}\right\rangle \mathrm{d}x\\&=\pm\mathrm{i}\int \lim_{\substack{t'\to t^{+}\\x'\to x}}A(\boldsymbol{x})G(\boldsymbol{x}t,\boldsymbol{x}'t')\mathrm{d}x.\end{aligned}\tag{8.2.5}$$

用式(8.2.5)可以写出 7.2 节的 $\hat{n}$、$\hat{T}$、$\hat{V}^{\mathrm{e}}$ 等单粒子型算符在基态的平均值. 只要求出格林函数，这些力学量在基态($T=0$)的平均值便可求出. 以后的讨论还会看到，由单粒子格林函数可以确定系统的元激发谱，同时还可计算两体能量.

作为一个例子，让我们具体写出零温自由粒子格林函数的表达式. 当 $T=0$ 时，玻色系已凝结，所以我们的讨论限于费米子系统(以下如不特别指出，均限于费米系). 由 2.5 节的讨论可知，费米系的基态是粒子在波矢(动量)空间内填满半径为 k_{F}(或 p_{F})之费米球的态. 我们将此态视为"真空"态，并用费米算符 $\hat{C}_{\boldsymbol{k}}$ 与 $\hat{C}_{\boldsymbol{k}}^{\dagger}$ 表示湮没与产生一个费米子的作用. 显然，湮没算符只能湮没 $k<k_{\mathrm{F}}$ 的费米子，产生算符只能产生 $k>k_{\mathrm{F}}$ 的费米子. 如果将湮没波矢为 $\boldsymbol{k}(k<k_{\mathrm{F}})$的费米子理解为产生波矢$-\boldsymbol{k}$ 的费米子"空穴"，并用 $\hat{d}_{-\boldsymbol{k}}^{\dagger}$ 表示这一作用，场算符

$$\hat{\psi}_{\mathrm{H}}(\boldsymbol{x},t)=\mathscr{V}^{-1/2}\sum_{\boldsymbol{k}}\hat{C}_{\boldsymbol{k}}\mathrm{e}^{\mathrm{i}\boldsymbol{k}\cdot\boldsymbol{x}-\mathrm{i}\varepsilon_{k}t/\hbar}$$

则可写成

$$\begin{aligned}\hat{\psi}_{\mathrm{H}}(\boldsymbol{x},t)=&\mathscr{V}^{-1/2}\sum_{\boldsymbol{k}}\hat{C}_{\boldsymbol{k}}\mathrm{e}^{\mathrm{i}\boldsymbol{k}\cdot\boldsymbol{x}-\mathrm{i}\varepsilon_{k}t/\hbar}\theta(k-k_{F})\\&+\mathscr{V}^{-1/2}\sum_{\boldsymbol{k}}\hat{d}_{-\boldsymbol{k}}^{\dagger}\mathrm{e}^{\mathrm{i}\boldsymbol{k}\cdot\boldsymbol{x}-\mathrm{i}\varepsilon_{k}t/\hbar}\theta(k_{F}-k)\end{aligned}$$

式中右端的两项分别代表在 $k>k_{\mathrm{F}}$ 湮没费米子和在 $k<k_{\mathrm{F}}$ 产生空穴的过程.

自由系的基态为$\left|\Psi_{\mathrm{H}}^{0}\right\rangle=\left|\Phi_{0}\right\rangle$，相应的格林函数则为

$$G^{0}(\boldsymbol{x}t,\boldsymbol{x}'t')=-\mathrm{i}\left\langle\Phi_{0}\left|\mathscr{T}\left[\hat{\psi}_{\mathrm{H}}(\boldsymbol{x},t)\hat{\psi}_{\mathrm{H}}^{\dagger}(\boldsymbol{x}',t')\right]\right|\Phi_{0}\right\rangle.$$

将场算符的表达式代入后得

$$\begin{aligned}&G^{0}(\boldsymbol{x}-\boldsymbol{x}',t-t')\\&=-\frac{\mathrm{i}}{\mathscr{V}}\sum_{\boldsymbol{k}}\mathrm{e}^{\mathrm{i}\boldsymbol{k}\cdot(\boldsymbol{x}-\boldsymbol{x}')-\mathrm{i}\varepsilon_{k}(t-t')/\hbar}\left[\theta(t-t')\theta(k-k_{F})-\theta(t'-t)\theta(k_{F}-k)\right].\end{aligned}\tag{8.2.6}$$

在体积很大时，求和可用积分计算：

$$\begin{aligned}&G^{0}(\boldsymbol{x}-\boldsymbol{x}',t-t')\\&=-\frac{1}{(2\pi)^{3}}\int \mathrm{d}^{3}k\mathrm{e}^{\mathrm{i}\boldsymbol{k}\cdot(\boldsymbol{x}-\boldsymbol{x}')-\mathrm{i}\varepsilon_{k}(t-t')/\hbar}\left[\theta(t-t')\theta(k-k_{F})-\theta(t'-t)\theta(k_{F}-k)\right].\end{aligned}$$

2. 动量空间表示

以上给出的格林函数以坐标为自变量，是它的坐标空间表示. 将其做傅里叶变换，可以获得格林函数在动量空间的表示. 仍以费米子为例，先利用恒等算符 $\sum_n |n\rangle\langle n|$ 的性质，在式(8.2.1)的场算符之间插入中间态$|n\rangle$

$$\begin{aligned}
&G(\boldsymbol{x}t,\boldsymbol{x}'t')\\
&=-\mathrm{i}\sum_n\Big[\theta(t-t')\left\langle\Psi_{\mathrm{H}}^0\middle|\hat{\psi}_{\mathrm{H}}(\boldsymbol{x},t)\middle|n\right\rangle\left\langle n\middle|\hat{\psi}_{\mathrm{H}}^{\dagger}(\boldsymbol{x}',t')\middle|\Psi_{\mathrm{H}}^0\right\rangle\\
&\quad-\theta(t'-t)\left\langle\Psi_{\mathrm{H}}^0\middle|\hat{\psi}_{\mathrm{H}}^{\dagger}(\boldsymbol{x}',t')\middle|n\right\rangle\left\langle n\middle|\hat{\psi}_{\mathrm{H}}(\boldsymbol{x},t)\middle|\Psi_{\mathrm{H}}^0\right\rangle\Big]\\
&=-\mathrm{i}\sum_n\Big[\theta(t-t')\mathrm{e}^{-\mathrm{i}(E_n-E)(t-t')/\hbar}\left\langle\Psi_{\mathrm{H}}^0\middle|\hat{\psi}(\boldsymbol{x})\middle|n\right\rangle\left\langle n\middle|\hat{\psi}^{\dagger}(\boldsymbol{x}')\middle|\Psi_{\mathrm{H}}^0\right\rangle\\
&\quad-\theta(t'-t)\mathrm{e}^{\mathrm{i}(E_n-E)(t-t')/\hbar}\left\langle\Psi_{\mathrm{H}}^0\middle|\hat{\psi}^{\dagger}(\boldsymbol{x}')\middle|n\right\rangle\left\langle n\middle|\hat{\psi}(\boldsymbol{x})\middle|\Psi_{\mathrm{H}}^0\right\rangle\Big].
\end{aligned}\tag{8.2.7}$$

式中，E_n和 E 分别是态$|n\rangle$ 和$\left|\Psi_{\mathrm{H}}^0\right\rangle$的能量；$\hat{\psi}^{\dagger}(\boldsymbol{x})$与$\hat{\psi}(\boldsymbol{x})$是薛定谔绘景场算符，其作用分别是在 $\boldsymbol{x}$ 处产生与湮没一个粒子. 式(8.2.7)中的各矩阵元只有少数不为零，其非零条件为:

矩阵元$\left\langle\Psi_{\mathrm{H}}^0\middle|\hat{\psi}(\boldsymbol{x})\middle|n\right\rangle$ $\left\langle n\middle|\hat{\psi}^{\dagger}(\boldsymbol{x}')\middle|\Psi_{\mathrm{H}}^0\right\rangle$非零的必要条件为态$|n\rangle$ 比态$\left|\Psi_{\mathrm{H}}^0\right\rangle$多一个粒子；矩阵元$\left\langle\Psi_{\mathrm{H}}^0\middle|\hat{\psi}^{\dagger}(\boldsymbol{x}')\middle|n\right\rangle$ $\left\langle n\middle|\hat{\psi}(\boldsymbol{x})\middle|\Psi_{\mathrm{H}}^0\right\rangle$非零的必要条件是态$|n\rangle$ 比态$\left|\Psi_{\mathrm{H}}^0\right\rangle$少一个粒子.

总之，如果$\left|\Psi_{\mathrm{H}}^0\right\rangle$为 N 粒子态，则使式(8.2.7)各阵元不为零的态$|n\rangle$必须是 $N\pm1$ 粒子的态.

为确定起见，在以下的计算中假定体系具有空间平移对称性，即动量算符与哈密顿算符 $\hat{H}$ 对易. 于是，我们可以将基矢选择为平面波，场算符便写为

$$\hat{\psi}(\boldsymbol{x})=\mathscr{V}^{-1/2}\sum_{\boldsymbol{k}}\mathrm{e}^{\mathrm{i}\boldsymbol{k}\cdot\boldsymbol{x}}\hat{C}_{\boldsymbol{k}}\,,\tag{8.2.8}$$

式中，$\boldsymbol{k}$ 为波矢，它与动量 $\boldsymbol{p}$ 的关系是 $\boldsymbol{p}=\hbar\boldsymbol{k}$. 用单粒子算符的场算符表示可以写出动量算符的二次量子化形式为

$$\hat{p}\equiv\int\mathrm{d}^3x\hat{\psi}^{\dagger}(\boldsymbol{x})(-\mathrm{i}\hbar\nabla)\hat{\psi}(\boldsymbol{x})=\sum_{\boldsymbol{k}}\hbar kC_{\boldsymbol{k}}^{\dagger}C_{\boldsymbol{k}}\,.\tag{8.2.9}$$

不难证明

$$\left[\hat{\psi}(\boldsymbol{x}),\hat{\boldsymbol{p}}\right]=-\mathrm{i}\hbar\nabla\hat{\psi}(\boldsymbol{x}),\tag{8.2.10}$$

或

$$\hat{\psi}(\boldsymbol{x})=\mathrm{e}^{-\mathrm{i}\boldsymbol{p}\cdot\boldsymbol{x}/\hbar}\hat{\psi}(0)\mathrm{e}^{\mathrm{i}\boldsymbol{p}\cdot\boldsymbol{x}/\hbar}. \tag{8.2.11}$$

考虑到$\left|\Psi_{\mathrm{H}}^{0}\right\rangle$是基态，因此有$\hat{p}\left|\Psi_{\mathrm{H}}^{0}\right\rangle=0$，即总动量为零. 取中间态$|n\rangle$为动量$\boldsymbol{p}_n$的本征态，则有

$$\left\langle\hat{\psi}_{\mathrm{H}}^{0}\middle|\hat{\psi}(\boldsymbol{x})\middle|n\right\rangle=\left\langle\hat{\psi}_{\mathrm{H}}^{0}\middle|\hat{\psi}(0)\middle|n\right\rangle\mathrm{e}^{\mathrm{i}\boldsymbol{p}_n\cdot\boldsymbol{x}/\hbar}.$$

代入式(8.2.7)得

$$\begin{aligned}&G(\boldsymbol{x}t,\boldsymbol{x}'t')\\&=-i\sum_n\Big[\theta(t-t')\mathrm{e}^{-\mathrm{i}(E_n-E)(t-t')/\hbar}\mathrm{e}^{\mathrm{i}\boldsymbol{p}_n\cdot(\boldsymbol{x}-\boldsymbol{x}')/\hbar}\left\langle\Psi_{\mathrm{H}}^{0}\middle|\hat{\psi}(0)\middle|n\right\rangle\left\langle n\middle|\hat{\psi}^{\dagger}(0)\middle|\Psi_{\mathrm{H}}^{0}\right\rangle\\&\quad-\theta(t'-t)\mathrm{e}^{\mathrm{i}(E_n-E)(t-t')/\hbar}\mathrm{e}^{-\mathrm{i}\boldsymbol{p}_n\cdot(\boldsymbol{x}-\boldsymbol{x}')/\hbar}\left\langle\Psi_{\mathrm{H}}^{0}\middle|\hat{\psi}^{\dagger}(0)\middle|n\right\rangle\left\langle n\middle|\hat{\psi}(0)\middle|\Psi_{\mathrm{H}}^{0}\right\rangle\Big].\end{aligned} \tag{8.2.12}$$

将N粒子系量子数为n之态的能量记为$E_n(N)$, 将其基态能记为$E_0(N)$.由基态到态n的激发能则为

$$\varepsilon_n(N)=E_n(N)-E_0(N).$$

根据定义，化学势μ应为体系增加一个粒子使其基态增加的能量

$$\mu(N)=E_0(N+1)-E_0(N),$$

因此

$$E_n(N+1)-E_0(N)=\varepsilon_n(N+1)+\mu.$$

又因$N\gg 1$, 所以也可将化学势写为

$$\mu(N-1)=E_0(N)-E_0(N-1)=\mu(N)=\mu,$$

于是有

$$E_n(N-1)-E_0(N)=\varepsilon_n(N-1)-\mu.$$

现在考虑式(8.2.12). 因为 $G(\boldsymbol{x}t, \boldsymbol{x}'t')$只是$(\boldsymbol{x}-\boldsymbol{x}')$和$(t-t')$的函数，所以可以用$(\boldsymbol{x}-\boldsymbol{x}', t-t')$作为格林函数的变量. 这样做便于用如下傅里叶变换将格林函数变换到动量(波矢)空间:

$$G(\boldsymbol{x}-\boldsymbol{x}',t-t')=\frac{1}{\mathscr{V}}\sum_{\boldsymbol{k}}\int\frac{\mathrm{d}\omega}{2\pi}\mathrm{e}^{\mathrm{i}\boldsymbol{k}\cdot(\boldsymbol{x}-\boldsymbol{x}')}\mathrm{e}^{-\mathrm{i}\omega(t-t')}G(\boldsymbol{k},\omega), \tag{8.2.13}$$

用阶跃函数的积分表示

$$\theta(t-t')=-\int_{-\infty}^{\infty}\frac{\mathrm{d}\omega}{2\pi\mathrm{i}}\frac{\mathrm{e}^{-\mathrm{i}\omega(t-t')}}{\omega+\mathrm{i}\eta}, \tag{8.2.14}$$

其中，η为无穷小正数，结合式(8.2.12)可得

$$G(\boldsymbol{k},\omega)=\mathscr{V}\sum_n \delta_{\boldsymbol{k},\boldsymbol{p}_n/\hbar}\frac{\left\langle \Psi_{\mathrm{H}}^0\middle|\hat{\psi}(0)\middle|n\right\rangle\left\langle n\middle|\hat{\psi}^\dagger(0)\middle|\Psi_{\mathrm{H}}^0\right\rangle}{\omega-[\varepsilon_n(N+1)+\mu]/\hbar+\mathrm{i}\eta}$$
$$-\mathscr{V}\sum_n \delta_{-\boldsymbol{k},\boldsymbol{p}_n/\hbar}\frac{\left\langle \Psi_{\mathrm{H}}^0\middle|\hat{\psi}^\dagger(0)\middle|n\right\rangle\left\langle n\middle|\hat{\psi}(0)\middle|\Psi_{\mathrm{H}}^0\right\rangle}{-\omega-[\varepsilon_n(N-1)-\mu]/\hbar+\mathrm{i}\eta}.$$

式中，δ函数的作用是限定$|n\rangle$的波矢必取$\boldsymbol{k}$或$-\boldsymbol{k}$. 用$|n,\boldsymbol{k}\rangle$和$|n,-\boldsymbol{k}\rangle$表示这两种情况对应的态矢，则有

$$G(\boldsymbol{k},\omega)=\mathscr{V}\hbar\sum_n\left[\frac{\left\langle \Psi_{\mathrm{H}}^0\middle|\hat{\psi}(0)\middle|n,\boldsymbol{k}\right\rangle\left\langle n,\boldsymbol{k}\middle|\hat{\psi}^\dagger(0)\middle|\Psi_{\mathrm{H}}^0\right\rangle}{\hbar\omega-\mu-\varepsilon_{n\boldsymbol{k}}(N+1)+\mathrm{i}\eta}\right.$$
$$\left.+\frac{\left\langle \Psi_{\mathrm{H}}^0\middle|\hat{\psi}^\dagger(0)\middle|n,-\boldsymbol{k}\right\rangle\left\langle n,-\boldsymbol{k}\middle|\hat{\psi}(0)\middle|\Psi_{\mathrm{H}}^0\right\rangle}{\hbar\omega-\mu+\varepsilon_{n,-\boldsymbol{k}}(N-1)-\mathrm{i}\eta}\right]. \tag{8.2.15}$$

这就是动量空间的格林函数，又称为格林函数的莱曼(Lehmann)表示.

3. 推迟与超前格林函数

为了计算和应用格林函数，我们对它的解析性质加以分析. 为此，先写出格林函数的谱表示形式.

定义两个谱函数$A(\boldsymbol{k},\omega)$和$B(\boldsymbol{k},\omega)$，它们由下式给出：

$$A(\boldsymbol{k},\omega)\mathrm{d}\omega=\mathscr{V}\left|\left\langle \Psi_{\mathrm{H}}^0\middle|\hat{\psi}(0)\middle|n,\boldsymbol{k}\right\rangle\right|^2 g(\omega)\mathrm{d}\omega, \tag{8.2.16}$$

$$B(\boldsymbol{k},\omega)\mathrm{d}\omega=\mathscr{V}\left|\left\langle \Psi_{\mathrm{H}}^0\middle|\hat{\psi}^\dagger(0)\middle|n,-\boldsymbol{k}\right\rangle\right|^2 g(\omega)\mathrm{d}\omega. \tag{8.2.17}$$

这一对谱函数也称为权重函数. 式中，$g(\omega)$为态密度，$g(\omega)\mathrm{d}\omega$则表示频率在$\omega\to\omega+\mathrm{d}\omega$范围内的态数. $A(\boldsymbol{k},\omega)$和$B(\boldsymbol{k},\omega)$都是正定的. 引入谱函数后，格林函数的莱曼表示可写为

$$G(\boldsymbol{k},\omega)=\int_0^\infty\left[\frac{A(\boldsymbol{k},\omega')}{\omega-\mu/\hbar-\omega'+\mathrm{i}\eta}+\frac{B(\boldsymbol{k},\omega')}{\omega-\mu/\hbar+\omega'-\mathrm{i}\eta}\right]\mathrm{d}\omega'. \tag{8.2.18}$$

应当提及，对n的求和用积分计算的前提是系统体积V很大(趋于无穷).

对比式(8.2.6)与式(8.2.13)，不难得到自由粒子格林函数的谱表示

$$G^0(\boldsymbol{k},\omega)=\frac{\theta(k-k_{\mathrm{F}})}{\omega-\omega_k+\mathrm{i}\eta}+\frac{\theta(k_{\mathrm{F}}-k)}{\omega-\omega_k-\mathrm{i}\eta}, \tag{8.2.19}$$

式中，$\omega_{\boldsymbol{k}}$是波矢为$\boldsymbol{k}$的费米子的频率，由$\varepsilon_{\boldsymbol{k}}=\hbar\omega_{\boldsymbol{k}}$给出.

式(8.2.18)给出的动量空间格林函数$G(\boldsymbol{k},\omega)$是一个复变函数. 它包含的积分中被积函数有两个稍微偏离实轴的极点. 利用下面符号恒等式可将复函数写为实

部和虚部之和：

$$\frac{1}{\omega \pm \mathrm{i}\eta}=\mathscr{P}\frac{1}{\omega}\mp \mathrm{i}\pi\delta(\omega),\tag{8.2.20}$$

这里 $\mathscr{P}$ 表示取柯西主值. 格林函数莱曼表示 $G(\boldsymbol{k}, \omega)$的实部与虚部可分别写为

$$\mathrm{Re}\,G(\boldsymbol{k},\omega)=\mathscr{P}\int_0^{\infty}\left[\frac{A(\boldsymbol{k},\omega')}{\omega-\mu/\hbar-\omega'}+\frac{B(\boldsymbol{k},\omega')}{\omega-\mu/\hbar+\omega'}\right]\mathrm{d}\omega'.\tag{8.2.21}$$

$$\mathrm{Im}\,G(\boldsymbol{k},\omega)=\begin{cases}-\pi A(\boldsymbol{k},\omega-\mu/\hbar) & (\omega>\mu/\hbar),\\ \pi B(\boldsymbol{k},\mu/\hbar-\omega) & (\omega<\mu/\hbar).\end{cases}\tag{8.2.22}$$

显然，它们之间满足如下关系：

$$\mathrm{Re}\,G(\boldsymbol{k},\omega)=\mathscr{P}\int_{-\infty}^{\infty}\frac{\mathrm{Im}\,G(\boldsymbol{k},\omega')\mathrm{sign}(\omega'-\mu/\hbar)}{\pi(\omega'-\omega)}\mathrm{d}\omega',\tag{8.2.23}$$

其中，sign 代表符号函数

$$\mathrm{sign}(x)=\begin{cases}1 & (x>0),\\ -1 & (x<0).\end{cases}$$

根据复变函数在上半复平面解析的条件[①]

$$\mathrm{Re}\,G(\boldsymbol{k},\omega)=\mathscr{P}\int_{-\infty}^{\infty}\frac{\mathrm{Im}\,G(\boldsymbol{k},\omega')}{\pi(\omega'-\omega)}\mathrm{d}\omega'\tag{8.2.24}$$

和下半复平面解析的条件

$$\mathrm{Re}\,G(\boldsymbol{k},\omega)=\mathscr{P}\int_{-\infty}^{\infty}\frac{\mathrm{Im}\,G(\boldsymbol{k},\omega')}{\pi(\omega-\omega')}\mathrm{d}\omega'\tag{8.2.25}$$

可以判断出，$G(\boldsymbol{k}, \omega)$在上、下半复平面($\omega$作为复变量) 均不解析. 但是，不难找到满足式(8.2.24)和式(8.2.25)而分别在上、下半复平面解析的函数.

定义**推迟格林函数** G^{R} 与**超前格林函数** G^{A}，它们由如下关系确定：

$$\begin{aligned}&\mathrm{Re}\,G=\mathrm{Re}\,G^{\mathrm{A}}=\mathrm{Re}\,G^{\mathrm{R}},\\ &\mathrm{Im}\,G^{\mathrm{R}}(\boldsymbol{k},\omega)=\mathrm{Im}\,G(\boldsymbol{k},\omega)\mathrm{sign}(\omega-\mu/\hbar),\\ &\mathrm{Im}\,G^{\mathrm{A}}(\boldsymbol{k},\omega)=-\mathrm{Im}\,G(\boldsymbol{k},\omega)\mathrm{sign}(\omega-\mu/\hbar).\end{aligned}\tag{8.2.26}$$

根据定义，立即可以得到 G^R 的实部与虚部之间的关系：

$$\mathrm{Re}\,G^{\mathrm{R}}(\boldsymbol{k},\omega)=\mathscr{P}\int_{-\infty}^{\infty}\frac{\mathrm{Im}\,G(\boldsymbol{k},\omega')\mathrm{sign}(\omega'-\mu/\hbar)}{\pi(\omega'-\omega)}\mathrm{d}\omega'=\mathscr{P}\int_{-\infty}^{\infty}\frac{\mathrm{Im}\,G^{\mathrm{R}}(\boldsymbol{k},\omega')}{\pi(\omega'-\omega)}\mathrm{d}\omega'.$$

可见，$G^{\mathrm{R}}(\boldsymbol{k}, \omega)$在上半复平面解析. 类似地有

① 可参看：郭敦仁. 1978. 数学物理方法. 北京：人民教育出版社；普里瓦洛夫. 1963. 复变函数引论. 北京：人民教育出版社.

$$\mathrm{Re}\,G^{\mathrm{A}}(\boldsymbol{k},\omega)=\mathscr{P}\int_{-\infty}^{\infty}\frac{\mathrm{Im}\,G^{\mathrm{A}}(\boldsymbol{k},\omega')}{\pi(\omega-\omega')}\mathrm{d}\omega'.$$

$G^{\mathrm{A}}(\boldsymbol{k},\omega)$在下半复平面解析. 它们的谱表示分别为

$$\begin{aligned}G^{\mathrm{R}}(\boldsymbol{k},\omega)&=\mathrm{Re}\,G(\boldsymbol{k},\omega)+\mathrm{i}\,\mathrm{Im}\,G(\boldsymbol{k},\omega)\mathrm{sign}(\omega-\mu/\hbar)\\&=\int_0^{\infty}\left[\frac{A(\boldsymbol{k},\omega')}{\omega-\mu/\hbar-\omega'+\mathrm{i}\eta}+\frac{B(\boldsymbol{k},\omega')}{\omega-\mu/\hbar+\omega'+\mathrm{i}\eta}\right]\mathrm{d}\omega'\end{aligned}\tag{8.2.27}$$

和

$$G^{\mathrm{A}}(\boldsymbol{k},\omega)=\int_0^{\infty}\left[\frac{A(\boldsymbol{k},\omega')}{\omega-\mu/\hbar-\omega'-\mathrm{i}\eta}+\frac{B(\boldsymbol{k},\omega')}{\omega-\mu/\hbar+\omega'-\mathrm{i}\eta}\right]\mathrm{d}\omega'.\tag{8.2.28}$$

对一般的物理系统，ω为实数，有$[G^{\mathrm{R}}(\boldsymbol{k},\omega)]^*=G^{\mathrm{A}}(\boldsymbol{k},\omega)$.

求傅里叶变换的逆变换，可以得出 G^{R} 与 G^{A} 在坐标表象的定义

$$\begin{aligned}G^{\mathrm{R}}(\boldsymbol{x}t,\boldsymbol{x}'t')&=-\mathrm{i}\left\langle\Psi_{\mathrm{H}}^0\middle|\left[\hat{\psi}_{\mathrm{H}}(\boldsymbol{x},t),\hat{\psi}_{\mathrm{H}}^{\dagger}(\boldsymbol{x}',t')\right]_+\middle|\Psi_{\mathrm{H}}^0\right\rangle\theta(t-t'),\\G^{\mathrm{A}}(\boldsymbol{x}t,\boldsymbol{x}'t')&=+\mathrm{i}\left\langle\Psi_{\mathrm{H}}^0\middle|\left[\hat{\psi}_{\mathrm{H}}(\boldsymbol{x},t),\hat{\psi}_{\mathrm{H}}^{\dagger}(\boldsymbol{x}',t')\right]_+\middle|\Psi_{\mathrm{H}}^0\right\rangle\theta(t'-t).\end{aligned}\tag{8.2.29}$$

根据上式给出的时序关系，我们将 G^{R} 与 G^{A} 分别称为推迟与超前格林函数.

格林函数 G 与推迟、超前格林函数 G^{R}、G^{A} 在$|\omega|\to\infty$时同趋于简单渐近关系

$$\begin{aligned}\lim_{|\omega|\to\infty}G(\boldsymbol{k},\omega)&=\lim_{|\omega|\to\infty}G^{\mathrm{R}}(\boldsymbol{k},\omega)=\lim_{|\omega|\to\infty}G^{\mathrm{A}}(\boldsymbol{k},\omega)\\&=\lim_{|\omega|\to\infty}\frac{1}{\omega}\int_0^{\infty}\left[A(\boldsymbol{k},\omega')+B(\boldsymbol{k},\omega')\right]\mathrm{d}\omega'=\frac{1}{\omega}.\end{aligned}\tag{8.2.30}$$

4. 物理意义

场算符$\hat{\psi}_{\mathrm{I}}^{\dagger}(\boldsymbol{x}',t')$是 t'时在 $\boldsymbol{x}'$处产生一粒子的算符. 如果原相互作用绘景中的态为$|\Psi_{\mathrm{I}}(t')\rangle$，在$(x',t')$再产生一粒子的态则为$\hat{\psi}_{\mathrm{I}}^{\dagger}(\boldsymbol{x}',t')|\Psi_{\mathrm{I}}(t')\rangle$. 到 t 时刻，此态演化为$\hat{U}(t,t')\hat{\psi}_{\mathrm{I}}^{\dagger}(\boldsymbol{x}',t')|\Psi_{\mathrm{I}}(t')\rangle$. 它在态$\hat{\psi}_{\mathrm{I}}^{\dagger}(\boldsymbol{x},t)|\Psi_{\mathrm{I}}(t)\rangle$的投影则为

$$\begin{aligned}&\langle\Psi_{\mathrm{I}}(t)|\hat{\psi}_{\mathrm{I}}(\boldsymbol{x},t)\hat{U}(t,t')\hat{\psi}_{\mathrm{I}}^{\dagger}(\boldsymbol{x}',t')|\Psi_{\mathrm{I}}(t')\rangle\\&=\langle\Phi_0|\hat{U}(\infty,t)\left[\hat{U}(t,0)\hat{\psi}_{\mathrm{H}}(\boldsymbol{x},t)\hat{U}(0,t)\right]\hat{U}(t,t')\\&\quad\cdot\left[\hat{U}(t',0)\hat{\psi}_{\mathrm{H}}^{\dagger}(\boldsymbol{x}',t')\hat{U}(0,t')\right]\hat{U}(t',-\infty)|\Phi_0\rangle\\&=\left\langle\Psi_{\mathrm{H}}^0\middle|\hat{\psi}_{\mathrm{H}}(\boldsymbol{x},t)\hat{\psi}_{\mathrm{H}}^{\dagger}(\boldsymbol{x}',t')\middle|\Psi_{\mathrm{H}}^0\right\rangle.\end{aligned}$$

在$\left|\Psi_{\mathrm{H}}^0\right\rangle$归一的前提下，上式与我们定义的 $t>t'$ 格林函数只差一因子$(-\mathrm{i})$. 由此格林函数的物理意义可以理解为：

若 $t > t'$, 格林函数表示相互作用系 t' 时在 $\boldsymbol{x}'$ 处产生一个粒子,到 t 时传播到 $\boldsymbol{x}$ 处的概率振幅；若 $t < t'$, 格林函数表示 t 时在 $\boldsymbol{x}$ 处产生一个空穴, t' 时传到 $\boldsymbol{x}'$ 的概率振幅.因为具有传播的意义，格林函数又被称为“传播子”或“传播函数”.

同时，由格林函数的莱曼表示可见，$G(\boldsymbol{k}, \omega)$是 $\hbar\omega$的亚纯函数. 研究表明，它的极点有重要的物理意义. 为了讨论这一点，对 $G(\boldsymbol{k}, \omega)$再作一次傅里叶变换

$$G(\boldsymbol{k},t)=\int_{-\infty}^{\infty}\frac{\mathrm{d}\omega}{2\pi}\mathrm{e}^{-\mathrm{i}\omega t}G(\boldsymbol{k},\omega),$$

以便研究格林函数对时间的依赖关系. 上面积分可以分为两段来计算

$$G(\boldsymbol{k},t)=\int_{-\infty}^{\mu/\hbar}\frac{\mathrm{d}\omega}{2\pi}\mathrm{e}^{-\mathrm{i}\omega t}G(\boldsymbol{k},\omega)+\int_{\mu/\hbar}^{\infty}\frac{\mathrm{d}\omega}{2\pi}\mathrm{e}^{-\mathrm{i}\omega t}G(\boldsymbol{k},\omega),\tag{8.2.31}$$

式中的两个积分可以用留数(残数)定理计算.

先考虑 $t > 0$ 情形. 为了确保积分收敛，采用在下半平面的积分围道.

先计算第一个积分，将它记为

$$I_1=\int_{-\infty}^{\mu/\hbar}\frac{\mathrm{d}\omega}{2\pi}\mathrm{e}^{-\mathrm{i}\omega t}G(\boldsymbol{k},\omega).$$

因为$\omega < \mu/\hbar$, 在此积分段被积函数中的 $G(\boldsymbol{k}, \omega)$与超前格林函数一样，所以可写为

$$I_1=\int_{-\infty}^{\mu/\hbar}\frac{\mathrm{d}\omega}{2\pi}\mathrm{e}^{-\mathrm{i}\omega t}G^{\mathrm{A}}(\boldsymbol{k},\omega).$$

G^{A}在下半平面没有奇点，又因$|\omega| \to \infty$时，$G^{\mathrm{A}} \to 1/\omega$, 故可将约当(Jordan)引理用于图 8.2.1(a)中的围道，得此环路积分为零. 于是 I_1 作为沿环路的一部分 C_1 的积分，可以由环路另一部分 C_1'(由半径无穷之圆弧的 1/4 加沿虚轴方向从$-\mathrm{i}\infty+\mu/\hbar$ 至$\mu/\hbar$ 的半直线组成)的积分代替. 又因沿无穷大圆弧的积分为零，所以

$$I_1=\int_{\mu/\hbar-\mathrm{i}\infty}^{\mu/\hbar}\frac{\mathrm{d}\omega}{2\pi}\mathrm{e}^{-\mathrm{i}\omega t}G^{\mathrm{A}}(\boldsymbol{k},\omega).\tag{8.2.32}$$

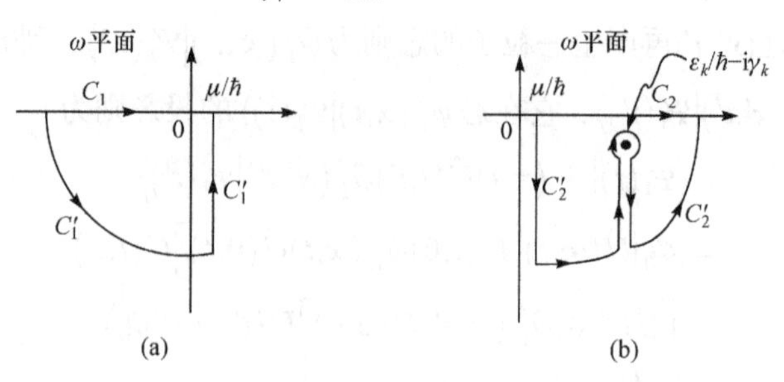

图 8.2.1　$t > 0$ 积分的围道

再看第二个积分 I_2. 因为$\omega > \mu/\hbar$, 所以 $G(\boldsymbol{k}, \omega)$与 $G^{\mathrm{R}}(\boldsymbol{k}, \omega)$相同. $G^{\mathrm{R}}(\boldsymbol{k}, \omega)$在下半平面有极点而不解析. 假定它只有一个极点，且靠近极轴，记为$\omega = \varepsilon_k/\hbar - \mathrm{i}\gamma_k$, 其中

$\varepsilon_k > \mu$且$\varepsilon_k-\mu \gg \hbar\gamma_k \geqslant 0$. 对这个积分，运用约当引理的围道应选择为如图 8.2.1(b)所示的异形回路. 沿中间嵌入的小圆之积分直接与留数相联系. 沿 C_2 的积分可代之以沿 C_2' 的积分，即沿 1/4 圆加虚轴方向的半直线之积分与极点留数贡献的和. 在接近实轴的极点附近，推迟格林函数 $G^{\mathrm{R}}(k,\omega)$的行为是

$$G^{\mathrm{R}} \approx \frac{a}{\omega-\varepsilon_{\boldsymbol{k}}/\hbar+\mathrm{i}\gamma_k}, \tag{8.2.33}$$

式中，a 为极点的留数. 于是积分 I_2 便可写为

$$I_2=\int_{\mu/\hbar}^{\mu/\hbar-\mathrm{i}\infty}\frac{\mathrm{d}\omega}{2\pi}\mathrm{e}^{-\mathrm{i}\omega t}G^{\mathrm{R}}(\boldsymbol{k},\omega)-\mathrm{i}a\mathrm{e}^{-\mathrm{i}\varepsilon_k t/\hbar-\gamma_k t}. \tag{8.2.34}$$

将式(8.2.32)和式(8.2.34)相加得

$$G(\boldsymbol{k},t)=\int_{\mu/\hbar-\mathrm{i}\infty}^{\mu/\hbar}\frac{\mathrm{d}\omega}{2\pi}\mathrm{e}^{-\mathrm{i}\omega t}\left[G^{\mathrm{A}}(\boldsymbol{k},\omega)-G^{\mathrm{R}}(\boldsymbol{k},\omega)\right]-\mathrm{i}a\mathrm{e}^{-\mathrm{i}\varepsilon_k t/\hbar-\gamma_k t}. \tag{8.2.35}$$

假定下列条件得以满足：

$$\begin{aligned}&\text{(i)}\ t(\varepsilon_{\boldsymbol{k}}-\mu)\gg\hbar;\\&\text{(ii)}\ t\gamma_{\boldsymbol{k}}\ll 1.\end{aligned} \tag{8.2.36}$$

不难求出 $G(k,\omega)$的近似表达式. 事实上，式(8.2.36)暗含了条件$(\varepsilon_{\boldsymbol{k}}-\mu)\gg\hbar\gamma_{\boldsymbol{k}}$，即极点接近实轴. 在此极点附近，超前格林函数的行为是

$$G^{\mathrm{A}}(\boldsymbol{k},\omega)=\left[G^{\mathrm{R}}(\boldsymbol{k},\omega)\right]^*\approx\frac{a}{\omega-\varepsilon_k/\hbar-\mathrm{i}\gamma_{\boldsymbol{k}}}. \tag{8.2.37}$$

我们来考虑式(8.2.35)前一项的积分. 在被积函数中有一指数因子 $\mathrm{e}^{-\mathrm{i}\omega t}$，当 $t>0$ 时，它随ω远离实轴而迅速衰减至零. 因此，该积分主要由极轴附近的函数值决定. 又因极点靠近极轴，所以积分的贡献主要由极点附近的函数值提供. 于是，积分可近似地写为

$$\begin{aligned}&\int_{\mu/\hbar-\mathrm{i}\infty}^{\mu/\hbar}\frac{\mathrm{d}\omega}{2\pi}\mathrm{e}^{-\mathrm{i}\omega t}\left[G^{\mathrm{A}}(\boldsymbol{k},\omega)-G^{\mathrm{R}}(\boldsymbol{k},\omega)\right]\\&=\int_{\mu/\hbar-\mathrm{i}\infty}^{\mu/\hbar}\frac{\mathrm{d}\omega}{2\pi}\mathrm{e}^{-\mathrm{i}\omega t}\left[\frac{a}{\omega-\varepsilon_k/\hbar-\mathrm{i}\gamma_k}-\frac{a}{\omega-\varepsilon_k/\hbar+\mathrm{i}\gamma_k}\right]\\&=2\mathrm{i}\gamma_k a\int_{\mu/\hbar-\mathrm{i}\infty}^{\mu/\hbar}\frac{\mathrm{d}\omega}{2\pi}\frac{\mathrm{e}^{-\mathrm{i}\omega t}}{(\omega-\varepsilon_k/\hbar)^2+\gamma_k^2}\\&=-\frac{\gamma_k a\mathrm{e}^{-\mathrm{i}\mu t/\hbar}}{\pi}\int_0^\infty\mathrm{d}u\frac{\mathrm{e}^{-ut}}{\gamma_k^2+\left[(\mu-\varepsilon_k)/\hbar-\mathrm{i}u\right]^2},\quad\left(\mathrm{i}u=\frac{\mu}{\hbar}-\omega\right)\\&\approx-\frac{1}{\pi t(\mu-\varepsilon_k)^2}\gamma_k a\hbar^2\mathrm{e}^{-\mathrm{i}\mu t/\hbar}.\end{aligned}$$

将这个积分的绝对值与式(8.2.35)最后一项比较，在极点靠近极轴的条件式(8.2.36)

满足时有

$$\left|\frac{\gamma_k a\mathrm{e}^{-\mathrm{i}\mu t/\hbar}}{\pi t\left(\mu-\varepsilon_k\right)^2/\hbar^2}\right| \ll \left|\mathrm{i}a\mathrm{e}^{-\mathrm{i}\varepsilon_k t/\hbar-\gamma_k t}\right|.$$

因此，我们可以将式(8.2.35)中积分首项略去，得 $G(k, \omega)$的近似表达式为

$$G(\boldsymbol{k},t) \approx -\mathrm{i}a\mathrm{e}^{-\mathrm{i}\varepsilon_k t/\hbar-\gamma_k t}. \tag{8.2.38}$$

由上面的表达式可以看出格林函数的物理意义：它描述体系中频率为$\varepsilon_k/\hbar$、阻尼常数为γ_k的“准粒子”激发态. 这个态的主要参数由 $G^{\mathrm{R}}(\boldsymbol{k}, \omega)$的极点$\omega = \varepsilon_k/\hbar - \mathrm{i}\gamma_k$ 给出. 激发态能量为ε_k, 寿命为 $1/\gamma_k$, 准粒子波包的尺寸由 a 决定.

再考虑 $t < 0$ 情形. 用与 $t > 0$ 情形类似的办法，可得出“空穴”准粒子激发态. 取ω上半复平面的围道积分，讨论 G^{A} 的极点$\omega = \varepsilon_k/\hbar + \mathrm{i}\gamma_k$. 它代表能量为$\varepsilon_k < \mu$、寿命为 $1/\gamma_k$的“空穴”型准粒子态.

以上讨论的是单个极点的情形，如果有多个极点，可对每个极点做类似的分析，从而获得多支准粒子激发能谱.

8.3 维克定理

通过前面的讨论，我们对格林函数的特征和物理意义已经有了初步的了解. 下面将用微扰法来具体地计算格林函数. 格林函数的微扰展开级数比较复杂，需要采用图解的方法进行分析. 作为图解法的准备，本节先证明一个极其重要的定理——维克(Wick)定理.

回顾格林函数的定义

$$G(\boldsymbol{x}t,\boldsymbol{x}'t') = -\mathrm{i}\frac{\langle\Phi_0|\mathscr{T}\left[\hat{\psi}_{\mathrm{I}}(\boldsymbol{x},t)\hat{\psi}_{\mathrm{I}}^{\dagger}(\boldsymbol{x}',t')\hat{S}\right]|\Phi_0\rangle}{\langle\Phi_0|\hat{S}|\Phi_0\rangle}, \tag{8.2.2}$$

式中

$$\hat{S} = \mathscr{T}\left\{\exp\left[\frac{1}{\mathrm{i}\hbar}\int_{-\infty}^{\infty}\hat{H}_{\mathrm{I}}(t_1)\mathrm{d}t_1\right]\right\}$$

是通过将指数函数展开为算符 $\hat{H}_{\mathrm{I}}(t)$ 的幂级数来定义的. 这样，格林函数写为

$$\begin{aligned}G(\boldsymbol{x}t,\boldsymbol{x}'t') = &-\mathrm{i}\sum_{n=0}^{\infty}\left(\frac{1}{\mathrm{i}\hbar}\right)^n\frac{1}{n!}\int_{-\infty}^{\infty}\mathrm{d}t_1\cdots\mathrm{d}t_n \\ &\cdot\frac{\langle\Phi_0|\mathscr{T}\left[\hat{\psi}_{\mathrm{I}}(\boldsymbol{x},t)\hat{\psi}_{\mathrm{I}}^{\dagger}(\boldsymbol{x}',t')\hat{H}_{\mathrm{I}}(t_1)\cdots\hat{H}_{\mathrm{I}}(t_n)\right]|\Phi_0\rangle}{\langle\Phi_0|\hat{S}|\Phi_0\rangle}.\end{aligned} \tag{8.3.1}$$

上式是格林函数的微扰展开级数，它的每一项都是用积分形式给出的. 式中被积函数的分母 $\langle\Phi_0|\hat{S}|\Phi_0\rangle$ 是常数，可以提到积分号外面. 分子中的 $\hat{H}_\text{I}$ 是由若干场算符之积乘以时空函数后再积分给出的. 因此，计算这些分子最终归结为计算以下形式的期望值:

$$\langle\Phi_0|\mathscr{T}\left(\hat{A}\hat{B}\hat{C}\hat{D}\cdots\hat{W}\hat{X}\hat{Y}\hat{Z}\right)|\Phi_0\rangle. \tag{8.3.2}$$

这里，$\hat{A},\hat{B},\hat{C},\cdots$均为相互作用绘景中的场算符. 这个期望值的直接计算十分烦琐，维克 1950 年证明的一条定理为它提供了很大的方便. 本节介绍这个定理.

1. 几个基本概念

在讨论维克定理之前，有必要先明确几个基本概念的含义:

1) 编时(时序)乘积($\mathscr{T}$ 乘积)

上文已定义了 $\mathscr{T}$ 算符. 它的作用是将乘积中的算符按“左迟右早”的时间顺序排列. 在重新排序的过程中，每有一对费米算符易位提供一个因子“–1”，玻色算符交换位置正负号不变. 同时我们还约定，编时过程中，时间相同的算符顺序不变. 这样按时序排列的乘积称为**编时(时序)乘积**，或写为 $\mathscr{T}$ 乘积.

2) 正规乘积($\mathscr{N}$ 乘积)

$\mathscr{N}$ 算符的作用是将乘积中的算符按产生与湮没性质排序，湮没算符排在产生算符之右，同是湮没和产生算符在排序时保持原序. 同样，一对费米算符易位提供因子“–1”，玻色算符易位正负号不变. 按这样的顺序排列之乘积为**正规乘积**，或 $\mathscr{N}$ 乘积.

显然 $\mathscr{N}$ 乘积在基态$|\Phi_0\rangle$之期望值为零. 因此 $\mathscr{T}$ 乘积相应期望值可用 $\mathscr{T}$ 乘积与 $\mathscr{N}$ 乘积差的期望来计算.

3) 收缩(缩并)

两算符之 $\mathscr{T}$ 乘积与 $\mathscr{N}$ 乘积之差称为**收缩**，记作

$$\underbrace{\hat{U}\hat{V}} \equiv \mathscr{T}(\hat{U}\hat{V}) - \mathscr{N}(\hat{U}\hat{V}), \tag{8.3.3}$$

易知，场算符的收缩为 C 数而不再是算符.

事实上，收缩中涉及的场算符为相互作用绘景算符，它们是“自由”算符，对费米系有

$$\begin{aligned}\hat{\psi}_\text{I}(\boldsymbol{x},t) = {} & \mathscr{V}^{-1/2}\sum_{\boldsymbol{k}}\hat{C}_{\boldsymbol{k}}\mathrm{e}^{\mathrm{i}\boldsymbol{k}\cdot\boldsymbol{x}-\mathrm{i}\varepsilon_k t/\hbar}\theta(k-k_F) \\ & + \mathscr{V}^{-1/2}\sum_{\boldsymbol{k}}\hat{d}^\dagger_{-\boldsymbol{k}}\mathrm{e}^{\mathrm{i}\boldsymbol{k}\cdot\boldsymbol{x}-\mathrm{i}\varepsilon_k t/\hbar}\theta(k_F-k).\end{aligned} \tag{8.3.4}$$

湮没算符和产生算符之间的收缩为

$$
\begin{aligned}
&\underbrace{\hat{\psi}_{\mathrm{I}}(\boldsymbol{x},t)\hat{\psi}_{\mathrm{I}}^{\dagger}}(\boldsymbol{x}',t') \\
&=\mathscr{T}\left[\hat{\psi}_{\mathrm{I}}(\boldsymbol{x},t)\hat{\psi}_{\mathrm{I}}^{\dagger}(\boldsymbol{x}',t')\right]-\mathscr{N}\left[\hat{\psi}_{\mathrm{I}}(\boldsymbol{x},t)\hat{\psi}_{\mathrm{I}}^{\dagger}(\boldsymbol{x}',t')\right] \\
&=\frac{1}{\mathscr{V}}\sum \mathrm{e}^{\mathrm{i}\boldsymbol{k}\cdot(\boldsymbol{x}-\boldsymbol{x}')-\mathrm{i}\varepsilon_k(t-t')/\hbar}\left[\theta(t-t')\theta(k-k_{\boldsymbol{F}})-\theta(t'-t)\theta(k_{\boldsymbol{F}}-k)\right] \\
&=\mathrm{i}G^0(\boldsymbol{x}-\boldsymbol{x}',t-t').
\end{aligned}
\tag{8.3.5}
$$

而同是湮没或产生的两个算符之收缩为零

$$
\underbrace{\hat{\psi}_{\mathrm{I}}(\boldsymbol{x},t)\hat{\psi}_{\mathrm{I}}}(\boldsymbol{x}',t')=\underbrace{\hat{\psi}_{\mathrm{I}}^{\dagger}(\boldsymbol{x},t)\hat{\psi}_{\mathrm{I}}^{\dagger}}(\boldsymbol{x}',t')=0\,. \tag{8.3.6}
$$

可见，各种场算符之收缩均为 C 数而不再是算符. 如果在 $\mathscr{N}$ 乘积内有收缩，可将其提出 $\mathscr{N}$ 算符的作用以外，例如，

$$
\mathscr{N}(\underbrace{\hat{A}\hat{B}\hat{C}}\hat{D}\cdots)=\pm\underbrace{\hat{A}\hat{C}}\mathscr{N}\left(\hat{B}\hat{D}\cdots\right),
$$

这里，+对应玻色子，–对应费米子. ±号的出现是因为收缩时需先将 $\hat{C}$ 交换至 $\hat{B}$ 的左方. 一对算符位置互易，其收缩有如下关系：

$$
\underbrace{\hat{A}\hat{B}}=\pm\underbrace{\hat{B}\hat{A}},
$$

+、–号的约定如上面所述.

以上关于三种不同乘积的概念在维克定理和以后各节将要用到.

2. 维克定理

维克定理表述为：

算符的编时乘积等于所有各种可能收缩方式的正规乘积之和(注意：不收缩视为一种特殊收缩方式).

此定理可以用如下公式表述：

$$
\begin{aligned}
&\mathscr{T}\left(\hat{A}\hat{B}\hat{C}\cdots\hat{X}\hat{Y}\hat{Z}\right) \\
&=\mathscr{N}(\hat{A}\hat{B}\hat{C}\cdots\hat{X}\hat{Y}\hat{Z})+\mathscr{N}(\underbrace{\hat{A}\hat{B}}\hat{C}\cdots\hat{X}\hat{Y}\hat{Z})+\cdots+\mathscr{N}(\hat{A}\hat{B}\hat{C}\cdots\hat{X}\underbrace{\hat{Y}\hat{Z}}) \\
&\quad+\mathscr{N}(\underbrace{\hat{A}\hat{B}\hat{C}}\cdots\hat{X}\hat{Y}\hat{Z})+\cdots+\mathscr{N}(\hat{A}\underbrace{\hat{B}\underbrace{\hat{C}\cdots\hat{X}}\hat{Y}}\hat{Z})\,.
\end{aligned}
\tag{8.3.7}
$$

为了证明维克定理，需要先证明下面引理：

若 $\hat{Z}$ 是时间先于正规积 $\mathscr{N}(\hat{A}\hat{B}\hat{C}\cdots\hat{X}\hat{Y})$ 中各算符时间之算符，则有

$$
\begin{aligned}
&\mathscr{N}\left(\hat{A}\hat{B}\hat{C}\cdots\hat{X}\hat{Y}\right)\hat{Z} \\
&=\mathscr{N}(\hat{A}\hat{B}\hat{C}\cdots\hat{X}\,\underbracket{\hat{Y}\hat{Z}})+\mathscr{N}(\hat{A}\hat{B}\hat{C}\cdots\underbracket{\hat{X}\hat{Y}\hat{Z}})+\cdots \\
&\quad+\mathscr{N}(\underbracket{\hat{A}\hat{B}\hat{C}\cdots\hat{X}\hat{Y}\hat{Z}})+\cdots+\mathscr{N}(\hat{A}\hat{B}\hat{C}\cdots\hat{X}\hat{Y}\hat{Z}).
\end{aligned}
\tag{8.3.8}
$$

证明：

(1) $\hat{Z}$ 为湮没算符.

对任一算符 $\hat{X}$，当 $t_x > t_z$(算符 $\hat{X}$ 的时间迟于算符 $\hat{Z}$)时，必有

$$
\underbracket{\hat{X}\hat{Z}} \equiv \mathscr{T}(\hat{X}\hat{Z}) - \mathscr{N}(\hat{X}\hat{Z}) = \hat{X}\hat{Z} - \hat{X}\hat{Z} = 0 , \tag{8.3.9}
$$

因此

$$
\underbracket{\hat{A}\hat{Z}} = \underbracket{\hat{B}\hat{Z}} = \cdots = \underbracket{\hat{Y}\hat{Z}} = 0 .
$$

又

$$
\mathscr{N}(\hat{A}\hat{B}\hat{C}\cdots\hat{X}\hat{Y})\hat{Z} = \mathscr{N}(\hat{A}\hat{B}\hat{C}\cdots\hat{X}\hat{Y}\hat{Z}) ,
$$

所以引理正确.

(2) $\hat{Z}$ 为产生算符.

为了便于讨论，不妨在 $\hat{A}\hat{B}\hat{C}\cdots\hat{X}\hat{Y}$ 的顺序已是正规序的前提下证明引理. 这并不影响证明的普遍性. 容易验证，若原非正规序，在将其正规排序时，式(8.3.8)各项正规积中出现的正负号数相同，因此有相同的符号，可以约去.

因为 $\hat{A}\hat{B}\hat{C}\cdots\hat{X}\hat{Y}$ 的顺序已是正规序，所以

$$
\mathscr{N}(\hat{A}\hat{B}\hat{C}\cdots\hat{X}\hat{Y})\hat{Z} = \hat{A}\hat{B}\hat{C}\cdots\hat{X}\hat{Y}\hat{Z} .
$$

下面分三种情况加以讨论：

(a) $\hat{A}, \hat{B}, \hat{C}, \cdots, \hat{X}, \hat{Y}$ 均为湮没算符.

根据引理的前提条件，$\hat{Z}$ 的时间早于正规积中的各算符，所以

$$
\mathscr{T}(\hat{X}\hat{Z})=\hat{X}\hat{Z} .
$$

又因 $\hat{Z}$ 为产生算符有

$$
\mathscr{N}(\hat{X}\hat{Z}) = \pm\hat{Z}\hat{X} ,
$$

所以

$$
\hat{X}\hat{Z} = \underbracket{\hat{X}\hat{Z}} \pm \hat{Z}\hat{X} .
$$

于是

$$\hat{A}\hat{B}\hat{C}\cdots\hat{X}\hat{Y}\hat{Z}=\hat{A}\hat{B}\hat{C}\cdots\hat{X}\,\underbracket{\hat{Y}\hat{Z}}\pm\hat{A}\hat{B}\hat{C}\cdots\hat{X}\hat{Z}\hat{Y}$$

$$=\mathscr{N}(\hat{A}\hat{B}\hat{C}\cdots\hat{X}\,\underbracket{\hat{Y}\hat{Z}})\pm\hat{A}\hat{B}\hat{C}\cdots\hat{X}\hat{Z}\hat{Y}.$$

上式第二项的 $\hat{X}\hat{Z}$ 亦可如法收缩，使上式又增加一项含 $\underbracket{\hat{X}\hat{Z}}$ 的 $\mathscr{N}$ 乘积. 如此逐步收缩加项，直至包含 $\hat{Z}$ 与所有各算符的收缩，最后得

$$\mathscr{N}\left(\hat{A}\hat{B}\hat{C}\cdots\hat{X}\hat{Y}\right)\hat{Z}$$

$$=\mathscr{N}(\hat{A}\hat{B}\hat{C}\cdots\hat{X}\,\underbracket{\hat{Y}\hat{Z}})+\mathscr{N}(\hat{A}\hat{B}\hat{C}\cdots\underbracket{\hat{X}\hat{Y}\hat{Z}})+\cdots$$

$$+\mathscr{N}(\underbracket{\hat{A}\hat{B}\hat{C}\cdots\hat{X}\hat{Y}\hat{Z}})+\cdots+\mathscr{N}(\hat{A}\hat{B}\hat{C}\cdots\hat{X}\hat{Y}\hat{Z}).$$

这样，我们就在 $\hat{A},\hat{B},\hat{C},\cdots,\hat{X},\hat{Y}$ 等全部为湮没算符的前提下证明了引理(8.3.8).

(b) $\hat{A},\hat{B},\hat{C},\cdots,\hat{X},\hat{Y}$ 中有产生算符.

根据正规序的条件，正规乘积的产生算符应已全部排列在左边. 将湮没算符记为 $\hat{U},\hat{V},\cdots,\hat{X},\hat{Y}$，则正规积 $\mathscr{N}\left(\hat{A}\hat{B}\hat{C}\cdots\hat{X}\hat{Y}\right)$ 中排在其左边的算符均为产生算符.

由(a)所证明的结果可得

$$\mathscr{N}\left(\hat{U}\hat{V}\cdots\hat{X}\hat{Y}\right)\hat{Z}$$

$$=\mathscr{N}(\hat{U}\hat{V}\cdots\hat{X}\,\underbracket{\hat{Y}\hat{Z}})+\mathscr{N}(\hat{U}\hat{V}\cdots\underbracket{\hat{X}\hat{Y}\hat{Z}})+\cdots$$

$$+\mathscr{N}(\underbracket{\hat{U}\hat{V}\cdots\hat{X}\hat{Y}\hat{Z}})+\cdots+\mathscr{N}(\hat{U}\hat{V}\cdots\hat{X}\hat{Y}\hat{Z}).$$

将两边同时左乘一迟时的产生算符 $\hat{B}$ ($t_B>t_Z$)，上式左端成为

$$\hat{B}\mathscr{N}\left(\hat{U}\hat{V}\cdots\hat{X}\hat{Y}\right)\hat{Z}=\mathscr{N}\left(\hat{B}\hat{U}\hat{V}\cdots\hat{X}\hat{Y}\right)\hat{Z},$$

右端则为

$$\hat{B}\mathscr{N}(\hat{U}\hat{V}\cdots\hat{X}\,\underbracket{\hat{Y}\hat{Z}})+\hat{B}\mathscr{N}(\hat{U}\hat{V}\cdots\underbracket{\hat{X}\hat{Y}\hat{Z}})+\cdots+\hat{B}\mathscr{N}(\hat{U}\hat{V}\cdots\hat{X}\hat{Y}\hat{Z})$$

$$=\mathscr{N}(\hat{B}\hat{U}\hat{V}\cdots\hat{X}\,\underbracket{\hat{Y}\hat{Z}})+\mathscr{N}(\hat{B}\hat{U}\hat{V}\cdots\underbracket{\hat{X}\hat{Y}\hat{Z}})+\cdots+\mathscr{N}(\hat{B}\hat{U}\hat{V}\cdots\hat{X}\hat{Y}\hat{Z}).$$

又因

$$\underbracket{\hat{B}\hat{Z}}\equiv\mathscr{T}(\hat{B}\hat{Z})-\mathscr{N}(\hat{B}\hat{Z})=0,$$

故可在等式右边再加一等于零的项

$$\mathscr{N}(\underbracket{\hat{B}\hat{U}\hat{V}\cdots\hat{X}\hat{Y}\hat{Z}}).$$

最后得

$$
\begin{aligned}
&\mathscr{N}\left(\hat{B}\hat{U}\hat{V}\cdots\hat{X}\hat{Y}\right)\hat{Z}\\
&=\mathscr{N}(\hat{B}\hat{U}\hat{V}\cdots\hat{X}\underbrace{\hat{Y}\hat{Z}})+\mathscr{N}(\hat{B}\hat{U}\hat{V}\cdots\underbrace{\hat{X}\hat{Y}\hat{Z}})+\cdots\\
&\quad+\mathscr{N}(\underbrace{\hat{B}\hat{U}\hat{V}\cdots\hat{X}\hat{Y}\hat{Z}})+\cdots+\mathscr{N}(\hat{B}\hat{U}\hat{V}\cdots\hat{X}\hat{Y}\hat{Z}).
\end{aligned}
$$

这就证明了有一个产生算符的情形引理成立. 逐次左乘产生算符则可证明含多个产生算符时引理正确.

(c) $\hat{A},\hat{B},\hat{C},\cdots,\hat{X},\hat{Y}$ 均为产生算符.

此种情况是(b)的特例，无须详细讨论.

至此，引理(8.3.8)对 $\hat{Z}$ 为湮没与产生算符的情形均得证.

下面用数学归纳法证明维克定理.

首先，两个算符情形定理显然成立

$$
\mathscr{T}(\hat{A}\hat{B})=\mathscr{N}(\hat{A}\hat{B})+\underbrace{\hat{A}\hat{B}}.
$$

假定 n 个算符情形成立，可在维克定理的等式两边右乘一个先于原有各算符时间的算符 $\hat{\Omega}$，结果是

$$
\begin{aligned}
\text{左边}&=\mathscr{T}\left(\hat{A}\hat{B}\hat{C}\cdots\hat{X}\hat{Y}\hat{Z}\right)\hat{\Omega}=\mathscr{T}\left(\hat{A}\hat{B}\hat{C}\cdots\hat{X}\hat{Y}\hat{Z}\hat{\Omega}\right);\\
\text{右边}&=\mathscr{N}(\hat{A}\hat{B}\hat{C}\cdots\hat{X}\hat{Y}\hat{Z})\hat{\Omega}+\mathscr{N}(\underbrace{\hat{A}\hat{B}}\hat{C}\cdots\hat{X}\hat{Y}\hat{Z})\ \hat{\Omega}+\cdots\\
&=\mathscr{N}(\hat{A}\hat{B}\hat{C}\cdots\hat{X}\hat{Y}\hat{Z}\hat{\Omega})+\mathscr{N}(\hat{A}\hat{B}\hat{C}\cdots\hat{X}\hat{Y}\underbrace{\hat{Z}\hat{\Omega}})+\cdots\\
&\quad+\mathscr{N}(\underbrace{\hat{A}\hat{B}\hat{C}\cdots\hat{X}\hat{Y}\hat{Z}\hat{\Omega}})+\mathscr{N}(\underbrace{\hat{A}\hat{B}}\hat{C}\cdots\hat{X}\hat{Y}\hat{Z}\hat{\Omega})+\cdots.
\end{aligned}
$$

它给出 $n+1$ 个算符的维克定理公式. 取消 $\hat{\Omega}$ 的时间限制并不影响上述结果，因为两边交换算符有同样的正负号变化. 因此，维克定理得证.

维克定理给出一系列算符编时乘积用其收缩及正规积表示的公式. 在计算格林函数时，我们遇到的是编时乘积在自由系基态 $|\Phi_0\rangle$ 之期望值，而正规积在 $|\Phi_0\rangle$ 态的期望是零，这样就可以用收缩来表示 $\mathscr{T}$ 积之期望，使问题大大简化.

8.4 费　曼　图

根据 8.3 节得到的结果，在格林函数的编时积展开中，只有那些将乘积中所有的场算符完全收缩的项才不为零. 其他含有正规积的项在态 $|\Phi_0\rangle$ 的期望值均为零. 完全收缩的项中一对对的收缩恰好是自由粒子的格林函数[见式(8.3.5)]，容易求出. 这样一来，计算格林函数式(8.3.1)就归结为找出各级展开中场算符全部收缩

的项，再用适当的方式表示并计算之. 费曼提出用图形来表示各级展开的方法，获得很大的成功. 下面将分别在坐标和动量空间中讨论格林函数的图形表示法.

1. 坐标空间的费曼图

让我们来分析格林函数在坐标空间的表达式

$$G(\boldsymbol{x}t,\boldsymbol{x}'t') = -\mathrm{i}\sum_{n=o}^{\infty}\left(\frac{1}{\mathrm{i}\hbar}\right)^n\frac{1}{n!}\int_{-\infty}^{\infty}\mathrm{d}t_1\cdots\mathrm{d}t_n \cdot\frac{\left\langle\Phi_0\left|\mathscr{T}\left[\hat{\psi}_{\mathrm{I}}(\boldsymbol{x},t)\hat{\psi}_{\mathrm{I}}^{\dagger}(\boldsymbol{x}',t')\hat{H}_{\mathrm{I}}(t_1)\cdots\hat{H}_{\mathrm{I}}(t_n)\right]\right|\Phi_0\right\rangle}{\left\langle\Phi_0\left|\hat{S}\right|\Phi_0\right\rangle} \tag{8.3.1}$$

中展开的各项.

首项(零级项)显然是自由粒子格林函数 G^0.

第二项即格林函数的一级项，记作 $G^{(1)}$，余类推. 现以一级项为例分析之.

应当注意到，相互作用哈密顿 $\hat{H}_{\mathrm{I}}$ 内包含的两个场算符时间是一样的，编时排序时算符次序不变. 由 $\hat{H}_{\mathrm{I}}$ 之结构可知，这个顺序相当于认为产生算符 $\hat{\psi}^{\dagger}$ 的时间较湮没算符 $\hat{\psi}$ 迟一个无限短的时间. 为简化记号，引入四维空间时空坐标，将时空点记为 $x\equiv(\boldsymbol{x},\mathrm{t})$. 用这种坐标，相互作用势应表示为 $U(x_1, x_2) = V(\boldsymbol{x}_1, \boldsymbol{x}_2)\delta(t_1-t_2)$. 这样，格林函数的一级项(含有一个 $\hat{H}_{\mathrm{I}}$)便写为

$$G^{(1)}(x,x') = -\frac{1}{2\hbar\left\langle\Phi_0\left|\hat{S}\right|\Phi_0\right\rangle}\iint\mathrm{d}^4x_1\mathrm{d}^4x_1'U(x_1-x_1') \cdot\left\langle\Phi_0\left|\mathscr{T}\left[\hat{\psi}_{\mathrm{I}}(x)\hat{\psi}_{\mathrm{I}}^{\dagger}(x')\hat{\psi}_{\mathrm{I}}^{\dagger}(x_1)\hat{\psi}_{\mathrm{I}}^{\dagger}(x_1')\hat{\psi}_{\mathrm{I}}(x_1')\hat{\psi}_{\mathrm{I}}(x_1)\right]\right|\Phi_0\right\rangle. \tag{8.4.1}$$

被积函数中的编时积展开时完全收缩项中只有 6 种是非零的(注意：只有湮没和产生算符之间的收缩才不为零)，其收缩方式如图 8.4.1 所示.

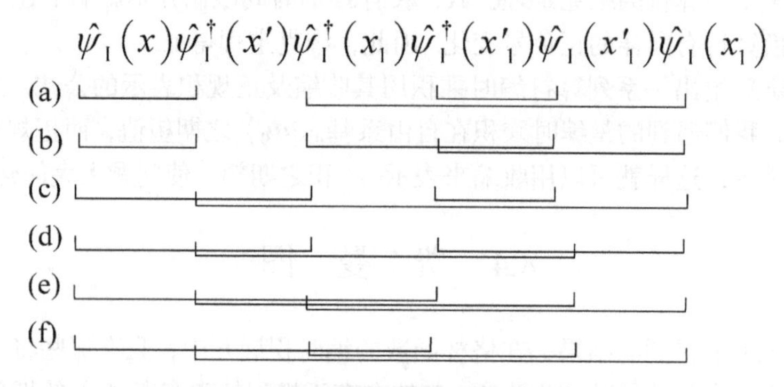

图 8.4.1　编时积展开中非零的 6 种收缩方式

“†”表示收缩的下划线两端必须正确指向相应的算符.

于是，编时积的期望值便由展开的 6 种完全收缩项之和的期望给出，仍考虑费米系，结果为

$$
\begin{aligned}
&\langle\Phi_0|\mathscr{T}\left[\hat{\psi}_{\mathrm{I}}(x)\hat{\psi}_{\mathrm{I}}^{\dagger}(x')\hat{\psi}_{\mathrm{I}}^{\dagger}(x_1)\hat{\psi}_{\mathrm{I}}^{\dagger}(x_1')\hat{\psi}_{\mathrm{I}}(x_1')\hat{\psi}_{\mathrm{I}}(x_1)\right]|\Phi_0\rangle\\
=&\langle\Phi_0|\underbrace{\hat{\psi}_{\mathrm{I}}(x)\hat{\psi}_{\mathrm{I}}^{\dagger}}(x')|\Phi_0\rangle\langle\Phi_0|\underbrace{\hat{\psi}_{\mathrm{I}}^{\dagger}(x_1)\hat{\psi}_{\mathrm{I}}}(x_1)|\Phi_0\rangle\langle\Phi_0|\underbrace{\hat{\psi}_{\mathrm{I}}^{\dagger}(x_1')\hat{\psi}_{\mathrm{I}}}(x_1')|\Phi_0\rangle\\
&-\langle\Phi_0|\underbrace{\hat{\psi}_{\mathrm{I}}(x)\hat{\psi}_{\mathrm{I}}^{\dagger}}(x')|\Phi_0\rangle\langle\Phi_0|\underbrace{\hat{\psi}_{\mathrm{I}}^{\dagger}(x_1)\hat{\psi}_{\mathrm{I}}}(x_1')|\Phi_0\rangle\langle\Phi_0|\underbrace{\hat{\psi}_{\mathrm{I}}^{\dagger}(x_1')\hat{\psi}_{\mathrm{I}}}(x_1)|\Phi_0\rangle\\
&-\langle\Phi_0|\underbrace{\hat{\psi}_{\mathrm{I}}(x)\hat{\psi}_{\mathrm{I}}^{\dagger}}(x_1)|\Phi_0\rangle\langle\Phi_0|\underbrace{\hat{\psi}_{\mathrm{I}}^{\dagger}(x')\hat{\psi}_{\mathrm{I}}}(x_1)|\Phi_0\rangle\langle\Phi_0|\underbrace{\hat{\psi}_{\mathrm{I}}^{\dagger}(x_1')\hat{\psi}_{\mathrm{I}}}(x_1')|\Phi_0\rangle\\
&+\langle\Phi_0|\underbrace{\hat{\psi}_{\mathrm{I}}(x)\hat{\psi}_{\mathrm{I}}^{\dagger}}(x_1)|\Phi_0\rangle\langle\Phi_0|\underbrace{\hat{\psi}_{\mathrm{I}}^{\dagger}(x')\hat{\psi}_{\mathrm{I}}}(x_1')|\Phi_0\rangle\langle\Phi_0|\underbrace{\hat{\psi}_{\mathrm{I}}^{\dagger}(x_1')\hat{\psi}_{\mathrm{I}}}(x_1)|\Phi_0\rangle\\
&-\langle\Phi_0|\underbrace{\hat{\psi}_{\mathrm{I}}(x)\hat{\psi}_{\mathrm{I}}^{\dagger}}(x_1')|\Phi_0\rangle\langle\Phi_0|\underbrace{\hat{\psi}_{\mathrm{I}}^{\dagger}(x')\hat{\psi}_{\mathrm{I}}}(x_1')|\Phi_0\rangle\langle\Phi_0|\underbrace{\hat{\psi}_{\mathrm{I}}^{\dagger}(x_1)\hat{\psi}_{\mathrm{I}}}(x_1)|\Phi_0\rangle\\
&+\langle\Phi_0|\underbrace{\hat{\psi}_{\mathrm{I}}(x)\hat{\psi}_{\mathrm{I}}^{\dagger}}(x_1')|\Phi_0\rangle\langle\Phi_0|\underbrace{\hat{\psi}_{\mathrm{I}}^{\dagger}(x')\hat{\psi}_{\mathrm{I}}}(x_1)|\Phi_0\rangle\langle\Phi_0|\underbrace{\hat{\psi}_{\mathrm{I}}^{\dagger}(x_1)\hat{\psi}_{\mathrm{I}}}(x_1')|\Phi_0\rangle.
\end{aligned}
$$

注意到湮没算符和产生算符之间的收缩与自由格林函数的关系

$$
\underbrace{\hat{\psi}_{\mathrm{I}}(\boldsymbol{x},t)\hat{\psi}_{\mathrm{I}}^{\dagger}}(\boldsymbol{x}',t')=\mathrm{i}G^0(\boldsymbol{x}-\boldsymbol{x}',t-t'),\tag{8.3.5}
$$

上式成为

$$
\begin{aligned}
&\langle\Phi_0|\mathscr{T}\left[\hat{\psi}_{\mathrm{I}}(x)\hat{\psi}_{\mathrm{I}}^{\dagger}(x')\hat{\psi}_{\mathrm{I}}^{\dagger}(x_1)\hat{\psi}_{\mathrm{I}}^{\dagger}(x_1')\hat{\psi}_{\mathrm{I}}(x_1')\hat{\psi}_{\mathrm{I}}(x_1)\right]|\Phi_0\rangle\\
=&\mathrm{i}G^0(x,x')\mathrm{i}G^0(x_1,x_1)\mathrm{i}G^0(x_1',x_1')-\mathrm{i}G^0(x,x')\mathrm{i}G^0(x_1',x_1)\mathrm{i}G^0(x_1,x_1')\\
&-\mathrm{i}G^0(x,x_1)\mathrm{i}G^0(x_1,x')\mathrm{i}G^0(x_1',x_1')+\mathrm{i}G^0(x,x_1)\mathrm{i}G^0(x_1',x')\mathrm{i}G^0(x_1,x_1')\\
&-\mathrm{i}G^0(x,x_1')\mathrm{i}G^0(x_1',x')\mathrm{i}G^0(x_1,x_1)+\mathrm{i}G^0(x,x_1')\mathrm{i}G^0(x_1,x')\mathrm{i}G^0(x_1',x_1).
\end{aligned}\tag{8.4.2}
$$

式(8.4.1)中的积分即为上述 6 项的积分之和. 为便于分析计算，我们用图形来表示这些积分. 式(8.4.1)被积函数涉及的坐标有 x, x', x_1, x_1' 等四个. 其中 x, x'是格林函数的两个坐标，来自于格林函数定义中的两个场算符，称为“外”坐标；x_1, x_1' 来源于展开 $\hat{S}$ 中相互作用哈密顿量 $\hat{H}_{\mathrm{I}}$ 内的场算符，故称为“内”坐标，为积分变量. 每个 $\hat{H}_{\mathrm{I}}$ 均有一对内坐标. 格林函数式(8.3.1)展开的第 n 级项(包含 n 个 $\hat{H}_{\mathrm{I}}$)必有 n 对内坐标. 我们的作图原则是：

如图 8.4.2 所示，用点代表时空坐标，如 x, x', …；用有方向的实线作为粒子线(传播线)，代表两时空点间的自由格林函数；用虚线作为相互作用线，代表相互作用势. 外端点(外坐标)与出入粒子线相连，内顶点(内坐标)则与粒子线及相互

作用线相连. 以这些点和线作为基元，可组合成一系列的图形，用以表示每级展开所包含的各种完全收缩项的积分，进而将格林函数表示为一系列图形的和. 费曼首先采用了这种图示的方法，故称为“**费曼图**”.

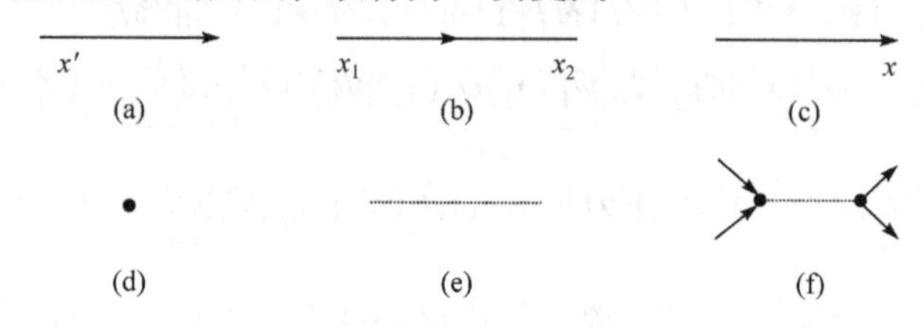

图 8.4.2　费曼图的基本组元

(a) 入线；(b) 内线；(c) 出线；(d) 顶点；(e) 相互作用线；(f) 内顶点连接方式

显然，零级项没有相互作用线，只有一种构图方式(图 8.4.3)，即一条粒子线. 一级项则有一条相互作用线，构图方式有(3! =)6 种. 二级项有两条相互作用线，构图方式(5! =)120 种等.

x'　　　x

图 8.4.3　零级图

格林函数展开式包含的各级项均与相应费曼图对应，图中的每条“线”按右图原则对应一个因子. 每个内部顶点提供一个关于该变量的积分. 每个(费米子)圈图提供一个“−1”因子，一对外坐标提供一个“−i”因子，最后 n 级图提供一个因子$(1/2)^n(1/n!)(1/i\hbar)^n$. 这些原则给出了图对应的因子积的积分. 作出所有可能的各级图形并求和，便给出格林函数式(8.3.1)右端除分母 $\langle\Phi_0|\hat{S}|\Phi_0\rangle$ 以外部分. 若将此总和记为 N, 并记 $D=\langle\Phi_0|\hat{S}|\Phi_0\rangle$，则有

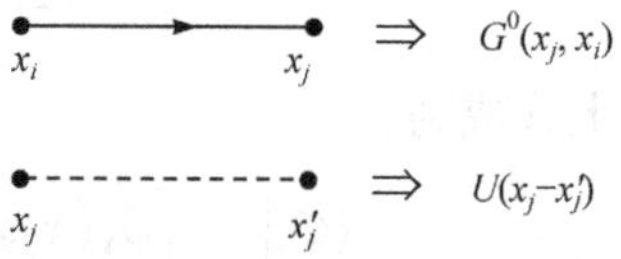

x_i　　x_j　$\Rightarrow$　$G^0(x_j, x_i)$

x_j　　x_j'　$\Rightarrow$　$U(x_j-x_j')$

$$G(x,x')=N/D. \tag{8.4.3}$$

作为一个例子，图 8.4.4 给出 N 中的一级贡献 $N^{(1)}$包括的全部 6 个图. 它们与式(8.4.2)中各种收缩方式一一对应.

让我们再以一级图为例来分析图的几何特点. 图 8.4.4 的 6 个图可以分为两大类：“相连图形”与“不相连图形”. 图(c)、(d)、(e)、(f)为相连图形，(a)、(b)则是不相连图形. 不相连图形对应于几个互不相关之积分的乘积. 通过提取公共因子的办法对 N 分解因式，则可将它写为两个级数的乘积(图 8.4.5).

用上面给出的作图法，同样可以用图形来表示 D 的展开式. 因为在 D 的表达式中不包含与 x, x' 两个端点有关的场算符，所以它的展开式所对应的图只是一些没有外线的相连图形. 这些图形中的一级项如图 8.4.6 所示. 于是，D 的全部图形之和恰好是图 8.4.5 中分解出的两个级数因子中的后一个. N 与 D 相除的结果(即格林函数)恰好是所有相连图形(含外线)的和. 这样，问题又进一步得到简化.

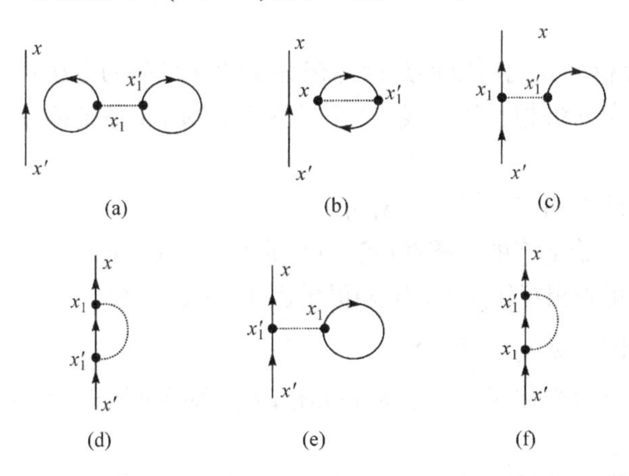

图 8.4.4　与 6 种收缩方式相对应的一级费曼图

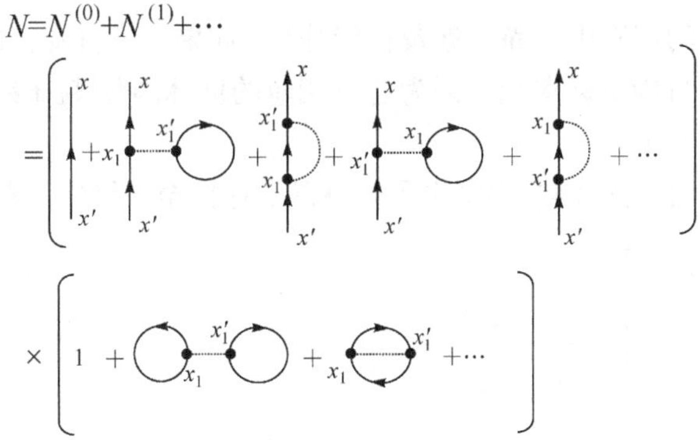

$N=N^{(0)}+N^{(1)}+\cdots$

$=\left[\ x,\ x' \ + x_1,\ x_1',\ x,\ x' \ + x_1',\ x_1,\ x,\ x' \ + x_1',\ x_1,\ x,\ x' \ + x_1,\ x_1',\ x,\ x' \ + \cdots\right]$

$\times\left[\ 1 + x_1,\ x_1' + x_1,\ x_1' + \cdots\right]$

图 8.4.5　N 的因式分解(到一级项)图

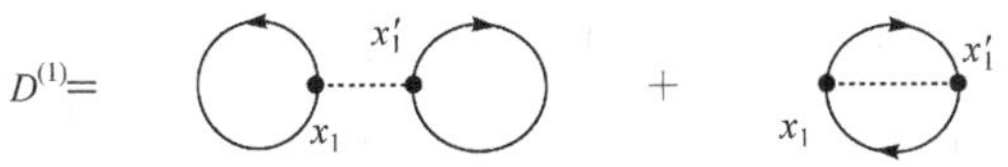

$D^{(1)}=$ $x_1,\ x_1'$ $+$ $x_1,\ x_1'$

图 8.4.6　D 的展开中一级项 $D^{(1)}$ 的图

在图 4.4.4 中相连图形(c)～(f)还可以再次分类. 有些图形(如(c)与(e), (d)与(f)除内部顶点的地位不同(积分变数的记号互易)，没有其他差别，积分结果对求和的贡献是相同的. 这样的图形称为拓扑等价图形，如图 8.4.4 中(c)与(e)等价，(d)与(f)等价. 于是，计算格林函数只需研究拓扑不等价图形的贡献，再将等价图形乘以其重复次数即可. 拓扑等价图形的个数是多少呢? n 级图有 $2n$ 个内顶点，n 对内坐标. 各对内顶点内部互易共有 2^n 种可能，n 对内坐标之间交换有 $n!$种方式. 因而拓扑等价图形的数目应为 $2^n n!$，这就正好约去了 n 级图前的因子$(1/2)^n(1/n!)$.

经过以上分析，我们可以得到计算格林函数 n 级项的方法：

(1) 作出包含 n 条相互作用线、2 个外端点、$2n+1$ 条传播线的全部拓扑不等价相连图形；

(2) 每个点标以四维坐标 $x_i \equiv (\boldsymbol{x}_i, t_i)$；

(3) 每条由 x_i 始 x_j 终的传播线(实线)提供因子 $G^0(x_j, x_i)$；

(4) x_j, x'_j 之间的相互作用线(虚线)提供因子 $U(x_j - x'_j)$；

(5) 对所有内坐标 x_j, x'_j 积分；

(6) 将等时自由格林函数理解为 $G^0(\boldsymbol{x}t, \boldsymbol{x}'t^+)$，即令两个时间相差无穷小，以保证产生算符在左边；

(7) 费米子圈图提供因子(-1)，若有 m 个费米圈，则有因子$(-1)^m$，最后再乘以因子$(\mathrm{i}/\hbar)^n$.

在以上给出的规则中，尚未涉及自旋分量. 如果考虑自旋，还应在内坐标积分的同时对相应自旋下标求和，因为这时相应的格林函数(粒子线)和相互作用势之间的乘积是矩阵积.

根据上述原则，图 8.4.7 中画出了格林函数保留至二级项的费曼图表示.

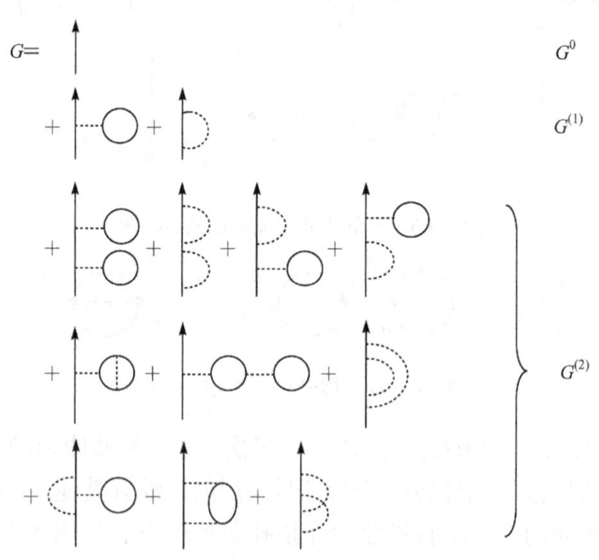

图 8.4.7　格林函数的零至二级费曼图

作出格林函数的费曼图后，便可按照前面的原则写出各图代表的积分(这里暂

不计自旋). 例如，两个一级图对格林函数的总贡献是

$$
\begin{aligned}
&G^{(1)}(x,x') \\
&=\frac{\mathrm{i}}{\hbar}\int \mathrm{d}^4x_1\int \mathrm{d}^4x_1'\Big[-G^0(x,x_1)U(x_1,x_1')G^0(x_1,x')G^0(x_1',x_1') \\
&\quad+G^0(x,x_1)U(x_1,x_1')G^0(x_1,x_1')G^0(x_1',x')\Big].
\end{aligned}
\tag{8.4.4}
$$

按照作图原则还可写出二级和更高级图的贡献. 考虑所有各级费曼图的贡献，原则上可以写出格林函数的完整解析表达式.

2. 动量空间费曼图

根据前面的讨论可知，格林函数事实上只依赖于两个时空坐标之差，即

$$
G(x,x')=G(x-x'),
$$

因而，在热力学极限 $\mathscr{V}\to\infty(N/\mathscr{V}$ 有限)下，可以以$(x-x')$为坐标变量对格林函数做傅里叶变换

$$
G(x,x')=\left(\frac{1}{2\pi}\right)^4\int \mathrm{d}^4k\mathrm{e}^{\mathrm{i}k\cdot(x-x')}G(k),
\tag{8.4.5}
$$

其中四维波矢及其与时空坐标的点积为

$$
k\equiv(\boldsymbol{k},\omega),\quad k\cdot x=(\boldsymbol{k}\cdot\boldsymbol{x}-\omega t),
\tag{8.4.6}
$$

自由粒子的格林函数的傅里叶变换则为

$$
G^0(x,x')=\frac{1}{(2\pi)^4}\int \mathrm{d}^4k\mathrm{e}^{\mathrm{i}k\cdot(x-x')}G^0(k),
\tag{8.4.7}
$$

对二体相互作用势也可以做傅里叶变换

$$
\begin{aligned}
U(x-x')&=\frac{1}{(2\pi)^4}\int \mathrm{d}^4k\mathrm{e}^{\mathrm{i}k\cdot(x-x')}U(k) \\
&=\frac{1}{(2\pi)^3}\int \mathrm{d}^4k\mathrm{e}^{\mathrm{i}k\cdot(x-x')}V(k)\delta(t-t').
\end{aligned}
\tag{8.4.8}
$$

上式最后一步用了$\delta(t-t')$的傅里叶变换. 两体势的傅里叶分量则为

$$
U(k)=V(\boldsymbol{k})=\int \mathrm{d}^3x\mathrm{e}^{-\mathrm{i}k\cdot x}V(x).
\tag{8.4.9}
$$

将傅里叶变换的各式代入格林函数的一级项式(8.4.4)有

$$
\begin{aligned}
G^{(1)}(x,x') = & -\frac{\mathrm{i}}{\hbar}\int \mathrm{d}^4x_1\mathrm{d}^4x_1'(2\pi)^{-16}\int \mathrm{d}^4k\mathrm{d}^4k'\mathrm{d}^4k''\mathrm{d}^4q \\
& \cdot G^0(k)U(q)G^0(k')G^0(k'')\mathrm{e}^{\mathrm{i}k\cdot(x-x_1)}\mathrm{e}^{\mathrm{i}q\cdot(x_1-x_1')}\mathrm{e}^{\mathrm{i}k'\cdot(x_1-x')}\mathrm{e}^{\mathrm{i}k''\cdot(x_1'-x_1')} \\
& +\frac{\mathrm{i}}{\hbar}\int \mathrm{d}^4x_1\mathrm{d}^4x_1'(2\pi)^{-16}\int \mathrm{d}^4k\mathrm{d}^4k'\mathrm{d}^4k''\mathrm{d}^4q \\
& \cdot G^0(k)U(q)G^0(k')G^0(k'')\mathrm{e}^{\mathrm{i}k\cdot(x-x_1)}\mathrm{e}^{\mathrm{i}q\cdot(x_1-x_1')}\mathrm{e}^{\mathrm{i}k'\cdot(x_1-x_1')}\mathrm{e}^{\mathrm{i}k''\cdot(x_1'-x')}.
\end{aligned}
$$

再用四维δ函数的傅里叶变换式

$$
\delta^{(4)}(k) = \frac{1}{(2\pi)^4}\int \mathrm{d}^4x\mathrm{e}^{\mathrm{i}k\cdot x},
$$

可得

$$
\begin{aligned}
G^{(1)}(x,x') = & -\frac{\mathrm{i}}{\hbar}\left(\frac{1}{2\pi}\right)^8\int \mathrm{d}^4k\mathrm{d}^4k'\mathrm{d}^4k''\mathrm{d}^4q G^0(k)U(q)G^0(k')G^0(k'') \\
& \cdot \mathrm{e}^{\mathrm{i}k\cdot x-\mathrm{i}k'\cdot x'}\delta^4(k'+q-k)\delta^4(k''-q-k'') \\
& +\frac{\mathrm{i}}{\hbar}\left(\frac{1}{2\pi}\right)^8\int \mathrm{d}^4k\mathrm{d}^4k'\mathrm{d}^4k''\mathrm{d}^4q G^0(k)U(q)G^0(k')G^0(k'') \\
& \cdot \mathrm{e}^{\mathrm{i}k\cdot x-\mathrm{i}k''\cdot x'}\delta^4(k'+q-k)\delta^4(k''-q-k') \\
= & -\frac{\mathrm{i}}{\hbar}\left(\frac{1}{2\pi}\right)^8\int \mathrm{d}^4k\int \mathrm{d}^4k'' G^0(k)U(0)G^0(k)G^0(k'')\mathrm{e}^{\mathrm{i}k\cdot(x-x')} \\
& +\frac{\mathrm{i}}{\hbar}\left(\frac{1}{2\pi}\right)^8\int \mathrm{d}^4k\int \mathrm{d}^4k' G^0(k)U(k-k')G^0(k')G^0(k)\mathrm{e}^{\mathrm{i}k\cdot(x-x')}.
\end{aligned}
$$

将两项的积分变数统一后得

$$
\begin{aligned}
G^{(1)}(x,x') = & \frac{\mathrm{i}}{\hbar(2\pi)^8}\int \mathrm{d}^4k\int \mathrm{d}^4k'\mathrm{e}^{\mathrm{i}k\cdot(x-x')} \\
& \cdot G^0(k)\left[-U(0)+U(k-k')\right]G^0(k')G^0(k).
\end{aligned} \tag{8.4.10}
$$

还应注意，根据以前对坐标空间格林函数的约定，等时格林函数应理解为 $t'=t^+$ 或 $t-t'=0^-$(负无穷小). 因此，应将与之相对应的动量空间格林函数补一个因子 $\mathrm{e}^{\mathrm{i}\omega\eta}$，其中$\eta\to 0^+$(正无穷小). 自由粒子格林函数便理解为 $G^0(k)\mathrm{e}^{\mathrm{i}\omega\eta}$.

根据式(8.4.10)写出动量空间格林函数的一级项则为

$$
G^{(1)}(k) = \frac{\mathrm{i}}{(2\pi)^4\hbar}G^0(k)\int \mathrm{d}^4k'\left[-U(0)+U(k-k')\right]G^0(k')\mathrm{e}^{\mathrm{i}\omega'\eta}G^0(k). \tag{8.4.11}
$$

这一表达式的结构与坐标空间格林函数的表达式相似，所以可用类似的费曼图来表示. 式中两项对应的图形分别如图 8.4.8(a)和(b)所示.

与坐标空间相似，用实线代表四维动量空间的粒子线，虚线代表相互作用线. 在每个内顶点保持动量守恒(进、出线总动量相等). 具体的图形规则如下：

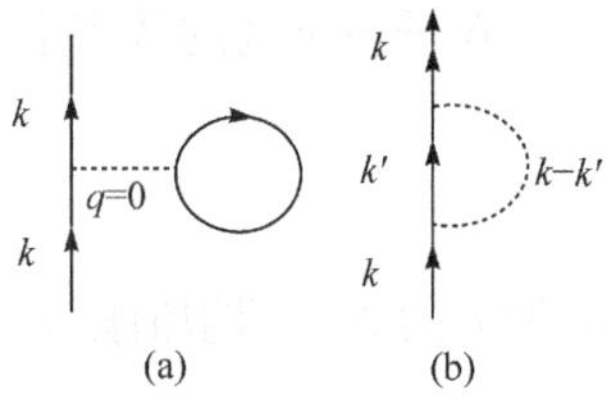

(1) 画出 n 级图中，n 条相互作用线(虚线)，2 个外端点，$2n+1$ 条格林函数线 $G^0(k)$(实线)构成的全部拓扑不等价图形；

(2) 赋每条线以四维矢量 $k \equiv (\boldsymbol{k}, \omega)$，保持各顶点动量守恒；

(3) 每条实线〔动量为$(\boldsymbol{k}, \omega)$〕提供一个因子

$$G^{(0)}(k) \equiv G^0(\boldsymbol{k},\omega) = \lim_{\eta\to 0^+}\left[\frac{\theta(|\boldsymbol{k}|-k_{\mathrm{F}})}{\omega-\omega_k+\mathrm{i}\eta}+\frac{\theta(k_{\mathrm{F}}-|\boldsymbol{k}|)}{\omega-\omega_k-\mathrm{i}\eta}\right]. \tag{8.2.19}$$

图 8.4.8　动量空间一级费曼图

凡遇圈图或连接同一相互作用线两端的粒子线，其 $G^0(k)$(等时格林函数)理解为 $G^0(\boldsymbol{k}, \omega)\mathrm{e}^{\mathrm{i}\omega\eta}$，其中$\eta$为很小的正数，在计算结束时令其趋于 0^+；

(4) 每条相互作用线(虚线，动量为 $(\boldsymbol{q}, \omega)$)提供一个因子 $U(q) = V(\boldsymbol{q})$；

(5) 对全部 n 个独立的内线之四维动量积分，每个积分都乘以系数$(2\pi)^{-4}$；

(6) 将所有的图相加，最后再乘以因子$(\mathrm{i}/\hbar)^n(-1)^l$，其中 l 为费米子圈图的数目.

根据上述原则即可写出动量空间格林函数展式中的任意级项的解析表达式.

8.5　观察量的表达式

计算格林函数并不是我们的最终目标，我们的目的在于求得可观察量之值. 在结束本章前，我们给出几个可观察量与格林函数的关系.

8.2 节已给出单粒子算符(力学量)基态平均值与格林函数之间的关系为

$$\overline{A} = \pm\mathrm{i}\int \mathrm{d}\boldsymbol{x} \lim_{\substack{t'\to t^+ \\ \boldsymbol{x}'\to\boldsymbol{x}}} A(\boldsymbol{x})G(\boldsymbol{x}t,\boldsymbol{x}'t') \tag{8.2.5}$$

若考虑费米系，上式右端将取−号.

假定费米系的哈密顿量可以写为

$$\begin{aligned}\hat{H} &= \hat{T}+\hat{V} \\ &= \int \mathrm{d}^3x\hat{\psi}^\dagger(\boldsymbol{x})T(\boldsymbol{x})\hat{\psi}(\boldsymbol{x}) \\ &\quad +\frac{1}{2}\int \mathrm{d}^3x\mathrm{d}^3x'\hat{\psi}^\dagger(\boldsymbol{x})\hat{\psi}^\dagger(\boldsymbol{x}')V(\boldsymbol{x},\boldsymbol{x}')\hat{\psi}(\boldsymbol{x}')\hat{\psi}(\boldsymbol{x}).\end{aligned} \tag{8.5.1}$$

这里仍未考虑自旋.

粒子在 $\boldsymbol{x}$ 处的数密度 $\hat{n}(\boldsymbol{x})=\hat{\psi}^{\dagger}(\boldsymbol{x})\hat{\psi}(\boldsymbol{x})$ 在基态的期望值容易写出为

$$\langle\hat{n}(\boldsymbol{x})\rangle=-\mathrm{i}\lim_{\substack{t'\to t^{+}\\ \boldsymbol{x}'\to\boldsymbol{x}}}G(\boldsymbol{x}t,\boldsymbol{x}'t'),\tag{8.5.2}$$

动能 $\hat{T}$ 的基态期望值则为

$$\langle\hat{T}\rangle=-\mathrm{i}\int\mathrm{d}^{3}x\lim_{\substack{t'\to t^{+}\\ \boldsymbol{x}'\to\boldsymbol{x}}}\left[-\frac{\hbar^{2}}{2m}\nabla^{2}G(\boldsymbol{x}t,\boldsymbol{x}'t')\right]\tag{8.5.3}$$

这里将 t' 取为 t^{+} 是为了保证同时的场算符编时乘积中产生算符在左边.

势能 $V(\boldsymbol{x},\boldsymbol{x}')$ 相应的算符虽然不是单粒子型的，但也可以用单粒子格林函数来计算其期望值. 在薛定谔绘景中写出 $\hat{V}$ 在基态的期望为

$$\langle\hat{V}\rangle=\frac{1}{2}\int\mathrm{d}^{3}x\mathrm{d}^{3}x'\left\langle\varPsi_{\mathrm{S}}^{0}\right|\hat{\psi}^{\dagger}(\boldsymbol{x})\hat{\psi}^{\dagger}(\boldsymbol{x}')V(\boldsymbol{x},\boldsymbol{x}')\hat{\psi}(\boldsymbol{x}')\hat{\psi}(\boldsymbol{x})\left|\varPsi_{\mathrm{S}}^{0}\right\rangle.\tag{8.5.4}$$

考虑海森伯场算符 $\hat{\psi}_{\mathrm{H}}(\boldsymbol{x},t)$ 的运动方程

$$\mathrm{i}\hbar\frac{\partial}{\partial t}\hat{\psi}_{\mathrm{H}}(\boldsymbol{x},t)=\mathrm{e}^{\mathrm{i}\hat{H}t/\hbar}\left[\hat{\psi}(\boldsymbol{x}),\hat{H}\right]\mathrm{e}^{-\mathrm{i}\hat{H}t/\hbar}.\tag{8.5.5}$$

用式(8.5.1)可得

$$\begin{aligned}\left[\hat{\psi}(x),\hat{H}\right]=&\int\mathrm{d}^{3}x'\left[\hat{\psi}(\boldsymbol{x}),\hat{\psi}^{\dagger}(\boldsymbol{x}')T(\boldsymbol{x}')\hat{\psi}(\boldsymbol{x}')\right]\\&+\frac{1}{2}\int\mathrm{d}^{3}x'\mathrm{d}^{3}x''\left[\hat{\psi}(\boldsymbol{x}),\hat{\psi}^{\dagger}(\boldsymbol{x}')\hat{\psi}^{\dagger}(\boldsymbol{x}'')V(\boldsymbol{x},\boldsymbol{x}'')\hat{\psi}(\boldsymbol{x}'')\hat{\psi}(\boldsymbol{x}')\right].\end{aligned}$$

考虑到势的对称性 $V(\boldsymbol{x}',\boldsymbol{x}'')=V(\boldsymbol{x}'',\boldsymbol{x}')$ 和 $\hat{\psi}^{\dagger}(\boldsymbol{x})$ 与 $\hat{\psi}(\boldsymbol{x})$ 的反对易关系，上式化为

$$\left[\hat{\psi}(x),\hat{H}\right]=T(\boldsymbol{x})\hat{\psi}(\boldsymbol{x})+\int\mathrm{d}^{3}x''\hat{\psi}^{\dagger}(\boldsymbol{x}'')V(\boldsymbol{x},\boldsymbol{x}'')\hat{\psi}(\boldsymbol{x}'')\hat{\psi}(\boldsymbol{x}),\tag{8.5.6}$$

代入式(8.5.5)得

$$\left[\mathrm{i}\hbar\frac{\partial}{\partial t}-T(\boldsymbol{x})\right]\hat{\psi}_{\mathrm{H}}(\boldsymbol{x},t)=\int\mathrm{d}^{3}x''\hat{\psi}_{\mathrm{H}}^{\dagger}(\boldsymbol{x}'',t)V(\boldsymbol{x},\boldsymbol{x}'')\hat{\psi}_{\mathrm{H}}(\boldsymbol{x}'',t)\hat{\psi}_{\mathrm{H}}(\boldsymbol{x},t).\tag{8.5.7}$$

顺便提及，可以证明式(8.5.6)、式(8.5.7)对玻色系也成立.

式(8.5.7)两边左乘以 $\hat{\psi}_{\mathrm{H}}^{\dagger}(\boldsymbol{x}',t')$ 取 $\left|\varPsi_{\mathrm{H}}^{0}\right\rangle$ 的期望得

$$\begin{aligned}&\left[\mathrm{i}\hbar\frac{\partial}{\partial t}-T(\boldsymbol{x})\right]\left\langle\varPsi_{\mathrm{H}}^{0}\right|\hat{\psi}_{\mathrm{H}}^{\dagger}(\boldsymbol{x}',t')\hat{\psi}_{\mathrm{H}}(\boldsymbol{x},t)\left|\varPsi_{\mathrm{H}}^{0}\right\rangle\\&=\int\mathrm{d}^{3}x''\left\langle\varPsi_{\mathrm{H}}^{0}\right|\hat{\psi}_{\mathrm{H}}^{\dagger}(\boldsymbol{x}',t')\hat{\psi}_{\mathrm{H}}^{\dagger}(\boldsymbol{x}'',t)V(\boldsymbol{x},\boldsymbol{x}'')\hat{\psi}_{\mathrm{H}}(\boldsymbol{x}'',t)\hat{\psi}_{\mathrm{H}}(\boldsymbol{x},t)\left|\varPsi_{\mathrm{H}}^{0}\right\rangle.\end{aligned}\tag{8.5.8}$$

取 $t'\to t^{+},\boldsymbol{x}'\to\boldsymbol{x}$ 的极限有

$$\lim_{\substack{t'\to t^+\\ \boldsymbol{x}'\to\boldsymbol{x}}}\left[\mathrm{i}\hbar\frac{\partial}{\partial t}-T(\boldsymbol{x})\right]\left\langle\Psi_{\mathrm{H}}^{0}\middle|\hat{\psi}_{\mathrm{H}}^{\dagger}(\boldsymbol{x}',t')\hat{\psi}_{\mathrm{H}}(\boldsymbol{x},t)\middle|\Psi_{\mathrm{H}}^{0}\right\rangle$$

$$=\int\mathrm{d}^3x''\left\langle\Psi_{\mathrm{H}}^{0}\middle|\hat{\psi}_{\mathrm{H}}^{\dagger}(\boldsymbol{x},t)\hat{\psi}_{\mathrm{H}}^{\dagger}(\boldsymbol{x}'',t)V(\boldsymbol{x},\boldsymbol{x}'')\hat{\psi}_{\mathrm{H}}(\boldsymbol{x}'',t)\hat{\psi}_{\mathrm{H}}(\boldsymbol{x},t)\middle|\Psi_{\mathrm{H}}^{0}\right\rangle.$$

将上式右端积分中的 $\boldsymbol{x}''$换为 $\boldsymbol{x}'$, 两端同时对 $\boldsymbol{x}$ 积分，最后回到薛定谔绘景可得

$$-\mathrm{i}\int\mathrm{d}^3x\lim_{\substack{t'\to t^+\\ \boldsymbol{x}'\to\boldsymbol{x}}}\left[\mathrm{i}\hbar\frac{\partial}{\partial t}-T(\boldsymbol{x})\right]G(\boldsymbol{x}t,\boldsymbol{x}'t')$$

$$=\int\mathrm{d}^3x\mathrm{d}^3x'\left\langle\Psi_{\mathrm{S}}^{0}\middle|\hat{\psi}^{\dagger}(\boldsymbol{x})\hat{\psi}^{\dagger}(\boldsymbol{x}')V(\boldsymbol{x},\boldsymbol{x}')\hat{\psi}(\boldsymbol{x}')\hat{\psi}(\boldsymbol{x})\middle|\Psi_{\mathrm{S}}^{0}\right\rangle.$$

与式(8.5.4)比较，可将相互作用势能期望值写为

$$\left\langle\hat{V}\right\rangle=-\frac{\mathrm{i}}{2}\int\mathrm{d}^3x\lim_{\substack{t'\to t^+\\ \boldsymbol{x}'\to\boldsymbol{x}}}\left[\mathrm{i}\hbar\frac{\partial}{\partial t}-T(\boldsymbol{x})\right]G(\boldsymbol{x}t,\boldsymbol{x}'t').\qquad(8.5.9)$$

由此可见，用单粒子格林函数不仅可以计算单粒子型算符的期望值，而且可以计算某些双粒子算符(如两体相互作用势)的期望值. 利用上面的结果可以将含相互作用的费米系基态能量用单粒子格林函数表示为

$$E=\left\langle\hat{T}\right\rangle+\left\langle\hat{V}\right\rangle=-\frac{\mathrm{i}}{2}\int\mathrm{d}^3x\lim_{\substack{t'\to t^+\\ \boldsymbol{x}'\to\boldsymbol{x}}}\left[\mathrm{i}\hbar\frac{\partial}{\partial t}+T(\boldsymbol{x})\right]G(\boldsymbol{x}t,\boldsymbol{x}'t')$$

$$=-\frac{\mathrm{i}}{2}\int\mathrm{d}^3x\lim_{\substack{t'\to t^+\\ \boldsymbol{x}'\to\boldsymbol{x}}}\left[\mathrm{i}\hbar\frac{\partial}{\partial t}-\frac{\hbar^2}{2m}\nabla^2\right]G(\boldsymbol{x}t,\boldsymbol{x}'t').\qquad(8.5.10)$$

如果物系的相互作用势具有平移不变性，系统空间均匀，在 $V\to\infty$的热力学极限下，将格林函数做傅里叶变换后，前面各观察量便可表示为动量空间的形式. 将 $\lim\limits_{t'\to t^+}\mathrm{e}^{-\mathrm{i}\omega(t-t')}$ 记为 $\lim\limits_{\eta\to 0^+}\mathrm{e}^{-\mathrm{i}\omega\eta}$，动量空间计算粒子数密度的公式则为

$$\langle\hat{n}\rangle=-\frac{\mathrm{i}}{(2\pi)^4}\lim_{\eta\to 0^+}\int\mathrm{d}^4k\mathrm{e}^{\mathrm{i}\omega\eta}G(k).\qquad(8.5.11)$$

注意到 $\mathrm{d}^4k=\mathrm{d}^3k\mathrm{d}\omega$, ω的积分区间是$(-\infty,+\infty)$，可得粒子总数的表达式

$$N=-\frac{\mathrm{i}\mathscr{V}}{(2\pi)^4}\lim_{\eta\to 0^+}\int\mathrm{d}^3k\int_{-\infty}^{\infty}\mathrm{d}\omega\mathrm{e}^{\mathrm{i}\omega\eta}G(\boldsymbol{k},\omega).\qquad(8.5.12)$$

基态能量公式则为

$$E=-\frac{\mathrm{i}\mathscr{V}}{2(2\pi)^4}\lim_{\eta\to 0^+}\int\mathrm{d}^3k\int_{-\infty}^{\infty}\mathrm{d}\omega\left(\hbar\omega+\frac{\hbar^2k^2}{2m}\right)\mathrm{e}^{\mathrm{i}\omega\eta}G(\boldsymbol{k},\omega).\qquad(8.5.13)$$

在实际计算中，给出相互作用系与无相互作用系的能量差往往是方便的. 引入可变耦合常数 λ, 将哈密顿量写为

$$\hat{H}(\lambda)=\hat{H}_0+\lambda\hat{H}_{\mathrm{I}},$$

其中，$0\leqslant\lambda\leqslant 1$, λ取 0 和 1 分别对应无相互作用与计入相互作用的哈密顿量 $\hat{H}_0$ 和 $\hat{H}$ ($=\hat{H}_0+\lambda\hat{H}_{\mathrm{I}}$). 相应的薛定谔方程为

$$\hat{H}(\lambda)|\psi_0(\lambda)\rangle=E(\lambda)|\psi_0(\lambda)\rangle,$$

这里$|\Psi_0(\lambda)\rangle$ 为基态的态矢，它是归一化的

$$\langle\psi_0(\lambda)|\psi_0(\lambda)\rangle=1.$$

以下公式显然成立：

$$E(\lambda)=\langle\psi_0(\lambda)|\hat{H}(\lambda)|\psi_0(\lambda)\rangle.$$

两边对λ微商有

$$\frac{\mathrm{d}}{\mathrm{d}\lambda}E(\lambda)=\langle\psi_0(\lambda)|\hat{H}_{\mathrm{I}}(\lambda)|\psi_0(\lambda)\rangle,$$

于是得

$$E-E_0=\int_0^1\frac{\mathrm{d}\lambda}{\lambda}\langle\psi_0(\lambda)|\lambda\hat{H}_{\mathrm{I}}|\psi_0(\lambda)\rangle,$$

其中，$E=E(1)$和 $E_0=E(0)$分别为有相互作用和无相互作用的基态能量. 最后可得二者之差为

$$E-E_0=-\frac{\mathrm{i}\mathscr{V}}{2(2\pi)^4}\lim_{\eta\to 0^+}\int_0^1\frac{\mathrm{d}\lambda}{\lambda}\int\mathrm{d}^3k\int_{-\infty}^{\infty}\mathrm{d}\omega\mathrm{e}^{\mathrm{i}\omega\eta}\left(\hbar\omega-\frac{\hbar^2k^2}{2m}\right)G^{\lambda}(\boldsymbol{k},\omega),\qquad(8.5.14)$$

式中，G^{λ}表示哈密顿量为 $\hat{H}(\lambda)$ 的物系之单粒子格林函数，计算后再令λ趋于 1.

习　题

8.1　用零温下的费米系基态能量和费米能量的表达式验证方程

$$\mu(N+1)=\mu(N)+O(N^{-1}),$$

并证明零温费米能级

$$\mu=\varepsilon_{\mathrm{F}}^0.$$

8.2　求自由粒子格林函数的谱表示.

8.3　证明相互作用表象中湮没与产生算符的表达式(8.1.17)和(8.1.18).

8.4　用作图的方法验证：在格林函数的表达式中，分子与分母中的不相连图形恰好相消，即 $G=N/D$ 只含相连图形(作图至相互作用的二级项).

8.5　根据费曼图形规则，由二级拓扑不等价相连图形，写出格林函数二级项 $G^{(2)}$的表达式.

8.6　在动量空间重复上题.

8.7　对玻色系证明式(8.5.6)和式(8.5.7).

第 9 章 重整化方法

第 8 章引入了零温条件下的单粒子格林函数，并且介绍了它与一些典型的力学量之间的联系. 对于格林函数的计算，费曼提出了用图形表示格林函数展开式中各级项的方法. 借助于费曼图，我们可以精确地写出格林函数任意一级展开项. 如果相互作用较弱，原则上可以将格林函数的展开式看成是微扰展开式，根据包含的相互作用势的幂次作近似处理. 表面上看，似乎只要写出前面几级微扰贡献的表达式，就可以算出格林函数比较精确的近似值. 但是，这样计算事实上未必正确. 在实际问题中，上面所说的级数的收敛不一定很快，甚至会有一些“微扰项”本身就是发散的. 因此，只计入第 8 章给出的格林函数展开式中有限几项很难获得比较精确的结果. 然而，写出无数项并求和计算又显然是不可能的. 那么，如何解决这一问题呢？“重整化”技术给出了解决这一问题的途径：对格林函数展开的所有项分类分别求和并重新整理，组成新的收敛快的级数. 依次取新级数的各级项计算，就可以获得相应精确程度的格林函数近似值.

9.1 戴 逊 方 程

在介绍重整化方法之前，首先需要导出格林函数理论中一个重要的方程——戴逊(Dyson)方程. 这个方程为逐级迭代计算格林函数提供了依据，是实现微扰展开级数重整化的前提和基础. 为了简便和直观，下面的推导将通过作图来实现.

1. 部分求和

根据前面的讨论知道，每幅费曼图对应的解析表达式，都是图中各部分对应的元素之乘积的积分，各图都对应格林函数展开的一个求和项. 我们还看到，不同的费曼图常有一些共同的部分. 根据作图原则可知，这些共同的部分在求和时可以作为公共因子提取出来. 这样，费曼图的求和又可以通过提取各图的公共因子(图中相同的部分)而对剩余部分求和来实现. 这种方法称为**部分求和**，运用它可以进一步简化格林函数的计算.

图 9.1.1 示意对两个图实现部分求和的过程. 图中给出的两个待求和的图，除了分别包含有不同结构的 1 和 2 两部分以外，其余部分是相同的. 在求和时，只

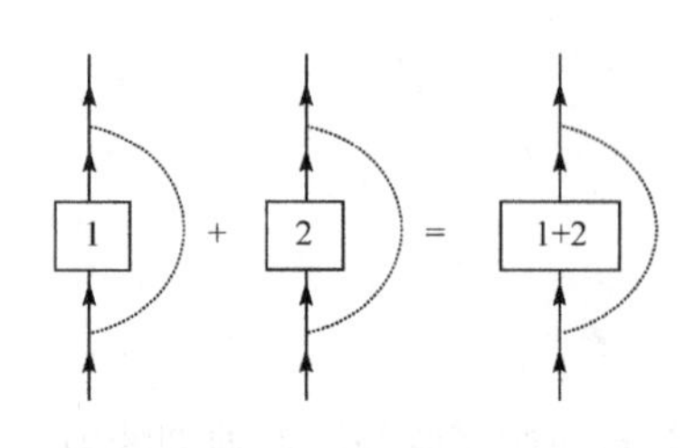

图 9.1.1　部分求和图例

需将 1 与 2 相加再放入原图的框架中即可. 反之, 在写出格林函数的展开式时, 又可先以简单的图形作为骨架, 再将部分求和的结果插入, 最终便可得到格林函数所有的图. 部分求和是计算格林函数并用之解决实际问题的一个基本方法. 它是下面将讨论的戴逊方程和重整化理论的依据.

2. 戴逊方程

我们看到, 图 8.4.7 给出的各级费曼图除 G^0 以外均有出、入粒子线各一条对外连接. 将这类图形去掉对外连接的出、入线, 所余部分称为“自能插入图形”, 如图 9.1.2 所示.

在对费曼图求和时, 可通过将各图中两条外线之间所夹自能插入图形作部分求和实现. 我们将全部自能插入图形的总和称为“自能部分”, 记作Σ. 这样, 格林函数就可以用自由粒子格林函数和自能部分来表示. 若用粗线表示单粒子格林函数 G, 用细线表示自由粒子格林函数 G^0, 用内部涂以浅灰阴影的圆圈表示自能部分Σ, 就可得到如图 9.1.3 给出的关于格林函数的公式, 解析表达式为

$$G(x,x') = G^0(x,x') + \int \mathrm{d}^4x_1\mathrm{d}^4x_1' G^0(x,x_1)\Sigma(x_1,x_1')G^0(x_1',x') . \tag{9.1.1}$$

还可以进一步将自能插入图形分为两类:

切断一条单粒子线, 图形便成为两个不相连部分, 则此图称为“可约图形”, 亦称“非正规自能插入图形”; 否则称为“不可约图形”, 或称“正规自能插入图形”. 例如, 图 9.1.2 中第 2 排左侧两个图是可约图形(非正规自能插入图形), 其余均为不可约图形(正规自能插入图形).

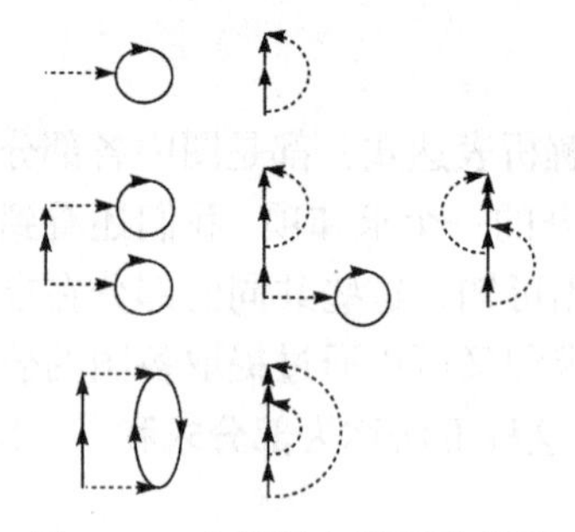
图 9.1.2　自能插入图形示意图

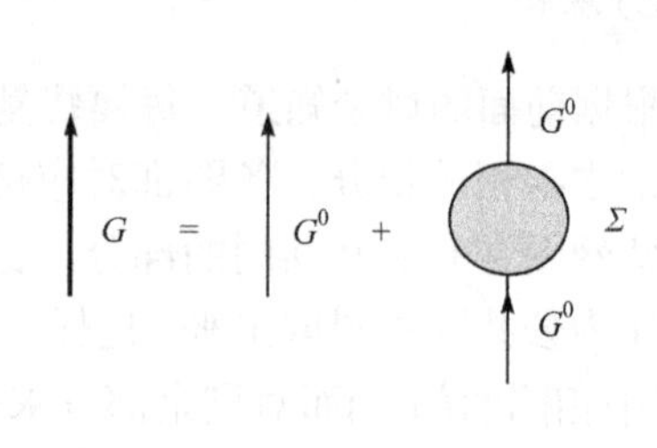

图 9.1.3　格林函数与自能部分的关系

全部正规自能插入图形之和称为**正规自能**部分，记为Σ^*. 显然，非正规自能是正规自能间连以单粒子线得到的. 若用深灰阴影圆圈表示正规自能部分，自能部分与正规自能部分之间的关系则可用图 9.1.4 表示.

由图 9.1.3 和图 9.1.4 可得图 9.1.5.由它可写出坐标空间的积分方程

$$G(x,x') = G^0(x,x') + \int \mathrm{d}^4x_1\mathrm{d}^4x_1' G^0(x,x_1)\Sigma^*(x_1,x_1')G(x_1',x') . \tag{9.1.2}$$

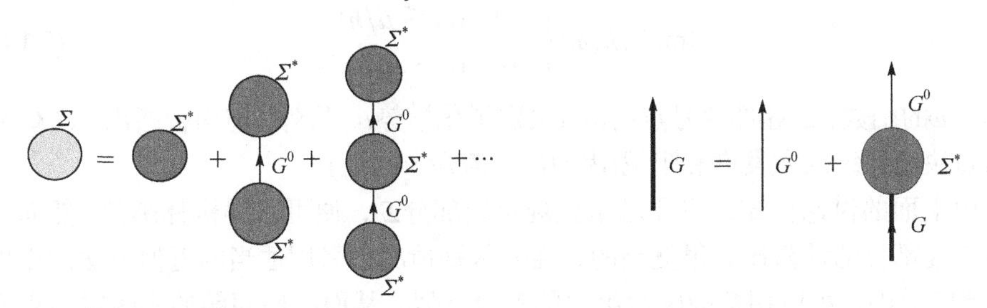

图 9.1.4　自能与正规自能的关系　　　　图 9.1.5　戴逊方程

此方程称为**戴逊方程**.

如果空间是均匀的，相互作用具有平移不变性，问题又可简化. 这时，方程中涉及二坐标的量都只由两坐标之差决定. 通过傅里叶变换，可将上述关系变至动量空间.

对图 9.1.3，动量空间的表达式为

$$G = G^0 + G^0\Sigma G^0 .$$

代入自能与正规自能的关系

$$\Sigma = \Sigma^* + \Sigma^* G^0 \Sigma^* + \Sigma^* G^0 \Sigma^* G^0 \Sigma^* + \cdots = \Sigma^* + \Sigma^* G^0 \Sigma , \tag{9.1.3}$$

可得动量空间的戴逊方程(图 9.1.5)

$$G(k) = G^0(k) + G^0(k)\Sigma^*(k)G(k) . \tag{9.1.4}$$

此方程是一个代数方程，较坐标空间的方程简单得多，由它容易解出 $G(k)$为

$$G(k) = \frac{G^0(k)}{1 - G^0(k)\Sigma^*(k)} , \tag{9.1.5}$$

或

$$\left[G(k)\right]^{-1} = \left[G^0(k)\right]^{-1} - \Sigma^*(k) .$$

将自由粒子格林函数的谱表示代入又可得

$$\begin{aligned} G(k) &\equiv G(\boldsymbol{k},\omega) \\ &= \frac{\theta\left(|k| - k_{\mathrm{F}}\right)}{\omega - \omega_k - \Sigma^*(\boldsymbol{k},\omega) + \mathrm{i}\eta} + \frac{\theta\left(k_{\mathrm{F}} - |k|\right)}{\omega - \omega_k - \Sigma^*(\boldsymbol{k},\omega) - \mathrm{i}\eta} , \end{aligned} \tag{9.1.6}$$

其中，$\omega_k=\varepsilon_0^k/\hbar$是能量为$\varepsilon_0^k$的自由粒子的频率. 这里定义的$\Sigma^*$是复数. 因为$\mathrm{i}\eta\to\mathrm{i}0^+$，所以式(9.1.6)中$\mathrm{i}\eta$往往并不重要，格林函数可以写为

$$G(\boldsymbol{k},\omega)=\frac{1}{\omega-\varepsilon_k^0/\hbar-\Sigma^*(\boldsymbol{k},\omega)}. \tag{9.1.7}$$

由格林函数莱曼表示式的性质可知，Σ^*虚部系数之符号由下式决定：

$$\mathrm{Im}\Sigma^*(\boldsymbol{k},\omega)\begin{cases}\geqslant 0 & (\omega\leqslant\mu/\hbar),\\ <0 & (\omega>\mu/\hbar).\end{cases} \tag{9.1.8}$$

作为实ω的函数，Σ^*虚部变号点的ω值决定了化学势μ. 另外，前面曾指出，$G(\boldsymbol{k},\omega)$的奇点决定系统的激发谱和阻尼(因而决定寿命$\tau=1/\gamma_k$).

由上面的讨论可知，只要求出正规自能部分Σ^*，便可求得格林函数. 然而，正规自能部分的计算还是很复杂的，需要区别情况，采用适当的近似方法加以处理. 原则上讲，可以用费曼图写出它的各级近似，从而按照问题的实际需要求出相应的近似值.

3. 一级自能

计算正规自能最简单的近似是只计入Σ^*的一级图，即取$\Sigma^*(k)\approx\Sigma^*_{(1)}(k)$. 首先需要选出自能插入图中的正规图形. 以二级图为例，在图 8.4.7 给出的费曼图的二级自能插入图形中，前四个是非正规自能，它们由两个一级正规自能插入图形组成，计算中不必考虑. 我们需要考虑的是其余六个图. 图 9.1.6 列出了全部一级和二级正规自能插入图形.

$\Sigma^*_{(1)}$ =　　+

$\Sigma^*_{(2)}$ =　　+　　+　　+　　+　　+

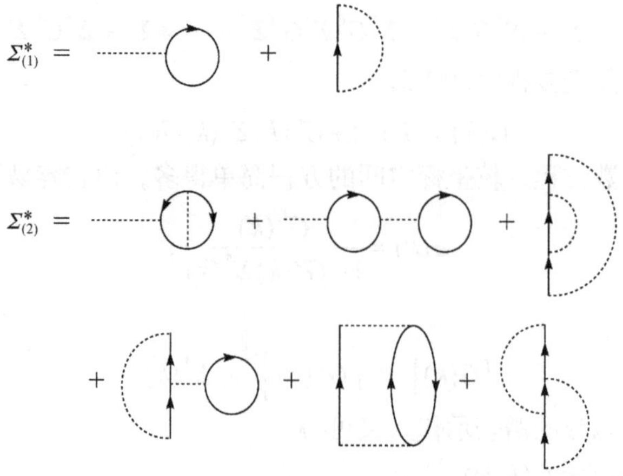

图 9.1.6　一级和二级正规自能插入图形

采用$\Sigma^*(k)\approx\Sigma^*_{(1)}(k)$的近似尽管十分简单，却包含了格林函数展开的很多图

形. 根据戴逊方程的导出过程可知，通过它来计算格林函数已经考虑了一个 $\varSigma_{(1)}^{*}$ 的各级项的求和级数. 它相当于把图 9.1.4 中的$\varSigma^{*}$全部换成 $\varSigma_{(1)}^{*}$. 自然，它较直接用 G 的一级近似图代替 G(取图 8.4.7 的前三项)精确得多，二者有本质的区别.

参照式(8.4.11)，写出 $\varSigma_{(1)}^{*}$ 为

$$\varSigma_{(1)}^{*}(k)=\frac{\mathrm{i}}{(2\pi)^{4}\hbar}\int \mathrm{d}^{4}k'\left[-U(0)+U(k-k')\right]G^{0}(k')\mathrm{e}^{\mathrm{i}\omega'\eta},$$

再将式(8.4.12)代入得

$$\begin{aligned}\varSigma_{(1)}^{*}(k)&=\frac{\mathrm{i}}{(2\pi)^{4}\hbar}\int \mathrm{d}^{4}k'\left[-U(0)+U(k-k')\right]\left[\frac{\theta\left(|\boldsymbol{k}'|-k_{\mathrm{F}}\right)}{\omega'-\omega_{k'}+\mathrm{i}\eta}+\frac{\theta\left(k_{\mathrm{F}}-|\boldsymbol{k}'|\right)}{\omega'-\omega_{k'}-\mathrm{i}\eta}\right]\mathrm{e}^{\mathrm{i}\omega'\eta}\\&=\frac{\mathrm{i}}{(2\pi)^{3}\hbar}\int \mathrm{d}\boldsymbol{k}'\left[-V(0)+V(\boldsymbol{k}-\boldsymbol{k}')\right]\mathrm{i}\theta\left(k_{\mathrm{F}}-|\boldsymbol{k}'|\right)\\&=\frac{N}{\hbar\mathscr{V}}V(0)-\frac{\mathrm{i}}{(2\pi)^{3}\hbar}\int \mathrm{d}\boldsymbol{k}'V(\boldsymbol{k}-\boldsymbol{k}')\theta\left(k_{\mathrm{F}}-|\boldsymbol{k}'|\right).\end{aligned}\tag{9.1.9}$$

再由式(9.1.7)确定格林函数的一级近似

$$G(\boldsymbol{k},\omega)\approx\frac{1}{\omega-\varepsilon_{k}^{0}/\hbar-\varSigma_{(1)}^{*}(\boldsymbol{k},\omega)}.\tag{9.1.10}$$

由它给出的极点描述注入的粒子. 波矢为 $\boldsymbol{k}$ 的粒子的能量为

$$\varepsilon_{k}^{(1)}=\frac{\hbar^{2}k^{2}}{2m}+\frac{N}{\mathscr{V}}V(0)-\frac{\mathrm{i}}{(2\pi)^{3}}\int \mathrm{d}\boldsymbol{k}'V(\boldsymbol{k}-\boldsymbol{k}')\theta\left(k_{\mathrm{F}}-|\boldsymbol{k}'|\right).\tag{9.1.11}$$

注入相互作用体系的粒子的能量相对于自由粒子的能量有一移动，称为“自能”，其一级近似值为 $\varSigma_{(1)}^{*}$. 它与ω无关，为实数，相当于$\gamma_k=0$，因而$\tau\to\infty$，即粒子寿命无穷长的结果. 这就是说，粒子以波矢 $\boldsymbol{k}$ 注入后，在传播中未激发其他粒子的运动或者说没有受到阻尼. 因此，粒子在势场中做无阻尼的传播，但其能量有移动. 我们现在所采用的模型保留了单粒子形象，认为各粒子是在单粒子势中运动，不过这个势场包含了其他粒子(背景粒子)的平均相互作用. 这种近似称为**哈特利-福克**(Hartree-Fock)**近似**. 作为最初级的哈特利-福克近似，式(9.1.11)只计入了一级正规自能. 这种计算还不能满足自洽的要求，需要进一步修正.

9.2　粒子线重整化

9.1 节给出了格林函数满足的戴逊方程，在坐标空间，它是积分方程，在动量空间则可简化为代数方程. 为此，以下的讨论将主要在动量空间进行. 戴逊方程给

出的结果是严格的，但还只是求解的开始. Σ^*的计算十分困难，严格计算往往是不可能的. 9.1 节末尾给出的哈特利-福克近似结果是一种初级近似，它只计入两个图形. 在$\Sigma^*_{(1)}$中，格林函数线和相互作用线均为“裸线”(自由粒子线)，这相当于把对“注入”粒子作用的“背景粒子”视为自由粒子. 这种处理当然远不自洽，因为这些“背景粒子”事实上也是在其他粒子的平均势场中运动的. 对$\Sigma^*_{(1)}$中的粒子线作修正，即计入其他粒子对“背景粒子”的影响，可使结果更加自洽. 在实际问题中，往往是根据特定条件选择某些图形序列为主要部分，将其求和插入裸粒子线中，进而计算自能，以获得物体系在相应条件下的性质.

图 9.1.6 中上图给出一级正规自能的两个图形：第一个圈状图形如蝌蚪，称为蝌蚪图，或曰圈图；另一个如弓状，称为弓形图，或称牡蛎图. 以这两个图形为基本“骨架”，以一定的方式在图的一些部位插入图形(如给骨架填入“肌肉”)，又可求出进一步的结果. 这种处理方法称为**重整化方法**. 插入图形的方式根据插入的位置可分为三类：分别在粒子线、相互作用线或顶角部分插入图形. 它们对应着三种不同的重整化手续，最完善的求和是三个位置都实施重整化.

本节先讨论在粒子线上(空穴线亦同)插入自能插入图形的重整化手续，即所谓粒子线的重整化. 这个过程就是将自由粒子格林函数换为有相互作用的格林函数，故称为格林函数线重整化. 这种处理相当于固体理论中的自洽哈特利-福克近似，故又称为自洽重整化.

我们看到，图 9.1.6 中一级正规自能的两个基本“骨架”图(蝌蚪图与弓形图)中各有一条粒子线，这是一条未扰的裸粒子线(自由粒子格林函数 G^0). 在裸粒子线中插入不同的自能插入图形，将对正规自能提供不同的贡献. 如图 9.2.1 所示，分别在粒子线中插入各种可能的自能插入图形，做出所有不同的图形，再将全部此类图以部分求和方式相加，便得到严格的格林函数线(粗线). 需要指出，这里的部分求和包括未插入任何自能图形的最初级图(裸粒子线). 将一级正规自能的两个基本骨架图中的粒子线均照此办理，就得到粒子线重整化后如图 9.2.2 所示的正规自能近似结果.

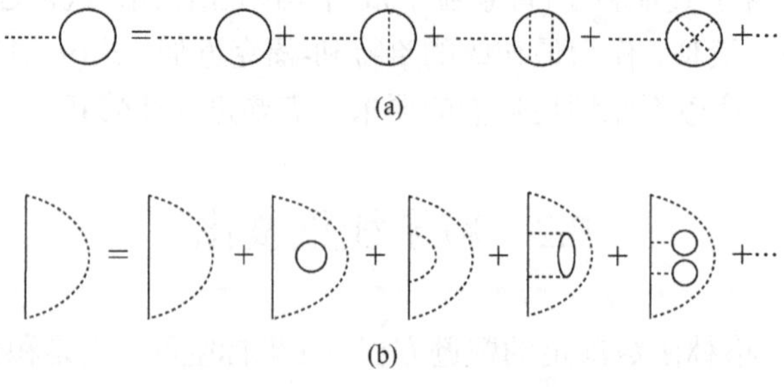

(a)

(b)

图 9.2.1　(a) 蝌蚪图与(b) 弓形图粒子线重整化过程示意图

从物理上看，粒子线的重整化就是在背景粒子的单粒子近似基础上，考虑体系(如固体)中其他背景粒子之平均势场的作用，亦即哈特利-福克(HF)近似.

将图 9.2.2 代入图 9.1.5，便得到如图 9.2.3 所示的戴逊方程.

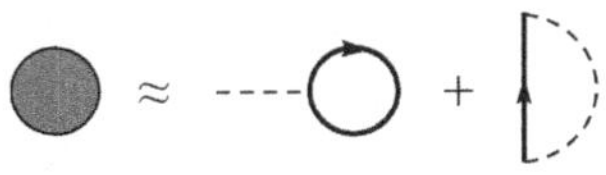

图 9.2.2　正规自能的粒子线重整化

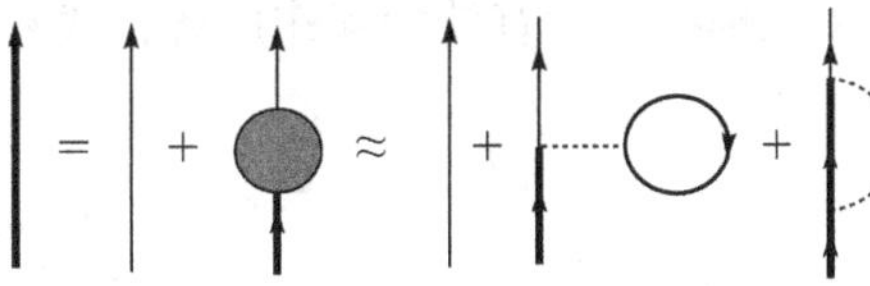

图 9.2.3　粒子线重整化的戴逊方程

写出相应的解析表达式仍如式(9.1.4)

$$G(k)=G^0(k)+G^0(k)\Sigma^*(k)G(k)$$

但其中的正规自能 $\Sigma^*(k)$ 取粒子线重整化近似

$$\Sigma^*(k)=\frac{\mathrm{i}}{(2\pi)^4\hbar}\int \mathrm{d}^4k'\left[-U(0)+U(k-k')\right]G(k')\mathrm{e}^{\mathrm{i}\omega'\eta}\ . \tag{9.2.1}$$

这个方程就是一般情形下场论形式的**自洽哈特利-福克方程**.

粒子线重整化后的哈特利-福克近似较 9.1 节的最初级哈特利-福克近似进了一大步，它将两个骨架图的裸粒子线代之以严格的格林函数线，包含了至无穷阶自能图形的部分求和. 尽管如此，给出的正规自能(图 9.2.2)仍未包含所有可能的图形. 下面的讨论将看到，在两个骨架图形的其他部位还可以插入无数图形，使结果更精确.

9.3　相互作用重整化

9.2 节讨论了对两个骨架图形中粒子线的重整化. 如果我们重点关注相互作用，会看到对相互作用线亦可用类似方法插入无数图形的部分求和图，使之重整化. 本节介绍这种重整化.

9.2 节涉及的插入图形均以粒子线为出入线. 与之不同，费曼图中还有一类图形，它们以相互作用线为出、入线(图 9.3.1). 这类嵌入在相互作用线中的图形与系统的极化相联系，故称为“极化插入图形”，它们在粒子线重整化时未被计入. 全部极化插入图形的总和称为“极化部分”，记为$\Pi(q)$. 类似于粒子线的重整化手续，也可以在蝌蚪图与弓形图的“裸”相互作用线中插入这类图形. 分别在“裸”相互作用线中插入各种可能插入的极化插入图形作图，并将全部形成的图部分求和，这相当于在“裸”相互作用线中插入“极化部分”. 类似于粒子线重整化，这里的部分求和应包括未插入任何极化插入图形的最初级图(裸相互作用线). 我们将上述手续称为相互作用重整化. 经过重整化的相互作用势称为有效相互作用势，记为 $U_{\text{eff}}(q)$. 它与裸相互作用势 $U(q)$及极化部分$\Pi(q)$之间的关系如图 9.3.2 所示，图中双虚线表示有效相互作用势，浅灰阴影方块表示极化部分.

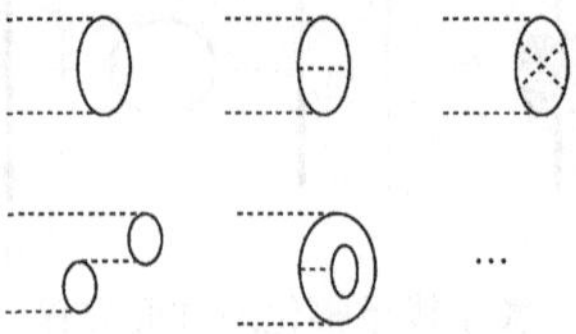

$U_{\text{eff}}(q)$ = $U(q)$ + $U(q)$ $\Pi(q)$ $U(q)$

图 9.3.1　极化插入图形举例 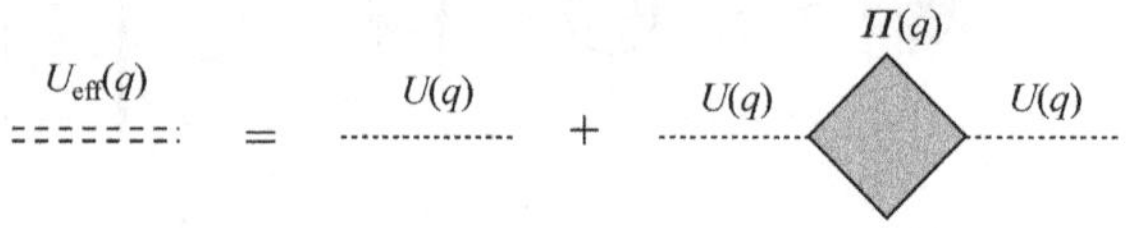　　　　图 9.3.2　有效相互作用势的图形表达式

与自能插入图形类似，极化插入图形也可分为可约与不可约图形两类：切断一根裸相互作用线便可成为两个独立部分的极化插入图形名曰可约极化插入图形，或称非正规极化插入图形；反之，则为不可约极化插入图形或正规极化插入图形. 正规极化插入图形之总和称为“**正规极化部分**”，记为$\Pi^*(q)$. 显然，非正规极化插入图形是由正规极化插入图形用裸相互作用线相连的产物. 与自能部分类似，极化部分与正规极化部分的关系为

$$\begin{aligned}\Pi &= \Pi^* + \Pi^* U \Pi^* + \Pi^* U \Pi^* U \Pi^* + \cdots \\ &= \Pi^* + \Pi^* U \Pi.\end{aligned} \tag{9.3.1}$$

其图形表达式见图 9.3.3，图中用深灰阴影方块代表正规极化部分.

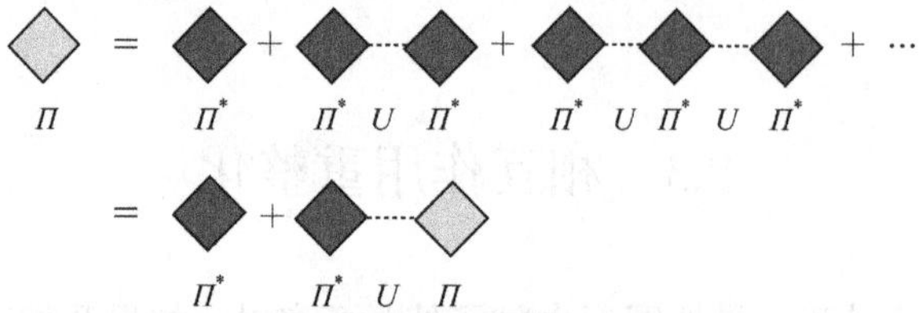

Π = Π^* + Π^* U Π^* + Π^* U Π^* U Π^* + ⋯

= Π^* + Π^* U Π

图 9.3.3　极化部分的图形表达式

由式(9.3.1)得

$$\Pi(q) = \frac{\Pi^*(q)}{1 - U(q)\Pi^*(q)}. \tag{9.3.2}$$

由此得到关于有效相互作用势的戴逊方程

$$U_{\text{eff}}(q) = U(q) + U(q)\Pi^*(q)U_{\text{eff}}(q), \tag{9.3.3}$$

或写为

$$U_{\text{eff}}(q)=\frac{U(q)}{1-U(q)\Pi^{*}(q)}. \tag{9.3.4}$$

可以定义一个广义的介电函数，用以描述极化对相互作用势的修正. 它由裸相互作用势与有效相互作用势之比给出

$$\varepsilon(q)\equiv\frac{U(q)}{U_{\text{eff}}(q)},$$

将式(9.3.4)代入则得如下表达式：

$$\varepsilon(q)=1-U(q)\Pi^{*}(q). \tag{9.3.5}$$

由以上讨论可见，相互作用的重整化就是将基本骨架图中的裸相互作用势代之以有效相互作用势.

至此，我们已给出对骨架图中的粒子线和相互作用线重整化的方案. 在实际问题中，我们可以根据体系和所讨论问题的需要，采用不同的重整化手续去计算. 较全面的考虑是将粒子线与相互作用线同时重整化. 两种重整化都实施后，正规自能的表达式如图 9.3.4 所示. 这个自能表达式较图 9.2.2 的结果又进了一步. 将图 9.3.4 代入图 9.1.5，便得到如图 9.3.5 所示的戴逊方程.

图 9.3.4　粒子线与相互作用线同时重整化　　图 9.3.5　粒子线与相互作用线同时重整化的戴逊方程

9.4　顶角重整化

前面两节分别对基本骨架图形的粒子线与相互作用线进行了重整化. 这两个重整化手续已计入大量的部分求和，但是并未包含所有情形. 如图 9.4.1 列举的图形均未被计入.

这类图的共同特征是在弓形的一个“顶角”插入了图形. 所谓顶角是指两条粒子线和一条相互作用线作外线的部分，在这种位置插入的图形称为顶角插入图形. 将图 9.4.1 中顶角插入的图形分离出来，可获得图 9.4.2 所示的各图.

与自能和极化插入图形相似，顶角插入图形也可分为可约与不可约两种. 如果切断图中一条粒子线或相互作用线，图形便成为两个独立部分，则此图为可约

(非正规)顶角插入图形；否则为不可约(正规)顶角插入图形. 图 9.4.2 给出的各图均为正规顶角插入图形.

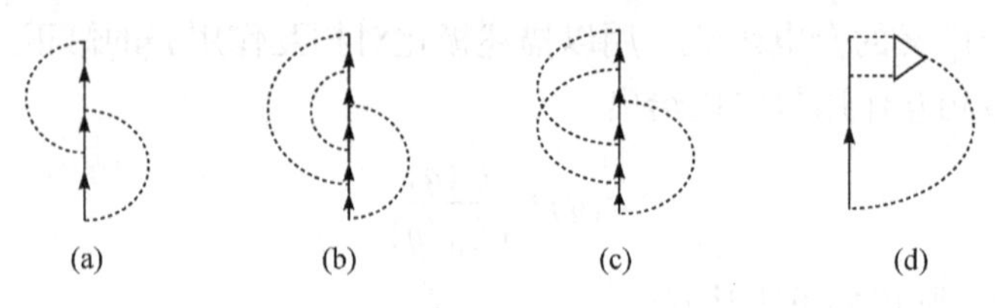

图 9.4.1 带有顶角插入图形的弓形图

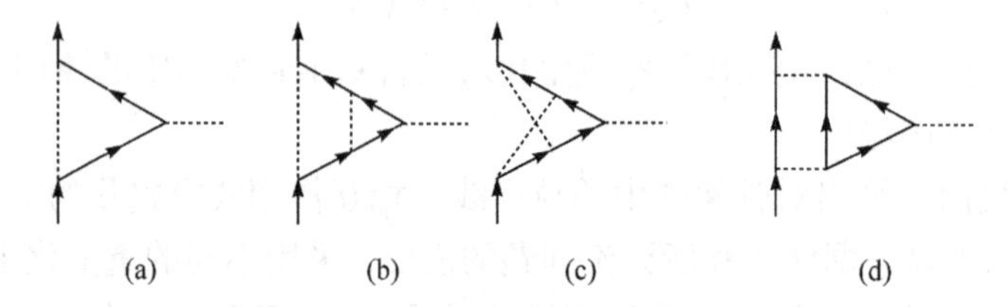

图 9.4.2 正规顶角插入图举例

非正规顶角插入图形如图 9.4.3 所示. 容易看出，在重整化时这类图可以吸收在粒子线重整化(图 9.4.3(a))或相互作用线重整化(图 9.4.3(b))的求和中，即在前述的两种重整化手续中已经计入. 因此，顶角重整化所需要考虑的只有正规顶角插入图形. 正规顶角插入图形的总和称为正规顶角部分,用深灰色圆点表示. 它所包含的内容如图 9.4.4 所示.

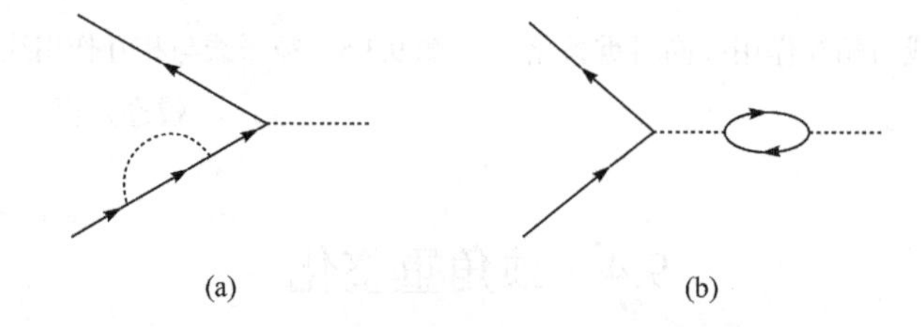

图 9.4.3 非正规顶角插入图举例

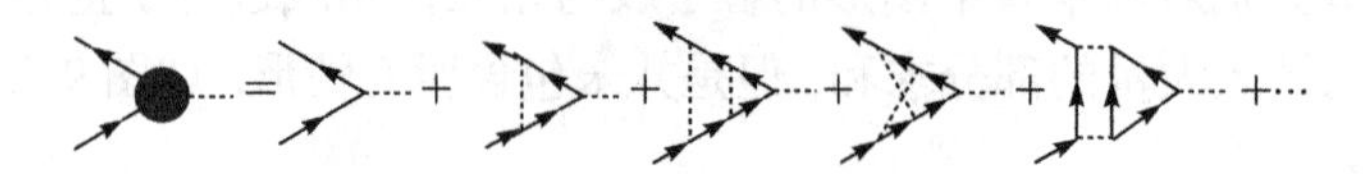

图 9.4.4 正规顶角插入图形之总和

经过这样的部分求和之后，便在弓形图的一个顶角插入了正规顶角部分. 这种在顶角部分插入所有的正规顶角插入图形并做部分求和的手续谓之顶角重整化. 我们用图 9.4.5 描绘这一过程.

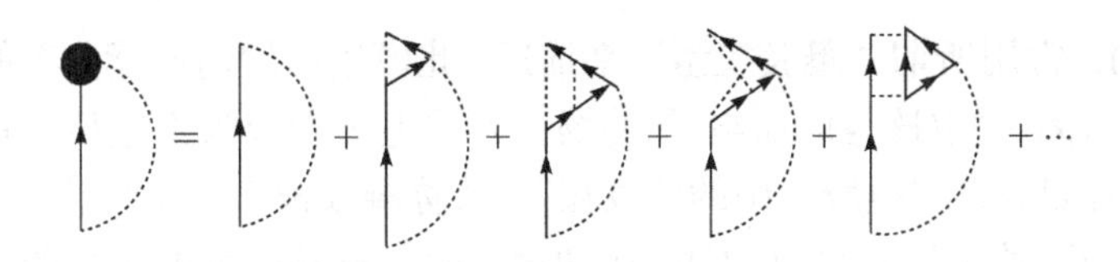

图 9.4.5　顶角重整化图

从表面看来，这种重整化手续应该可以在弓形图的两个顶角进行. 但事实上它们是重复的. 例如，图 9.4.6 所示的两个图就是完全等价的. 由此还可以看出，弓形图的两个顶角是完全等价的. 因此顶角的重整化只能在一个顶角进行，否则会造成图形的重复计算.

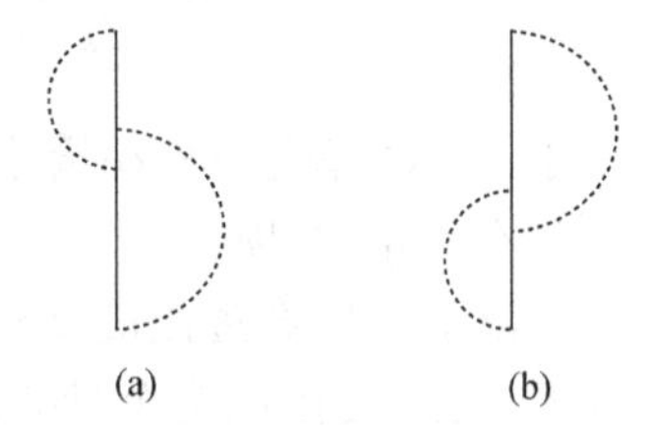

图 9.4.6　两个顶角的等价性

还应提及，两个基本骨架图中的蝌蚪图也有顶角，但是不需要做顶角重整化. 这是因为它的顶角插入图形完全可以归并到粒子线重整化中去(习题 9.3). 同时，在空间均匀的情况下，由于泡利不相容原理的限制，同时激发一对相同波矢的粒子或空穴的过程不可能发生，因而如图 9.4.7 所示的向前散射图是不应出现的.

图 9.4.7　向前散射图

综上所述，重整化手续可以通过从三种不同位置插入图形来实现，它们分别是粒子线重整化、相互作用重整化和顶角重整化. 三种手续同时进行后，基本骨架图填满了“肌肉”变为图 9.4.8 所示的图形. 这种图形包含了所有正规自能插入部分，给出完整的正规自能.

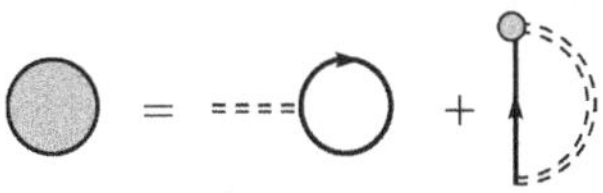

图 9.4.8　正规自能的重整化表示

图 9.4.8 原则上给出了正规自能的求和办法，但真正做如此严格的计算是十分困难的. 通常计算正规自能并不是三种重整化手续同时考虑，而是根据物理条件先作某种近似，再用适当的方法进行计算. 所获得的结果一般是在某个因素起主要作用时的局限结果.

9.5　高密度电子气

作为一个具体的例子，本节讨论高密度(简并)电子气. 对这类系统(例如金属中的电子气)，常用所谓“**凝胶模型**”来描述. 此模型用均匀连续分布的正电荷背景来代替晶格离子实(核与内层电子)的场，外层电子则视为正电荷背景中带负电的点电荷，有如嵌在“凝胶”中的“豆粒”，故称凝胶模型. 背景正电荷与电子负电荷总量相同，整个体系呈电中性. 在动量空间，凝胶模型电子气的哈密顿量可写为

$$\hat{H}=\sum_{\boldsymbol{k}}\frac{\hbar^2k^2}{2m}\hat{a}_{\boldsymbol{k}}^{\dagger}\hat{a}_{\boldsymbol{k}}+\frac{1}{2\mathscr{V}}\sum_{\substack{\boldsymbol{kk'}\\ q\neq 0}}V(\boldsymbol{q})\hat{a}_{\boldsymbol{k}+\boldsymbol{q}}^{\dagger}\hat{a}_{\boldsymbol{k}'-\boldsymbol{q}}^{\dagger}\hat{a}_{\boldsymbol{k}'}\hat{a}_{\boldsymbol{k}}\ . \tag{9.5.1}$$

由于电子间库仑势零动量分量的贡献恰好与正电荷背景能量相抵消，上式对 $\boldsymbol{q}$ 的求和不含 $q=0$ 项.

以下将从哈密顿量(9.5.1)出发，运用重整化方法，讨论高密度电子气的极化性质. 在费曼图的两个骨架图形中，蝌蚪图对应 $q=0$ 情形. 由于正电荷背景恰好抵消了电子间库仑势中零动量项的贡献，相当于 $U(0)=0$，相应积分为零. 这意味着有零动量传递的相互作用线之正规自能图形可以不计. 所以，对于凝胶模型，蝌蚪图可略去，在进行重整化时只需考虑弓形图的重整化.

1. 环形图(圈图)近似

为集中讨论极化问题，这里只考虑粒子线重整化未计入的插入图形. 前已指出，蝌蚪图因对应 $q=0$ 情形而不计，问题便归结为研究弓形图中相互作用及顶角的重整化. 让我们将这两类图形的数量级加以比较. 以二级图为例，在粒子线重整化时(见 9.2 节)，有两张如图 9.5.1(a)和(b)所示的图尚未计入，它们分别代表在顶角和相互作用线中插入了图形. 现在来分析这两类图形对格林函数贡献的数量级.

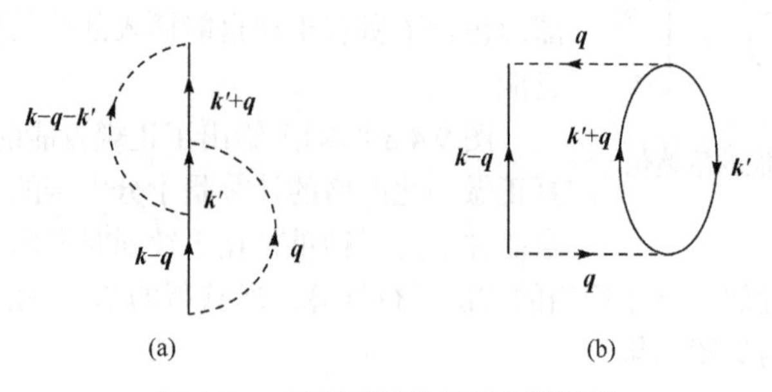

图 9.5.1　两类不同的正规自能图例

高密度的条件可以写为

$$r_0 \ll a_0\,, \tag{9.5.2}$$

式中，r_0 为电子平均间距，$a_0=\hbar^2/me^2$ 为玻尔半径. 根据这一条件，可以估计

图 9.5.1 中(a)和(b)的数量级.

先看粒子动能和势能的数量级. 平均动能的量级为

$$E_{\mathrm{k}} \sim \hbar^2 k_{\mathrm{F}}^2 / 2m,$$

平均势能的量级为

$$E_{\mathrm{V}} \sim \mathrm{e}^2 / 2r_0 .$$

由 2.5 节知，费米波矢与粒子数密度 n 的关系为

$$k_{\mathrm{F}} = \left(3\pi^2 n\right)^{1/3},$$

其中 $n \sim \left(4\pi r_0^3/3\right)^{-1}$. 于是得势能与动能之比的量级为

$$\frac{E_{\mathrm{V}}}{E_{\mathrm{k}}} \sim \frac{2m\mathrm{e}^2 r_0^2}{2r_0\hbar^2\left(9\pi/4\right)^{2/3}} \approx \frac{r_0}{a_0} \ll 1 .$$

这相当于弱相互作用情形.

再来估计两种图的数量级. 先看图 9.5.1 (a)相应的积分：

$$\Sigma^*_{(2)\mathrm{a}} = -\frac{1}{(2\pi)^8\hbar^2}\int \mathrm{d}^4k' \int \mathrm{d}^4q V(\boldsymbol{q}) V(\boldsymbol{k}-\boldsymbol{q}-\boldsymbol{k}') G^0(k-q) G^0(k') G^0(k'+q) .$$

注意到 $V(\boldsymbol{q}) = 4\pi\mathrm{e}^2/q^2$，可知上式的量级为 $\mathrm{e}^4\int \mathrm{d}^3q/q^2$，收敛. 其主要贡献由 $\int \mathrm{d}^3q V(\boldsymbol{q})$ 决定. 因为 $E_{\mathrm{k}} \gg E_{\mathrm{V}}$(据前面的估计)，所以此量与动能比较为小量. 再看图 9.5.1(b)的积分，其解析表达式为

$$\Sigma^*_{(2)\mathrm{b}} = \frac{2}{(2\pi)^8\hbar^2}\int \mathrm{d}^4k' \int \mathrm{d}^4q \left[V(\boldsymbol{q})^2\right] G^0(k-q) G^0(k') G^0(k'+q) .$$

此积分的数量级为 $\mathrm{e}^4\int \mathrm{d}^3q/q^4$，在下限 $q\to 0$ 处发散. 可见，$\Sigma^*_{(2)\mathrm{b}}$ 的数量级远大于 $\Sigma^*_{(2)\mathrm{a}}$ 的贡献，图 9.5.1(a)的贡献可以略去. 因此，我们在考虑弓形图的重整化时，可以略去(a)类顶角插入图，只需计入(b)类图形.

图 9.5.2 绘出两种更高级(三级)的弓形图. 图中有两种不同类型的极化插入图形. 其中(b)类图的特点是相互作用线(包括极化图的出入线)上传递的动量相同. 用与二级图类似的方法，可以估计出这类图的贡献远比(a)类重要. 因此，在相互作用线重整化时，如图 9.5.2(a)及更高级的同类图形都可以略去，只需计入如图 9.5.2(b)类的极化插入图形. 我们看到，这些图都是一系列简单环形通过裸相互作用线连接在一起构成的，常将它们统称为“环形图”.

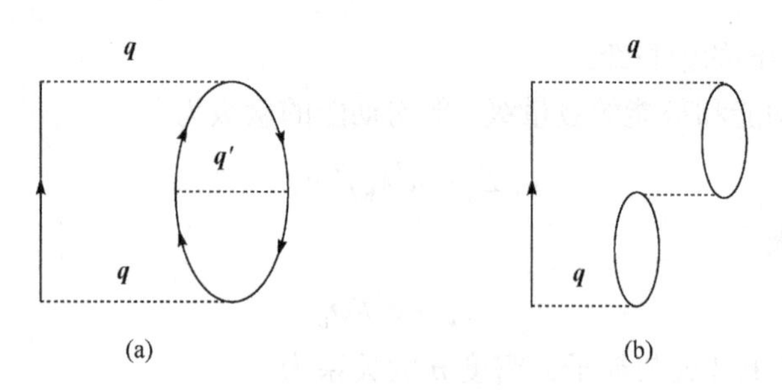

图 9.5.2　两类不同的极化插入图

图 9.5.3 示意相互作用线重整化的环形图求和. 由图可见，三级(含出入裸相互作用线)及以上级别的此类图都是可约的，正规极化部分中不包含这类图形. 因此，在目前的近似下，正规极化插入图形只有一个，即简单环形图. 这是最低级的极化插入图形，其对极化的贡献记为 $\Pi_0^*(q)$. 因为这种处理只计入环形图，故称为**环形近似**，或称圈图近似.

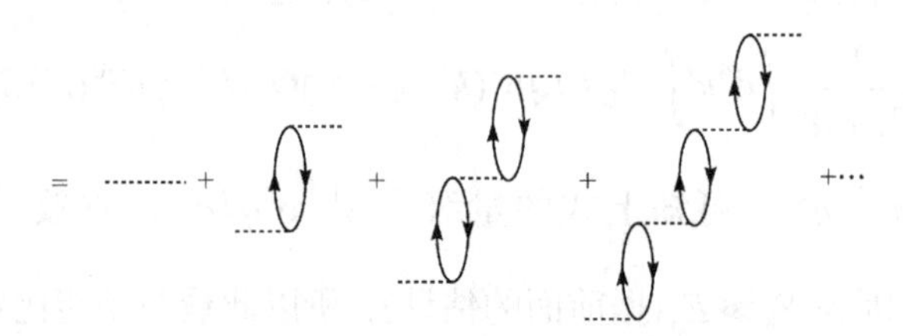

图 9.5.3　相互作用线重整化的环形图求和

在环形近似下，$\Pi^*(q) \approx \Pi_0^*(q)$. 这时，有效相互作用势(9.3.4)成为

$$U_{\mathrm{R}}(q) = \frac{U(q)}{1 - U(q)\Pi_0^*(q)}. \tag{9.5.3}$$

弓形图重整化后的正规自能图形就是将图中的相互作用势换为 $U_{\mathrm{R}}(q)$，通常记之为 $\Sigma_{\mathrm{R}}^*(k)$.

图 9.5.4 给出 $\Sigma_{\mathrm{R}}^*(k)$ 的图形表示. 它相应的极化部分是最低一级的极化插入图形，亦示于图中. 图中的有效相互作用势是环形近似的 $U_{\mathrm{R}}(q)$，由式(9.5.3)给出.

图 9.5.4　正规自能与初级极化部分

根据费曼图形规则立即可以写出图 9.5.4 所示两个量的解析表达式

$$\Pi_0^*(q)=-\frac{2\mathrm{i}}{(2\pi)^4\hbar}\int \mathrm{d}^4k'G^0(\boldsymbol{k}'+\boldsymbol{q})G^0(\boldsymbol{k}'), \tag{9.5.4}$$

式中的因子 2 是考虑了对简并的电子自旋态求和后出现的.

$$\Sigma_{\mathrm{R}}^*(k)=\frac{\mathrm{i}}{(2\pi)^4\hbar}\int \mathrm{d}^4qG^0(k-q)U_{\mathrm{R}}(q). \tag{9.5.5}$$

考虑到 $U(q)=V(\boldsymbol{q})=4\pi\mathrm{e}^2/q^2$，式(9.5.3)可改写为

$$U_{\mathrm{R}}(q)=\frac{4\pi\mathrm{e}^2}{q^2-4\pi\mathrm{e}^2\Pi_0^*(q)}. \tag{9.5.6}$$

从以上的推演过程可以看到一个有趣的事实：由式(9.5.6)可知，式(9.5.5)的积分不发散. 但是，如果逐个求图 9.5.3 中各图对 Σ_{R}^* 的贡献，因子 $U(q)$便会使它们发散. 这就是自能计算中遇到的积分发散困难，重整化手续消除了这个困难.

式(9.3.5)给出的介电函数的表达式则成为

$$\varepsilon_{\mathrm{R}}(q)=1-U(q)\Pi_0^*(q). \tag{9.5.7}$$

利用 Σ_{R}^* 和ε_{R} 的结果还可以计算其他一些重要物理量，不再赘述.

2. 等离体子

现在讨论系统的集体激发. 在高密度电子气中，如果电子密度受微小扰动而致局部电荷失衡，产生的极化场必施加电子以库仑型恢复力，引起振荡. 这种振荡发生在正负电荷均匀分布的电中性体系中，故称等离子体(plasma)振荡. 等离子体振荡是一种集体激发，在固体中传播形成波场，其量子化的准粒子称为**等离体子**，亦称**等离激元**(plasmon).

系统的集体激发谱由极化部分 $\Pi(\boldsymbol{q},\omega)$ 在复平面上的奇点决定. 在环形近似下，$\Pi^*(\boldsymbol{q},\omega)\approx\Pi_0^*(\boldsymbol{q},\omega)$，极化部分式(9.3.2)可写为

$$\Pi_{\mathrm{R}}(\boldsymbol{q},\omega)=\frac{\Pi_0^*(\boldsymbol{q},\omega)}{1-V(q)\Pi_0^*(\boldsymbol{q},\omega)}, \tag{9.5.8}$$

其奇点由下式决定：

$$V(q)\Pi_0^*(\boldsymbol{q},\omega)=1. \tag{9.5.9}$$

对比式(9.3.5)可知，此条件等同于介电函数为零

$$\varepsilon_{\mathrm{R}}(\boldsymbol{q},\omega)=1-V(q)\Pi_0^*(\boldsymbol{q},\omega)=0. \tag{9.5.10}$$

为了求解方程(9.5.9)，须先计算 $\Pi_0^*(\boldsymbol{q},\omega)$，其计算公式由式(9.5.4)给出

$$\Pi_0^*(\boldsymbol{q},\omega)=-\frac{2\mathrm{i}}{(2\pi)^4\hbar}\int \mathrm{d}^3k'\int \mathrm{d}\omega' G^0(\boldsymbol{k}'+\boldsymbol{q})G^0(\boldsymbol{k}'),$$

其中自由粒子格林函数 G^0 如式(8.2.19)为

$$G^0(\boldsymbol{k},\omega)=\frac{\theta(k-k_\mathrm{F})}{\omega-\omega_k+\mathrm{i}\eta}+\frac{\theta(k_\mathrm{F}-k)}{\omega-\omega_k-\mathrm{i}\eta},$$

代入上式有

$$\begin{aligned}\Pi_0^*(\boldsymbol{q},\omega)&=-2\mathrm{i}\int\frac{\mathrm{d}^3k'}{(2\pi)^3}\int_{-\infty}^{\infty}\frac{\mathrm{d}\omega'}{2\pi\hbar}G^0(\boldsymbol{k}'+\boldsymbol{q},\omega'+\omega)G^0(\boldsymbol{k}',\omega')\\&=2\int\frac{\mathrm{d}^3k'}{(2\pi)^3}\int_{-\infty}^{\infty}\frac{\mathrm{d}\omega'}{2\pi\mathrm{i}\hbar}\left[\frac{\theta(|\boldsymbol{k}'+\boldsymbol{q}|-k_\mathrm{F})}{\omega+\omega'-\varepsilon_{\boldsymbol{k}'+\boldsymbol{q}}+\mathrm{i}\eta}+\frac{\theta(k_\mathrm{F}-|\boldsymbol{k}'+\boldsymbol{q}|)}{\omega+\omega'-\varepsilon_{\boldsymbol{k}'+\boldsymbol{q}}-\mathrm{i}\eta}\right]\\&\quad\cdot\left[\frac{\theta(|\boldsymbol{k}'|-k_\mathrm{F})}{\omega'-\varepsilon_{\boldsymbol{k}'}+\mathrm{i}\eta}+\frac{\theta(k_\mathrm{F}-|\boldsymbol{k}'|)}{\omega'-\varepsilon_{\boldsymbol{k}'}-\mathrm{i}\eta}\right],\end{aligned}$$

式中关于ω'的积分可用类似于 8.2 节的方法计算，结果是

$$\begin{aligned}\Pi_0^*(\boldsymbol{q},\omega)&=2\int\frac{\mathrm{d}^3k'}{(2\pi)^3\hbar}\left[\frac{\theta(|\boldsymbol{k}'+\boldsymbol{q}|-k_\mathrm{F})\theta(k_\mathrm{F}-|\boldsymbol{k}'|)}{\omega-\omega_{\boldsymbol{k}'\boldsymbol{q}}+\mathrm{i}\eta}-\frac{\theta(k_\mathrm{F}-|\boldsymbol{k}'+\boldsymbol{q}|)\theta(|\boldsymbol{k}'|-k_\mathrm{F})}{\omega-\omega_{\boldsymbol{k}'\boldsymbol{q}}-\mathrm{i}\eta}\right]\\&=2\int\frac{\mathrm{d}^3k'}{(2\pi)^3}\theta(|\boldsymbol{k}'+\boldsymbol{q}|-k_\mathrm{F})\theta(k_\mathrm{F}-|\boldsymbol{k}'|)\left[\frac{1}{\hbar\omega-\hbar\omega_{\boldsymbol{k}'\boldsymbol{q}}+\mathrm{i}\eta}-\frac{1}{\hbar\omega+\hbar\omega_{\boldsymbol{k}'\boldsymbol{q}}-\mathrm{i}\eta}\right].\end{aligned}\tag{9.5.11}$$

注意到θ函数的性质，将 k' 改记为 k 得

$$\Pi_0^*(\boldsymbol{q},\omega)=2\int_{\substack{k<k_\mathrm{F}\\|\boldsymbol{k}+\boldsymbol{q}|>k_\mathrm{F}}}\frac{\mathrm{d}^3k}{(2\pi)^3}\left[\frac{1}{\hbar\omega-\hbar\omega_{\boldsymbol{k}\boldsymbol{q}}+\mathrm{i}\eta}-\frac{1}{\hbar\omega+\hbar\omega_{\boldsymbol{k}\boldsymbol{q}}-\mathrm{i}\eta}\right].\tag{9.5.12}$$

式中，ω_{kq} 为未扰(不计相互作用)的电子-空穴对激发能

$$\hbar\omega_{\boldsymbol{k}\boldsymbol{q}}=\varepsilon_{k+q}-\varepsilon_k=\frac{\hbar^2}{2m}\left(|\boldsymbol{k}+\boldsymbol{q}|^2-k^2\right)=\frac{\hbar^2}{2m}\left(2\boldsymbol{k}\cdot\boldsymbol{q}+q^2\right),\tag{9.5.13}$$

这里, m 是电子有效(带)质量. 根据晶体周期性边界条件, 波矢 $\boldsymbol{k}$(因而固定 q 时的 ω_{kq})取一系列分立但“准连续”之值. 考虑到费米子对能级占据的特征, 由式(9.5.13)可知，ω_{kq} 取值上限为

$$\hbar\omega_{\boldsymbol{k}\boldsymbol{q}}^{\max}=\frac{\hbar^2}{2m}\left(2k_\mathrm{F}q+q^2\right),\tag{9.5.14a}$$

下限为

$$\hbar\omega_{\boldsymbol{kq}}^{\min}=\begin{cases}0 & (q<2k_{\mathrm{F}}),\\ \dfrac{\hbar^2}{2m}\left(2k_{\mathrm{F}}q+q^2\right) & (q\geqslant 2k_{\mathrm{F}}).\end{cases} \tag{9.5.14b}$$

准粒子激发频率仅由奇点实部决定，它满足的方程可由式(9.5.9)改写得

$$V(q)\mathrm{Re}\Pi_0^*(\boldsymbol{q},\omega)=1. \tag{9.5.15}$$

由式(9.5.11)出发，运用符号恒等式(8.2.20)，注意到阶跃函数如下性质：

$$\theta(x)=1-\theta(-x),$$

Π_0^* 的实部可写为

$$\begin{aligned}\mathrm{Re}\Pi_0^*(\boldsymbol{q},\omega)&=2\mathscr{P}\int\frac{\mathrm{d}^3k}{(2\pi)^3\hbar}\left[1-\theta(k_{\mathrm{F}}-|\boldsymbol{k}+\boldsymbol{q}|)\right]\theta(k_{\mathrm{F}}-|\boldsymbol{k}|)\frac{2\omega_{\boldsymbol{kq}}}{\omega^2-\omega_{\boldsymbol{kq}}^2}\\&=2\mathscr{P}\int\frac{\mathrm{d}^3k}{(2\pi)^3\hbar}\theta(k_{\mathrm{F}}-|\boldsymbol{k}|)\frac{2\omega_{\boldsymbol{kq}}}{\omega^2-\omega_{\boldsymbol{kq}}^2}=\frac{2}{\hbar}\sum_{k<k_{\mathrm{F}}}\frac{2\omega_{\boldsymbol{kq}}}{\omega^2-\omega_{\boldsymbol{kq}}^2}.\end{aligned} \tag{9.5.16}$$

方程(9.5.15)成为

$$\frac{2V(q)}{\hbar}\sum_{k<k_{\mathrm{F}}}\frac{2\omega_{\boldsymbol{kq}}}{\omega^2-\omega_{\boldsymbol{kq}}^2}=1. \tag{9.5.17}$$

此方程可用作图法求解：对确定的 q，作图求曲线 $f(\omega)=V(q)\mathrm{Re}\Pi_0^*(\boldsymbol{q},\omega)$ 和 f=1 水平线之交点，其横坐标即为方程之解. 因为方程左端为ω之偶函数，我们只需讨论$\omega>0$ 部分，结果定性示于图 9.5.5 中.

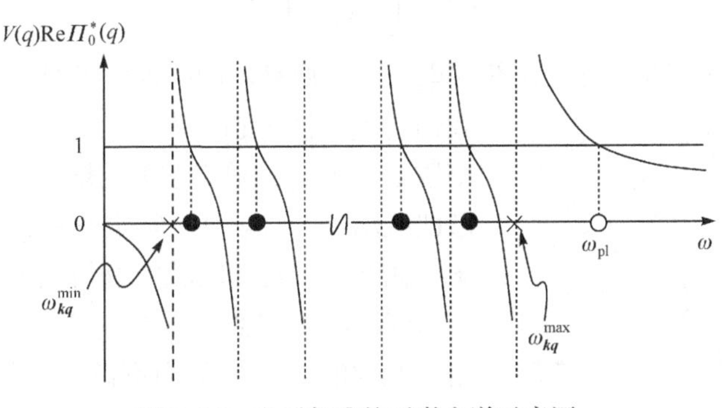

图 9.5.5　电子气准粒子激发谱示意图

● ——电子-空穴对激发频率；○ ——等离体子激发频率

在 $\omega_{\boldsymbol{kq}}^{\min}<\omega<\omega_{\boldsymbol{kq}}^{\max}$ 范围，两线交点给出计入相互作用的电子-空穴对个别激发能(频率)谱. 激发频率分布在一系列准连续的未扰 $\omega_{\boldsymbol{kq}}$ 值之间，因此也构成“连续统”.

在 $\omega > \omega_{\boldsymbol{kq}}^{\max}$ 范围，有一较高频率的解 ω_{pl}，给出电子气集体振荡量子——“等离体子”频率.

等离体子振荡频率的色散特征($\omega_{\text{pl}}\sim q$)亦可由式(9.5.15)获得. 在长波近似下，假定 $\varepsilon_q=\hbar^2q^2/2m\ll\hbar\omega$，$qv_{\text{F}}\ll\omega$，可将式(9.5.17)左端求和变为积分，并将被积函数展开计算至 q^4 量级得

$$
\begin{aligned}
\frac{2V(q)}{\hbar}\sum_{k<k_{\text{F}}}\frac{2\omega_{\boldsymbol{kq}}}{\omega^2-\omega_{\boldsymbol{kq}}^2}&\approx\frac{4V(q)}{\hbar\omega}\int_{k\leqslant k_{\text{F}}}\frac{\mathrm{d}^3k}{(2\pi)^3}\left[\frac{\omega_{\boldsymbol{kq}}}{\omega}+\frac{\omega_{\boldsymbol{kq}}^3}{\omega^3}+\cdots\right]\\
&=\frac{4V(q)}{\hbar\omega}\int_{k\leqslant k_{\text{F}}}\frac{\mathrm{d}^3k}{(2\pi)^3}\left[\frac{\hbar q^2}{2m\omega}+\frac{3\hbar^3\left(2\boldsymbol{k}\cdot\boldsymbol{q}\right)^2q^2}{\left(2m\omega\right)^3}+\cdots\right]\\
&=\frac{4\pi ne^2}{m\omega^2}\left[1+\frac{3}{5}\frac{v_{\text{F}}^2q^2}{\omega^2}+\cdots\right].
\end{aligned}
\tag{9.5.18}
$$

式中，n 为电子数密度，计算中用到 $V(\boldsymbol{q})=4\pi e^2/q^2$，$k_{\text{F}}=\left(3\pi^2N/V\right)^{1/3}$，$v_{\text{F}}=\hbar k_{\text{F}}/m$.

将式(9.5.18)代入式(9.5.17)，迭代解出等离体子模的色散关系为

$$
\omega_{\text{pl}}=\omega_{\text{p}}\left(1+\frac{3v_{\text{F}}^2}{10\omega_p^2}q^2+\cdots\right),
\tag{9.5.19}
$$

式中，ω_{p} 为 $q\to 0$ 时的等离子振荡频率，通常称为等离子体频率

$$
\omega_{\text{p}}=\left(\frac{4\pi ne^2}{m}\right)^{1/2}.
\tag{9.5.20}
$$

为便于理解，图9.5.6绘出简并电子气中两种不同的准粒子激发区域的示意图.

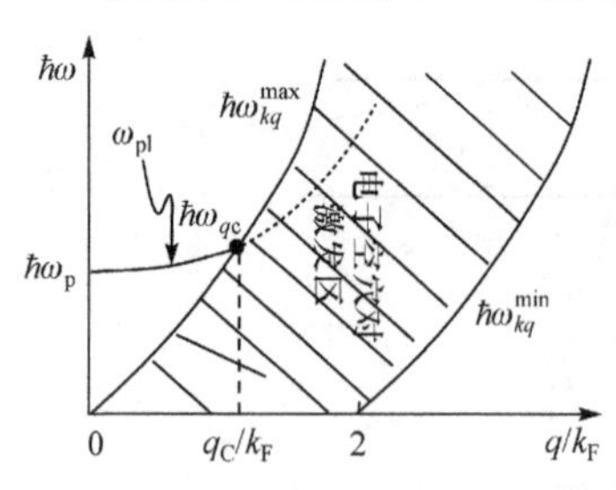

图 9.5.6　简并电子气准粒子激发区域示意图

我们看到，波矢趋于零时，等离子体集体激发频率取最小值 ω_{p}，随着波矢的增大，取值沿近抛物形曲线增加，直至某一特定波矢 q_{C} 时，曲线进入图中阴影区. 阴影区域能量与波矢的关系满足电子-空穴对激发连续统条件，等离体子激发态会迅速衰变为电子-空穴对而不稳，因此主要存在个别激发，为电子-空穴对激发区. 在 $0<q<q_{\text{C}}$ 范围，等离体子能量明显高于电子-空穴对激发能，不会衰变为后者，集体激发态稳定.

习　　题

9.1　证明一级正规自能表达式(9.1.9).

9.2　做出全部二级正规自能插入图形，并写出相应的积分表达式.

9.3　试证明长寿命单粒子激发的能量ε_k和阻尼γ_k由以下公式给出：

$$\varepsilon_k = \varepsilon_k^0 + \hbar \mathrm{Re}\left[\Sigma^*\left(\boldsymbol{k}, \varepsilon_k/\hbar\right)\right],$$

$$\gamma_k = \left\{1 - \frac{\partial}{\partial \omega} \mathrm{Re}\left[\Sigma^*\left(\boldsymbol{k}, \omega\right)\right]\bigg|_{\varepsilon_k/\hbar}\right\}^{-1} \mathrm{Im}\,\Sigma^*\left(\boldsymbol{k}, \varepsilon_k/\hbar\right).$$

9.4　试以下面图形说明蝌蚪图没有独立的顶角插入图.

9.5　用图示的方法说明顶角重整化只需在一个顶角进行.

9.6　试解释图 9.4.7 所示的各级向前散射图不可能发生的原因.

第 10 章　有限温度下的格林函数

前面几章所涉及的格林函数是场算符乘积在系统的基态之期望值，因此仅限于描述绝对零度下的性质，故称为零温格林函数. 为了讨论有限温度下(即温度不为零时)多粒子体系的性质，需要引入与温度有关的格林函数. 本章将简要介绍这类函数. 限于篇幅，我们的讨论仅限于多体系平衡态的热力学性质，不涉及格林函数随时间的变化.

10.1　虚时相互作用绘景

为了构造与温度有关的格林函数，需要先建立新的“虚时间”的相互作用绘景——“类相互作用”绘景，同时类似于零温情形定义时间演化算符 U 那样引入新的“虚时间”演化算符.

1. 类相互作用绘景

在有限温度下，热力学体系的粒子数会因热激发而发生变化，所以应采用巨正则系综描述. 根据 2.3 节，巨配分函数写为

$$\mathscr{Q}=\mathrm{Tr}\left(\mathrm{e}^{-\alpha\hat{N}-\beta\hat{H}}\right). \tag{10.1.1}$$

式中，$\hat{N}$、$\hat{H}$ 分别为体系的粒子数和哈密顿量算符，并有

$$\alpha=-\beta\mu,\quad \beta=1/k_{\mathrm{B}}T .$$

为了便于计算，引入新算符

$$\hat{K}=\hat{H}-\mu\hat{N} . \tag{10.1.2}$$

我们将它理解为**巨正则哈密顿量**. 式(10.1.1)可写为

$$\mathscr{Q}=\mathrm{Tr}\left(\mathrm{e}^{-\beta\hat{K}}\right). \tag{10.1.3}$$

密度算符则为

$$\hat{\rho}=\mathscr{Q}^{-1}\mathrm{e}^{-\beta\hat{K}}=\mathrm{e}^{\beta(\Omega-\hat{K})}. \tag{10.1.4}$$

其中，$\Omega=-k_{\mathrm{B}}T\ln\mathscr{Q}$ 为**巨势**(或称广势函数).

现在我们考虑如何用类似于 8.1 节的方法来建立便于定义温度格林函数的绘景. 以巨正则哈密顿量 $\hat{K}$ 代替 8.1 节的薛定谔哈密顿量 $\hat{H}$，可以定义一种变形的海森伯绘景. 将薛定谔绘景的算符 $\hat{A}_S$ 变换到变形海森伯绘景中成为

$$\hat{A}_H(t) = e^{i\hat{K}t/\hbar}\hat{A}_S e^{-i\hat{K}t/\hbar}. \tag{10.1.5}$$

类比变形海森伯绘景，定义“**类海森伯**”**绘景**. 将式(10.1.5)中的“时间”t 视为虚数，引入**虚时间变量** $\tau = it$(这是一个实变量)，用它取代 it，则有新的算符

$$\hat{A}_K(\tau) \equiv e^{\hat{K}\tau/\hbar}\hat{A}_S e^{-\hat{K}\tau/\hbar}. \tag{10.1.6}$$

此式即为类海森伯算符之定义，下标 K 表示它与一般的海森伯绘景算符不同. 因为这一算符是虚时间变量的函数，故又称为**虚时间算符**.

场算符的虚时间形式则为

$$\begin{cases} \hat{\psi}_K(\boldsymbol{x},\tau) = e^{\hat{K}\tau/\hbar}\hat{\psi}(\boldsymbol{x})e^{-\hat{K}\tau/\hbar}, \\ \hat{\psi}_K^\dagger(\boldsymbol{x},\tau) = e^{\hat{K}\tau/\hbar}\hat{\psi}^\dagger(\boldsymbol{x})e^{-\hat{K}\tau/\hbar}. \end{cases} \tag{10.1.7}$$

由于 τ 是实变量，这里定义的 $\hat{\psi}^\dagger$ 不是 $\hat{\psi}$ 之共轭.

用同样的方法，可进一步定义新的“**类相互作用**”**绘景**，其算符与薛定谔算符的关系为

$$\hat{A}_I(\tau) \equiv e^{\hat{K}_0\tau/\hbar}\hat{A}_S e^{-\hat{K}_0\tau/\hbar}. \tag{10.1.8}$$

与一般相互作用绘景的选择一样，K_0 是无相互作用的巨正则哈密顿量.

以下将用虚时变量，类似于 8.1 节建立一套格林函数的理论.

2. 虚时演化算符

与 8.1 节定义的 U 算符类似，这里引入一个联系类海森伯绘景和类相互作用绘景的算符 $\hat{\mathscr{U}}$，定义为

$$\hat{\mathscr{U}}(\tau_1,\tau_2) \equiv e^{\hat{K}_0\tau_1/\hbar}e^{-\hat{K}(\tau_1-\tau_2)/\hbar}e^{-\hat{K}_0\tau_2/\hbar}, \tag{10.1.9}$$

于是有

$$\hat{A}_K(\tau) = \hat{\mathscr{U}}(0,\tau)\hat{A}_I(\tau)\hat{\mathscr{U}}(\tau,0). \tag{10.1.10}$$

与零温情形类似，可以将 $\hat{\mathscr{U}}$ 看成“**虚时间**”**演化算符**. 它与 8.1 节的算符 $\hat{U}$ 满足相同的边界条件

$$\hat{\mathscr{U}}(\tau_1,\tau_1) = 1 \tag{10.1.11}$$

和传递性

$$\hat{\mathscr{U}}(\tau_1,\tau_2)\hat{\mathscr{U}}(\tau_2,\tau_3)=\hat{\mathscr{U}}(\tau_1,\tau_3)\,. \tag{10.1.12}$$

显然，$\hat{\mathscr{U}}(\tau,0)$ 和 $\hat{\mathscr{U}}(0,\tau)$ 互为逆算符. 与 8.1 节中的一般相互作用绘景情形不同的是，$\mathscr{U}$ 算符不是幺正算符.

将(10.1.9)两边对 τ 微商可以得到 $\hat{\mathscr{U}}$ 的“运动”方程

$$\begin{aligned}\frac{\partial}{\partial\tau}\hat{\mathscr{U}}(\tau,\tau')&=\frac{1}{\hbar}\left[\mathrm{e}^{\hat{K}_0\tau/\hbar}\left(\hat{K}_0-\hat{K}\right)\mathrm{e}^{-\hat{K}(\tau-\tau')/\hbar}\mathrm{e}^{-\hat{K}_0\tau'/\hbar}\right]\\&=\frac{1}{\hbar}\left[\mathrm{e}^{\hat{K}_0\tau/\hbar}\left(\hat{K}_0-\hat{K}\right)\mathrm{e}^{-\hat{K}_0\tau/\hbar}\hat{\mathscr{U}}(\tau,\tau')\right]\\&=-\frac{1}{\hbar}\hat{K}_{\mathrm{I}}\left(\tau\right)\hat{\mathscr{U}}(\tau,\tau'),\end{aligned} \tag{10.1.13}$$

其中，$\hat{K}_{\mathrm{I}}=\hat{K}-\hat{K}_0$ 为相互作用巨正则哈密顿量

$$\hat{K}_{\mathrm{I}}\left(\tau\right)\equiv\mathrm{e}^{\hat{K}_0\tau/\hbar}\hat{K}_{\mathrm{I}}\mathrm{e}^{-\hat{K}_0\tau/\hbar}\,.$$

当 $\tau'=0$ 时，上式成为

$$-\hbar\frac{\partial}{\partial\tau}\hat{\mathscr{U}}(\tau,0)=\hat{K}_{\mathrm{I}}\left(\tau\right)\hat{\mathscr{U}}(\tau,0)\,. \tag{10.1.14}$$

将此方程积分，并反复迭代，再注意到边界条件，可以得到如下演化算符的形式解：

$$\hat{\mathscr{U}}(\tau,0)=\sum_{n=0}^{\infty}\left(\frac{-1}{\hbar}\right)^n\frac{1}{n!}\int_0^{\tau}\mathrm{d}\tau_1\cdots\int_0^{\tau}\mathrm{d}\tau_n\mathscr{T}_{\tau}\left[\hat{K}_{\mathrm{I}}\left(\tau_1\right)\cdots\hat{K}_{\mathrm{I}}\left(\tau_n\right)\right]. \tag{10.1.15}$$

式中算符 $\mathscr{T}_{\tau}$ 类似于 8.1 节定义的编时算符 $\mathscr{T}$，可称为**编虚时(编 τ)算符**，其作用是将各 $\hat{K}_{\mathrm{I}}$ 按照相应变量 τ 值左大右小的顺序排列.

利用上述对 $\hat{\mathscr{U}}$ 的展开式，可以将巨配分函数展开. 按定义(10.1.9)将 $\hat{\mathscr{U}}(\tau,0)$ 写为

$$\mathrm{e}^{-\hat{K}_0\tau/\hbar}\hat{\mathscr{U}}(\tau,0)=\mathrm{e}^{-\hat{K}\tau/\hbar}\,. \tag{10.1.16}$$

令 $\tau=\beta\hbar$，则有

$$\mathrm{e}^{-\beta\hat{K}}=\mathrm{e}^{-\beta\hat{K}_0}\hat{\mathscr{U}}(\beta\hbar,0)\,. \tag{10.1.17}$$

再将式(10.1.15)代入，便得到巨配分函数的展开式

$$\begin{aligned}\mathscr{Q}&=\mathrm{e}^{-\beta\Omega}=\mathrm{Tr}\mathrm{e}^{-\beta\hat{K}}=\mathrm{Tr}\left[\mathrm{e}^{-\beta\hat{K}_0}\mathscr{U}(\beta\hbar,0)\right]\\&=\sum_{n=0}^{\infty}\left(\frac{-1}{\hbar}\right)^n\frac{1}{n!}\int_0^{\beta\hbar}\mathrm{d}\tau_1\cdots\int_0^{\beta\hbar}\mathrm{d}\tau_n\mathrm{Tr}\left\{\mathrm{e}^{-\beta\hat{K}_0}\mathscr{T}_{\tau}\left[\hat{K}_{\mathrm{I}}\left(\tau_1\right)\cdots\hat{K}_{\mathrm{I}}\left(\tau_n\right)\right]\right\}.\end{aligned} \tag{10.1.18}$$

10.2　松原函数

引入虚时间变量，将时间演化算符变为温度演化算符，使引入温度格林函数，进而讨论系统有限温度的性质成为可能. 松原(Matsubara)首先采用温度格林函数的方法，因此常将这类函数称为松原函数. 本节将给出松原函数的定义，并简单地介绍它的物理意义.

1. 松原函数的定义

在虚时间变量类海森伯和相互作用绘景基础上，定义单粒子**虚时间格林函数**

$$\mathscr{G}(\boldsymbol{x}\tau,\boldsymbol{x}'\tau')\equiv-\mathrm{Tr}\left\{\hat{\rho}\mathscr{T}_{\tau}\left[\hat{\psi}_K(\boldsymbol{x},\tau)\hat{\psi}_K^{\dagger}(\boldsymbol{x}',\tau')\right]\right\}. \tag{10.2.1}$$

为简单，这里未计入自旋分量. 式中密度算符 $\hat{\rho}$ 由式(10.1.4)给出

$$\hat{\rho}=\mathrm{e}^{\beta(\Omega-\hat{K})}.$$

式(10.2.1)含有β，即与温度有关，故又称为单粒子**温度格林函数**. 还应提及，与零温格林函数情形相似，在用 T_τ 编“虚时”时，每交换一对费米算符的位置则出现一个因子“−1”. 这样，式(10.2.1)可以进一步写为

$$\mathscr{G}(\boldsymbol{x}\tau,\boldsymbol{x}'\tau')=\begin{cases}-\mathrm{Tr}\left[\mathrm{e}^{\beta\left(\Omega-\hat{K}\right)}\mathrm{e}^{\hat{K}(\tau-\tau')/\hbar}\hat{\psi}(\boldsymbol{x})\mathrm{e}^{-\hat{K}(\tau-\tau')/\hbar}\hat{\psi}^{\dagger}(\boldsymbol{x}')\right] & (\tau>\tau'),\\ \mp\mathrm{Tr}\left[\mathrm{e}^{\beta\left(\Omega-\hat{K}\right)}\mathrm{e}^{-\hat{K}(\tau-\tau')/\hbar}\hat{\psi}^{\dagger}(\boldsymbol{x}')\mathrm{e}^{\hat{K}(\tau-\tau')/\hbar}\hat{\psi}(\boldsymbol{x})\right] & (\tau<\tau').\end{cases} \tag{10.2.2}$$

通常将式(10.2.2)称为**松原函数**. 上式右端第二式的“−”对应玻色系，“+”对应费米系. 读者不难自己验证式(10.2.1)和式(10.2.2)的等价性. 显然，这里的松原函数是在坐标空间定义的. 与零温格林函数类似，松原函数也可在动量空间定义.

容易证明，只有τ与τ'取值在 0 与$\beta\hbar$之间时，松原函数才收敛，若以$\tau-\tau'$为“虚时”变量，松原函数的定义域是$[-\beta\hbar,\ \beta\hbar]$.

2. 热力学函数

由定义可知，松原函数与巨配分函数及密度矩阵有紧密的联系，如果能用松原函数表示巨势，则所有的热力学函数都将可以由它来计算.

先考虑单粒子型算符. 算符 $\hat{A}(\boldsymbol{x})$ 的系综平均可写为(见 2.3 节)

$$\begin{aligned}\langle\hat{A}\rangle&=\mathrm{Tr}(\hat{\rho}\hat{A})=\int\lim_{\boldsymbol{x}'\to\boldsymbol{x}}A(\boldsymbol{x})\mathrm{Tr}\left[\hat{\rho}\hat{\psi}^{\dagger}(\boldsymbol{x}')\hat{\psi}(\boldsymbol{x})\right]\mathrm{d}^3x\\&=\mp\int\lim_{\substack{\boldsymbol{x}'\to\boldsymbol{x}\\ \tau'\to\tau^+}}A(\boldsymbol{x})\,\mathscr{G}\left(\boldsymbol{x}\tau,\boldsymbol{x}'\tau'\right)\mathrm{d}^3x.\end{aligned} \tag{10.2.3}$$

利用这一关系，原则上可以获得所有单粒子型可观察量的表达式. 现将几个重要的物理量写出如下：

平均粒子数为

$$\begin{aligned}N(T,\mathscr{V},\mu)&=\int\hat{n}(\boldsymbol{x})\mathrm{d}^3x=\int\mathrm{Tr}\left[\hat{\rho}\hat{\psi}^\dagger(\boldsymbol{x})\hat{\psi}(\boldsymbol{x})\right]\mathrm{d}^3x\\&=\int\mathrm{e}^{\beta\Omega}\mathrm{Tr}\left[\mathrm{e}^{-\beta\hat{K}}\mathrm{e}^{-\hat{K}\tau/\hbar}\mathrm{e}^{\hat{K}\tau/\hbar}\hat{\psi}^\dagger(\boldsymbol{x})\hat{\psi}(\boldsymbol{x})\right]\mathrm{d}^3x\\&=\int\mathrm{Tr}\left[\hat{\rho}\hat{\psi}_K^\dagger(\boldsymbol{x},\tau)\hat{\psi}_K(\boldsymbol{x},\tau)\right]\mathrm{d}^3x\\&=\mp\int\mathscr{G}(\boldsymbol{x}\tau,\boldsymbol{x}\tau^+)\mathrm{d}^3x,\end{aligned}$$

又可写为

$$N(T,\mathscr{V},\mu)=\mp\int\lim_{\boldsymbol{x}'\to\boldsymbol{x}}\mathscr{G}(\boldsymbol{x}\tau,\boldsymbol{x}'\tau^+)\mathrm{d}^3x\,,\tag{10.2.4}$$

式中，“∓”号的上面的符号对应玻色系，下面的符号对应费米系，下同.

动能 $\hat{T}$ 的系综平均为

$$\langle\hat{T}\rangle=\mp\int\lim_{\boldsymbol{x}'\to\boldsymbol{x}}\left(-\frac{\hbar^2}{2m}\nabla^2\right)\mathscr{G}(\boldsymbol{x}\tau,\boldsymbol{x}'\tau^+)\mathrm{d}^3x\,.\tag{10.2.5}$$

再考虑势能. 假定只有两体相互作用，将系统的哈密顿量写为

$$\hat{H}=\hat{T}+\hat{V}\,,$$

其中 $\hat{V}$ 是两体相互作用势能相应的哈密顿量，它的系综平均应为

$$\langle\hat{V}\rangle=\frac{1}{2}\int V(\boldsymbol{x},\boldsymbol{x}')\mathrm{Tr}\left[\hat{\rho}\hat{\psi}^\dagger(\boldsymbol{x})\hat{\psi}^\dagger(\boldsymbol{x}')\hat{\psi}(\boldsymbol{x}')\hat{\psi}(\boldsymbol{x})\right]\mathrm{d}^3x\mathrm{d}^3x'\,.\tag{10.2.6}$$

进行与 8.5 节完全类似的推导，就可以得到用单粒子松原函数表达 $\langle\hat{V}\rangle$ 的公式. 在类海森伯绘景中容易验证场算符的“运动”方程为

$$\hbar\frac{\partial}{\partial\tau}\hat{\psi}_K(\boldsymbol{x},\tau)=\left[\hat{K},\hat{\psi}_K(\boldsymbol{x},\tau)\right].$$

为将等式右端进一步写为场算符形式，先考察巨正则哈密顿量 $\hat{K}$ 与场算符 $\hat{\psi}(\boldsymbol{x})$ 的对易子

$$\begin{aligned}&\left[\hat{K},\hat{\psi}(\boldsymbol{x})\right]\\&=\int\left[\left(\hat{\psi}^\dagger(\boldsymbol{x}')\hat{T}(\boldsymbol{x}')\hat{\psi}(\boldsymbol{x}')-\mu\hat{\psi}^\dagger(\boldsymbol{x}')\hat{\psi}(\boldsymbol{x}')\right),\hat{\psi}(\boldsymbol{x})\right]\mathrm{d}^3x'\\&\quad+\frac{1}{2}\int\left[\hat{\psi}^\dagger(\boldsymbol{x}')\hat{\psi}^\dagger(\boldsymbol{x}'')V(\boldsymbol{x}',\boldsymbol{x}'')\hat{\psi}(\boldsymbol{x}'')\hat{\psi}(\boldsymbol{x}'),\hat{\psi}(\boldsymbol{x})\right]\mathrm{d}^3x'\mathrm{d}^3x''\\&=-\hat{T}(\boldsymbol{x})\hat{\psi}(\boldsymbol{x})+\mu\hat{\psi}(\boldsymbol{x})-\int\hat{\psi}^\dagger(\boldsymbol{x}'')V(\boldsymbol{x},\boldsymbol{x}'')\hat{\psi}(\boldsymbol{x}'')\hat{\psi}(\boldsymbol{x})\mathrm{d}^3x'',\end{aligned}$$

因而

$$\hbar\frac{\partial}{\partial\tau}\hat{\psi}_K(\boldsymbol{x},\tau)=-\hat{T}(\boldsymbol{x})\hat{\psi}_K(\boldsymbol{x},\tau)+\mu\hat{\psi}_K(\boldsymbol{x},\tau)-\int\hat{\psi}_K^{\dagger}(\boldsymbol{x}'',\tau)V(\boldsymbol{x},\boldsymbol{x}'')\hat{\psi}_K(\boldsymbol{x}'',\tau)\hat{\psi}_K(\boldsymbol{x},\tau)\mathrm{d}^3x''. \tag{10.2.7}$$

两边左乘 $\hat{\rho}_{\boldsymbol{x}'}\hat{\psi}_K^{\dagger}(\boldsymbol{x}',\tau)$ 并取迹有

$$\begin{aligned}&\mathrm{Tr}\left[\hat{\rho}_{\boldsymbol{x}'}\hat{\psi}_K^{\dagger}(\boldsymbol{x}',\tau)\hbar\frac{\partial}{\partial\tau}\hat{\psi}_K(\boldsymbol{x},\tau)\right]\\&=\mathrm{Tr}\left\{\hat{\rho}_{\boldsymbol{x}'}\hat{\psi}_K^{\dagger}(\boldsymbol{x}',\tau)\left[\left(\frac{\hbar^2}{2m}\nabla_{\boldsymbol{x}}^2+\mu\right)\hat{\psi}_K(\boldsymbol{x},\tau)\right.\right.\\&\left.\left.-\int\hat{\psi}_K^{\dagger}(\boldsymbol{x}'',\tau)V(\boldsymbol{x},\boldsymbol{x}'')\hat{\psi}_K(\boldsymbol{x}'',\tau)\hat{\psi}_K(\boldsymbol{x},\tau)\mathrm{d}^3x''\right]\right\},\end{aligned}$$

因此

$$\begin{aligned}&\mathrm{Tr}\left[\hat{\rho}_{\boldsymbol{x}'}\hat{\psi}_K^{\dagger}(\boldsymbol{x}',\tau)\left(-\hbar\frac{\partial}{\partial\tau}+\frac{\hbar^2}{2m}\nabla_{\boldsymbol{x}}^2+\mu\right)\hat{\psi}_K(\boldsymbol{x},\tau)\right]\\&=\int\mathrm{Tr}\left[\hat{\rho}_{\boldsymbol{x}'}\hat{\psi}_K^{\dagger}(\boldsymbol{x}',\tau)\hat{\psi}_K^{\dagger}(\boldsymbol{x}'',\tau)V(\boldsymbol{x},\boldsymbol{x}'')\hat{\psi}_K(\boldsymbol{x}'',\tau)\hat{\psi}_K(\boldsymbol{x},\tau)\right]\mathrm{d}^3x''.\end{aligned}$$

取 $\boldsymbol{x}'\to\boldsymbol{x}$ 的极限，两端对 $\boldsymbol{x}$ 积分，将右端与式(10.2.6)比较，则可得

$$\begin{aligned}\langle\hat{V}\rangle&=\frac{1}{2}\int\lim_{\boldsymbol{x}'\to\boldsymbol{x}}\left(-\hbar\frac{\partial}{\partial\tau}+\frac{\hbar^2}{2m}\nabla_{\boldsymbol{x}}^2+\mu\right)\mathrm{Tr}\left[\hat{\rho}_{\boldsymbol{x}'}\hat{\psi}_K^{\dagger}(\boldsymbol{x}',\tau)\hat{\psi}_K(\boldsymbol{x},\tau)\right]\mathrm{d}^3x\\&=\mp\frac{1}{2}\int\lim_{\substack{\boldsymbol{x}'\to\boldsymbol{x}\\ \tau'\to\tau^+}}\left(-\hbar\frac{\partial}{\partial\tau}+\frac{\hbar^2}{2m}\nabla_{\boldsymbol{x}}^2+\mu\right)\mathscr{G}(\boldsymbol{x}\tau,\boldsymbol{x}'\tau')\mathrm{d}^3x.\end{aligned} \tag{10.2.8}$$

物系的内能(总能量)便由下式给出：

$$\begin{aligned}E&=\langle\hat{H}\rangle=\langle\hat{T}\rangle+\langle\hat{V}\rangle\\&=\mp\frac{1}{2}\int\lim_{\substack{\boldsymbol{x}'\to\boldsymbol{x}\\ \tau'\to\tau^+}}\left(-\hbar\frac{\partial}{\partial\tau}-\frac{\hbar^2}{2m}\nabla_{\boldsymbol{x}}^2+\mu\right)\mathscr{G}(\boldsymbol{x}\tau,\boldsymbol{x}'\tau')\mathrm{d}^3x.\end{aligned} \tag{10.2.9}$$

下面再求巨势. 引入参数$\lambda(0\leqslant\lambda\leqslant1)$，考虑作为$\lambda$函数的哈密顿量

$$\hat{H}(\lambda)=\hat{H}_0+\lambda\hat{H}_{\mathrm{I}}. \tag{10.2.10}$$

当$\lambda=1$时，含参数哈密顿量蜕化为原来的密顿量. $\hat{H}(\lambda)$ 相应的巨配分函数为

$$\mathscr{Q}_{\lambda}=\mathrm{e}^{-\beta\Omega_{\lambda}}=\mathrm{Tr}\,\mathrm{e}^{-\beta\hat{K}(\lambda)}, \tag{10.2.11}$$

其中

$$\hat{K}(\lambda) = \hat{K}_0 + \lambda \hat{K}_{\mathrm{I}},$$

$$\hat{K}_0 = \hat{H}_0 - \mu \hat{N}, \quad \hat{K}_{\mathrm{I}} = \hat{H}_{\mathrm{I}},$$

式中算符的指数函数由其幂级数展开式定义. 经过并不复杂的计算还可得到

$$\frac{\partial \Omega_\lambda}{\partial \lambda} = -\beta^{-1} \mathscr{Q}_\lambda^{-1} \frac{\partial \mathscr{Q}_\lambda}{\partial \lambda} = \lambda^{-1} \left\langle \lambda \hat{K}_{\mathrm{I}} \right\rangle_\lambda = \lambda^{-1} \left\langle \lambda \hat{H}_{\mathrm{I}} \right\rangle_\lambda . \tag{10.2.12}$$

将此式对λ从 $0 \to 1$ 积分得

$$\Omega - \Omega_0 = \int_0^1 \lambda^{-1} \left\langle \lambda \hat{H}_{\mathrm{I}} \right\rangle_\lambda \mathrm{d}\lambda , \tag{10.2.13}$$

式中，Ω是实际物体系的巨势($\lambda = 1$)，Ω_0是无相互作用的巨势($\lambda = 0$)，对它的计算不很困难. 再用式(10.2.5)，则可将式(10.2.13)的巨势用松原函数来计算

$$\begin{aligned}
&\Omega(T, \mathscr{V}, \mu) \\
&= \Omega_0(T, \mathscr{V}, \mu) \mp \frac{1}{2} \int_0^1 \frac{\mathrm{d}\lambda}{\lambda} \int \lim_{\substack{x' \to x \\ \tau' \to \tau^+}} \left(-\hbar \frac{\partial}{\partial \tau} + \frac{\hbar^2}{2m} \nabla_{\boldsymbol{x}}^2 + \mu \right) \mathscr{G}^\lambda (\boldsymbol{x}\tau, \boldsymbol{x}'\tau') \, \mathrm{d}^3 x,
\end{aligned} \tag{10.2.14}$$

其中，$\mathscr{G}^\lambda$ 表示哈密顿量为 $\hat{H}(\lambda)$ 的物系之单粒子松原函数. 只要获得巨势，即可计算所有热力学函数，讨论体系热力学性质.

3. 动量空间松原函数

类似于零温情形，可以通过对坐标空间松原函数作傅里叶变换，获得动量空间松原函数. 为此，我们先分析函数的周期性.

为便于表述，将坐标空间松原函数定义式(10.2.2)写为

$$\mathscr{G}(\boldsymbol{x}_1\tau_1, \boldsymbol{x}_2\tau_2) = \begin{cases} -\mathrm{Tr}\left[\mathrm{e}^{\beta(\Omega - \hat{K})} \mathrm{e}^{\hat{K}(\tau_1 - \tau_2)/\hbar} \hat{\psi}(\boldsymbol{x}_1) \mathrm{e}^{-\hat{K}(\tau_1 - \tau_2)/\hbar} \hat{\psi}^\dagger(\boldsymbol{x}_2) \right] & (\tau_1 > \tau_2), \\ \mp \mathrm{Tr}\left[\mathrm{e}^{\beta(\Omega - \hat{K})} \mathrm{e}^{-\hat{K}(\tau_1 - \tau_2)/\hbar} \hat{\psi}^\dagger(\boldsymbol{x}_2) \mathrm{e}^{\hat{K}(\tau_1 - \tau_2)/\hbar} \hat{\psi}(\boldsymbol{x}_1) \right] & (\tau_1 < \tau_2). \end{cases} \tag{10.2.15}$$

容易看出，松原函数是“时间”差的函数. 若记$\mathscr{G}(\boldsymbol{x}_1\tau_1, \boldsymbol{x}_2\tau_2)$ 中的时间差为 $\tau = \tau_1 - \tau_2$，对于$\tau > 0$(即$\tau_1 > \tau_2$)的松原函数，注意到类海森伯和相互作用算符之间的关系与迹的轮换性质，可将其写为

$$\begin{aligned}
\mathscr{G}(\boldsymbol{x}_1, \boldsymbol{x}_2, \tau > 0) &= -\mathrm{e}^{\beta\Omega} \mathrm{Tr}\left[\mathrm{e}^{-\hat{K}\tau/\hbar} \hat{\psi}^\dagger(\boldsymbol{x}_2) \mathrm{e}^{-\beta\hat{K}} \mathrm{e}^{\hat{K}\tau/\hbar} \hat{\psi}(\boldsymbol{x}_1) \right] \\
&= -\mathrm{Tr}\left[\mathrm{e}^{\beta(\Omega - \hat{K})} \mathrm{e}^{-\hat{K}(\tau - \beta\hbar)/\hbar} \hat{\psi}^\dagger(\boldsymbol{x}_2) \mathrm{e}^{\hat{K}(\tau - \beta\hbar)/\hbar} \hat{\psi}(\boldsymbol{x}_1) \right],
\end{aligned}$$

因此有

$$\mathscr{G}(\boldsymbol{x}_1, \boldsymbol{x}_2, \tau > 0) = \pm \mathscr{G}(\boldsymbol{x}_1, \boldsymbol{x}_2, \tau - \beta\hbar) , \tag{10.2.16}$$

式中的正负号分别对应玻色子、费米子.

前已指出，$-\beta\hbar<\tau<\beta\hbar$，所以$\tau-\beta\hbar<0$，式(10.2.16)给出正、负时间差的松原函数间的关系. 此式表明，松原函数是“时间差”的周期(对玻色子)或负周期(对费米子)函数，周期为$\beta\hbar$；$2\beta\hbar$ 是两种统计的松原函数之共同周期. 这是松原函数的一个重要性质.

将定义在$[-\beta\hbar,\beta\hbar]$的松原函数展为傅里叶级数，有

$$\mathscr{G}(\boldsymbol{x}_1,\boldsymbol{x}_2,\tau)=\frac{1}{\beta\hbar}\sum_n \mathrm{e}^{-\mathrm{i}\omega_n\tau}\mathscr{G}(\boldsymbol{x}_1,\boldsymbol{x}_2,\omega_n)\,, \tag{10.2.17}$$

式中，ω_n 为对应于虚时τ的本征频率，由下式给出：

$$\omega_n=n\pi/\beta\hbar,\quad n=0,1,2,\cdots \tag{10.2.18}$$

此关系可保证$\mathscr{G}(\boldsymbol{x}_1,\boldsymbol{x}_2,\tau)=\mathscr{G}(\boldsymbol{x}_1,\boldsymbol{x}_2,\tau+2\beta\hbar)$ 满足.

逆变换给出傅里叶系数为

$$\mathscr{G}(\boldsymbol{x}_1,\boldsymbol{x}_2,\omega_n)=\frac{1}{2}\int_{-\beta\hbar}^{\beta\hbar}\mathrm{e}^{\mathrm{i}\omega_n\tau}\mathscr{G}(\boldsymbol{x}_1,\boldsymbol{x}_2,\tau)\mathrm{d}\tau\,. \tag{10.2.19}$$

将此积分分为$\tau>0$ 和$\tau<0$ 两段计算，用松原函数的周期(负周期)性可得

$$\mathscr{G}(\boldsymbol{x}_1,\boldsymbol{x}_2,\omega_n)=\frac{1}{2}\left(1\pm\mathrm{e}^{-\mathrm{i}\omega_n\beta\hbar}\right)\int_0^{\beta\hbar}\mathrm{e}^{\mathrm{i}\omega_n\tau}\mathscr{G}(\boldsymbol{x}_1,\boldsymbol{x}_2,\tau)\mathrm{d}\tau\,. \tag{10.2.20}$$

注意到式(10.2.15)可知，上式右端积分前的因子$\left(1\pm\mathrm{e}^{-i\omega_n\beta\hbar}\right)$对玻色子(费米子)只有 n 为偶数(奇数)时才不等于零. 因此可将式(10.2.20)写为

$$\mathscr{G}(\boldsymbol{x}_1,\boldsymbol{x}_2,\omega_m)=\frac{1}{2}\int_{-\beta\hbar}^{\beta\hbar}\mathrm{e}^{\mathrm{i}\omega_m\tau}\mathscr{G}(\boldsymbol{x}_1,\boldsymbol{x}_2,\tau)\mathrm{d}\tau\,, \tag{10.2.21}$$

其中本征频率ω_m 分别对费米子和玻色子情形给出为

$$\omega_m=\begin{cases}\dfrac{2m\pi}{\beta\hbar} & (\text{玻色子}),\\[2ex] \dfrac{(2m+1)\pi}{\beta\hbar} & (\text{费米子}).\end{cases} \tag{10.2.22}$$

如果空间是均匀的，松原函数还应是坐标差的函数. 以坐标差 $\boldsymbol{x}_1-\boldsymbol{x}_2=\boldsymbol{x}$ 为变量，对松原函数式(10.2.21)再作傅里叶变换，可得四度动量空间松原函数

$$\mathscr{G}(\boldsymbol{k},\omega_m)=\int_0^{\beta\hbar}\mathrm{d}\tau\int\mathrm{d}^3x\mathrm{e}^{-\mathrm{i}\boldsymbol{k}\cdot\boldsymbol{x}+\mathrm{i}\,\omega_m\tau}\mathscr{G}(\boldsymbol{x},\tau)\,. \tag{10.2.23}$$

对仅有二体相互作用的体系，对相互作用势作傅里叶变换有

$$U(1,2)=U(\boldsymbol{x},\tau)=\frac{1}{(2\pi)^3\beta\hbar}\int\mathrm{d}^3q\sum_n\mathrm{e}^{\mathrm{i}\boldsymbol{q}\cdot\boldsymbol{x}-\mathrm{i}\,\omega_n\tau}U(\boldsymbol{q},\omega_n)\,, \tag{10.2.24}$$

式中两体相互作用势的傅里叶分量为

$$U(\boldsymbol{q},\omega_n)=V(\boldsymbol{q})=\int \mathrm{e}^{-\mathrm{i}\boldsymbol{q}\cdot\boldsymbol{x}}V(\boldsymbol{x})\mathrm{d}^3x\,. \tag{10.2.25}$$

4. 自由粒子松原函数

与零温情形一样，无相互作用(自由粒子)体系松原函数的具体表达式可以求出，它是计算相互作用系松原函数的基元.

考虑无外场情形，自由粒子系的巨正则哈密顿量为

$$\hat{K}_0=\hat{H}_0-\mu\hat{N}=\sum_{\boldsymbol{k}}\varepsilon_{\boldsymbol{k}}^0\hat{C}_{\boldsymbol{k}}^{\dagger}\hat{C}_{\boldsymbol{k}}-\mu\sum_{\boldsymbol{k}}\hat{C}_{\boldsymbol{k}}^{\dagger}\hat{C}_{\boldsymbol{k}}\,. \tag{10.2.26}$$

场算符的平面波展开式为

$$\begin{cases}\hat{\psi}(\boldsymbol{x})=\mathscr{V}^{-1/2}\sum\limits_{\boldsymbol{k}}\mathrm{e}^{\mathrm{i}\boldsymbol{k}\cdot\boldsymbol{x}}\hat{C}_{\boldsymbol{k}},\\ \hat{\psi}^{\dagger}(\boldsymbol{x})=\mathscr{V}^{-1/2}\sum\limits_{\boldsymbol{k}}\mathrm{e}^{-\mathrm{i}\boldsymbol{k}\cdot\boldsymbol{x}}\hat{C}_{\boldsymbol{k}}^{\dagger}.\end{cases} \tag{10.2.27}$$

为了讨论格林函数，还需要将这些场算符变换到类海森伯绘景中. 先考虑 $\hat{C}_{\boldsymbol{k}}$ 和 $\hat{C}_{\boldsymbol{k}}^{\dagger}$，其“运动”方程为

$$\hbar\frac{\partial}{\partial\tau}\hat{C}_{\boldsymbol{k}}(\tau)=\mathrm{e}^{\hat{K}_0\tau/\hbar}\left[\hat{K}_0,\hat{C}_{\boldsymbol{k}}\right]\mathrm{e}^{-\hat{K}_0\tau/\hbar}=-\left(\varepsilon_{\boldsymbol{k}}^0-\mu\right)\hat{C}_{\boldsymbol{k}}(\tau),$$

其中，$\varepsilon_{\boldsymbol{k}}^0=\hbar^2k^2/2m$. 积分此方程的结果是

$$\hat{C}_{\boldsymbol{k}}(\tau)=\hat{C}_{\boldsymbol{k}}\exp\left[-\left(\varepsilon_{\boldsymbol{k}}^0-\mu\right)\tau/\hbar\right]; \tag{10.2.28a}$$

同理有

$$\hat{C}_{\boldsymbol{k}}^{\dagger}(\tau)=\hat{C}_{\boldsymbol{k}}^{\dagger}\exp\left[\left(\varepsilon_{\boldsymbol{k}}^0-\mu\right)\tau/\hbar\right]. \tag{10.2.28b}$$

有了上面的结果，就可以计算自由粒子的松原函数. 为方便起见，我们分两段不同的“虚时”范围进行讨论. 坐标空间自由粒子松原函数为

$$\mathscr{G}^{(0)}(\boldsymbol{x}\tau,\boldsymbol{x}'\tau')=-\mathrm{e}^{\beta\Omega_0}\mathrm{Tr}\left\{\mathrm{e}^{-\beta K_0}\mathscr{T}_\tau\left[\hat{\psi}_K(\boldsymbol{x},\tau)\hat{\psi}_K^{\dagger}(\boldsymbol{x}',\tau')\right]\right\}. \tag{10.2.29}$$

当$\tau>\tau'$时，根据“编虚时(τ)”算符的作用有

$$\begin{aligned}\mathscr{G}^{(0)}(\boldsymbol{x}\tau,\boldsymbol{x}'\tau')&=-\mathscr{V}^{-1}\sum_{\boldsymbol{k}\boldsymbol{k}'}\mathrm{e}^{\mathrm{i}(\boldsymbol{k}\cdot\boldsymbol{x}-\boldsymbol{k}'\cdot\boldsymbol{x}')}\mathrm{e}^{\left[-(\varepsilon_{\boldsymbol{k}}^0-\mu)\tau+(\varepsilon_{\boldsymbol{k}'}^0-\mu)\tau'\right]/\hbar}\mathrm{Tr}\left(\hat{\rho}_0\hat{C}_{\boldsymbol{k}}\hat{C}_{\boldsymbol{k}}^{\dagger}\right)\\&=-\mathscr{V}^{-1}\sum_{\boldsymbol{k}}\mathrm{e}^{\mathrm{i}\boldsymbol{k}\cdot(\boldsymbol{x}-\boldsymbol{x}')}\mathrm{e}^{-(\varepsilon_{\boldsymbol{k}}^0-\mu)(\tau-\tau')/\hbar}\langle\hat{C}_{\boldsymbol{k}}\hat{C}_{\boldsymbol{k}}^{\dagger}\rangle_0\end{aligned}$$

类似地，可以写出$\tau<\tau'$时的松原函数形式. 容易看出

$$\langle\hat{C}_{\boldsymbol{k}}\hat{C}_{\boldsymbol{k}}^{\dagger}\rangle_0=1\pm\langle\hat{C}_{\boldsymbol{k}}^{\dagger}\hat{C}_{\boldsymbol{k}}\rangle_0=1\pm n_{\boldsymbol{k}}^0\,.$$

如前约，式中 ± 号上(下)面的符号对应玻色(费米)系.

代入上式便可将自由粒子系的松原函数坐标空间表示写出为

$$\mathscr{G}^{(0)}(\boldsymbol{x}\tau,\boldsymbol{x}'\tau')=\begin{cases}-\mathscr{V}^{-1}\sum\limits_{\boldsymbol{k}}\mathrm{e}^{\mathrm{i}\boldsymbol{k}\cdot(\boldsymbol{x}-\boldsymbol{x}')}\mathrm{e}^{-(\varepsilon_{\boldsymbol{k}}^0-\mu)(\tau-\tau')/\hbar}\left(1\pm n_{\boldsymbol{k}}^0\right) & (\tau>\tau'),\\ \mp\mathscr{V}^{-1}\sum\limits_{\boldsymbol{k}}\mathrm{e}^{\mathrm{i}\boldsymbol{k}\cdot(\boldsymbol{x}-\boldsymbol{x}')}\mathrm{e}^{-(\varepsilon_{\boldsymbol{k}}^0-\mu)(\tau-\tau')/\hbar}n_{\boldsymbol{k}}^0 & (\tau<\tau').\end{cases}\tag{10.2.30}$$

显然，它只是 $\boldsymbol{x}-\boldsymbol{x}'$ 和 $\tau-\tau'$ 的函数.

上式的 $n_{\boldsymbol{k}}^0$ 由 2.4 节给出为

$$n_{\boldsymbol{k}}^0=\frac{1}{\mathrm{e}^{\beta(\varepsilon_{\boldsymbol{k}}^0-\mu)}\mp1}.\tag{10.2.31}$$

再用式(10.2.4)和式(10.2.9)可得

$$N_0(T,\mathscr{V},\mu)=\sum_{\boldsymbol{k}}n_{\boldsymbol{k}}^0=\sum_{\boldsymbol{k}}\frac{1}{\mathrm{e}^{\beta(\varepsilon_{\boldsymbol{k}}^0-\mu)}\mp1},\tag{10.2.32}$$

$$E_0(T,\mathscr{V},\mu)=\sum_{\boldsymbol{k}}\varepsilon_{\boldsymbol{k}}^0n_{\boldsymbol{k}}^0=\sum_{\boldsymbol{k}}\frac{\varepsilon_{\boldsymbol{k}}^0}{\mathrm{e}^{\beta(\varepsilon_{\boldsymbol{k}}^0-\mu)}\mp1}.\tag{10.2.33}$$

这里得到的两个结果与第 2 章系综理论给出的完全相同.

再考虑动量空间自由粒子系松原函数的表述. 从式(10.2.30)给出的 $\mathscr{G}^0$ 表达式出发，代换变量 $x-x'\to x$，$\tau-\tau'\to\tau$，有

$$\mathscr{G}^{(0)}(\boldsymbol{x},\tau)=\begin{cases}-\mathscr{V}^{-1}\sum\limits_{\boldsymbol{k}}\mathrm{e}^{\mathrm{i}\boldsymbol{k}\cdot\boldsymbol{x}}\mathrm{e}^{-(\varepsilon_{\boldsymbol{k}}^0-\mu)\tau/\hbar}\left(1\pm n_{\boldsymbol{k}}^0\right) & (\tau>0),\\ \mp\mathscr{V}^{-1}\sum\limits_{\boldsymbol{k}}\mathrm{e}^{\mathrm{i}\boldsymbol{k}\cdot\boldsymbol{x}}\mathrm{e}^{-(\varepsilon_{\boldsymbol{k}}^0-\mu)\tau/\hbar}n_{\boldsymbol{k}}^0 & (\tau<0).\end{cases}$$

$$=\begin{cases}-\dfrac{1}{(2\pi)^3}\displaystyle\int\mathrm{e}^{\mathrm{i}\boldsymbol{k}\cdot\boldsymbol{x}}\mathrm{e}^{-(\varepsilon_{\boldsymbol{k}}^0-\mu)\tau/\hbar}\left(1\pm n_{\boldsymbol{k}}^0\right)\mathrm{d}^3k & (\tau>0),\\ \mp\dfrac{1}{(2\pi)^3}\displaystyle\int\mathrm{e}^{\mathrm{i}\boldsymbol{k}\cdot\boldsymbol{x}}\mathrm{e}^{-(\varepsilon_{\boldsymbol{k}}^0-\mu)\tau/\hbar}n_{\boldsymbol{k}}^0\mathrm{d}^3k & (\tau<0).\end{cases}$$

与松原函数的傅里叶变换式(10.2.23)比较可得

$$\frac{1}{\beta\hbar}\sum_m\mathrm{e}^{-\mathrm{i}\omega_m\tau}\mathscr{G}^{(0)}(\boldsymbol{k},\omega_m)=\begin{cases}-\mathrm{e}^{-(\varepsilon_{\boldsymbol{k}}^0-\mu)\tau/\hbar}\left(1\pm n_{\boldsymbol{k}}^0\right) & (\tau>0),\\ \mp\mathrm{e}^{-(\varepsilon_{\boldsymbol{k}}^0-\mu)\tau/\hbar}n_{\boldsymbol{k}}^0 & (\tau<0).\end{cases}\tag{10.2.34}$$

于是得自由粒子松原函数的傅里叶分量，即动量空间表示为

$$\begin{aligned}\mathscr{G}^{(0)}(\boldsymbol{k},\omega_m) &= \int_0^{\beta\hbar} \mathrm{e}^{\mathrm{i}\omega_m\tau}\left[-\mathrm{e}^{-(\varepsilon_k^0-\mu)\tau/\hbar}\left(1\pm n_{\boldsymbol{k}}^0\right)\right]\mathrm{d}\tau \\ &= \int_0^{\beta\hbar} \mathrm{e}^{\mathrm{i}\omega_m\tau}\frac{-\mathrm{e}^{-(\varepsilon_k^0-\mu)\tau/\hbar}}{1\mp\mathrm{e}^{-\beta(\varepsilon_k^0-\mu)}}\mathrm{d}\tau \\ &= \frac{1}{\mathrm{i}\omega_m-\left(\varepsilon_{\boldsymbol{k}}^0-\mu\right)/\hbar}.\end{aligned} \tag{10.2.35}$$

其中本征频率ω_m由式(10.2.22)给出.

10.3 维 克 定 理

从上面的讨论看到，与零温格林函数不同，松原函数是类海森伯绘景场算符的**系综平均**，不是对基态的平均. 它是温度的函数，所以才可以描述有限温度的性质. 不过，我们已看到它与零温格林函数十分相似. 因此，一些关于零温格林函数的计算方法几乎可以照搬过来使用. 本节将给出与它相应的微扰展开式和维克定理.

1. 松原函数的微扰展开

松原函数的微扰展开在类相互作用绘景中进行. 为此，我们先将松原函数按两个“虚时”区间改写如下：

根据式(10.2.1)，$\tau>\tau'$的松原函数为

$$\mathscr{G}(\boldsymbol{x}\tau,\boldsymbol{x}'\tau') = -\mathrm{e}^{\beta\Omega}\mathrm{Tr}\left[\mathrm{e}^{-\beta\hat{K}}\hat{\psi}_K(\boldsymbol{x},\tau)\hat{\psi}_K^{\dagger}(\boldsymbol{x}',\tau')\right].$$

用式(10.1.10)和式(10.1.17)可将上述函数改写为

$$\begin{aligned}\mathscr{G}(\boldsymbol{x}\tau,\boldsymbol{x}'\tau') &= -\mathrm{e}^{\beta\Omega}\mathrm{Tr}\left[\mathrm{e}^{-\beta\hat{K}_0}\hat{\mathscr{U}}(\beta\hbar,0)\hat{\mathscr{U}}(0,\tau)\hat{\psi}_{\mathrm{I}}(\boldsymbol{x},\tau)\right. \\ &\quad \left.\cdot\hat{\mathscr{U}}(\tau,0)\hat{\mathscr{U}}(0,\tau')\hat{\psi}_{\mathrm{I}}^{\dagger}(\boldsymbol{x}',\tau')\hat{\mathscr{U}}(\tau',0)\right] \\ &= -\frac{\mathrm{Tr}\left[\mathrm{e}^{-\beta\hat{K}_0}\hat{\mathscr{U}}(\beta\hbar,\tau)\hat{\psi}_{\mathrm{I}}(\boldsymbol{x},\tau)\hat{\mathscr{U}}(\tau,\tau')\hat{\psi}_{\mathrm{I}}^{\dagger}(\boldsymbol{x}',\tau')\hat{\mathscr{U}}(\tau',0)\right]}{\mathrm{Tr}\left[\mathrm{e}^{-\beta\hat{K}_0}\hat{\mathscr{U}}(\beta\hbar,0)\right]}.\end{aligned} \tag{10.3.1}$$

类似地，写出$\tau<\tau'$时的松原函数为

$$\begin{aligned}&\mathscr{G}(\boldsymbol{x}\tau,\boldsymbol{x}'\tau') \\ &= \mp\frac{\mathrm{Tr}\left[\mathrm{e}^{-\beta\hat{K}_0}\hat{\mathscr{U}}(\beta\hbar,\tau')\hat{\psi}_{\mathrm{I}}^{\dagger}(\boldsymbol{x}',\tau')\hat{\mathscr{U}}(\tau',\tau)\hat{\psi}_{\mathrm{I}}(\boldsymbol{x},\tau)\hat{\mathscr{U}}(\tau,0)\right]}{\mathrm{Tr}\left[\mathrm{e}^{-\beta\hat{K}_0}\hat{\mathscr{U}}(\beta\hbar,0)\right]}.\end{aligned} \tag{10.3.2}$$

利用“编虚时”(以下简称编时)算符，注意到 $\hat{\mathscr{U}}$ 的传递性式(10.1.12)，可以将这两个表达式合并写为

$$\mathscr{G}(\boldsymbol{x}\tau,\boldsymbol{x}'\tau') = -\frac{\mathrm{Tr}\left\{\mathrm{e}^{-\beta\hat{K}_0}\mathscr{T}_\tau\left[\hat{\psi}_\mathrm{I}(\boldsymbol{x},\tau)\hat{\psi}_\mathrm{I}^\dagger(\boldsymbol{x}',\tau')\hat{\mathscr{U}}(\beta\hbar,0)\right]\right\}}{\mathrm{Tr}\left[\mathrm{e}^{-\beta\hat{K}_0}\hat{\mathscr{U}}(\beta\hbar,0)\right]}$$

$$= -\frac{\mathrm{Tr}\left\{\mathrm{e}^{-\beta\hat{K}_0}\sum_{n=0}^{\infty}\left(\frac{-1}{\hbar}\right)^n\frac{1}{n!}\int_0^{\beta\hbar}\mathrm{d}\tau_1\cdots\int_0^{\beta\hbar}\mathrm{d}\tau_n\mathscr{T}_\tau\left[\hat{K}_\mathrm{I}(\tau_1)\cdots\hat{K}_\mathrm{I}(\tau_n)\hat{\psi}_\mathrm{I}(\boldsymbol{x},\tau)\hat{\psi}_\mathrm{I}^\dagger(\boldsymbol{x}',\tau')\right]\right\}}{\mathrm{Tr}\left[\mathrm{e}^{-\beta\hat{K}_0}\hat{\mathscr{U}}(\beta\hbar,0)\right]}. \tag{10.3.3}$$

让我们来分析此式右端分子和分母的特征. 若将分子、分母同乘以 $\mathrm{e}^{\beta\Omega_0}$，它们将成为 $\mathrm{Tr}\left(\hat{\rho}_0\cdots\right)$ 的形式. 用记号 $\langle\hat{A}_\mathrm{I}\rangle_0$ 表示算符 $\hat{A}_\mathrm{I}$ 对无相互作用体系(自由粒子系)的巨正则系综之统计平均，即

$$\langle\hat{A}_\mathrm{I}\rangle_0 = \mathrm{Tr}\left(\hat{\rho}_0\hat{A}_\mathrm{I}\right) = \mathrm{Tr}\left[\mathrm{e}^{\beta(\Omega_0-K_0)}\hat{A}_\mathrm{I}\right].$$

将取迹运算交换至求和与积分号以内，注意到 $\hat{K}_\mathrm{I}$ 是由场算符构成的，则式(10.3.3)中各项的被积函数都成为场算符的积对自由粒子系巨正则系综之统计平均，具有如下形式：

$$\left\langle\mathscr{T}_\tau\left[\hat{A}\hat{B}\hat{C}\cdots\hat{X}\hat{Y}\hat{Z}\right]\right\rangle_0, \tag{10.3.4}$$

式中，$\hat{A},\hat{B},\hat{C},\cdots$ 均为类相互作用绘景场算符，而且产生与湮没算符总是成对出现的.

类似于 8.3 节，可在类相互作用绘景中定义收缩. $\hat{A}$、$\hat{B}$ 两算符的收缩为

$$\underbrace{\hat{A}\hat{B}} \equiv \left\langle\mathscr{T}_\tau(\hat{A}\hat{B})\right\rangle_0 = \mathrm{Tr}\left[\hat{\rho}_0\mathscr{T}_\tau(\hat{A}\hat{B})\right]. \tag{10.3.5}$$

在零温格林函数中出现的平均值是算符编时乘积的基态平均，通过维克定理已证明，它们中对格林函数有贡献的只是那些算符被全部收缩的项. 在这里，松原函数涉及的是算符“编时”积的自由粒子系综平均值. 同样也有下面将给出的维克定理，可以证明只有算符全部收缩的项才对系综平均有贡献.

2. 维克定理

将 8.3 节相互作用绘景中的维克定理推广到类相互作用绘景中，描述有限温度下“编时”乘积的系综平均值与收缩之关系，有相应的维克定理：

$$\left\langle \mathscr{T}_\tau\left[\hat{A}\hat{B}\hat{C}\cdots\hat{X}\hat{Y}\hat{Z}\right]\right\rangle_0 = \underbrace{\hat{A}\hat{B}}\underbrace{\hat{C}\cdots\hat{X}}\underbrace{\hat{Y}\hat{Z}}+\cdots+\hat{A}\,\hat{B}\,\hat{C}\cdots\hat{X}\,\hat{Y}\,\hat{Z}. \tag{10.3.6}$$

这就是说,“编时”乘积的自由粒子系综平均等于各种可能的全部收缩的乘积之和. 与零温情形相同，收缩时必须先将算符易位至相邻，每对费米算符的易位都有因子“–1”出现，玻色算符易位则不出现附加符号因子.

定理的证明如下：

先假定式(10.3.6)左端的算符已经按“虚时”序排列，即$\tau_A > \tau_B > \tau_C > \cdots$. 这并不影响证明的普遍性，因为如果算符尚未编序，可在等式两边同时换序而达到要求，等式仍然是成立的. 算符已按“虚时”序排列，$\mathscr{T}_\tau$ 即可省去，维克定理成为

$$\left\langle \hat{A}\hat{B}\cdots\hat{Y}\hat{Z}\right\rangle_0 = \underbrace{\hat{A}\hat{B}}\cdots\underbrace{\hat{Y}\hat{Z}}+\cdots+\hat{A}\,\hat{B}\cdots\hat{Y}\,\hat{Z}. \tag{10.3.7}$$

为叙述方便，再引入记号

$$\hat{\psi}_{\rm I}(\text{或}\,\hat{\psi}_{\rm I}^\dagger) = \sum_j \chi_j(\boldsymbol{x},\tau)\hat{\alpha}_j\,,$$

式中，$\hat{\alpha}_j$ 代表湮没(或产生)算符，$\chi_j(\boldsymbol{x}, \tau)$代表

$$\mathscr{V}^{-1/2}\mathrm{e}^{\mathrm{i}\boldsymbol{k}\cdot\boldsymbol{x}-\left(\varepsilon_k^0-\mu\right)\tau/\hbar}\quad(\text{对湮没算符})$$

或

$$\mathscr{V}^{-1/2}\mathrm{e}^{-\mathrm{i}\boldsymbol{k}\cdot\boldsymbol{x}+\left(\varepsilon_k^0-\mu\right)\tau/\hbar}\quad(\text{对产生算符}).$$

$\hat{\alpha}_j$ 中不含“虚时”τ. 这样，算符 $\hat{A}$ 总可写为以下形式：

$$\hat{A} = \sum_a \chi_a\hat{\alpha}_a\,,$$

其他算符类似. 于是，式(10.3.7)左端可写为

$$\left\langle \hat{A}\hat{B}\cdots\hat{Y}\hat{Z}\right\rangle_0 = \sum_a\sum_b\cdots\sum_y\sum_z \chi_a\chi_b\cdots\chi_y\chi_z\left\langle\hat{\alpha}_a\hat{\alpha}_b\cdots\hat{\alpha}_y\hat{\alpha}_z\right\rangle_0. \tag{10.3.8}$$

根据平均值非零的要求，产生与湮没算符必成对出现，算符总数应为偶数.

用$\hat{\alpha}_a, \hat{\alpha}_b, \cdots$ 的对易(玻色系)与反对易(费米系)关系，将$\hat{\alpha}_a$ 交换至最右边得

$$\begin{aligned}\left\langle\hat{\alpha}_a\hat{\alpha}_b\hat{\alpha}_c\cdots\hat{\alpha}_z\right\rangle_0 &= \left\langle\left[\hat{\alpha}_a,\hat{\alpha}_b\right]_\mp\hat{\alpha}_c\cdots\hat{\alpha}_z\right\rangle_0 \pm\left\langle\hat{\alpha}_b\left[\hat{\alpha}_a,\hat{\alpha}_c\right]_\mp\cdots\hat{\alpha}_z\right\rangle_0+\cdots \\ &\quad+\left\langle\hat{\alpha}_b\hat{\alpha}_c\cdots\left[\hat{\alpha}_a,\hat{\alpha}_z\right]_\mp\right\rangle_0 \pm\left\langle\hat{\alpha}_b\hat{\alpha}_c\cdots\hat{\alpha}_z\hat{\alpha}_a\right\rangle_0.\end{aligned} \tag{10.3.9}$$

式中对易与反对易的符号如前约定.

取$\tau=\beta\hbar$，用式(10.1.8)和式(10.2.28)，将算符$\hat{\alpha}_a$变到类相互作用绘景中得

$$\hat{\alpha}_{\mathrm{I}a}=\mathrm{e}^{\beta\hat{K}_0}\hat{\alpha}_a\mathrm{e}^{-\beta\hat{K}_0}=\hat{\alpha}_a\mathrm{e}^{\lambda_a\beta\left(\varepsilon_k^0-\mu\right)}, \tag{10.3.10}$$

其中，$\lambda_a=\pm1$，产生算符取+，湮没算符取–. 由式(10.3.10)不难证明

$$\hat{\rho}_0\hat{\alpha}_a=\mathrm{e}^{-\lambda_a\beta\left(\varepsilon_k^0-\mu\right)}\hat{\alpha}_a\hat{\rho}_0,$$

代入式(10.3.9)的左端为

$$\begin{aligned}\left\langle\hat{\alpha}_a\hat{\alpha}_b\cdots\hat{\alpha}_y\hat{\alpha}_z\right\rangle_0&=\mathrm{e}^{-\lambda_a\beta\left(\varepsilon_k^0-\mu\right)}\mathrm{Tr}\left(\hat{\alpha}_a\hat{\rho}_0\hat{\alpha}_b\hat{\alpha}_c\cdots\hat{\alpha}_z\right)\\&=\mathrm{e}^{-\lambda_a\beta\left(\varepsilon_k^0-\mu\right)}\left\langle\hat{\alpha}_b\hat{\alpha}_c\cdots\hat{\alpha}_z\hat{\alpha}_a\right\rangle.\end{aligned} \tag{10.3.11}$$

上式第二步用到迹的轮换性质. 将式(10.3.11)代入式(10.3.9)，同时注意到算符对易(反对易)子为C数，可以提取至平均运算之外，可得

$$\begin{aligned}&\left[1\mp\mathrm{e}^{\lambda_a\beta\left(\varepsilon_k^0-\mu\right)}\right]\left\langle\hat{\alpha}_a\hat{\alpha}_b\hat{\alpha}_c\cdots\hat{\alpha}_z\right\rangle_0\\&=\left[\hat{\alpha}_a,\hat{\alpha}_b\right]_\mp\left\langle\hat{\alpha}_c\cdots\hat{\alpha}_z\right\rangle_0\pm\left[\hat{\alpha}_a,\hat{\alpha}_c\right]_\mp\left\langle\hat{\alpha}_b\cdots\hat{\alpha}_z\right\rangle_0+\cdots+\left[\hat{\alpha}_a,\hat{\alpha}_z\right]_\mp\left\langle\hat{\alpha}_b\hat{\alpha}_c\cdots\hat{\alpha}_y\right\rangle_0.\end{aligned} \tag{10.3.12}$$

由收缩的定义式(10.3.5)出发，将$\hat{\alpha}_a$和$\hat{\alpha}_b$分别以产生、湮没算符代入，容易验证

$$\underbrace{\hat{\alpha}_a\hat{\alpha}_b}=\frac{\left[\hat{\alpha}_a,\hat{\alpha}_b\right]_\mp}{1\mp\mathrm{e}^{\lambda_a\beta\left(\varepsilon_k^0-\mu\right)}}, \tag{10.3.13}$$

代入式(10.3.12)便得

$$\begin{aligned}&\left\langle\hat{\alpha}_a\hat{\alpha}_b\hat{\alpha}_c\cdots\hat{\alpha}_y\hat{\alpha}_z\right\rangle_0\\&=\underbrace{\hat{\alpha}_a\hat{\alpha}_b}\left\langle\hat{\alpha}_c\cdots\hat{\alpha}_z\right\rangle_0\pm\underbrace{\hat{\alpha}_a\hat{\alpha}_c}\left\langle\hat{\alpha}_b\cdots\hat{\alpha}_z\right\rangle_0+\cdots+\underbrace{\hat{\alpha}_a\hat{\alpha}_z}\left\langle\hat{\alpha}_b\hat{\alpha}_c\cdots\hat{\alpha}_y\right\rangle_0.\end{aligned}$$

对右端各平均值再如上法炮制，直至将全部算符均收缩完毕，最后得

$$\left\langle\hat{\alpha}_a\hat{\alpha}_b\cdots\hat{\alpha}_y\hat{\alpha}_z\right\rangle_0=\underbrace{\hat{\alpha}_a\hat{\alpha}_b}\cdots\underbrace{\hat{\alpha}_y\hat{\alpha}_z}+\cdots+\underbrace{\hat{\alpha}_a\,\underbrace{\hat{\alpha}_b\cdots\hat{\alpha}_y}\,\hat{\alpha}_z},$$

代入式(10.3.8)便得维克定理.

维克定理式(10.3.6)亦可写为

$$\left\langle\mathscr{T}_\tau[\hat{A}\hat{B}\hat{C}\cdots\hat{X}\hat{Y}\hat{Z}]\right\rangle_0=\sum_{(P)}(\pm)^P\left\langle\mathscr{T}_\tau(\hat{A}\hat{B})\right\rangle_0\left\langle\mathscr{T}_\tau(\hat{C}\hat{D})\right\rangle_0\cdots\left\langle\mathscr{T}_\tau(\hat{Y}\hat{Z})\right\rangle_0, \tag{10.3.14}$$

式中，P为算符交换次数，+对应玻色系，–对应费米系. (P)表示求和计入算符位置所有可能的交换方式.

运用维克定理可以将式(10.3.3)的被积函数简化为成对算符统计平均(即收缩)之积的和，而这些收缩恰好对应一系列自由粒子松原函数. 这就使计算在很大程

度上得到简化，并且便于用图形来表示.

10.4 有限温度费曼图

本节介绍松原函数的图解法. 松原函数之展开级数的每一项均为一个因子积的积分，与零温格林函数酷似. 因此，我们可以用完全类似的方法，构建有限温度的图解法. 下面分别对坐标空间和动量空间加以讨论.

1. 坐标空间的费曼图

从松原函数的展开式(10.3.3)出发，用类似 8.4 节的作图规则，可做出有限温度情形的费曼图. 这样做出的费曼图与零温情形的形状、结构完全相同，所不同的只是用“虚时间”变量代替了时间变量，四维空间的世界点成为 $x = (\boldsymbol{x}, \tau)$. 显然，有限温度的费曼图亦可分为相连与不相连图形两类. 松原函数展开的分式也与零温格林函数情形完全类似：分子可分解为两个因式，一个只包含相连图形，另一个则包含了与分母完全相同的图形，恰好可与分母约去. 这样，微扰级数的图形表示就简化为只包含各种可能的“相连”图形之和. 为了书写简便，以下将用数字来代表展开式中出现的四维空间“世界点”，例如用 $\mathscr{G}(1, 2)$表示 $\mathscr{G}(x_1\tau_1, x_2\tau_2)$等. 最后，松原函数可写为如下形式：

$$\mathscr{G}(1,2) = -\sum_{n=o}^{\infty}\frac{(-1)^n}{\hbar^n n!}\int_0^{\beta\hbar}\mathrm{d}\tau_1\cdots\int_0^{\beta\hbar}\mathrm{d}\tau_n \mathrm{Tr}\left\{\hat{\rho}_0\mathscr{T}_\tau\left[\hat{K}_\mathrm{I}(\tau_1)\cdots\hat{K}_\mathrm{I}(\tau_n)\hat{\psi}_\mathrm{I}(1)\hat{\psi}_\mathrm{I}^\dagger(2)\right]\right\}_{\text{相连图形}}, \tag{10.4.1}$$

式中的 $\hat{K}_\mathrm{I}(\tau)$ 为描述相互作用的巨正则哈密顿量. 与零温情形一样，我们的讨论将限于只有二体相互作用的单一物质粒子系. 此类体系相互作用哈密顿量的场算符(薛定谔绘景)表示为

$$\hat{H}_\mathrm{I} = \frac{1}{2}\int \mathrm{d}^3x_1\mathrm{d}^3x_2\hat{\psi}^\dagger(\boldsymbol{x}_1)\hat{\psi}^\dagger(\boldsymbol{x}_2)V(\boldsymbol{x}_1-\boldsymbol{x}_2)\hat{\psi}(\boldsymbol{x}_2)\hat{\psi}(\boldsymbol{x}_1).$$

在类相互作用绘景中，相应的巨正则相互作用哈密顿量为

$$\hat{K}_\mathrm{I}(\tau_1) = \frac{1}{2}\int \mathrm{d}^3x_1\mathrm{d}^3x_1'\int_0^{\beta\hbar}\mathrm{d}\tau_1'\hat{\psi}_\mathrm{I}^\dagger(1)\hat{\psi}_\mathrm{I}^\dagger(1')U(1,1')\hat{\psi}_\mathrm{I}(1')\hat{\psi}_\mathrm{I}(1), \tag{10.4.2}$$

式中的 $U(1, 1')$为含虚时τ的相互作用势

$$U(1,1') = V(\boldsymbol{x}_1-\boldsymbol{x}_1')\delta(\tau_1-\tau_1'). \tag{10.4.3}$$

相应的“虚时间”演化算符$\hat{\mathscr{U}}$ 则为

$$\hat{\mathscr{U}}(\beta\hbar,0)$$
$$=\mathscr{T}_\tau\left\{\exp\left[\frac{-1}{2\hbar}\int d^3x_1\int d^3x_1'\int_0^{\beta\hbar}d\tau_1\int_0^{\beta\hbar}d\tau_1'\hat{\psi}_I^\dagger(1)\hat{\psi}_I^\dagger(1')U(1,1')\hat{\psi}_I(1')\hat{\psi}_I(1)\right]\right\}. \tag{10.4.4}$$

综上所述，费曼图的作图规则可类似于 8.4 节写出如下：

(1) 作出相应于 n 阶微扰项的全部拓扑不等价的相连图形，它们包含 n 条互作用线(虚线)和 $2n+1$ 条单粒子线(有方向实线)；

(2) 每个顶点对应四维坐标($\boldsymbol{x}$, τ)，简以数字标之，如 1, 2 等；

(3) 赋予每条粒子线一自由粒子松原函数因子，如由“2”始至“1”终的线为 $\mathscr{G}^{(0)}(1,2)$；

(4) 赋予每条“1”“2”之间连接的相互作用线一因子 $U(1,2)$；

(5) 对所有内坐标 $\boldsymbol{x}_i$、τ_i 积分；

(6) 每一闭合的费米圈图提供一个因子“−1”，最后再乘以因子$(-1/\hbar)^n$；

(7) “等时”的松原函数中“等时”算符之“时序”理解为产生算符居左，即

$$\mathscr{G}^{(0)}(\boldsymbol{x}\tau,\boldsymbol{x}'\tau)=\lim_{\tau'\to\tau^+}\mathscr{G}^{(0)}(\boldsymbol{x}\tau,\boldsymbol{x}'\tau').$$

图 10.4.1 画出松原函数取至相互作用一级项的费曼图表示. 由图立即可以写出解析表达式为

$$\begin{aligned}\mathscr{G}(1,2)=\mathscr{G}^{(0)}(1,2)-\frac{1}{\hbar}\int d^3x_3\int d^3x_4\int_0^{\beta\hbar}d\tau_3\int_0^{\beta\hbar}d\tau_4\\ \cdot\Big[\pm\mathscr{G}^{(0)}(1,3)\mathscr{G}^{(0)}(3,2)\mathscr{G}^{(0)}(4,4)U(3,4)\\ +\mathscr{G}^{(0)}(1,3)\mathscr{G}^{(0)}(3,4)\mathscr{G}^{(0)}(4,2)U(3,4)+\cdots\Big].\end{aligned} \tag{10.4.5}$$

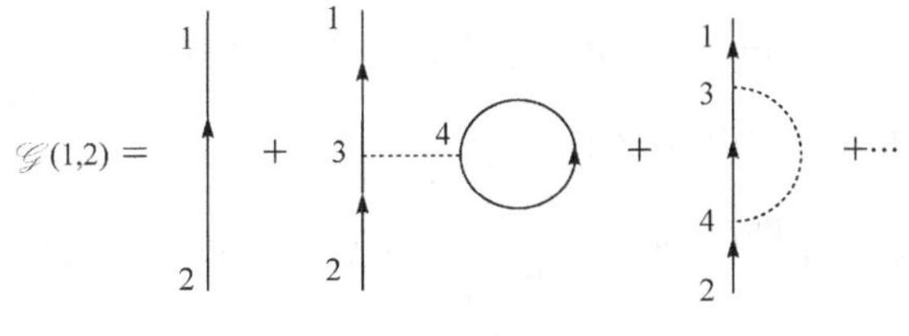

图 10.4.1　松原函数的费曼图表示(到一级)

顺便指出，上面用到的“等时”“时序”等词涉及的“时间”都是“虚时间”. 为叙述方便，下文中仍借用这类与时间有关的概念，如“时间差”“周期”等.

2. 动量空间的费曼图

在实际应用中，较多地用到动量空间的表示. 因此，常需要在动量空间内考虑松原函数的图解法，亦即松原函数傅里叶分量的图形表示.

类似于零温情形以及有限温度坐标空间，动量空间松原函数的图形规则可具体写出如下：

(1) 作出全部 n 条相互作用线，$2n+1$ 条粒子线的拓扑不等价相连图形.

(2) 各条线均赋以相应的波矢 $\boldsymbol{k}$(相当于动量)、频率ω_m，频率取分立值$\omega_m = m\pi/\beta\hbar$，对于玻色系，$m$ 为正偶数，对于费米系，m 为正奇数；各顶点保持动量、频率守恒.

(3) 波矢为 $\boldsymbol{k}$、频率为ω_m的粒子线(实线)提供因子

$$\mathscr{G}^{(0)}(\boldsymbol{k},\omega_m)=\frac{1}{\mathrm{i}\omega_m-\left(\varepsilon_{\boldsymbol{k}}^0-\mu\right)/\hbar};$$

遇有圈图或两端与同一相互作用线连接的粒子线，插入因子 $\mathrm{e}^{\mathrm{i}\omega_m\eta}\ (\eta\to 0^+)$.

(4) 波矢为 $\boldsymbol{q}$、频率为ω_m的相互作用线(虚线)提供因子

$$U(\boldsymbol{q},\omega_m)=V(\boldsymbol{q}).$$

(5) 对所有 n 个“独立的”内部波矢(动量)积分并乘以系数$(2\pi)^{-3}$，内部频率求和并乘以系数$(\beta\hbar)^{-1}$.

(6) 每一费米子圈图提供因子“-1”，最后乘以因子“$(-\hbar)^{-n}$”.

按照上述原则，容易作出松原函数在动量空间的各级费曼图. 图 10.4.2 给出其零到一级图.

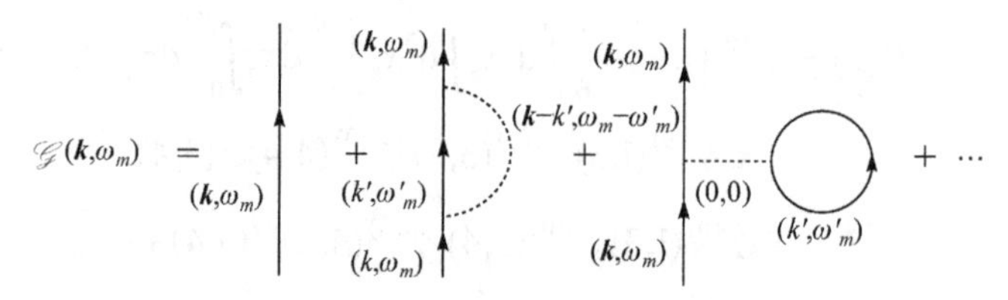

图 10.4.2 松原函数动量空间展开图(到一级)

根据此图立即可以写出其解析表达式

$$\mathscr{G}(\boldsymbol{k},\omega_m)=\mathscr{G}^{(0)}(\boldsymbol{k},\omega_m)-\frac{1}{(2\pi)^3\beta\hbar^2}\left[\mathscr{G}^{(0)}(\boldsymbol{k},\omega_m)\right]^2\sum_{m'}\mathrm{e}^{\mathrm{i}\omega_{m'}\eta}\int\mathrm{d}^3k' \\ \left[\pm V(0)+V(\boldsymbol{k}-\boldsymbol{k}')\right]\mathscr{G}^{(0)}(\boldsymbol{k}',\omega_{m'})+\cdots, \tag{10.4.6}$$

式中，“±”号中的上为玻色系，下为费米系.

10.5 戴逊方程

由上面的讨论可见，描述有限温度性质的松原函数展开的各级费曼图形与零温情形相同. 因此，可以将零温格林函数的求解技术平行地移植过来，建立松原

函数的戴逊方程.

1. 松原函数戴逊方程

如零温情形，对松原函数展开的费曼图作部分求和，可得与式(9.1.1)形式完全相同的关系

$$\mathscr{G}(1,2)=\mathscr{G}^{(0)}(1,2)+\int \mathrm{d}^3x_3\int \mathrm{d}^3x_4\int_0^{\beta\hbar}\mathrm{d}\tau_3\int_0^{\beta\hbar}\mathrm{d}\tau_4\Sigma^*(1,3)\mathscr{G}^{(0)}(1,3)\Sigma(3,4)\mathscr{G}^{(0)}(4,2), \tag{10.5.1}$$

式中，$\Sigma(3,4)$为自能，其定义与零温情形相类似，等于全部自能插入部分的总和. 自能插入部分同样也可分为正规、非正规两类，正规自能插入部分的总和为正规自能，记为Σ^*. 于是，自能可表示为

$$\Sigma(1,2)=\Sigma^*(1,2)+\int \mathrm{d}^3x_3\int \mathrm{d}^3x_4\int_0^{\beta\hbar}\mathrm{d}\tau_3\int_0^{\beta\hbar}\mathrm{d}\tau_4\Sigma^*(1,3)\mathscr{G}^{(0)}(3,4)\Sigma^*(4,2)+\cdots, \tag{10.5.2}$$

代入式(10.5.1)即得坐标空间松原函数的戴逊方程:

$$\mathscr{G}(1,2)=\mathscr{G}^{(0)}(1,2)+\int \mathrm{d}^3x_3\int \mathrm{d}^3x_4\int_0^{\beta\hbar}\mathrm{d}\tau_3\int_0^{\beta\hbar}\mathrm{d}\tau_4\mathscr{G}^{(0)}(1,3)\Sigma^*(3,4)\mathscr{G}(4,2). \tag{10.5.3}$$

动量空间情形完全类似，相应的戴逊方程为

$$\mathscr{G}(\boldsymbol{k},\omega_m)=\mathscr{G}^{(0)}(\boldsymbol{k},\omega_m)+\mathscr{G}^{(0)}(\boldsymbol{k},\omega_m)\Sigma^*(\boldsymbol{k},\omega_m)\mathscr{G}(\boldsymbol{k},\omega_m), \tag{10.5.4}$$

亦写为

$$\mathscr{G}(\boldsymbol{k},\omega_m)=\frac{\mathscr{G}^{(0)}(\boldsymbol{k},\omega_m)}{1-\mathscr{G}^{(0)}(\boldsymbol{k},\omega_m)\Sigma^*(\boldsymbol{k},\omega_m)}. \tag{10.5.5}$$

将 $\mathscr{G}^0$ 的表达式(10.2.35)代入式(10.5.5)中，松原函数成为

$$\mathscr{G}(\boldsymbol{k},\omega_m)=\frac{1}{\mathrm{i}\omega_m-\left(\varepsilon_k^0-\mu\right)/\hbar-\Sigma^*(\boldsymbol{k},\omega_m)}. \tag{10.5.6}$$

可见，只要求出正规自能Σ^*，就可以得到松原函数. 根据不同问题的要求，选取适当的近似方法，可以求出正规自能，进而获得松原函数的近似值.

2. 一级自能

自能的最初级近似是将正规自能Σ^*取为一级正规自能 $\Sigma_{(1)}^*$，即

$$\begin{aligned}\Sigma^*(\boldsymbol{k},\omega_m)&\approx\Sigma_{(1)}^*(\boldsymbol{k},\omega_m)\\&=-\frac{1}{(2\pi)^3\beta\hbar^2}\int \mathrm{d}^3k'\sum_{m'}\mathrm{e}^{\mathrm{i}\omega_{m'}\eta}\mathscr{G}^0(\boldsymbol{k}',\omega_{m'})\left[\pm V(0)+V(\boldsymbol{k}-\boldsymbol{k}')\right]\\&=\frac{1}{(2\pi)^3\beta\hbar^2}\int \mathrm{d}^3k'\sum_{m'}\mathrm{e}^{\mathrm{i}\omega_{m'}\eta}\frac{\mp V(0)-V(\boldsymbol{k}-\boldsymbol{k}')}{\mathrm{i}\omega_{m'}-\left(\varepsilon_{k'}^0-\mu\right)/\hbar}.\end{aligned} \tag{10.5.7}$$

由上式可见，$\Sigma^*(\boldsymbol{k}, \omega_{\mathrm{m}})$事实上并不含$\omega_m$，仅为$\boldsymbol{k}$的函数.

现在我们来讨论对$\omega_{m'}$求和的问题. 式(10.5.7)的积分之被积函数中有一求和因子，具有如下形式:

$$\sum_m \mathrm{e}^{\mathrm{i}\omega_m\eta}\left(\mathrm{i}\omega_m - x\right)^{-1} = \sum_m f\left(\mathrm{i}\omega_m, x\right),$$

式中，η为无穷小正数，求和后再令$\eta \to 0^+$，以保证收敛性. 此式的求和可通过计算留数实现. 将以$\mathrm{i}\omega_m$的函数$f(\mathrm{i}\omega_m, x)$开拓为定义在整个复平面z的函数

$$f\left(\mathrm{i}\omega_m, x\right) = \mathrm{e}^{z\eta}(z - x)^{-1}.$$

选一半纯函数$g(z)$以辅助计算，它以$z = \mathrm{i}\omega_m$为极点，相应的留数为a_m. 考虑一个沿闭合回路的积分

$$\frac{1}{2\pi\mathrm{i}}\oint_C g(z) f(z, x).$$

闭合回路的围道C包围了半纯函数$g(z)$的全部奇点，如图 10.5.1 所示，它由在正负无穷远处闭合的两条平行且紧靠虚轴的直线构成，旋转方向为逆时针. 显然，这个回路包围$g(z)$的全部极点$z = \mathrm{i}\omega_m$. 至于函数$g(z)f(z, x)$，它的极点除$\mathrm{i}\omega_m$外还有x，但x没有被回路C包围. 所以，根据留数定理可得

$$\frac{1}{2\pi\mathrm{i}}\oint_C g(z) f(z, x) = \sum_m a_m f\left(\mathrm{i}\omega_m, x\right). \quad (10.5.8)$$

利用这一关系进一步可对形为(10.5.7)被积函数进行求和，进而可计算正规自能的一级项.

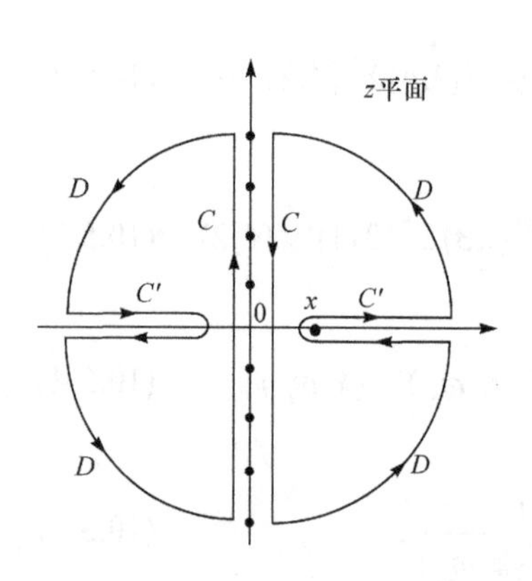

图 10.5.1　频率求和积分路径示意图

根据本问题的实际需要，我们将半纯函数选择为

$$g(z) = \frac{1}{\mathrm{e}^{\beta\hbar z} \mp 1}. \quad (10.5.9)$$

它在各奇点$z = \mathrm{i}\omega_m$的留数相同为

$$a = \pm(\beta\hbar)^{-1}. \quad (10.5.10)$$

于是

$$\sum_m f\left(\mathrm{i}\omega_m, x\right) = \frac{1}{2\pi a\mathrm{i}}\oint_C g(z) f(z, x). \quad (10.5.11)$$

再考虑函数$g(z)\,f(z, x)$，它的极点除$z = \mathrm{i}\omega_m$外，还有$z = x$，都分布在虚、实两个轴上. 选择如图 10.5.1 所示的回路，它由C'+D +回路C的逆向围成. 此围道没有包围任何奇点，其积分必为零. 根据约当引理可知，沿路径D的积分为零. 因

此，回路 C 的积分可以用沿回路 C' 的积分来代替. 结果是

$$\sum_m \frac{\mathrm{e}^{\mathrm{i}\omega_m\eta}}{\mathrm{i}\omega_m - x} = \frac{1}{a}\frac{1}{2\pi\mathrm{i}}\int_{C'} \frac{\mathrm{d}z}{\mathrm{e}^{\beta\hbar z}\mp 1}\frac{\mathrm{e}^{\eta z}}{z-x} = \frac{\mp\beta\hbar\mathrm{e}^{\eta x}}{\mathrm{e}^{\beta\hbar x}\mp 1},$$

式中η为趋于零的正数，极限结果为

$$\lim_{\eta\to 0^+}\sum_m \frac{\mathrm{e}^{\mathrm{i}\omega_m\eta}}{\mathrm{i}\omega_m - x} = \mp\frac{\beta\hbar}{\mathrm{e}^{\beta\hbar x}\mp 1}, \tag{10.5.12}$$

式中正负号的选择仍然是上面的符号对应玻色系，下面的对应费米系.

利用上面结果，一级自能可写为

$$\begin{aligned}\Sigma^*_{(1)}(\boldsymbol{k},\omega_m) &= \frac{1}{(2\pi)^3\hbar}\int \mathrm{d}^3k'\left[\frac{V(0)}{\mathrm{e}^{\beta\left(\varepsilon^0_{k'}-\mu\right)}\mp 1} \pm \frac{V(\boldsymbol{k}-\boldsymbol{k}')}{\mathrm{e}^{\beta\left(\varepsilon^0_{k'}-\mu\right)}\mp 1}\right] \\ &= \frac{1}{(2\pi)^3\hbar}\int \mathrm{d}^3k'\left[V(0)\pm V(\boldsymbol{k}-\boldsymbol{k}')\right]n^0_{\boldsymbol{k}'},\end{aligned} \tag{10.5.13}$$

这里用到了前面已经给出的事实

$$n^0_k = \frac{1}{\mathrm{e}^{\beta\left(\varepsilon^0_{k'}-\mu\right)}\mp 1}.$$

应当注意，这些公式的适用范围是没有玻色凝结的温度范围. 将式(10.5.13)代入式(10.5.6)即可得到松原函数的一级近似值.

3. 热力学函数

热力学量可由式(10.2.4)、式(10.2.9)和式(10.2.14)计算. 首先，容易写出粒子数的平均值为

$$\begin{aligned}N(T,\mathscr{V},\mu) &= \mp\frac{\mathscr{V}}{(2\pi)^3\beta\hbar}\int \mathrm{d}^3k\sum_m \mathrm{e}^{\mathrm{i}\omega_m\eta}\mathscr{G}(\boldsymbol{k},\omega_m) \\ &= \mp\frac{\mathscr{V}}{(2\pi)^3\beta\hbar}\int \mathrm{d}^3k\sum_m \frac{\mathrm{e}^{\mathrm{i}\omega_m\eta}}{\mathrm{i}\omega_m - \left(\varepsilon^0_k-\mu\right)/\hbar - \Sigma^*(\boldsymbol{k},\omega_m)},\end{aligned} \tag{10.5.14a}$$

内能可用下式计算：

$$\begin{aligned}E(T,\mathscr{V},\mu) &= \left\langle \hat{T}\right\rangle + \left\langle \hat{V}\right\rangle \\ &= \mp\frac{\mathscr{V}}{(2\pi)^3\beta\hbar}\int \mathrm{d}^3k\sum_m \mathrm{e}^{\mathrm{i}\omega_m\eta}\frac{1}{2}\left(\mathrm{i}\hbar\omega_m + \varepsilon^0_k + \mu\right)\mathscr{G}(\boldsymbol{k},\omega_m) \\ &= \mp\frac{\mathscr{V}}{(2\pi)^3\beta\hbar}\int \mathrm{d}^3k\sum_m \mathrm{e}^{\mathrm{i}\omega_m\eta}\frac{\hbar}{2}\left[1+\frac{2\varepsilon^0_k/\hbar + \Sigma^{*\lambda}(\boldsymbol{k},\omega_m)}{\mathrm{i}\omega_m - \left(\varepsilon^0_k-\mu\right)/\hbar - \Sigma^*(\boldsymbol{k},\omega_m)}\right].\end{aligned} \tag{10.5.14b}$$

上式的第一项由求和因子 $\sum_m \mathrm{e}^{\mathrm{i}\omega_m\eta}$ 决定. 它容易求出为

$$\sum_m \mathrm{e}^{\mathrm{i}\omega_m\eta}=\begin{cases}\sum\limits_m \mathrm{e}^{\mathrm{i}(2m+1)\pi\eta/\beta\hbar}=0 & (\text{玻色系}),\\ \sum\limits_m \mathrm{e}^{\mathrm{i}(2m)\pi\eta/\beta\hbar}=0 & (\text{费米系}).\end{cases}$$

将之代入式(10.5.14b)，可得内能表达式为

$$E=\mp\frac{\mathscr{V}}{(2\pi)^3\beta\hbar}\int \mathrm{d}^3k\sum_m \mathrm{e}^{\mathrm{i}\omega_m\eta}\left[\varepsilon_k^0+\frac{\hbar}{2}\Sigma^*(\boldsymbol{k},\omega_m)\right]\mathscr{G}(\boldsymbol{k},\omega_m). \tag{10.5.15}$$

用式(10.2.14)得出巨势为

$$\Omega=\Omega_0\mp\frac{\mathscr{V}}{(2\pi)^3\beta\hbar}\int_0^1\frac{\mathrm{d}\lambda}{\lambda}\int \mathrm{d}^3k\sum_m \mathrm{e}^{\mathrm{i}\omega_m\eta}\frac{\hbar}{2}\Sigma^{*\lambda}(\boldsymbol{k},\omega_m)\mathscr{G}^{\lambda}(\boldsymbol{k},\omega_m). \tag{10.5.16}$$

这里得到的巨势是以(T, $\mathscr{V}$, μ)为独立变量的热力学势(特性函数). 只要将这一函数关系求出，就可以通过求导数的方法获得其他热力学函数. 在上面的公式中，ω_m 由式(10.2.22)分玻色、费米两种情形给出，$\eta\to 0^+$，$\mathscr{G}^{\lambda}$则为相应于 10.2 节引入的 $\hat{H}(\lambda)$ 之松原函数.

习　　题

10.1　验证式(10.2.2)和式(10.2.1)的等价性，并讨论松原函数“时间”变量的定义域.

10.2　定义带耦合系数λ的哈密顿 $H(\lambda)=H_0+\lambda H_{\mathrm{I}}$，便可得到相应的巨正则哈密顿 $K(\lambda)=K_0+\lambda K_{\mathrm{I}}$及巨势$\Omega_\lambda$，试证明

$$\frac{\partial\Omega_\lambda}{\partial\lambda}=\lambda^{-1}\left\langle\lambda\hat{K}_{\mathrm{I}}\right\rangle_\lambda .$$

其中〈…〉$_\lambda$表示带参数λ的系综平均.

10.3　试证明

$$\hat{\rho}_0\hat{\alpha}_a=\mathrm{e}^{-\lambda_a\beta\left(\varepsilon_k^0-\mu\right)}\hat{\alpha}_a\hat{\rho}_0 .$$

10.4　试根据收缩的定义证明

$$\underbrace{\hat{\alpha}_a\hat{\alpha}_b}=\frac{\left[\hat{\alpha}_a,\hat{\alpha}_b\right]_\mp}{1\mp\mathrm{e}^{\lambda_a\beta\left(\varepsilon_k^0-\mu\right)}} .$$

式中两个符号，−为玻色情形，+为费米情形，$\hat{\alpha}_a$ 、$\hat{\alpha}_b$ 为产生或湮没算符，λ_a对产生算符取“+1”，湮没算符取“−1”.

10.5　定义在$[-\beta\hbar, \beta\hbar]$的松原函数展开为傅里叶级数为

$$\mathscr{G}(\boldsymbol{x}_1,\boldsymbol{x}_2,\tau)=\frac{1}{\beta\hbar}\sum_n \mathrm{e}^{-\mathrm{i}\omega_n\tau}\mathscr{G}(\boldsymbol{x}_1,\boldsymbol{x}_2,\omega_n) .$$

试证明松原函数傅里叶分量为

$$\mathscr{G}(\boldsymbol{x}_1,\boldsymbol{x}_2,\omega_m)=\frac{1}{2}\int_{-\beta\hbar}^{\beta\hbar}\mathrm{e}^{\mathrm{i}\omega_m\tau}\mathscr{G}(\boldsymbol{x}_1,\boldsymbol{x}_2,\tau)\mathrm{d}\tau ,$$

其中，$\omega_m = m\pi/\beta\hbar$, 对于玻色系，$m$ 为正偶数，对于费米系，m 为正奇数.

10.6　作出松原函数 $\mathscr{G}(1, 2)$和 $\mathscr{G}(\boldsymbol{k}, \omega_m)$的二级费曼图，并写出其相应的解析表达式.

10.7　用式(10.5.15)和式(10.5.16)计算波色和费米系内能、巨势的一级修正.

第 11 章 电子-声子系格林函数

迄今为止，我们对格林函数理论的讨论还仅涉及同种粒子(场)组成的体系. 在实际问题中，人们往往需要分析不同性质的粒子(场)之间的相互作用，从而研究它们构成之体系的性质. 特别是运用场论方法研究凝聚物质的性质时，我们需要考虑体系中各类元激发(准粒子)之间的作用，进而推知其物理性质. 作为量子场论方法在凝聚态领域的一个应用，本章简要介绍电子-声子系的格林函数.

11.1 声子格林函数

电子与晶格振动相互作用的研究，通常在绝热近似框架下进行，即先分别讨论电子和晶格的运动，然后再考虑两种运动的耦合，进而分析它们之间的相互影响. 关于电子的格林函数，前面几章已经论及. 本节先讨论描述晶格振动的格林函数.

考虑晶格中格点原子(离子)围绕平衡位置的运动为小振动，用简正坐标描述其运动，在简谐近似下，格点的运动可表示为若干相互独立的简谐振子运动的叠加，系统的运动则为诸多相互独立的简谐振子的集合①. 各谐振子相应的简谐振动在晶格中传播形成“格波”，其量子化的准粒子则称为“声子”. 于是，研究电子与晶格振动相互作用的问题归结为对电子-声子相互作用的讨论，我们讨论的体系即为电子-声子系统(简称“电声子系”). 关于自由声子及电子与声子相互作用的哈密顿量已在 7.3 节给出. 为将格林函数方法应用于电声子系统，本节先引入声子格林函数.

1. 零温声子格林函数

类似于 8.2 节，可定义零温情形的声子格林函数.

用动量本征函数(平面波函数)式(7.2.30)展开，声子湮没和产生场算符为

---

① [德]波恩 M, 黄昆. 1989. 晶格动力学理论. 葛惟锟，贾惟义译，江丕桓校. 北京：北京大学出版社.

$$
\begin{cases}
\hat{\psi}_{\text{ph}}(\boldsymbol{x}) = \dfrac{1}{\sqrt{\mathscr{V}}}\sum\limits_{\boldsymbol{q}} \hat{b}_{\boldsymbol{q}} \mathrm{e}^{\mathrm{i}\boldsymbol{q}\cdot\boldsymbol{x}}, \\
\hat{\psi}^{\dagger}_{\text{ph}}(\boldsymbol{x}) = \dfrac{1}{\sqrt{\mathscr{V}}}\sum\limits_{\boldsymbol{q}} b^{\dagger}_{\boldsymbol{q}} \mathrm{e}^{-\mathrm{i}\boldsymbol{q}\cdot\boldsymbol{x}}.
\end{cases}
\tag{11.1.1}
$$

式中的 $\hat{b}_{\boldsymbol{q}}$ 和 $\hat{b}^{\dagger}_{\boldsymbol{q}}$ 分别为波矢为 $\boldsymbol{q}$ 之声子的湮没和产生算符. 声子场为实场，为保证这点，通常将声子场算符写作互为共轭的湮没和产生场算符之和

$$
\begin{aligned}
\hat{\varphi}(\boldsymbol{x}) = \hat{\psi}_{\text{ph}}(\boldsymbol{x}) + \hat{\psi}^{\dagger}_{\text{ph}}(\boldsymbol{x}) &= \mathscr{V}^{-1/2}\sum_{\boldsymbol{q}}\left(\hat{b}_{\boldsymbol{q}}\mathrm{e}^{\mathrm{i}\boldsymbol{q}\cdot\boldsymbol{x}} + \hat{b}^{\dagger}_{\boldsymbol{q}}\mathrm{e}^{-\mathrm{i}\boldsymbol{q}\cdot\boldsymbol{x}}\right) \\
&= \mathscr{V}^{-1/2}\sum_{\boldsymbol{q}}\left(\hat{b}_{\boldsymbol{q}} + \hat{b}^{\dagger}_{-\boldsymbol{q}}\right)\mathrm{e}^{\mathrm{i}\boldsymbol{q}\cdot\boldsymbol{x}}.
\end{aligned}
\tag{11.1.2}
$$

与电子场算符定义不同，声子场算符的展开式包括互为共轭的两项. 容易证明

$$
\hat{\varphi}^{\dagger}(\boldsymbol{x}) = \hat{\varphi}(\boldsymbol{x}),
$$

确保了声子场为实场.

声子是集体激发的准粒子，因此我们只在动量空间定义其格林函数①

$$
D(\boldsymbol{q},t,t') = -\mathrm{i}\left\langle \Psi^0_{\mathrm{H}} \middle| \mathscr{T}\left[\hat{\varphi}_{\mathrm{H}}(\boldsymbol{q},t)\hat{\varphi}_{\mathrm{H}}(-\boldsymbol{q},t')\right] \middle| \Psi^0_{\mathrm{H}} \right\rangle,
\tag{11.1.3}
$$

其中

$$
\hat{\varphi}_{\mathrm{H}}(\boldsymbol{q},t) = \mathrm{e}^{\mathrm{i}\hat{H}t/\hbar}\hat{\varphi}(\boldsymbol{q})\mathrm{e}^{-\mathrm{i}\hat{H}t/\hbar}.
\tag{11.1.4}
$$

声子算符 $\hat{\varphi}(\boldsymbol{q})$ 写为

$$
\hat{\varphi}(\boldsymbol{q}) = \hat{b}_{\boldsymbol{q}} + \hat{b}^{\dagger}_{-\boldsymbol{q}}.
\tag{11.1.5}
$$

因为 D 对(t, t')的依赖以$(t-t')$形式出现，故可以 $t''=t-t'$为变量，分别对 $t>t'$和 $t<t'$两时序做傅里叶变换，合并写为

$$
D(\boldsymbol{q},\omega) = \int_{-\infty}^{\infty}\mathrm{d}t''\mathrm{e}^{\mathrm{i}\omega t''}D(\boldsymbol{q},t'').
\tag{11.1.6}
$$

运用自由(无相互作用)声子系哈密顿量

$$
H_{\text{ph}} = \sum_{\boldsymbol{q}}\hbar\omega_{\boldsymbol{q}}\left(\hat{b}^{\dagger}_{\boldsymbol{q}}\hat{b}_{\boldsymbol{q}} + \frac{1}{2}\right),
\tag{7.3.1}
$$

类似于 8.2 节，可以写出自由声子格林函数为

$$
D^{(0)}(\boldsymbol{q},t-t') = -\mathrm{i}\left[\theta(t-t')\mathrm{e}^{-\mathrm{i}\omega_{\boldsymbol{q}}(t-t')} + \theta(t'-t)\mathrm{e}^{\mathrm{i}\omega_{\boldsymbol{q}}(t-t')}\right],
\tag{11.1.7}
$$

其中，$\omega_{\boldsymbol{q}}$ 为波矢 $\boldsymbol{q}$ 之声子的频率. 上面的表述已用到$\omega_{-\boldsymbol{q}}=\omega_{\boldsymbol{q}}$ 的事实.

以 $t''=t-t'$ 为变量做傅里叶变换

① Mahan G D. 2000. Many-Particle Physics, 3rd ed. : Klumer Academic/Plenum Publishers. Chap. 2.

$$D^{(0)}(\boldsymbol{q},\omega)=\int_{-\infty}^{\infty}\mathrm{d}t''\mathrm{e}^{\mathrm{i}\omega t''}D^{(0)}(\boldsymbol{q},t''),$$

再用留数定理实现对 t'' 的积分，最后可得

$$D^{(0)}(\boldsymbol{q},\omega)=\frac{1}{\omega-\omega_{\boldsymbol{q}}+\mathrm{i}\eta}-\frac{1}{\omega+\omega_{\boldsymbol{q}}-\mathrm{i}\eta}=\frac{2\omega_{\boldsymbol{q}}}{\omega^2-\omega_{\boldsymbol{q}}^2+\mathrm{i}\eta},\tag{11.1.8}$$

式中，$\eta\to0^+$. $D^{(0)}(\boldsymbol{q},\omega)$有两个极点：$\omega_{\boldsymbol{q}}-\mathrm{i}\eta$代表增加一个波矢为 $\boldsymbol{q}$、能量为 $\hbar\omega_{\boldsymbol{q}}$ 的声子，$-\omega_{\boldsymbol{q}}+\mathrm{i}\eta$代表减少一个波矢为$-\boldsymbol{q}$、能量为 $\hbar\omega_{\boldsymbol{q}}$ 的声子.

2. 声子松原函数

同样，可在动量空间定义声子松原函数为

$$\mathscr{D}(\boldsymbol{q},\tau)\equiv-\mathrm{Tr}\left\{\hat{\rho}\mathscr{T}_\tau\left[\hat{\varphi}_K(\boldsymbol{q},\tau)\hat{\varphi}_K(-\boldsymbol{q},0)\right]\right\},\tag{11.1.9}$$

其中，$\hat{\varphi}_K(\boldsymbol{q},\tau)$ 是声子类海森伯算符：

$$\hat{\varphi}_K(\boldsymbol{q},\tau)=\mathrm{e}^{\hat{K}\tau/\hbar}\hat{\varphi}(\boldsymbol{q})\mathrm{e}^{-\hat{K}\tau/\hbar}=\mathrm{e}^{\hat{H}\tau/\hbar}\hat{\varphi}(\boldsymbol{q})\mathrm{e}^{-\hat{H}\tau/\hbar},\tag{11.1.10}$$

式中用到声子场化学势$\mu=0$ (粒子数不定，$\alpha=0$)，因此 $\hat{K}=\hat{H}$ 的事实，用声子系哈密顿量代替了巨正则哈密顿量.

声子为玻色子，由 10.2 节的讨论知，声子松原函数是定义在$[-\beta\hbar,\beta\hbar]$、周期为$\beta\hbar$ 的函数. 将其展为傅里叶级数有

$$\mathscr{D}(\boldsymbol{q},\tau)=\frac{1}{\beta\hbar}\sum_n\mathrm{e}^{-\mathrm{i}\omega_n\tau}\mathscr{D}(\boldsymbol{q},\omega_n),\tag{11.1.11}$$

式中傅里叶分量，即四维动量空间的声子松原函数，由下式给出：

$$\mathscr{D}(\boldsymbol{q},\omega_n)=\int_0^{\beta\hbar}\mathrm{d}\tau\mathrm{e}^{\mathrm{i}\omega_n\tau}\mathscr{D}(\boldsymbol{q},\tau),\tag{11.1.12}$$

这里，$\omega_n=2n\pi/\beta\hbar$, n 为非负整数.

类似于零温情形，不难写出动量空间自由声子松原函数，再用式(11.1.12)，即可获得其傅里叶分量为(请读者自行验证，习题 11.2)

$$\mathscr{D}^{(0)}(\boldsymbol{q},\omega_n)=\frac{1}{\mathrm{i}\omega_n-\omega_{\boldsymbol{q}}}-\frac{1}{\mathrm{i}\omega_n+\omega_{\boldsymbol{q}}}=-\frac{2\omega_{\boldsymbol{q}}}{\omega_n^2+\omega_{\boldsymbol{q}}^2}.\tag{11.1.13}$$

11.2 电声子系零温格林函数

为了运用格林函数研究晶格振动对电子行为的影响，本节将给出格林函数理论对电子-声子相互作用的描述. 由于电子与晶格振动的耦合是库仑型(纵场)作用，我们的讨论将只考虑振动方向与波矢方向相同的纵声子模.

1. 电子-声子相互作用

为集中讨论电声子相互作用对电子运动的影响，这里将略去电子间库仑势和声子间相互作用. 根据 7.3 节的结果，在连续介质近似下，不计电子自旋，电声子系哈密顿量写为

$$\hat{H} = \hat{H}_{\mathrm{e}} + \hat{H}_{\mathrm{ph}} + \hat{H}_{\mathrm{e\text{-}p}}, \tag{11.2.1}$$

式中，第一项为自由电子哈密顿量

$$\hat{H}_{\mathrm{e}} = \sum_{\boldsymbol{k}} \varepsilon_{\boldsymbol{k}} \hat{a}_{\boldsymbol{k}}^{\dagger} \hat{a}_{\boldsymbol{k}}, \tag{11.2.2}$$

这里，$\varepsilon_{\boldsymbol{k}}$是波矢为 $\boldsymbol{k}$ 之电子的能量；第二项为自由声子场哈密顿量，适当选择能量零点，式(7.3.1)可写为

$$\hat{H}_{\mathrm{ph}} = \sum_{\boldsymbol{q}} \hbar\omega_{\boldsymbol{q}} \hat{b}_{\boldsymbol{q}}^{\dagger} \hat{b}_{\boldsymbol{q}}; \tag{11.2.3}$$

最后一项为电子-声子相互作用哈密顿量

$$\hat{H}_{\mathrm{e\text{-}p}} = \sum_{\boldsymbol{k},\boldsymbol{q}} \hbar g_{\boldsymbol{q}} \left(\hat{a}_{\boldsymbol{k}+\boldsymbol{q}}^{\dagger} \hat{a}_{\boldsymbol{k}} \hat{b}_{\boldsymbol{q}} + \hat{a}_{\boldsymbol{k}}^{\dagger} \hat{a}_{\boldsymbol{k}+\boldsymbol{q}} \hat{b}_{\boldsymbol{q}}^{\dagger} \right),$$

注意到 $\boldsymbol{k}$、$\boldsymbol{q}$ 求和的对称性，做适当的变量变换，此式又可写为

$$\hat{H}_{\mathrm{e\text{-}p}} = \sum_{\boldsymbol{k}\boldsymbol{q}} \hbar g_{\boldsymbol{q}} \hat{a}_{\boldsymbol{k}+\boldsymbol{q}}^{\dagger} \hat{a}_{\boldsymbol{k}} \left(\hat{b}_{\boldsymbol{q}} + b_{-\boldsymbol{q}}^{\dagger} \right), \tag{11.2.4}$$

式中，电声子耦合强度 $\hbar g_{\boldsymbol{q}}$ 由具体的相互作用机制决定. 对于纵声学(LA)和纵光学(LO)声子，$g_{\boldsymbol{q}}$分别由以下两式给出：

$$g_{\boldsymbol{q}} = \frac{4\pi Z e^2}{\mathscr{V}^{1/2} q} \left(\frac{n_0}{2M\hbar\omega_{\boldsymbol{q}}} \right)^{1/2} \tag{11.2.5}$$

和

$$g_{\boldsymbol{q}} = \frac{\mathrm{i}}{\mathscr{V}^{1/2}} \left[\frac{2\pi \mathrm{e}^2 \omega_{\boldsymbol{q}}}{\hbar} \left(\frac{1}{\varepsilon_{\infty}} - \frac{1}{\varepsilon_0} \right) \right]^{1/2} \frac{1}{q}. \tag{11.2.6}$$

2. 电子格林函数

对电声子系，动量空间零温电子格林函数定义为

$$G(\boldsymbol{k},t,t') = -\mathrm{i} \frac{\langle \varPhi_0 | \mathscr{T} \left[\hat{a}_{\boldsymbol{k}\mathrm{I}}(t) \hat{a}_{\boldsymbol{k}\mathrm{I}}^{\dagger}(t') \hat{S} \right] | \varPhi_0 \rangle}{\langle \varPhi_0 | \hat{S} | \varPhi_0 \rangle}. \tag{11.2.7}$$

与 8.2 节不同，这里的$|\varPhi_0\rangle$是自由电声子系基态，即不计电声子作用时的电声子系基态，可写为电子系基态波函数与声子系基态波函数之积；S 矩阵也因相互作

用不同而不同，其中的电子库仑势已换为电声子相互作用哈密顿量. 将 S 矩阵的级数形式代入，可将格林函数展开为

$$G(\boldsymbol{k},t,t')=-\mathrm{i}\sum_{n=o}^{\infty}\left(\frac{1}{\mathrm{i}\hbar}\right)^{n}\frac{1}{n!}\int_{-\infty}^{\infty}\mathrm{d}t_1\cdots\int_{-\infty}^{\infty}\mathrm{d}t_n \cdot\frac{\left\langle\Phi_0\left|\mathscr{T}\left[\hat{a}_{\boldsymbol{k}\mathrm{I}}(t)\hat{a}_{\boldsymbol{k}\mathrm{I}}^{\dagger}(t')\hat{H}_{\mathrm{Ie\text{-}p}}(t_1)\cdots\hat{H}_{\mathrm{Ie\text{-}p}}(t_n)\right]\right|\Phi_0\right\rangle}{\left\langle\Phi_0\left|\hat{S}\right|\Phi_0\right\rangle}, \tag{11.2.8}$$

这里，$\hat{H}_{\mathrm{Ie\text{-}p}}$ 为相互作用绘景的电子-声子相互作用哈密顿量

$$\hat{H}_{\mathrm{Ie\text{-}p}}(t)\equiv\mathrm{e}^{\mathrm{i}\hat{H}_0t/\hbar}\hat{H}_{\mathrm{e\text{-}p}}\mathrm{e}^{-\mathrm{i}\hat{H}_0t/\hbar}, \tag{11.2.9}$$

其中，$\hat{H}_0=\hat{H}_{\mathrm{e}}+\hat{H}_{\mathrm{ph}}$.

从式(11.2.8)可见，格林函数的结构与 8.3 节完全相同，只是相互作用哈密顿量不同，电声子作用哈密顿量取代了电子间库仑相互作用势. 因此，对电声子系的电子格林函数作微扰展开，可以照搬 8.4 节零温电子格林函数费曼图的作图及求和原则，只需将该处费曼图中的相互作用线换为自由声子格林函数线，用 $\hbar g_q D^0(q)$代替 $U(q)$.

图 11.2.1 绘出电声子系费曼图的基本组元. 图中实线(a)代表电子(自由)格林函数，波浪线(b)代表声子(自由)格林函数；(c)和(d)分别描述电子发射和吸收声子的过程，在两条电子线与一条声子线会聚的顶点“发生”相互作用，保持能量(频率)、动量均守恒.

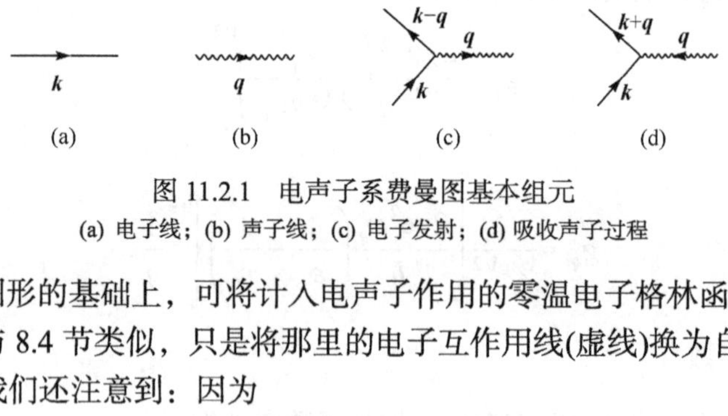

(a)　(b)　(c)　(d)

图 11.2.1　电声子系费曼图基本组元

(a) 电子线；(b) 声子线；(c) 电子发射；(d) 吸收声子过程

在以上图形的基础上，可将计入电声子作用的零温电子格林函数展开. 展开的各级图形与 8.4 节类似，只是将那里的电子互作用线(虚线)换为自由声子线(波浪线)而已. 我们还注意到：因为

$$\left\langle\Phi_0\left|\left(\hat{b}_{\boldsymbol{q}}+b_{-\boldsymbol{q}}^{\dagger}\right)\right|\Phi_0\right\rangle=0,$$

即格林函数展开式中含 $\hat{H}_{\mathrm{Ie\text{-}p}}$ 奇次幂的项均为零，所以微扰级数中只包含 $\hat{H}_{\mathrm{Ie\text{-}p}}$ 成对出现的偶数级项. 根据声子格林函数结构可知，$2n$ 级项对应的图只有 n 条声子线.

在零温(低温极限)条件下，没有实声子被激发，需要考虑的过程是向前传播

的电子发射(一个或多个)声子再吸收的过程. 我们将这类过程称为发射和吸收“虚声子”的过程. 如图 11.2.2 列举的图形，它们的共同特征是出、入线均为电子线，代表声子被电子发射后又吸收，最终没有实声子被激发.

图 11.2.2　电子发射吸收一个(a)和两个(b)虚声子的过程

综上所述，对于格林函数的 $2n$ 级展开项，我们有如下图形规则[①②]：

(1) 作出 $2n$ 级的全部拓扑不等价相连图形，每图有 $2n+1$ 条电子线，n 条声子线，$2n$ 个顶点.

(2) 赋每条线以四维动量，如电子动量 $k=(\boldsymbol{k}, \omega_k)$，声子动量 $q=(\boldsymbol{q}, \omega_q)$；每顶点都有电声子作用，提供因子 g_q，并保持四维动量守恒.

(3) 每条电子线(直线)提供一个因子 $G^{(0)}(k)$，由式(8.2.19)给出；每条声子线(波浪线)提供一个因子 $D^{(0)}(q)$，由式(11.1.8)给出.

(4) 对 n 个“独立”的内(四维)动量积分(若计入自旋，还需对自旋求和)，每个积分乘以 $\mathscr{V}(2\pi)^{-4}$.

(5) 每个电子圈图提供一个因子“−1”，最后表达式再乘以$(\mathrm{i})^n$.

以二级图为例，根据上述规则作出电子格林函数的二级拓扑不等价相连图形，如图 11.2.3 所示. 我们注意到：图(b)给出的图形中声子线 $q=0$. 事实上，这种发射声子的方式对应于晶体的平移或永久形变，并不代表声子激发，因此无须考虑. 费曼图中将舍去所有包含 $q = 0$ 声子线的图. 根据图形规则写出图(a)的解析表达式为

$$G^{(2)}(k)=\frac{i\mathscr{V}}{(2\pi)^4}\left[G^{(0)}(k)\right]^2\int \mathrm{d}^4q\left|g_q\right|^2 G^{(0)}(k-q)D^{(0)}(q)\,. \tag{11.2.10}$$

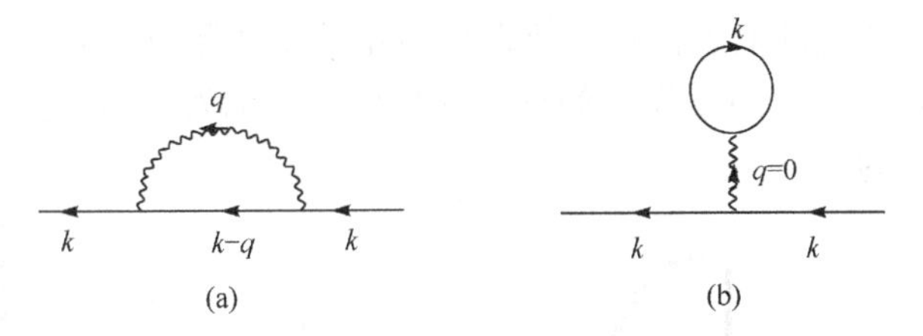

图 11.2.3　电声子系电子格林函数二级费曼图

① Fetter A L, Walecka J D. 2003. Quantum Theory of Many-Partical Systems, Dover edition: Dover Publications, Inc. Chap. 12.

② Mahan G D. 2000. Many-Particle Physics, 3rd ed. : Klumer Academic/Plenum Publishers. Chap. 2.

3. 戴逊方程

类似于 9.1 节，可以图解导出电子格林函数的戴逊方程. 对格林函数的微扰展开图进行部分求和，引入“正规自能”概念，可得如图 11.2.4 所示的戴逊方程. 图中粗线代表电子格林函数 $G(k)$，深灰色矩形代表正规自能$\Sigma^*(k)$. 其解析表达式为

$$G(k)=G^{(0)}(k)+G^{(0)}(k)\Sigma^*(k)G(k), \tag{11.2.11}$$

亦可写为

$$G(k)=\frac{G^0(k)}{1-G^0(k)\Sigma^*(k)}=\frac{1}{\left[G^0(k)\right]^{-1}-\Sigma^*(k)}. \tag{11.2.12}$$

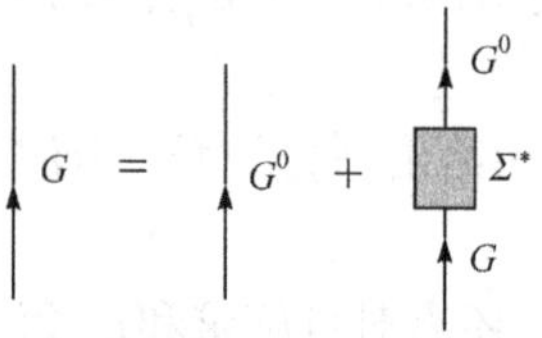

图 11.2.4 电子格林函数戴逊方程

从形式上看，式(11.2.11)与式(9.1.4)完全一样，但其实际内容并不相同. 主要区别是这里的$\Sigma^*(k)$因相互作用机制不同而与 9.1 节的不同，电声子相互作用取代了电子间的库仑作用.

以图 11.2.3 给出的正规自能初级(二级)近似图作为骨架,可以类似第 9 章的手续实现重整化. 上文已指出，两个骨架图中的蝌蚪图(b)含有 $q=0$ 声子线，对格林函数没有贡献，无需考虑. 因此，重整化手续只需对弓形图相应位置插入图形. 若以电子格林函数 $G(k)$(粗直线)代替自由格林函数 $G^{(0)}(k)$(细直线),可实现粒子线重整化；以声子格林函数 $D(q)$(粗波浪线)代替自由声子格林函数 $D^{(0)}(q)$(细波浪线),可实现声子线重整化. 两种重整化同时实施后，正规自能$\Sigma^*(k)$如图 11.2.5 所示.

图 11.2.5 给出的求和包含插入电子线和声子线的全部图形，但未计入类似图 9.4.2 所列举的顶角插入图形. 比照图 9.4.5 描绘的手续，通过在弓形图一顶角插入正规顶角部分，可实现顶角重整化. 不过，需将其中相互作用线改为声子线. 同时实现三种重整化的电子格林函数之戴逊方程可用图 11.2.6 描述. 这里，灰色圆形代表相互作用为电声子作用的正规顶角部分，记为Γ. 正规自能$\Sigma^*(k)$的解析表达式容易写出为

图 11.2.5 电子线与声子线同时重整化　　图 11.2.6 重整化方式描述的戴逊方程

$$\Sigma^*(k)=\frac{\mathrm{i}\mathscr{V}}{(2\pi)^4}\int \mathrm{d}^4 q G(k-q) g_q D(q) \Gamma(k-q,k;q)\,. \tag{11.2.13}$$

4. 声子格林函数

与电子格林函数展开类似，将声子和电子位置互换，即可构造声子格林函数微扰展开的费曼图. 如前所述，在绘制各级微扰项之图形时，上面给出的图形规则仍然适用. 只是费曼图的出入线为自由声子线，8.4 节图中声子与电子位置互换，电子间相互作用线也换为自由声子线. 这样，$2n$ 级图便有 $n+1$ 条声子线，$2n$ 条电子线和 $2n$ 个顶点. 例如，二级项如图 11.2.7 所示，解析表达式为

$$D^{(2)}(q)=-\frac{\mathrm{i}\mathscr{V}}{(2\pi)^4}\left[D^{(0)}(q)\right]^2\int \mathrm{d}^4 k \left|g_q\right|^2 G^{(0)}(k) G^{(0)}(k-q)\,. \tag{11.2.14}$$

声子格林函数微扰展开的戴逊方程则可参照 8.4 节的有效相互作用势戴逊方程，只需将式(9.3.3)中电子相互作用势换为声子格林函数，即

$$U_{\text{eff}}(q)\to D(q)\,,$$
$$U(q)\to D^{(0)}(q)\,.$$

于是得声子格林函数戴逊方程的图解形式，如图 11.2.8 所示，其解析表达式为

$$D(q)=D^{(0)}(q)+D^{(0)}(q)\Pi^*(q)D(q)\,. \tag{11.2.15}$$

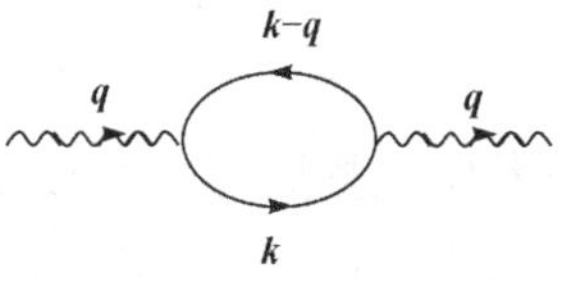

图 11.2.7　声子格林函数二级图

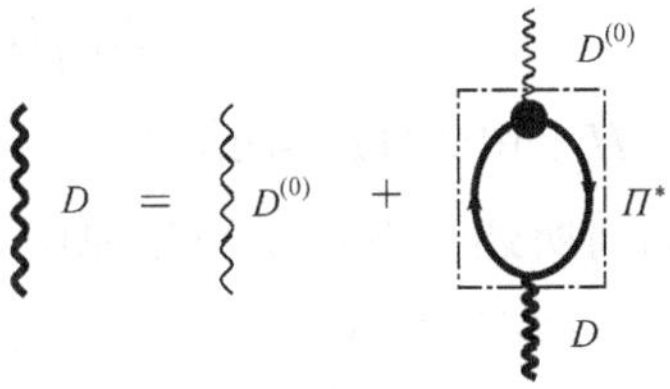

图 11.2.8　声子格林函数戴逊方程

图 11.2.8(虚线框内部分)和式(11.2.15)中的Π^*为“声子正规自能”，或称电声子系的“正规极化部分”，由下式给出：

$$\Pi^*(q)=-\frac{\mathrm{i}\mathscr{V}}{(2\pi)^4}\int \mathrm{d}^4 k g_q G(k) G(k-q) \Gamma(k,k-q;q)\,. \tag{11.2.16}$$

11.3　电声子系松原函数

对非零温度情形，可以平行于 11.2 节，用 10.2 节的方法建立电声子系电子松原函数的费曼图. 本节只给出主要结果，不做推演，有兴趣的读者可参考有关

文献自行推导①.

1. 图形规则

仍考虑受电声子作用影响的电子，参照 10.2 节，其动量空间松原函数定义为

$$\mathscr{G}(\boldsymbol{k},\tau-\tau')=-\mathrm{Tr}\left\{\hat{\rho}\mathscr{T}_\tau\left[\hat{a}_{\boldsymbol{k}\mathrm{K}}(\tau)\hat{a}_{\boldsymbol{k}\mathrm{K}}^\dagger(\tau')\right]\right\}, \tag{11.3.1}$$

式中，$\hat{a}_{\boldsymbol{k}\mathrm{K}}(\tau)$和$\hat{a}_{\boldsymbol{k}\mathrm{K}}^\dagger(\tau')$分别是电子"类海森伯"湮没和产生算符

$$\hat{a}_{\boldsymbol{k}\mathrm{K}}(\tau)\equiv \mathrm{e}^{\hat{K}\tau/\hbar}\hat{a}_{\boldsymbol{k}}\mathrm{e}^{-\hat{K}\tau/\hbar},\quad \hat{a}_{\boldsymbol{k}\mathrm{K}}^\dagger(\tau')\equiv \mathrm{e}^{\hat{K}\tau'/\hbar}\hat{a}_{\boldsymbol{k}}^\dagger\mathrm{e}^{-\hat{K}\tau'/\hbar}.$$

如 10.4 节，用虚时间演化算符对松原函数做微扰展开有

$$\begin{aligned}&\mathscr{G}(\boldsymbol{k},\tau-\tau')\\&=-\sum_{n=0}^{\infty}\frac{(-1)^n}{\hbar^n n!}\int_0^{\beta\hbar}\mathrm{d}\tau_1\cdots\int_0^{\beta\hbar}\mathrm{d}\tau_n\mathrm{Tr}\left\{\hat{\rho}_0\mathscr{T}_\tau\left[\hat{K}_{\mathrm{Ie\text{-}p}}(\tau_1)\cdots\hat{K}_{\mathrm{Ie\text{-}p}}(\tau_n)\hat{a}_{\boldsymbol{k}\mathrm{I}}(\tau)\hat{a}_{\boldsymbol{k}\mathrm{I}}^\dagger(\tau')\right]\right\}_{\text{相连图形}},\end{aligned} \tag{11.3.2}$$

这里，$\hat{a}_{\boldsymbol{k}\mathrm{I}}(\tau)$和$\hat{a}_{\boldsymbol{k}\mathrm{I}}^\dagger(\tau)$分别是电子"类相互作用"湮没和产生算符

$$\hat{a}_{\boldsymbol{k}\mathrm{I}}(\tau)\equiv \mathrm{e}^{\hat{K}_0\tau/\hbar}\hat{a}_{\boldsymbol{k}}\mathrm{e}^{-\hat{K}_0\tau/\hbar},\quad \hat{a}_{\boldsymbol{k}\mathrm{I}}^\dagger(\tau')\equiv \mathrm{e}^{\hat{K}_0\tau'/\hbar}\hat{a}_{\boldsymbol{k}}^\dagger\mathrm{e}^{-\hat{K}_0\tau'/\hbar}.$$

$\hat{K}_{\mathrm{Ie\text{-}p}}$为类相互作用绘景的电声子作用哈密顿量

$$\hat{K}_{\mathrm{Ie\text{-}p}}(\tau)=\mathrm{e}^{\hat{K}_0\tau/\hbar}\hat{H}_{\mathrm{e\text{-}p}}\mathrm{e}^{-\hat{K}_0\tau/\hbar}, \tag{11.3.3}$$

式中，$\hat{H}_{\mathrm{e\text{-}p}}$由式(11.2.4)给出.

如前所述，电声子系松原函数的计算，只需考虑微扰展开的偶数级项. 类似于零温情形，有限温度下电声子系动量空间电子松原函数 $2n$ 级费曼图形规则如下：

(1) 作出 $2n$ 级的全部拓扑不等价相连图形，每图有 $2n+1$ 条电子线，n 条声子线，$2n$ 个内顶点；舍去所有包含零动量声子线的图.

(2) 各条线均赋以相应的波矢、频率，频率取分立值$\omega_m=m\pi/\beta\hbar$，电子的 m 为正奇数，声子的 m 为正偶数；各顶点保持动量、频率守恒.

(3) 每条波矢为 $\boldsymbol{k}$、频率为ω_m的电子线(直线)提供因子

$$\mathscr{G}^{(0)}(\boldsymbol{k},\omega_m)=\frac{1}{\mathrm{i}\omega_m-\left(\varepsilon_{\boldsymbol{k}}^0-\mu\right)/\hbar}.$$

(4) 每条波矢为 $\boldsymbol{q}$、频率为ω_n的声子线(波浪线)提供因子

① Mahan G D. 2000. Many-Particle Physics, 3rd ed. : Klumer Academic/Plenum Publishers. Chap. 3.

$$\mathscr{D}^{(0)}(\boldsymbol{q},\omega_n)=-\frac{2\omega_q}{\omega_n^2+\omega_{\boldsymbol{q}}^2},$$

每个顶点提供一个相互作用因子 g_q.

(5) 对所有 n 个"独立的"内部波矢(动量)积分并乘以系数 $\mathscr{V}(2\pi)^{-3}$，对内部频率求和并乘以系数$(\beta\hbar)^{-1}$；若计入自旋(此处未计入)，则对重复自旋求和.

(6) 每一费米子圈图提供因子"−1"，最后表达式再乘以$(-1)^n$.

根据上述图形规则，立即可以绘出电声子系电子松原函数的二级(初级近似)费曼图，如图 11.3.1 所示. 根据图形规则，已舍去包含零动量声子的蝌蚪图. 由图可写出电子松原函数二级项的解析表达式为

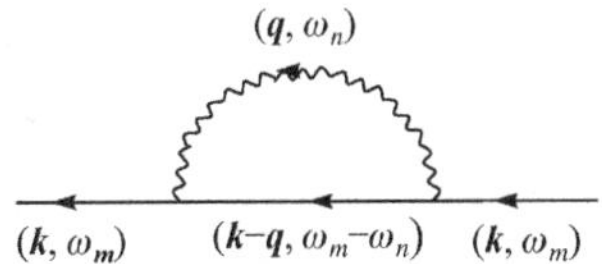

图 11.3.1　电声子系电子松原函数的二级费曼图

$$\mathscr{G}^{(2)}(\boldsymbol{k},\omega_m)=-\frac{\mathscr{V}}{(2\pi)^3\beta\hbar}\left[\mathscr{G}^{(0)}(\boldsymbol{k},\omega_m)\right]^2\cdot \\ \cdot\sum_n\int\mathrm{d}^3q\left|g_{\boldsymbol{q}}\right|^2\mathscr{D}^{(0)}(\boldsymbol{q},\omega_n)\mathscr{G}^{(0)}(\boldsymbol{k}-\boldsymbol{q},\omega_m-\omega_n). \tag{11.3.4}$$

2. 戴逊方程

松原函数与零温格林函数有相同的费曼图形集合，自然有相同的戴逊方程

$$\mathscr{G}(\boldsymbol{k},\omega_m)=\mathscr{G}^{(0)}(\boldsymbol{k},\omega_m)+\mathscr{G}^{(0)}(\boldsymbol{k},\omega_m)\Sigma^*(\boldsymbol{k},\omega_m)\mathscr{G}(\boldsymbol{k},\omega_m), \tag{11.3.5}$$

形式解为

$$\mathscr{G}(\boldsymbol{k},\omega_m)=\frac{\mathscr{G}^{(0)}(\boldsymbol{k},\omega_m)}{1-\mathscr{G}^{(0)}(\boldsymbol{k},\omega_m)\Sigma^*(\boldsymbol{k},\omega_m)}, \tag{11.3.6}$$

或写作

$$\mathscr{G}(\boldsymbol{k},\omega_m)=\frac{1}{\left[\mathscr{G}^{(0)}(\boldsymbol{k},\omega_m)\right]^{-1}-\Sigma^*(\boldsymbol{k},\omega_m)}. \tag{11.3.6a}$$

方程(11.3.5)和(11.3.6)形式上与 10.5 节相应的方程相同，所不同的是那里的库仑势已代之以电声子耦合强度平方乘以自由声子松原函数. 电子松原函数的二级(初级)修正可写为

$$\mathscr{G}^{(2)}(\boldsymbol{k},\omega_m)=\left[\mathscr{G}^{(0)}(\boldsymbol{k},\omega_m)\right]^2\Sigma_{(2)}^*(\boldsymbol{k},\omega_m), \tag{11.3.7}$$

式中，$\Sigma_{(2)}^*(\boldsymbol{k},\omega_m)$ 为只计入单声子过程的电子正规自能之二级近似

$$\Sigma^*_{(2)}(\boldsymbol{k},\omega_m)=-\frac{\mathscr{V}}{(2\pi)^3\beta\hbar}\sum_n\int \mathrm{d}^3q\left|g_{\boldsymbol{q}}\right|^2\mathscr{D}^{(0)}(\boldsymbol{q},\omega_n)\mathscr{G}^{(0)}(\boldsymbol{k}-\boldsymbol{q},\omega_m-\omega_n). \quad (11.3.8)$$

考虑对正规自能的骨架图形中电子线、声子线和顶角同时施以重整化手续，则可得完整的正规自能$\Sigma^*(k)$，如图 11.3.2 所示. 其解析表达式为

$$\begin{aligned}\Sigma^*(\boldsymbol{k},\omega_m)=&-\frac{\mathscr{V}}{(2\pi)^3\beta\hbar}\sum_n\int \mathrm{d}^3q g_q\mathscr{D}(\boldsymbol{q},\omega_n)\mathscr{G}(\boldsymbol{k}-\boldsymbol{q},\omega_m-\omega_n)\\&\cdot\Gamma(\boldsymbol{k}-\boldsymbol{q},\omega_m-\omega_n;\boldsymbol{k},\omega_m;\boldsymbol{q},\omega_n).\end{aligned} \quad (11.3.9)$$

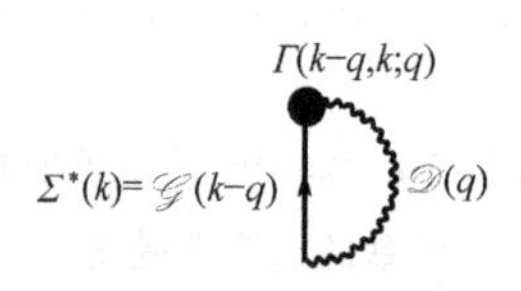

图 11.3.2　有限温度电子自能

由上面的讨论看到，计算松原函数的关键是正规自能计算. 考虑所有插入图形的计算是十分烦琐的. 在处理实际问题时，需要根据具体的物理条件，选择必要的重整化手续和近似方法，尽量使计算简化以致可行，从而获得正规自能，乃至松原函数的近似值，进而求出巨势以及其他热力学函数，讨论系统热力学性质.

11.4　弗洛利希极化子

作为量子场论方法在凝聚态理论中的一个简单应用，本节简要讨论弗洛利希极化子问题. 电子在极性晶体中运动时，与纵光学(LO)声子的相互作用导致其周围晶格的极化. 这种极化局域在电子周围一定范围内，形成所谓“极化云”(声子云)，伴随电子一起运动. 电子与其“裹胁”的极化场之复合体称为**极化子**(polaron). 从场论的视角看，它是一种“准粒子”. 弗洛利希首先给出描述这类准粒子的哈密顿量，并用微扰法研究了它的性质，因此人们将其称为**弗洛利希极化子**. 这类问题的研究是量子场论方法在凝聚态理论中早期应用的典型工作之一.

1. 弗洛利希哈密顿量

考虑运动在极性晶体(如化合物半导体)中的单电子与纵光学(LO)声子耦合形成的极化子，将式(11.2.1)给出的描述电子-LO 声子系统之弗洛利希哈密顿量写为

$$\hat{H}=\hat{H}_0+\hat{H}_{\text{e-p}}, \quad (11.4.1)$$

式中首项是自由场哈密顿量，由自由电子和声子场两部分组成：

$$\hat{H}_0=\sum_k\varepsilon_{\boldsymbol{k}}\hat{a}^\dagger_{\boldsymbol{k}}\hat{a}_{\boldsymbol{k}}+\sum_{\boldsymbol{q}}\hbar\omega_{\text{LO}}\hat{b}^\dagger_{\boldsymbol{q}}\hat{b}_{\boldsymbol{q}}. \quad (11.4.2)$$

$$\varepsilon_k = \frac{\hbar^2 k^2}{2m}$$

是导带中波矢为 $\boldsymbol{k}$ 之电子的能量，m 为带质量；在长波近似下，声子频率无色散，任意波矢 $\boldsymbol{q}$ 的声子频率均为 ω_{LO}. 第二项为电子-LO 声子相互作用哈密顿量

$$\hat{H}_{\text{e-p}} = \sum_{\boldsymbol{kq}} \hbar g_{\boldsymbol{q}} \hat{a}^{\dagger}_{\boldsymbol{k}+\boldsymbol{q}} \hat{a}_{\boldsymbol{k}} \left(\hat{b}_{\boldsymbol{q}} + b^{\dagger}_{-\boldsymbol{q}}\right), \tag{11.4.3}$$

为计算中书写方便，将电子-LO 声子耦合强度记为

$$\hbar g_q = \hbar \frac{g}{q},$$

其中 g 与声子波矢 $\boldsymbol{q}$ 无关，由下式给出：

$$g = \mathrm{i}\left(\frac{4\pi\alpha}{\mathscr{V}}\right)^{1/2} \left(\frac{\hbar}{2m\omega_{\mathrm{LO}}}\right)^{1/4} \omega_{\mathrm{LO}}. \tag{11.4.4}$$

这里引入了电声子耦合常数

$$\alpha = \frac{\mathrm{e}^2}{\hbar}\left(\frac{m}{2\hbar\omega_{\mathrm{LO}}}\right)^{1/2}\left(\frac{1}{\varepsilon_\infty} - \frac{1}{\varepsilon_0}\right), \tag{11.4.5}$$

其中 ε_∞ 是高频(光学)介电常数，ε_0 是静态介电常数，$\mathscr{V}$ 为系统的体积.

如果考虑多电子效应，晶体中传导电子对晶格离子之间的势及电子-声子之间的相互作用均有屏蔽作用，这种屏蔽导致对声子频率和电声子作用强度的修正. 本节讨论单电子情形，这两种效应均可略去，因此所讨论的相互作用是电子与确定频率的“裸声子”之间的作用.

此外，这一模型已暗中假定晶体各向同性，电子能带为无简并抛物形带.

2. 零温格林函数费曼图

为简单起见，我们的讨论将限于低温极限，即 $T = 0$ 情形. 电子格林函数由式(11.2.7)定义，其微扰展开如式(11.2.8)

$$G(\boldsymbol{k},t,t') = -\mathrm{i}\sum_{n=o}^{\infty}\left(\frac{1}{\mathrm{i}\hbar}\right)^n \frac{1}{n!}\int_{-\infty}^{\infty}\mathrm{d}t_1 \cdots \int_{-\infty}^{\infty}\mathrm{d}t_n \frac{\langle \Phi_0 | \mathscr{T}\left[\hat{a}_{\boldsymbol{k}\mathrm{I}}(t)\hat{a}^{\dagger}_{\boldsymbol{k}\mathrm{I}}(t')\hat{H}_{\mathrm{Ie\text{-}p}}(t_1)\cdots\hat{H}_{\mathrm{Ie\text{-}p}}(t_n)\right] | \Phi_0\rangle}{\langle \Phi_0 | \hat{S} | \Phi_0\rangle}.$$

根据 11.2 节的图形规则，图 11.4.1 给出格林函数按电声子作用哈密顿量幂次展开的费曼图(绘至 4 级即双声子项). 因电声子相互作用哈密顿量只含一个声子场算符，奇数级微扰项贡献均为零，费曼图只含偶数级项；同时，包含零动量声子线的图也已舍去.

格林函数的戴逊方程及重整化手续参见式(11.2.12)及图 11.2.6.在“裸声子”前提下，费曼图中图 11.4.1(d)及类似图形均可舍去，戴逊方程简化为图 11.4.2. 格

林函数求解问题归结为计算正规自能Σ^*.

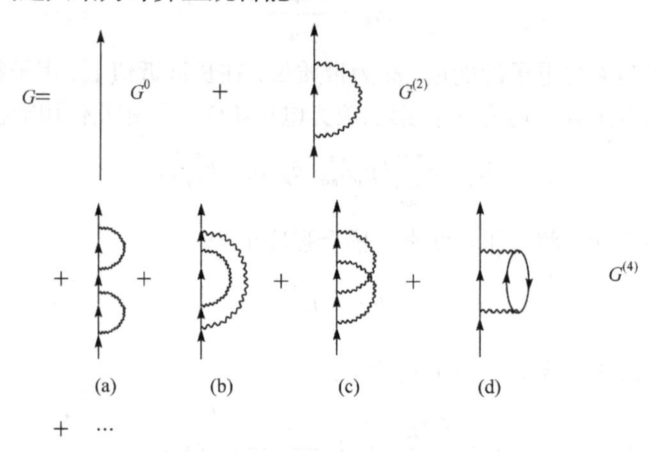

图 11.4.1　电声子系电子格林函数费曼图

图 11.4.3 给出极化子正规自能求和公式(至 4 级图). 这里未包含可约自能插入，见图 11.4.1(a). 根据图 11.4.3 写出并计算正规自能，便可获得弗洛利希极化子能量.

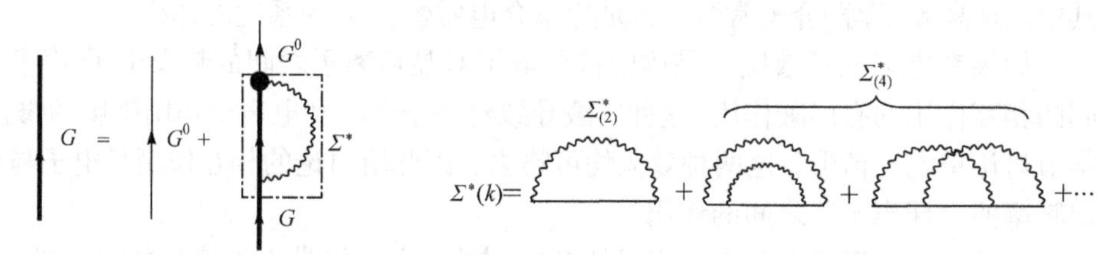

图 11.4.2　弗洛利希极化子戴逊方程　　　　图 11.4.3　弗洛利希极化子正规自能图形

3. 极化子能量计算

将自由电子格林函数

$$G^0(\boldsymbol{k},\omega)=\frac{1}{\omega-\hbar k^2/2m+\mathrm{i}\eta} \tag{11.4.6}$$

代入戴逊方程式(11.2.12)，可将极化子格林函数写为

$$G(\boldsymbol{k},\omega)=\frac{1}{\omega-\hbar k^2/2m-\Sigma^*(k,\omega)+\mathrm{i}\eta}. \tag{11.4.7}$$

格林函数极点给出极化子能谱

$$E(k)=\hbar^2k^2/2m+\hbar\mathrm{Re}\left[\Sigma^*(k,\omega)\right]. \tag{11.4.8}$$

Σ^*可写为各级微扰项之和

$$\Sigma^*(\boldsymbol{k},\omega)=\Sigma^*_{(2)}(\boldsymbol{k},\omega)+\Sigma^*_{(4)}(\boldsymbol{k},\omega)+\cdots, \tag{11.4.9}$$

式中，2 级(单声子)和 4 级(双声子)正规自能对应的图形如图 11.4.3 所示.

根据图 11.4.3 写出 2 级(单声子)正规自能为

$$\Sigma^*_{(2)}(k)=\frac{\mathrm{i}\mathscr{V}|g|^2}{(2\pi)^4}\int\frac{\mathrm{d}^4q}{q^2}G^{(0)}(k-q)D^{(0)}(q). \tag{11.4.10}$$

将式(11.1.8)和式(11.4.6)代入，记 $\hbar^2k^2/2m=\hbar\omega_{\boldsymbol{k}}$，上式可写为

$$\Sigma^*_{(2)}(k)=\frac{\mathrm{i}\mathscr{V}|g|^2}{(2\pi)^3}\int\frac{\mathrm{d}^3q}{q^2}\int_{-\infty}^{\infty}\frac{\mathrm{d}\omega}{2\pi}\frac{1}{\omega_{\boldsymbol{k}}-\omega-\omega_{\boldsymbol{k}-\boldsymbol{q}}+\mathrm{i}\eta}\cdot\frac{2\omega_{\mathrm{LO}}}{\omega^2-\omega_{\mathrm{LO}}^2+\mathrm{i}\eta}. \tag{11.4.11}$$

先计算关于频率ω的积分

$$I=\int_{-\infty}^{\infty}\frac{\mathrm{d}\omega}{2\pi}\frac{2\omega_{\mathrm{LO}}}{\left(\omega_k-\omega-\omega_{\boldsymbol{k}-\boldsymbol{q}}+\mathrm{i}\eta\right)\left(\omega^2-\omega_{\mathrm{LO}}^2+\mathrm{i}\eta\right)}.$$

此积分可用围道积分法计算(参见 10.5 节). 如图 11.4.4 所示，将ω视为复变量，考察被积函数$\dfrac{2\omega_{\mathrm{LO}}}{\left(\omega_k-\omega-\omega_{\boldsymbol{k}-\boldsymbol{q}}+\mathrm{i}\eta\right)\left(\omega^2-\omega_{\mathrm{LO}}^2+\mathrm{i}\eta\right)}$. 显然,该函数在复$\omega$平面上有 3 个极点：上半平面 2 个，下半平面 1 个. 为计算简单，我们针对下半平面的极点$\omega_{\mathrm{LO}}-\mathrm{i}\eta$，取如图 11.4.4 所示的围道，运用约当引理，通过计算极点留数，最终获得积分值为

$$I=-\frac{\mathrm{i}}{\omega_k-\omega_{\boldsymbol{k}-\boldsymbol{q}}-\omega_{\mathrm{LO}}+\mathrm{i}\eta}.$$

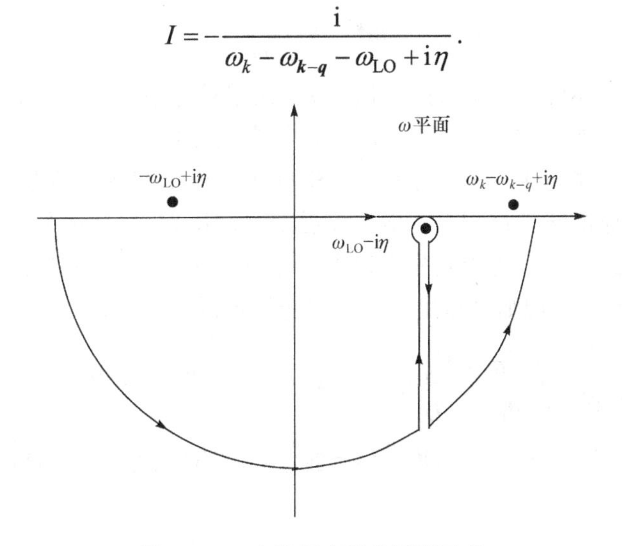

图 11.4.4　自能频率积分围道示意

代入式(11.4.11)得

$$\Sigma^*_{(2)}(k)=\frac{\mathscr{V}|g|^2}{(2\pi)^3}\int\frac{\mathrm{d}^3q}{q^2}\frac{1}{\omega_k-\omega_{\mathrm{LO}}-\hbar(\boldsymbol{k}-\boldsymbol{q})^2/2m+\mathrm{i}\eta}. \tag{11.4.12}$$

完成对 $\boldsymbol{q}$ 的积分，计算正规自能实部可得

$$\operatorname{Re}\Sigma^*_{(2)}(k)=-\alpha\left(\frac{\hbar k^2}{2m}\right)^{-1/2}\omega_{\mathrm{LO}}^{3/2}\arcsin\left(\frac{\hbar k^2}{2m\omega_{\mathrm{LO}}}\right)^{1/2}, \tag{11.4.13}$$

将式中反正弦函数展开有

$$\operatorname{Re}\Sigma^*_{(2)}(k)=-\alpha\omega_{\mathrm{LO}}-\frac{\alpha}{6}\frac{\hbar k^2}{2m}+\mathrm{O}(k^4). \tag{11.4.14}$$

代入式(11.4.8)可得二级(单声子)微扰极化子能量：

$$E(k)=-\alpha\hbar\omega_{\mathrm{LO}}+\left(1-\frac{\alpha}{6}\right)\frac{\hbar k^2}{2m}. \tag{11.4.15}$$

此式常写为

$$E(k)=-E_{\mathrm{tr}}+\frac{\hbar^2k^2}{2m^*}, \tag{11.4.16}$$

式中

$$E_{\mathrm{tr}}=\alpha\hbar\omega_{\mathrm{LO}} \tag{11.4.16a}$$

与电子动量无关，称为**自陷能**；

$$m^*=\frac{m}{1-\alpha/6} \tag{11.4.16b}$$

为重整化质量，亦称极化子有效质量. 以上结果较好地适用于弱耦合($\alpha<1$)极化子. 常见的 III-V 族化合物半导体如 GaAs 等多属此列.

双声子自能修正包含两个图形，图 11.4.5 绘出图形细节及四维动量关系. 图 11.4.5(a)对应的物理过程是：电子先后发射动量为 $\boldsymbol{q}_1$ 和 $\boldsymbol{q}_2$ 的两个声子，接着先吸收后发射的声子，再吸收先发射者. 图 11.4.5(b)与之不同的是，先发射的声子先吸收. 根据图形规则可写出双声子自能的解析表达式为

$$\begin{aligned}\Sigma^*_{(4)}(k)=&\frac{-\mathscr{V}^2|g|^4}{(2\pi)^8}\int\frac{\mathrm{d}^4q_1}{q_1^2}\int\frac{\mathrm{d}^4q_2}{q_2^2}\Big[\left(G^{(0)}(k-q_1)\right)^2D^{(0)}(q_1)G^{(0)}(k-q_1-q_2)D^{(0)}(q_2)\\&+G^{(0)}(k-q_1)D^{(0)}(q_1)G^{(0)}(k-q_1-q_2)G^{(0)}(k-q_2)D^{(0)}(q_2)\Big].\end{aligned} \tag{11.4.17}$$

代入自由电子和声子格林函数，即可计算极化子双声子正规自能. 计算方法可参照上列单声子修正的计算，具体过程略显冗长，此处不再详述，请读者作为习题练习.

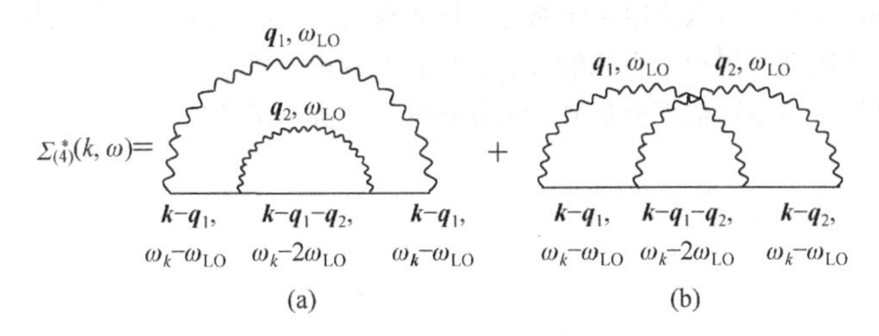

图 11.4.5　极化子双声子正规自能图形

弗洛利希极化子能量的计算还可从 7.3 节给出的弗洛利希哈密顿量

$$\hat{H}=\frac{P^2}{2m}+\sum_{q}\hbar\omega_{q}\hat{b}_{q}^{\dagger}\hat{b}_{q}+\sum_{q}\hbar g_{q}\left(\mathrm{e}^{\mathrm{i}q\cdot x}\hat{b}_{q}+\mathrm{e}^{-\mathrm{i}q\cdot x}\hat{b}_{q}^{\dagger}\right) \tag{11.4.18}$$

出发，先通过幺正变换消去相互作用中含电子坐标 $\boldsymbol{x}$ 的指数项，再用费曼图解方法计算自能. 有作者用这种方法计算弗洛利希极化子能量的微扰修正至三声子项①，获得的中间耦合($\alpha<6$)极化子自陷能和重整化质量分别为

$$E_{\mathrm{tr}}/\hbar\omega_{\mathrm{LO}}=\alpha+0.01592\alpha^2+0.0008061\alpha^3 \tag{11.4.19}$$

和

$$m^*/m=1+\frac{1}{6}\alpha+0.02363\alpha^2. \tag{11.4.20}$$

从以上结果可见，自陷和质量修正随电声子耦合常数幂次增加迅速衰减，α^2 以上修正项的贡献并不重要，二级微扰是很好的近似. 进一步计算还可以获得“声子云”平均虚声子数等物理量. 限于篇幅，不拟详细讨论.

习　题

11.1　证明四度动量空间自由声子格林函数的表达式

$$D^0(\boldsymbol{q},\omega)=\frac{1}{\omega^2-\omega_{\boldsymbol{q}}^2+\mathrm{i}\eta}.$$

① Smondyrev M A. 1986. Theor. Math. Phys. (Russian)68: 653.

11.2　证明四度动量空间自由声子松原函数的表达式(参考 8.2 节和 10.2 节)

$$\mathscr{D}^0(\boldsymbol{q},\omega_n)=-\frac{2\omega_{\boldsymbol{q}}}{\omega_n^2+\omega_{\boldsymbol{q}}^2}$$

11.3　试用第 9 章的方法将电声子系弓形图重整化，写出计入二级修正的正规自能.

11.4　试求弗洛利希极化子自陷能和有效质量至双声子修正.

11.5　试计算单声子近似下弗洛利希极化子的平均虚声子数①.

① Mahan G D. 2000. Many-Particle Physics, 3rd ed. : Klumer Academic/Plenum Publishers. Chap. 7.

参考文献

阿布里科索夫 A A, 戈尔可夫 Л П, 加洛辛斯基 N E. 1963. 统计物理学中的量子场论方法. 郝柏林译. 北京: 科学出版社.

包科达, 章立源, 林宗涵. 1987. 量子统计物理学. 北京: 北京大学出版社.

蔡建华, 龚昌德, 姚希贤等. 1982. 量子统计的格林函数理论. 北京: 科学出版社.

哈尔 D. 1980. 统计力学基础. 丁厚昌等译. 上海: 上海科学技术出版社.

雷克 L E. 1983. 统计物理现代教程. 黄畇, 夏梦棼, 仇韵清, 赵凯华译校. 北京: 北京大学出版社.

李政道. 1984. 统计力学. 北京: 北京师范大学出版社.

王竹溪. 1965. 统计物理学导论. 2 版. 北京: 高等教育出版社.

卫崇德, 章立源, 刘福绥. 1992. 固体物理中的格林函数方法. 北京: 高等教育出版社.

祖巴列夫 Д H. 1982. 非平衡统计热力学. 李沅柏, 郑哲洙译. 北京: 高等教育出版社.

Doniach S, Sondheimer E H. 1998. Green's Functions for Solid State Physicist. Imperial College Press.

Economou E N. 2006. Green's Functions in Quantum Physics. Springer-Verlag.

Fetter A L, Walecka J D. 2003. Quantum Theory of Many-Partical Systems, Dover edition. Dover Publications.

Huang K. 1963. Statistical Mechanics: John Wiley and Sons, Inc.

Kittel C, Kroemer H. 1980. Thermal Physics, 2nd Edition. New York: Freeman & Co.

Kubo R. 1965. Statistical Mechanics. North-Holland Publishing Company.

Mahan G D. 2000. Many-Particle Physics, 3rd ed. Klumer Academic/Plenum Publishers.

Mayer J E, Mayer M G. 1977. Statistical Mechanics. John Wiley and Sons, Inc.

Pathria R K, Beale Paul D. 2011. Statistical Mechanics, 3rd Edition. Elsevier, B H.

Plischke M, Bergersen B. 2006. Equilibrium Statistical Physics, Singapore(3rd Edition). Word Scientific Publishing Co. Pte. Ltd.

Toda M, Kubo R, Saito N. 1995. Statistical Physics I. Springer-Verlag.

名 词 索 引

D

E

F

G

H

J

K

L

M

N

P

Q

R

Y

Z